思考中醫

《思考中醫：〈傷寒論〉導論 ——對自然與生命的時間解讀》
劉力紅 著

© 香港中文大學 2018

國際統 書號 (ISBN)：978-988-237-091-3

出版：中文大學出版社
　　　香港 新界 沙田 · 香港中文大學
　　　傳真：+852 2603 7355
　　　電郵：cup@cuhk.edu.hk
　　　網址：www.chineseupress.com

Contemplating Classical Chinese Medicine: An Introduction to **Shanghanlun** (in Chinese)
　By Liu Lihong

© The Chinese University of Hong Kong 2018
All Rights Reserved.

ISBN: 978-988-237-091-3

Published by　The Chinese University Press
　　　　　　　The Chinese University of Hong Kong
　　　　　　　Sha Tin, N.T., Hong Kong
　　　　　　　Fax: +852 2603 7355
　　　　　　　Email: cup@cuhk.edu.hk
　　　　　　　Website: www.chineseupress.com

Printed in Hong Kong

思考中醫

《傷寒論》導論——對自然與生命的時間解讀

劉力紅 著

香港中文大學出版社

目　錄

再版序：驀然回首　/ xiii

序　/ xxxi

第一章　略説中醫的學習與研究　/1

一、樹立正確的認識　/3
1. 理論認識的重要性 3
2. 楊振寧教授所認識的中國文化 10
3. 傳統理論的構建 11

二、學問的傳承　/19
1. 現代中醫教育的模式 19
2. 形而上與形而下 21
3. 師徒相授 27

三、尋找有效的方法──依靠經典　/34
1. 歷史的經驗 35
2. 掃清認識經典的障礙 37
3. 三種文化 40
4. 學習經典的意義 45
5. 認識經典與現代 53
6. 如何學好經典 63

第二章　傷寒之意義　/ 69

一、傷寒論說什麼？　/ 71
1. 傷寒的含義 72
2. 雜病的含義 73
3. 論的含義 74

二、認識陰陽探求至理 / 75
1. 認識陰陽 76
2. 傷寒總說 89

第三章　陰陽的工作機制　/ 97

一、道生一，一生二，二生三，三生萬物 / 99
1. 易有太極，是生兩儀 99
2. 三陰三陽 104

二、陰陽的離合機制 / 108
1. 門戶概念的引入 108
2. 陰陽的開合樞 111
3. 開合樞病變 113
4. 傷寒傳足不傳手 118

第四章　治病法要　/ 123

一、醫者的兩個層次 / 125
1. 下工層次 126
2. 上工層次 128

二、臨證察機 / 130
1. 何以察機 131
2. 十九病機 134
3. 抓主證，識病機 139

第五章　太陽病綱要　/ 143

一、篇題講解　/ 145

1. 辨釋 145

2. 太陽釋 146

3. 病釋 153

4. 脈釋 173

5. 證釋 181

6. 治釋 203

二、太陽病提綱　/ 203

1. 太陽病機條文 203

2. 釋義 205

三、太陽病時相　/ 214

1. 謹候其時，氣可與期 214

2. 欲解時 219

3. 欲作時 226

4. 總觀六經病欲解時 227

第六章　陽明病綱要　/ 229

一、陽明釋　/ 231

1. 陽明本義 231

2. 陽明經義 232

3. 陽明府義 233

4. 陽明的運氣義 234

二、陽明病提綱　/ 245

1. 總義 246

2. 脾約 252

3. 正陽陽明 253

4. 少陽陽明 260

三、陽明病時相 / 264

1. 申至戌上 264

2. 陽明病要 266

 3. 欲解時相要義 267

4. 陽明治方要義 272

5. 陽明欲劇時相 276

6. 對高血壓病的思考 280

第七章　少陽病綱要　/ 283

一、少陽解義 / 285

1. 少陽本義 285

2. 少陽經義 286

3. 少陽府義 288

4. 少陽運氣義 291

二、少陽病提綱 / 298

1. 總義 / 298

2. 別義 / 302

三、少陽病時相 / 310

1. 寅至辰上 312

2. 少陽病要 316

3. 少陽時相要義 316

4. 少陽持方要義 318

5.《本經》中兩味特殊的藥 331

6. 少陽之脈 336

第八章　太陰病綱要　/ 337

一、太陰解義　/ 339
1. 太陰本義...339
2. 太陰經義...350
3. 太陰藏義...352
4. 太陰運氣義...359

二、太陰病提綱　/ 372
1. 太陰病機...373
2. 太陰的位性特徵.....................................373
3. 太陰的病候特徵.....................................376

三、太陰病時相　/ 385
1. 亥至丑上...385
2. 欲解時要義...386
3. 欲劇時相...388
4. 太陰治方要義...390

第九章　少陰病綱要　/ 397

一、少陰解義　/ 399
1. 少陰本義...399
2. 少陰經義...412
3. 少陰藏義...413
4. 少陰運氣義...424

二、少陰病提綱　/ 426
1. 微妙在脈...426
2. 但欲寐...428
3. 少陰病形...432

三、少陰病時相　/ 438

1. 子者復也 439

2. 欲解何以占三時 441

四、對 AD 病的思考　/ 443

第十章　厥陰病綱要　/ 445

一、厥陰解義　/ 447

1. 厥陰本義 447

2. 厥陰經義 448

3. 厥陰藏義 449

4. 厥陰運氣義 451

二、厥陰病提綱　/ 461

1. 消渴 461

2. 氣上撞心，心中疼熱 469

3. 饑而不欲食 470

4. 食則吐蛔 472

5. 厥陰禁下 472

三、厥陰病時相　/ 473

1. 丑時義 473

2. 厥陰方義 478

結　語　/ 485

附錄：《思考中醫》九問　/ 493

跋　/ 513

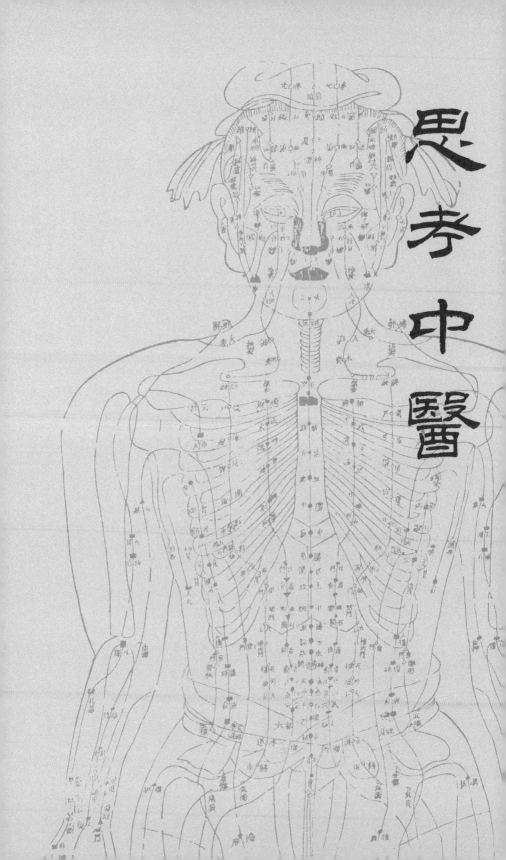

再版序：驀然回首

驀然回首，《思考中醫》面世已經整整14個年頭，很多朋友見面，熟悉或不熟悉，行內或者行外，都說讀過這本書，都說曾從中受益，有的朋友甚至不止一次地讀過它。從前看起來，這是一本由劉力紅撰著的書籍，今日細細回味，劉力紅不過是個代號、窗口或管道，該流淌的，只要因緣具足，自然會流淌出來，不管是由張三或李四。所以，此刻很想就來來往往中我所能領會到的因由做一回顧，並期望讀者能對這些因由有所感念。

一、進藏

《思考中醫》的主幹脈絡源自《傷寒論》，是跟隨李陽波師父心路歷程的寫照，當然也不乏碩、博期間跟隨導師所做的思考。1991年3月29日，也就是女兒出世的前一天，陽波師去世。對我而言，這個打擊是多方面的，我幾乎是在沉鬱和淚水中迎接自己作為父親的身份。很長一段時間，我陷入迷茫和沮喪，不知道前路何在？1996年暑假，或許是為了填補內心的空白，或許是為了信仰，我踏上去甘孜藏地的路。之後的好些年，我的寒暑假幾乎都泡在那裏，算來在藏地過了六個春節。

很慶幸自己趁著年輕，能在這片土地上苦苦煎熬的那些歲月，於我而言，這是永遠值得珍惜與憶念的時光。在這裏

我值遇人生的導師，獲得了信心與菩提心是人生最上竅訣的教授。因為導師的指引，人生的路不再迷茫，知道了學中醫的目的是什麼，更明晰了此生的目標和方向。

大約在1998年的暑期，我與朋友張軍（碩士期間同學）一道進藏，出來時徑直到青城山與海吶博士會面。海吶雖是我的師弟（我們一同拜在王慶餘師門下），但之前卻一直未曾相見。我們一見如故。我從跟師談到進藏，意猶未盡，於是相約於次年的暑假在瀘沽湖來一場暢談。1999年的暑期，我們如約而至。海吶帶來了近三十位老外，我除夫人外還帶去了一位特殊的朋友，就是張軍。本來，張軍不是去聽我的課而是去蹭學英語的，因為他一直在做出國夢。只是聽著聽著，聽入了迷。他沒想到中國文化和中醫可以這樣理解，更沒想到枯燥的《傷寒論》竟然這般有趣！他被徹底顛覆了，當然也包括這一幫老外。

在瀘沽湖的十天課程，沒有講稿，全都信手拈來。第一次跟老外講課就如此「放肆」，這得益於陽波師父的教示。在師父的眼裏，中醫是能夠講清楚的，講不清是因為你自己不明白。有了這條底線，已弄明白的自然講得清楚，沒弄明白的，任你如何準備仍是個不清楚。所以任何形式的課其實是沒法做準備的，唯一能夠準備的就是平時你要弄明白。瀘沽湖的這一課，牢牢奠定了之後暑期的外教因緣。臨別，大家自然依依不捨，又相約明年的事，而這位張兄則硬往我褲兜裏塞錢，幾番推阻沒有推掉。塞錢幹嗎？要我回去買磁帶，上《傷寒論》的時候為他錄音。

二、98傳統班

　　時間到了2000年的下半年，該是我為廣西中醫學院首屆(98級)傳統班上課的時候了。傳統班是我們學院的創舉，顧名思義，是為了在現代的環境裏為中醫尋一條出路，它凝聚著時任院長王乃平博士的心血。這次《傷寒論》課程總共100個學時，為了這次課程，也因為傳統班所蘊含的意義，我做了很長時間的醞釀，第一次認真地寫了很完整的備課題綱。因為有令在身，從第一節課便開始錄音，直到100節課圓滿完成。課程結束的時候，我的案頭已堆了一大摞錄音磁帶。面對這一摞將要寄出的磁帶，我的心中突然浮現出南老(懷瑾)的《論語別裁》，這是我讀過且愛不釋手的一本好書。

　　恐怕沒幾個讀書人沒有翻閱過《論語》，於我而言，每次翻閱多是半途而廢。東一榔頭西一棒子，弄不清孔子與弟子們究竟要說些什麼？自從讀了懷師的《論語別裁》，對於《論語》的領悟便可謂別開生面。不僅東西相貫，而且首尾相連。師徒之間的話語每每叩動心弦，精妙處忍不住擊案叫絕。《論語》的零散不見了，《論語》的晦澀也不見了。《論語》可以這樣說、這樣寫，《傷寒論》就不行嗎？行，一定行！隨著文字的轉錄、梳理，完全地無意插柳卻成蔭，這便是後來大家看到的《思考中醫》。

三、去我

　　雖說只是文字的梳理，這個過程著實不輕鬆，費時年餘。不少看過《思考中醫》的人，都說我很博覽。其實恰恰相反，我讀的書甚少。原因一則是不夠勤奮，更重要的是閱

讀太慢。我自詡是不折不扣的讀書人，因為不論什麼書，我必讀出聲來，至少是心裏要讀出來，否則根本不知道什麼意思。看書可以一目十行，而讀書只能一字一字地讀。這樣的讀書，當然也就讀不了幾部。有一段時間也曾為此苦惱過，買來一堆訓練速讀的書，結果是不了了之。後來轉念一想，天生我才必有用，讀書有讀書的好，看書有看書的妙，何必求全呢？

讀書一個最大的好處就是能夠培育語感，尤其是好的古書。好的語感一旦形成，寫文章就自然天成，不需要訓練。讀書是眼看、口讀，然後入心，寫東西正好反過來，是由心入口，由口達筆，等到由筆落紙，自然可以入目了。

在梳理文字的過程中，益發覺得這本書不一定只給搞專業的人讀，非專業的人群一樣能讀。這是一個重大的定位轉變！隨著這個轉變，原來擬定的書名——《傷寒論導論》就不大適合了，因為這個書名太過專業。那該給它安個什麼名呢？漸漸地，「我對中醫的思考」呈現在心裏，是了，好像就是它了。我懷揣著些許的疑慮，帶著這七個字四處徵詢意見，都認為這是很貼切的名字，是量身定做的。直到有一天，家裏來了一位方外朋友，徑直在這七個字上打了三把叉，剩下孤零零的「思考中醫」，這才一錘定音了。

今天看來，這三把叉打得太好，打得太妙！因為叉掉了「我」，使原屬於某個人的思考變成了大眾的思考，變成了人人的思考。之所以很多人一遍兩遍甚至數十遍地讀這本書，讀到要緊處或慨然長歎或熱淚盈眶或拍案叫絕，就因為這本是屬於他們的心裏話，是他們的思考！當思考不再局限於自我，當自我的界限被打破，神來之筆便隨處湧現。不是因為你博覽群書，而是群書中的某個話題需要在這裏呈現。亦非你見解獨到，而是某處正需要呈現獨到的見解。

去我是開放生命的過程，是展現生命的過程。因為去我，生命的格局變得廣大，因為去我，生命獲得昇華。

四、感懷子仲

從書稿完成到選定出版社還是頗費周折，因為之前為陽波師整理出版《運氣學導論》（即《開啟中醫之門》）的過程，讓我對出版一事畏懼三分。所以，《思考中醫》的出版我最先選擇了南寧，因為可以找到熟人。但最終又因為在圖書編輯的問題上與出版社意見相左，便準備送到北京去出。這時我就此詢問了一位對出版內行的北京朋友，想聽聽應該放在哪家出版社合適？不意這位朋友反過頭來問我：廣西有那麼好的出版社，你為什麼不在廣西出？我疑惑地問道：廣西有很好的出版社嗎？他堅定地回答：廣西師大出版社！看來球被踢回來了。

我回了回神，然後撥通了另一位久未聯繫的老朋友俞凡的電話。俞凡一直做出版，當我跟她談起《思考中醫》、談起廣西師大社時，她很肯定地說：整個師大社也就只有龍子仲能做你的書！後來在俞凡的引薦下，我認識了子仲先生，並因為他對這本書的喜愛，我們成為莫逆之交。在編輯的過程中，有一段時間我們冒著酷暑，赤膊上陣，熱烈而深入地討論書的內涵、書的結構，頁邊那頗為生動的一個個小手指，便是子仲先生的創意。先生稟獨立之精神，自由之思想，於浮華世界，素位而行，卻不幸英年早逝。嗚呼，知吾者子仲，子仲去矣！

五、訪問清華

事物之間的因因果果，看起來偶然，其實都是必然。辦完了《思考中醫》的出版事宜，我獲得了去清華大學人文學院訪問一年的資格，那是2002年的9月。踏入清華，對我來說，是做夢也不會想到的事。清華跟我一介中醫有什麼關係呢？這一年雖不是躊躇滿志，但也有了卻一樁大事後的輕鬆。我很愜意地往來於於清華、北大，除完成導師吳彤教授關於複雜性的思考，便是自由地選擇我想聽的課程。

2002年農曆十月初一，又一位重要的歷史人物進入了我的生命，他就是生於清同治年間的王樹桐先生。如果說生於唐貞觀十二年（638年）的一位農民——惠能大師，影響和改變了他之後的中國文化，那麼，1,226年後，生於遼寧朝陽的另一位農民——王樹桐，亦將對其後的中國文化產生今人尚難意料的影響。又，如果孔子五十之後學易，並用其後來的歲月向世人演繹出《周易》的宏偉事業，那麼，2,400多年後，這位農民則用其一生盡情展現了《歸藏易》的風采。他在一百餘年前就預知了世界格局的變化，預見女性將步入社會並發揮重要作用。為了迎接時代的這一重大變化，自1911年起便開始醞釀女性教育，他以一位微不足道的農民身份，在25年的時間內，興辦了700餘所女子義務學校。他重視女性的社會地位，強調女性的社會作用，提倡新時期的婦德女道。並根據女性的不同年齡及家庭身份，總結出姑娘道、媳婦道和老太太道。於我而言，他更是一位三醫具足（上醫以德治國、中醫以禮齊人、下醫以刑治病）的醫王。他深刻揭示了情緒對生命的根本作用，揭示了情緒之於家庭的重要關聯，家道的核心就是不良情緒的化解過程。這既是家庭和諧的根源，更是社會和諧的根源。先生樸實的話語每如

醍醐灌頂，大大拓展了我醫的格局，三和的理念便是在這個過程中漸漸形成。

子仲曾經與我相約，要我寫一本《中醫環境學》，其實人生最大的環境不在外邊，而在生命與什麼樣的情緒相伴相隨。

六、欽安盧氏

又一番無心插柳柳成蔭。歷經了「非典」的白色恐怖，及廣東運用中醫藥治療「非典」的意外收穫，此時舉國上下對中醫的期待可謂呼之欲出。亦正是在這個時候，《思考中醫》面市了。僅僅半月的時間，首印即空。一月之內，便二次印刷，這在師大出版史上，尚是第一回。而我原本平靜的生活亦就此打破，往來應接不暇，甚至會在機場、在國際航班上被人認出，儼然成了公眾明星。往後十餘年間的很多故事，都與《思考中醫》有關。

瀘沽湖授課帶來的另一個意想不到的收穫是，海吶將他的業師曾榮修老先生推薦給了我。這讓我有機會認識清末鄭欽安，學習他的《醫理真傳》、《醫法圓通》，並將學習的感受寫進《思考中醫》。這對於我日後進入盧門，修習欽安盧氏醫學，無疑是重要的前緣。

盧門雖不說深似海，但由於不得已的歷史原因，祖上制訂了不收外姓的規矩。要想進入盧門，就得跨越這條規矩，可想而知，這是異常艱難的。11 年過去了（我們於 2006 年元旦正式拜師），想到投師的這段經歷，亦禁不住唏噓感歎。期間若非師母的憐憫，若非師母大智大勇的周旋，我等斷不能成為盧門的弟子。

　　跟隨盧師（盧崇漢），修習由鄭欽安開宗、由盧鑄之立派的醫學，於我的習醫生涯既是一次重大的轉變，也是一次飛躍。醫學由岐黃及神農創立，流至東漢建安，已然面目全非。經典的主旨不見了，只有代不如代的家技充斥。仲景感往昔之淪喪，傷橫夭之莫救，勤求古訓，博採眾方，將醫經、經方合二為一，建立了以陰陽六經為主體的傷寒體系。實現了第一次整體性的、化繁為簡的融合與回歸。

　　歷史往往重複，1,600餘年後，當中醫又一次陷入紛繁複雜的境地，生於蜀地的鄭欽安在飽受儒道文化薰染的前提下，做了另一次化繁為簡的探索。五氣還是一氣，六經還是一經，以及坎中一陽為生命立極之根的陽主陰從觀，無疑都是劃時代的。作為衣缽繼承人的盧鑄之先生，稱其為仲景之後第一人，並非沒有根據。

　　後世的醫家中，對於陰陽之間陽為主導這一源自《周易》及《內經》的理並不陌生，比如張景岳、趙養葵、陳修園等，然而到了用上，卻每每看不到這個主導。盧鑄之在欽安的引領下，將「陽主陰從觀」更具體地落實到「人生立命在於以火立極，治病立法在於以火消陰」，並在用上，在臨證的技法上，真正地解決了這一主導問題。姜桂附等溫熱藥恰到好處的配伍及合理的運用，為上述主導的兌現創造了條件，這導致了民間「火神派」及「鄭火神」、「盧火神」等稍帶傳奇色彩的稱謂。

　　由於實現了上述主導在理事上的一致性，理如此，用亦如此。這使得六經一氣，一氣周流，不再空洞。亦便了知仲景雖說六經，不過是在一氣上用力。氣能流行，乃成化功，流行障礙，乃有六經諸病。明乎此，便能明盧師何以用桂枝、四逆二法演繹諸法，何以以太少二經統攝諸經。在盧師眼中，我們或許尚未入門，要走的路還很遠，但理

事上的融通，臨證上的踏實，於我們自身而言，是前所未有的。

七、同有三和

從師的收穫與喜悅，很自然地想跟更多的中醫人分享，我深知現代中醫人的困惑和不易。在與師母的共同努力下，師父同意出門講學，後來的《扶陽講記》面世，以及七屆扶陽論壇的舉辦，都是這一努力的結果。

時間到了2008年，一對深圳的夫婦（《思考中醫》讀者）前來看我，臨別給我留下了一本書《如何安心如何空》，這又是一本深深觸動內心的書。我在這對夫婦的幫助下，很快與作者楊海鷹老師取得了聯繫。如果説之前生命中的去我只是概念或思想，那麼在這之後可就要真槍實戰了。

2009年4月的某一天，楊師提議我在體制外搭建一個平台，用以將這些年的思考在平台上落地。於我而言，這是一個較去清華更未曾夢見的事。坦率地説，我屬於十分自覺的那一類人，個人吃飯個人飽，故而數十年裏，只是獨來獨往。搭建平台，意味著完全地破局，這怎麼可能？！我含糊了一陣，沒有直接回應楊師。

在這之後的年餘，每逢我上京請益，楊師都會拿出大段的時間跟我討論中醫，討論平台搭建的各種方略。我則會找出一大堆的困難，一大堆的不可能。終於有一天，我跟楊師「攤牌」了：我之所以追隨您，是為了探尋生命的究竟，不是來搞中醫的！楊師回道：生命的究竟是什麼？生命的究竟不過就是對自我的認識，而自我的認識必須在利眾的過程中獲得完善。你躲在家裏可是無我了，出來遇遇事才知道我是多

麼堅固。是騾子是馬，拉出來遛遛啊！我一時無語。沒有退路了，老老實實按老師的吩咐做吧！

2011年12月8日，在楊師及多位熱心朋友的幫助下，於南寧桃源飯店的二號小樓裏，我們正式邁上了這條搭建平台的路。這個平台以「同有三和」命名。同有三和，是跟隨諸師的所得所獲，亦是我們理解的中國文化之所以廣大悉備的根本所在。過去人們用「悠悠萬事，唯此為大，克己復禮」來形容孔子的一生。而有子於《論語‧學而》中精妙地道出：「禮之用，和為貴。」是何者之間的和？於外而言，是天地人和；於內而言，是性心身和。同有則源自於《周易》的兩個卦，天火同人，火天大有，此兩者同出而異名，同謂之玄，玄之又玄，眾妙之門。

2014年12月，同有三和中醫藥發展基金會在北京獲批成立；2015年三和書院醫道傳承項目在和君的幫助下正式運營，三和公益行亦隨之開展；2017年8月12日，首屆同有三和中醫論壇開啟。一路走來，數不清的辛酸苦辣，我與眾多的同仁們一起成長。我們越發感到，所謂公益，其實是在利眾的過程中，漸漸地淡化或去除自我，這是真實的利益所在！

八、針道之旅

回顧幾十年習醫，我既非勤奮，也非十分懶惰；說不上聰慧，亦不愚笨。但是，總結三十餘年的醫行，竟然渺無針跡，這是不可思議的。《內經》時代，強調五術並重，即：砭石、毒藥、九針、灸焫、導引按蹺。當然，五術之中，又尤重於針。我們以整個《內經》的篇幅看，不論是《素問》還是

《靈樞》，談針刺的內容都遠遠大過其他，這說明從周末至漢的漫長歲月裏，醫事活動的首選是針而非藥或其他。

在醫這條路上，隨著時光的推移，我們能夠看到的一個明顯跡象是，針及其他三術的式微，而藥則日益突顯。尤其值得一提的是，2017年7月1日，第一部由政府頒佈的法令——《中醫藥法》出台了。好醒目的一個藥字！我們不禁要問：其他的四術哪去了？這就是中醫當下的現狀。

醫路上的重藥其實始於張仲景，仲景因為著述《傷寒雜病論》的巨大影響，而被後世稱頌為醫門孔聖。打開其論典（《傷寒論》、《金匱要略方論》），我們發現，與《內經》正好相反，論藥遠遠大於論針！而由仲景原序中所言：「怪當今居世之士，曾不留神醫藥，精究方術」，亦可見其一斑。這一重大的變遷為什麼會發生？它的歷史緣由是什麼？作為中醫人是應該去思考的。

醫生作為一個職業並肩負起健康的職責，是近代的事情。過去的醫事活動並沒有職業化的傾向，而是由士人來擔當，也就是說由讀書人、文化人來擔當，醫為通業而非職業。即如張仲景在序中所說的，作為讀書人，必須擔負起「上以療君親之疾，下以救貧賤之厄，中以保身長全以養其生」的責任，這是天經地義的。當然，士人在醫上的水平不一，解決問題的深淺及範圍也就不一。所謂良醫庸醫只是這個層面的指謂，而非關乎職業技術的職稱。

醫的這一通業模式，我們姑且稱之為《內經》模式，其重要或最基本的特徵之一，是健康責任人的界定。健康的責任人是自己，或更多的是讀書人自己。這正如唐代著名醫家孫思邈在其《備急千金要方》序言中所說：「余緬尋聖人設教，欲使家家自學，人人自曉。君親有疾不能療之者，非忠孝也。」由於健康責任主體的這一界定，所以，上古聖人的

教化,不是讓我們去開醫院,更不是把所有的「二甲」變成
「三甲」(醫院),而是教大家:「虛邪賊風避之有時,恬淡虛
無,真氣從之,精神內守,病安從來?!」教大家:「法於陰
陽,和於術數,食飲有節,起居有常,不妄作勞。」這些做
法都不是在門診或住院的過程中發生,而是在平時,在日常
生活中。上述界定的根本意義是什麼呢?健康一定是自己的
事!當你認為健康是醫生的責任、是醫院的責任,而非自己
的責任時,不健康已經在根本的層面發生了。

倘因各種緣由疾病發生了,怎麼辦呢?《素問·陰陽應
象大論》給出的原則是:「故邪風之至,疾如風雨,故善治者
治皮毛,其次治肌膚,其次治筋脈,其次治六腑,其次治五
臟。治五臟者,半死半生也。」這是一段樸實深奧而又極易
被忽視的文字。它的第一重意思,疾病的發生發展都有一個
過程,即由表及裏,由淺入深,由輕到重,而非一蹴而就;
第二重意思,善治者,因明了疾病的發展過程,故於疾病之
初起,於其觸手可及處,即施治療,如此不但防微杜漸,防
大病於未然,亦且事半功倍;第三重意思,用時代的眼光,
站在全民健康的維度,這是更關鍵的一層意思:治皮毛之所
以言善,乃因皮毛之治非必專業,皮毛之傷乃人人可及,隨
手可癒。而治五臟所以言半死半生,是因為此時不僅病已深
入、病已沉重,更為特別的地方是,唯有專業所能及之。此
刻,我們重溫《素問·四氣調神大論》結尾的一段:「是故聖
人不治已病治未病,不治已亂治未亂,此之謂也。夫病已成
而後藥之,亂已成而後治之,譬猶渴而穿井,鬥而鑄錐,不
亦晚乎!」何謂上工?何謂聖人之治?於此當益更明瞭。

雖然時代不古,人心總有趨難的一面,總要弄到不可收
拾才去收拾,總會崇飾其末,忽棄其本,故而醫之專業化走
向在所難免。然而,要實現中華民族的偉大復興,要建設全

面小康，又必須重拾簡易，還醫於民。醫的專業走向，醫的高精尖，此為一端；醫的通業大途，醫的全民走向，為另一端。孔子於《中庸》裏有一句讚歎舜帝的話，謂：執其兩端，用其中於民，其斯以為舜乎！於此我們亦別無選擇。

為什麼要執其兩端，才能用中於民？在魯班門前這是極易明瞭的，因為兩頭一確定，中便即刻呈現了。不過在現實社會裏，這卻是異常艱難的事。往往一旦注重了高精深，注重了專業，就極易忽略普適的、平常的通業。就以針刺為例，《內經》談針刺之所以最多，《內經》時代針刺之所以最常用、最首選，必定是這個方法最方便、最容易得到，亦且最具有大眾性、普適性。那個時候，用針並非專業行為，接受針刺亦非一定要去針灸科，這是家常事，是普通人都能操作的事！《靈樞》被譽為《針經》，其首篇「九針十二原」的所有細節雖然至今仍有未明瞭者，但是，其中兩條卻是決定針道是否能「終而不滅，久而不絕」的關鍵所在。其一，操作上必須「易用難忘」；其二，效價上必須立竿見影，該篇用了四個形象的比喻：猶撥刺也，猶雪污也，猶決閉也，猶解結也。二者缺一不可。缺其一，則必然未終而滅，未久而絕。考察中醫的歷史，針道之所以衰微，《內經》時代之盛況之所以不復再現，我之所以三十餘年有藥無針，一定與上述二者的缺失相關。

2010年的春節前，我收到了一封寄自荷蘭的信函。這封紙質的信，計有十頁，在當今這個電話、電郵、微信十分便利的時代，應屬十分稀有的事。寫信的是我一位旅居荷蘭的中醫朋友，用時髦一點的說法，也算是由《思考中醫》會出的一位粉絲。她叫龍梅，出國前曾在成都中醫學院讀過本科，算起來我們還是校友。龍梅也像很多出國的中醫人，定居海外了，原本不當一回事的中醫才真正成為相依為命的夥

伴。在荷蘭操持中醫的頭幾年裏，她主要是用針，凡是手頭能找到的針法她都如饑似渴地學習運用，畢竟這亦是謀生的需要。直到有一天，她在超市偶遇一位曾經經她治療數月而不見起色的患者，本能驅使她要問一問這位患者的狀況，令她意外的是，患者經由一種叫「五行針灸」的針法治療，很快獲得了康復。

五行針灸？可稱自命不凡的龍梅醫生在針海裏摸爬滾打了這麼多年，竟然沒聽過它的名字！好奇心促使她要去問個究竟。接下來的一年多裏，龍梅的整個身心幾乎都浸泡在五行針灸裏，全新的學習、全新的收穫，龍梅再也按捺不住內心的湧動，提筆給我寫了上述的長信。

這是一封龍梅與五行針灸之間以身相許的「情書」，讀罷這封情書，我亦被深深地感染了。「五行」這個名字雖是司空見慣，但因為過於陳舊，且或多或少被認為與迷信或非科學色彩有染，故而在現代人眼中，這並非一個被看好的字眼。然而，正是這個不被看好的字眼，卻在一位西方人手中綻放異彩。他就是華思禮，我稱之為五行針灸在西方的初祖。

「夫天布五行，以運萬類，人稟五常，以有五藏，經絡府俞，陰陽會通，玄冥幽微，變化難極。自非才高識妙，豈能探其理致哉！」這是最先記載於《備急千金要方》裏的《傷寒論》的一段序文。從中可見，萬類抑或五藏都稟運於五行的主導之下，而華思禮教授以其殊勝師緣及高妙才識，會通陰陽，探尋出五行於經絡府俞的幽微變化，傳承了五行針灸這一源自《內經》的珍貴法脈，並最終使之由暗流中浮出水面。

五行源於自然，生命出自五行，然就每一位個體生命而言，其生命的個性（或強或弱、或盛或衰、或柔或剛）皆由五行中的某行（或木或火或土或金或水）主持並彰顯。五行

針灸的要旨，便是去發現這一個性並終身護持之。這於每個生命而言，何其美妙！何其神聖！

華思禮教授（1923–2003）的一生，以五行針灸的習傳弘播為其使命，死而後已，費時58個春秋。在晚年的歲月裏，當其見到諸多來自中國大陸的針法歷經時代的洗禮之後，已完全失去本來面目，遂萌生了要將此傳承二千餘年仍不失本色的寶貴針法送歸故土的願望。只惜韶華不永，華思禮未能於有生之年成辦所願。但值得告慰老人的是，其親傳弟子諾娜·弗蘭格林在弟子龍梅醫生的引薦下，更因為上述那封信的特殊因緣，於2012年起，遠渡重洋，迄今已11次攜弟子龍梅及蓋來到中國，教授傳播五行針灸。六年的辛勞，換來越來越多的國人知曉五行針灸，亦有越來越多的行業內外的學人因感動於五行針灸理念及效用的樸素與奇美，轉而投身於五行針灸的研究和實踐。五行針灸是迷人的，言其樸素與奇美，乃因其輕描淡寫的處治卻能深觸人性，對於時下眾多因工作壓力而不堪重負的群體，真是太當機的法門。然而，若欲成為一名五行針灸師，學人不僅要專注、要一門深入，更要能拋卻習以為常的大腦思維，進入心的世界。也許因為手頭的工作，令我無法一門專注，也許是資質的限制，抑或是其他的因素，對於五行針灸，目前我只能為她做我力所能及的一切，為她重歸故里助推，卻暫時未能於此專修學習。這對於我本人及許多關心我的朋友來說，似乎是一樁憾事。但世上的很多事都有說不清楚的一面，當你在無所求的心境裏成就一件能夠利益大眾的事業時，你自身的因緣亦會悄然而至。

2014年，是幸運的一年。在諸位接引菩薩的錯綜引導下，我遇到了針道上的師父——楊真海先生。初次見面，多少有些客套，針上面我不過是外行看熱鬧，看上去有些歪歪

倒倒的針，其實並不怎麼吸引我，說效果多麼神奇，對於我這樣一位各種江湖都趟過的人，也不會太稀奇。真是有心栽花花不開，無心插柳柳成蔭，真海師無意中的一句話卻深深吸引住了我，「我們這個針法就是調中的！」這一年的歲末，我攜夫人進入師門，踏上了不尋常的內針之旅。

如上所述，針刺向專業化的方向發展，故有其精深微妙的一面，然而精深了，微妙了，把握的難度就大大增加，能把握的人就大大減少，亦就背離了易用難忘的經旨。無怪乎時至唐初，孫思邈已感歎：「今以至精至微之事，求之於至粗至淺之思，其不殆哉？！」孫真人的悲歎雖有其歷史因由，有其現實背景，但以醫道而言，孫真人的大醫情懷亦不免墮入了偏執的一端。

至精至微如何與粗淺平常打成一片？難易如何相成？益與損如何渾然一體？這便是中之所為，中道之所為！其實，精粗、難易、損益亦不過就是陰陽，陰陽若能自和，一片、相成、一體即非難事了。真海楊師於法脈上的傳繼，甚或於他事上的砥礪琢磨，亦不過為此因緣。孔子於《繫辭傳》中有一段不朽的話：「一陰一陽之謂道，繼之者善也，成之者性也。仁者見之謂之仁，智者見之謂之智，百姓日用而不知，故君子之道鮮矣。」我將這段話奉為中國文化的綱領，並將對這段話的切身感受形成文字，作為《思考中醫》英文版的序言。中醫與中國文化的關聯，可以在這裏得到盡情展現。陰陽作為中醫的道統所在，在《內經》的諸多篇章裏可謂用盡其辭。如《素問‧陰陽應象大論》開首即謂：「陰陽者，天地之道也，萬物之綱紀，變化之父母，生殺之本始，神明之府也。治病必求於本。」雖說對「治病必求於本」的理解並無異議，這個本就是陰陽。儘管陰陽須臾都不離日用，但由於天地、萬物、變化、生殺、神明，這些高大上的用詞

已將大家搞得稀裏糊塗，讀專業的人都難弄清楚，更何況百姓？日用而不知，便在情理之中了。知且不知，如何去求陰陽？如何去治本呢？

要想突破這個瓶頸，就必須簡化，就必須做減法，損之又損才能回歸於道。天地太遙不可及了，萬物太籠統了，變化、生殺、神明又令人捉摸不定，如此猴年馬月才能求到本上？才能陰病治陽，陽病治陰？那究竟該怎樣來看陰陽呢？左右不也是陰陽嗎？上下不也是陰陽嗎？男女不也是陰陽嗎？直接以陰陽命名的十二經絡不都是陰陽嗎？對！這些都是陰陽，是最接地氣的陰陽，這個陰陽百姓不會不知！此時回觀《素問·陰陽應象大論》給出的針刺總則：「故善用針者，從陰引陽，從陽引陰，以右治左，以左治右。」是何等的清晰，何等的明白！至此，真海師父對於承接的法脈——黃帝內針已豁然無疑，對於如何令甚深的針道易用難忘，如何使之大眾化、平民化，如何真正的走進千家萬戶，造福蒼生，心中已然篤定！彈指間走過了數千百年，難易相成，精粗渾然，好一個執其兩端用中於民！

接下去的故事，或傳承，或法理，或規範，已盡述於《黃帝內針》，大家可以從容觀品，並付諸實施。

奉董秀玉先生之命，而有上述的文字，只是寫得長了些。《思考中醫》終究還是來了，來到了她該來的地方。值此香港中文大學出版社與北京傳世活字新版之際，值此活字與師大聯袂之際，略述感懷，以會新老朋友。

劉力紅　丁酉孟秋於北京

序

　　作者是我眾多學生中頗具特色的一位，這個特色不是指旁的什麼，而是指他對中醫，尤其是對經典中醫那不同尋常的熱愛與追求。這在對經典的重視每況愈下，在高等中醫院校紛紛將經典改為選修課的情況下，是難能可貴的，是值得讚許的，也是最令我感到欣慰之處。作者對經典的執著與熱愛，以及作者在經典中醫方面所達到的境界，已在這部書稿中充分地展現出來。相信各位在閱讀過此書後，應該有所感，有所得。

　　誠如作者所言，經典是中醫這門學問的基礎學科，而這個基礎迄今為止還沒有任何一個東西能夠代替。因此，欲學好中醫，欲在中醫這門學問裏達到較高的境界，就必須重視經典，就必須重視這個基礎學科。欲詣扶桑，非舟莫適。這是古今大師們所公認的必由之路，捨此別無他途。

　　《傷寒論》是一部什麼樣的書呢？是一部經典，是一部聖人的著述，是一部中醫史上承前啟後的巨著，是幾乎所有的成名醫家共同推崇的一部最最重要的典籍，是伐山之斧，是入道之津梁，而在我看來，更是一部論述疑難病證的專著。《傷寒論》於中醫的重要性是毋庸置疑，有目共睹的。正因為其在中醫這門學問裏的獨特意義，引來了這一領域裏的古今中外的醫家們的共同矚目。有關《傷寒論》方面的著述，迄今為止，仍是中醫界歎為觀止的。而在這眾多的著述裏，能像作者這樣如此平實地將甚深的經義娓娓道來者，卻實為少

見。孔子云：「後生可畏，焉知來者之不如今也？」余信也，
是為序。

　　　　　　　　　　　　　辛巳十月　陳亦人於南京

第一章

略說中醫的學習
與研究

夫太極者，
理而已矣。

一、樹立正確的認識

1. 理論認識的重要性

對中醫的信念和感情，自然造就了我對中醫有一種責無旁貸的使命，以為中醫興亡，匹夫有責。這部書的寫作，也許正是出於這樣一種使命感和責任感。所以，我很希望通過這部書的寫作，切實地為中醫解決一些問題，特別是認識上的問題。

這部書的寫作，經歷了近十年的醞釀，應該說準備還是充分的。但是，真正要動筆了，卻還是不知從何入手。總覺得中醫的問題千頭萬緒，哪一個更重要，哪一個更關鍵呢？

在平常人眼裏，中醫是治療慢性病的，或者說西醫治標，中醫治本。什麼是治本呢？實在的就是大病重病，西醫幫助渡過了急、危、重等諸道難關，然後讓中醫來收尾，讓中醫來調養。因此，說到底，中醫只能用來治一些死不了的病。

而在另一些人眼裏，中醫只是啼鳴的公雞。你啼，天也亮；你不啼，天也亮。中醫究竟是不是這麼回事呢？我想解決這個認識問題，應是一個關鍵。

（1）中醫目前的狀況

上述這樣一個認識並不是偶然的，也不是沒有根據的。在歷屆畢業生中，有不少都喜歡到我這裏來談體會。他們很多人有一個共同的感受，就是在大學四年的學習裏，對中醫還是有熱情、有信心的，很希望在畢業的一年裏能有小試牛刀的機會。可是一年的實習下來，他們幾乎徹底絕望了，對

中醫的熱情也所剩無幾。為什麼呢？很重要的一個方面是他們在臨床上所看到的中醫，並不是他們原來所想像的中醫。中醫無論在中醫院還是西醫院的中醫科，幾乎都成了一種裝飾。搞中醫的人對中醫沒信心，稍微碰到一點難題，就急著上西藥，或是在西醫的常規治療上，加一點中醫做樣子。而真正想搞中醫的人，在制度上又沒有保障。

記得我剛畢業的時候，在一家中醫院搞臨床，這家中醫院就有一條明文規定，發熱的病人用中醫治療，如果三日內不退燒，就一定要上西藥。中醫院會做出這樣的規定，至今我仍不明白。為什麼中醫院不規定，用西藥退燒，如果三日退不下，就必須上中藥呢？中醫落到這樣一個地步，不能不叫人生疑。

昨天，有一位臨產的孕婦到我這裏拜訪，目的是在生產前來面謝我。在她懷孕七個月的時候，因為勞累的關係，出現腹痛、陰道流血等先兆流產症狀。經過一周的西醫治療，沒有得到改善，又因為患者有過流產的歷史，所以，心裏特別害怕，後來經友人介紹到我這裏診治。診查舌脈之後，我給她開了黃芪建中湯，第一劑藥後，出血就減少了；三劑藥下去，腹痛、流血皆止，而且胃口大開。事後，她將經過打電話告訴在北方的母親，母親聽說這件事後，第一句話就問：用中醫行嗎？患者母親的這個疑慮，反映了平常百姓對中醫的心理。

今年五月，我應邀參加一個中醫學術研討會，在會上就做了個「略說中醫的學習與研究」的報告。報告之後，一位與會的博士找我交談，一方面對我在這樣的年代裏還能用如此大的熱情來研究經典、宣揚經典表示讚歎；另一方面，則是對我的行為感到不解。據說在他們一幫中醫博士裏，已經絕少有人看經典，如果哪一位博士的案頭放上一部《黃帝內

經》，那絕對是要被笑話的。博士的案頭都是什麼書呢？都是分子生物學一類的現代書。

◎中醫博士可不可以不讀經典？

　　博士這個群體，無疑是個高層次的群體。他們身上肩負著中醫現代化的使命，所以，讀些現代的書是理所當然的。但他們為什麼不願讀中醫書，尤其不讀經典的書呢？我想答案只能有一個，就是在他們的心目中，中醫只不過如此，經典只不過如此，難道還有什麼更多的看頭嗎？我想與上述許多問題相比，這個問題顯得尤其嚴重。大家知道，博士這個群體，將很快、很自然地要成為中醫這個行當的決策者、領路人，等到這個群體真正當政的時候，中醫會成一個什麼樣子呢？這是不難想像的。

　　所以，這樣一個問題就不得不提出來，就是：我們現在看到的中醫，我們現在認識的這個中醫，究竟代不代表真正的中醫？我們現在在各類中醫醫療機構看到的這些醫生的水平，究竟能不能代表中醫的真正水平？中醫的真正水平在哪裏？中醫的制高點在哪裏？在現代，還是在古代？對這個問題的不同回答，會形成對中醫截然不同的認識。如果真正的中醫就是我們現在看到的這個樣子，那我們值不值得花很多時間來學習她？值不值得花畢生的精力去鑽研她、實踐她？我想首先我是不會的！何必陷在這個死胡同裏呢？花去許多精力還只能做個配角。所以，我提出「如何正確認識」這樣一個問題，就是希望大家不要被當今的這個局面所迷惑，從而喪失掉對中醫的信心。

（2）中醫理論是否滯後於臨床

　　近十年裏，中醫界提得很多的一個問題，就是中醫理論滯後於臨床的問題。對於任何一門科學而言，都是理論走在前面，實際運用慢慢跟上來。有關這一點，我在後面還要詳

細談。這幾十年來，中醫的局面為什麼沒有辦法突破？臨床療效為什麼老是上不去？遇到高熱降不下來，最後還得上青黴素。為什麼呢？為什麼會造成這種局面呢？中醫的理論已經形成兩千餘年，在這期間，沒有大的突破、大的變化，會不會是因為理論落後，已經不能為臨床提供更多、更有效的指導了呢？中醫理論滯後於臨床的問題便順理成章地被提了出來。

　　大家可以思考，今天我們的臨床落後，我們治病的水平上不去，是不是因為理論落後造成的？我的看法完全不是這樣。恰恰相反，中醫的理論不但沒有落後，在很多領域還大大地超前。這與其他傳統學問有類似的地方。近代著名學者梁漱溟先生提出：中國傳統文化，如儒家文化、道家文化、佛家文化，皆係人類文化之早熟品。我想中醫的情況大抵亦如此，正因為其早熟，而且早熟的跨度太大，乃至現代她仍不落後，甚至還超前。所以，在中醫這個體系裏，完全不存在理論落後於臨床的問題。你認為理論落後於臨床，你認為理論在你那裏不能指導臨床，那我就要問你：你真正弄通中醫理論沒有？對於中醫的理論，對於《內經》的理論，你把握了多少？有十成把握了沒有？如果不到十成，兩三成呢？如果連兩三成都不到，有的甚至搞了一輩子中醫最後竟然還分不清陰陽，那你怎能說理論落後於臨床？現在的人把中醫理論看得太簡單了、太樸素了。因為太樸素，就有點像山裏的農民。其實，樸素有什麼不好呢？樸素才是最高的境界，因為返璞才能歸真！如果你還沒有真正認識中醫的理論或者最多只是一種相似的認識，你怎麼能說中醫理論是超前還是落後呢？

　　上述這個問題是個很嚴重的問題，如果沒有認識好，那導致中醫今天這樣一個局面的癥結就不容易抓到。我們今天

看到的臨床水平比較低下的狀況是什麼原因造成的？如果錯誤地把這個原因歸結到理論的落後，而去尋找理論方面的原因，那我們可能就會形成真正的倒退，真正的落後！

記得本科畢業後，我在附院搞臨床。一次，接治一位女性肺炎患者，患者年齡60歲，入院體溫39.5℃，WBC近兩萬，中性98%，右肺大片陰影。按照西醫的看法，這是一例重症肺炎患者。老年人患重症肺炎是很容易出危險的。但是，當初的我，初生牛犢不畏虎，總想試試中醫的療效，所以，選擇了中醫治療。經過辨證，屬於肺熱所致，遂投清肺之劑。不料服藥之後，不久即瀉，始則藥後兩小時瀉，後漸至藥後十餘分鐘即瀉。所瀉皆似藥水，入院三天體溫絲毫未降，其他症狀亦無緩解。按照院規，次日再不退燒，就必須上西藥。此時的我，心情比病人還要著急，遂匆匆趕到師父處求教。師父聽完介紹後說，這是太陰陽明標本同病，陽明熱而太陰寒，陽明熱需清，然清藥太陰不受，故服之而瀉利。此病宜太陰陽明分途而治，方不至互相牽扯。內服仍守前方以清陽明，外則以理中湯加砂仁，研末調酒加熱外敷神闕以溫太陰。我趕緊如法炮製，當晚近九時敷上，約過一小時，繼服上藥，服後竟未再瀉。次日晨查房，體溫降至正常，一夜之間，他症亦頓減。此病始終未用一粒西藥，周餘時間肺部炎症即全部吸收而出院。

此例病人給我的影響極深，使我於長長的十多年中，在遇到臨床療效不如意的時候，從來沒有懷疑過是中醫的問題，是理論的問題。所以，對於理論是否滯後於臨床這個問題，我們應該好好地去思考。這個問題解決了，對於理論我們就可以放心大膽地去信受奉行。在遇到障礙的時候，我們會在自身的領悟上找問題，而不會歸咎於理論。當然，如果問題真正出在理論上，確實是理論滯後了，我

◎理論的先進與落後靠什麼來衡量？

們亦不應死抱住這個理論。但是，根據我的經歷和觀察，大多數情況下，問題並不出在理論上，而是出在我們的認識上。

(3) 20世紀物理學發展的啟示

有關上述問題，我還想從另外一個方面加以申說。理論與實際運用、理論與臨床的關係是非常明確的。有關這一點，我們只要回顧一下20世紀物理學的發展，就會很清楚。

19世紀末，經典物理學已經達到了人們想像中的十分完美的程度。人們也許認為，這就是解釋世界的最終極、最和諧的理論。但是，時間一跨入20世紀，這種和諧就被打破了。隨著1905年狹義相對論的創立，以及後來的廣義相對論和量子力學的建立，人們對宏觀及微觀世界的看法產生了根本的改變。在認識上的這個改變，導致了技術應用上翻天覆地的變化，從宇航技術、原子能技術，到微電子技術，乃至我們今天所能感受到的一切變化，都無不與新理論的建立相關。在經典的物理學框架裏，宇航技術、原子彈，以及現代通信技術，這些都是難以想像的。回顧剛剛過去的這個世紀，我們切實感受到了理論的重要，理論確實制約著技術的應用與發展。而這樣的一種感受和經驗，能否作為我們提出中醫理論滯後於臨床的理由呢？我想這個理由應是雙重的，正因為我們看到了理論的重要性，它制約著實踐和技術的發展，所以，更應該重新來評價我們今天的認識，重新來認識中醫的理論。看看經典中醫理論的包容性究竟有多大，它的延伸性、超前性究竟有多大，它究竟還能不能給我們今天的臨床帶來指導，而不應光看到她是兩千年前的產物。如果這個理論的確落後了，的確不能適應現代，那就要毫不猶豫地打破她，在中醫這個體系裏建立起

「相對論」。如果這個理論根本沒有落後，如果在這個經典的框架裏已然具足「相對論」、「量子力學」，那我們為什麼一定要打破她呢？

目前在中醫界有一個怪現象，也是一個可怕的現象，就是對中醫經典的教育逐步在減弱。現在大多數中醫院校已將經典改為選修課，就連成都、南京這些老牌的、原本非常注重經典的學院亦不例外。這種改變是不是一種進步呢？很值得懷疑。在我們沒有建立起新的理論前，在我們還沒有切實地發現傳統理論的破綻前，經典仍然是中醫的核心，經典仍然是中醫的基礎，經典仍然是中醫的必修。怎麼可以將核心和基礎作為選修呢？有人說《中基》不是從《內經》裏來的嗎？《內科》不是從《傷寒》、《金匱》裏來的嗎？而且它們比《內經》、《傷寒》、《金匱》更完善了，怎麼不可以用它們來取代經典呢？實在地說，《中基》與《內經》，《內科》與《傷寒》、《金匱》根本就不是一回事，相差太遠太遠了，怎麼可以同日而語呢？我想，這個問題今後會有機會談到的。

好比新的力學尚未建立，就將經典力學束之高閣，這是一個什麼格局呢？大家可以思考。理論需要實踐來檢驗、來說明，這是普適的，東西方文化都是如此。在現代科學裏，由於許多傑出科學家的工作，理論的價值顯而易見，如我們從費米的工作裏可以充分體會到量子理論的魅力。但是，在我們一般人那裏，量子論、相對論又能起到什麼作用呢？所以，理論評價絕不是一件簡單的事情。在中醫的歷史裏，出現過許多成功運用經典理論的人，比如張仲景，比如扁鵲。扁鵲運用經典理論成為起死回生的一代神醫，而張仲景則因為諳熟經典而最終成為醫聖。我們是否可從扁鵲、張仲景及歷代名醫那裏看到經典理論的價值，就像從費米及許多科學家那裏領略到現代物理一樣。

◎扁鵲與費米有沒有可比性？

2. 楊振寧教授所認識的中國文化

1999 年 12 月 3 日，著名物理學家、諾貝爾獎獲得者楊振寧教授應香港中文大學之邀，於新亞書院舉辦了一個題為「中國文化與科學」的講座。在這個講座中，楊教授用了相當長的篇幅來闡述中國文化的特徵。

楊教授是公認的 20 世紀最偉大的物理學家之一，在傳統文化方面也有相當的造詣。所以，他對傳統文化的看法應該具有相當的代表性和影響力。楊振寧教授對中國傳統文化的認識，可以歸結為以下幾個方面：第一，傳統文化是求理，而近代科學 (包括現代科學) 是求自然規律。傳統文化所求的理並非自然規律、自然法則，而近代科學追求的是自然規律。這樣一種劃分就使傳統文化與近 (現) 代科學涇渭分明了。傳統文化求理，不求自然規律，那麼，這個理又是什麼呢？楊教授解釋這個「理」就是一種「精神」，一種「境界」。那麼，這個「精神」、這個「境界」又是指的什麼呢？難道科學就沒有精神，沒有境界嗎？第二，楊教授認為在傳統文化裏只有歸納的方法，而沒有邏輯推演 (或稱演繹)。大家知道，在科學體系裏進行研究，需要兩種方法，一個是歸納，一個就是推演。所謂歸納，就是把許多現象歸納起來得到一個認識、一個定義、一個理論，從而把許多事物聚在一點上、一個認識上。原來現象上看似不同，本質上卻是這麼相近。所以，歸納實際上是由外向內的一種認識。邏輯推演則是另一個重要的方法，這個過程非常嚴密，比如由一到二，由二到三，這個次序只能這樣。現代科學既有歸納，又有邏輯推演，而邏輯推演是它的標誌。中國文化裏只有歸納卻沒有邏輯推演，這又將傳統與現代區別開來了。第三，傳統文化裏缺少實驗，缺少自然哲學。在很多場合，許多人認

為中醫與其說是一門自然科學，倒不如說是一門自然哲學。而楊教授在講演中卻以中醫為例，認為傳統文化中缺少自然哲學，這顯然與許多人的觀點相左。在現代科學領域裏，實驗是非常重要的，離開實驗幾乎寸步難行。即便是審視科學的部門也是如此。當年我讀博士的時候，管理博士這一層次的機構就有個不成文的規定，就是除了文獻學博士外，其餘的都要搞實驗研究。所以，我這個博士算是僥倖得的，因為我並沒有做實驗研究，這要得益於我的導師。

在中醫歷史裏沒有實驗，我們沒有看到黃帝問岐伯：你的陰陽理論是怎麼發現的？是不是通過小白鼠實驗發現的？確實沒有。所以說在中醫乃至其他傳統科學裏沒有現代意義上的實驗，這是合乎實際的。以上就是楊教授對中國文化的大體認識。

3. 傳統理論的構建

楊教授的上述認識是具有代表性的，但是不是很正確呢？是否真正表述出了傳統文化的內涵呢？這一點我有不同的看法。傳統文化雖然有許多分支領域，但是，中醫是最具代表性的。下面就以中醫為例，次第講述我的觀點。

◎這一小節的內容主要是就傳統文化與中醫的問題跟楊振寧教授商榷。

(1) 何為理

首先，我們要來認識的問題就是什麼是「理」。傳統文化孜孜以求的這個「理」，是不是僅僅是一個精神和境界的問題，還是包含了精神和境界？我們可以先從文字的角度來考究這個問題。

《說文》曰：「理，治玉也。」所謂治玉，也就是雕刻玉。玉石開採出來以後，經過我們的琢磨，經過我們的精雕細

刻，形成我們所需的形狀，形成一個藝術品。所以，理的原意，是指的這樣一個過程。在古人眼裏，所有的物質中最緻密的東西是什麼呢？是玉。為什麼玉看起來很冰清、很細膩呢？就是因為玉的紋理非常細潤的緣故。大家知道歷史上有一個庖丁解牛的故事，庖丁解牛，目無全牛。為什麼呢？因為他非常熟悉牛的理，每一塊肌肉的走向他都非常清楚，順著這個走向、這個紋理去解牛，既快捷，又不費刀。玉的理當然就要比牛的緻密多了，所以，治玉更要加倍地細心，更要清楚這個理。順著這個理去琢磨，去雕刻，就可以弄出我們所喜歡的藝術品；要是逆著這個理去雕刻，玉就會被損壞。理的原意就是這樣。引申出來呢，就是你要這樣走才行得通，那樣走就行不通。為什麼呢？因為理在這裏發生作用。大家想想看，這樣的理不是自然規律又是什麼呢？自然規律、自然法則是不能違背的，違背了就行不通。俗話說：「有理走遍天下，無理寸步難行。」理的意義就在這裏。你要順著走，路子才走得通，這就是理。人理也好，天理也好，自然之理也好，都是這樣。自然之理就是我們要順著這個理與自然相處，才行得通；人理就是我們如何跟人相處才行得通。所以，理不光是精神和境界的問題。理是一個很實在的東西，是看得見、摸得著的。你這樣走就行，那樣走就會碰壁。而精神有時是虛無的、縹緲的，沒辦法把握的。

　　我們說在中醫裏面，更顯得上面這個理、這個規律、這個法則的重要。而這個理、這個規律、這個法則是什麼呢？就是陰陽四時！所以，在《素問·四氣調神大論》裏說：「故陰陽四時者，萬物之終始也，死生之本也，逆之則災害生，從之則苛疾不起，是謂得道。」這裏為什麼要用「得道」這個詞呢？這是一個很有趣的問題。得道這個詞在古人那裏用得

很多，得道可以升天，連天都可以升，還有什麼不能的呢？那因為什麼得道呢？因為你明白了這個理，順著這個理走，當然就得道了，當然就步入坦途了。現在的宇宙飛船為什麼能夠升天呢？不就是因為我們弄清了相對論這個理嗎？所以，這個理、這個道、這個道理都是很有意趣的詞語，古如是，今亦如是。

（2）歸納與推演的結合

傳統文化的建立是不是只有一個歸納呢？在這一點上我也是不同意的，《素問‧上古天真論》明確指出：「上古之人，其知道者，法於陰陽，和於術數。」這裏的知道者，也就是得道者。得道者，當然必須是明理者。這裏的理包括兩個方面，一個是陰陽，一個是術數。所以，這就有兩個問題，陰陽表示的是歸納，《素問‧陰陽應象大論》說：「陰陽者，天地之道也，萬物之綱紀，變化之父母，生殺之本始，神明之府也。」這裏將天地萬物，將一切事物的變化、生殺都歸結到陰陽裏，所以，就歸納的角度而言，天下沒有比陰陽更完美的歸納法了。那麼，術數呢？術數所表述的顯然就是推演的一面，顯然就是傳統意義上的邏輯的一面。談到推演和邏輯就必須聯繫數學，所以，楊教授認為，在中國古代沒有數學產生，只是到16至17世紀西學傳入後，才有了數學的苗子。而真正意義上的數學則到20世紀才有，這要以清華、北大於20世紀初開設數學課程為標誌。那麼，中國文化裏究竟有沒有數學呢？答案是肯定的，術數就是關於數學的學問。《四庫全書總目》在談到術數的定義時，有下面一段文字：「物生有象，象生有數，乘除推闡，務究造化之源者，是為數學。」當然，這並不是現代意義上的數理邏輯系統，但是，它屬於推演的部分卻是可以肯定的。所以，要想

成為知道者，要想真正把握傳統這門學問，就既要把握陰陽，又要明於術數。因此，傳統文化是歸納和推演的結合，二者缺一不可。

(3) 理性思考與內證實驗

傳統文化裏沒有實驗，這個問題楊振寧教授只說對了一半。確實，在中國文化裏我們看不到像現代這樣的實驗研究。就醫學而言，運用人體以外的東西，如用大白兔、小白鼠或其他動物所進行的一系列實驗，的確沒有。但是，在傳統文化裏，存在很細微、很精深的內證實驗，卻是不可否認的事實。正是因為這個內證實驗和理性思考的結合，才產生了傳統文化，才構建了中醫理論。當然，內證實驗這樣一個問題確實不容易說清楚，為什麼呢？因為這個內證實驗不是擺在我們面前的小白鼠，你看得見，摸得著，它完全是通過自身修煉來實現的一種能力。一旦具備了這一能力，就可以自在地進行各種有別於在機體之外進行的各種實驗。所以，這個問題不好談，但是，不談又不行。如果講傳統文化迴避了這個問題，那麼，我們就要按照上面的路子理解傳統文化。這就會出現兩種情況，要麼中醫是不具備理論結構的經驗醫學，要麼中醫的理論是僅憑思考得出來的結果。大家可以想想，光憑一個思考得出的理論，值不值得我們完全地去信受？大家也可以想想，中醫的許多理論，中醫的許多事實，光憑一個思考行嗎？比如經絡、穴位這樣一些東西，你能夠思考出來嗎？比如風池、風府這個問題，你憑什麼思考可以得出這樣一個特定的穴位要叫作風池、風府？你憑什麼思考出少陽經是這樣一個循行，太陽經又是那樣一個循行？我想，無論你如何聰明，這些東西也是思考不出來的。不信，你就思考出

◎內證實驗是任何一個有志於研究中醫的人所不能迴避的。

來一個看看。顯然，如果沒有內證實驗的參與，沒有非常精微實驗的參與，是不可能的。所以，我們完全有理由相信，傳統文化，特別像中醫這樣的學問，在其理論的構建過程中，是既有思考，又有實驗的。傳統文化中沒有實驗的説法是站不住腳的。我們只有理由來區分內證實驗與現代的外證實驗，而根本沒有理由來否定內證實驗。這個問題不應該含糊。

因此，理性思考和精微實驗是傳統的基礎，在這個基礎上建立起來的理論是完全可以信受的。問題在於為什麼現在很多人不認為傳統文化裏有實驗。因為我們很難想像內證實驗是個什麼東西，比如説經絡，李時珍曾經説過，經絡隧道，若非內視反觀者，是難以説出道道的。內視反觀是什麼呢？內視反觀就是典型的內證實驗。具備這個內證能力，經絡穴位都是看得見的東西，可是在現有的科學實驗那裏看不見，甚至動用最先進的科技手段也難以看見，那你完全可以不相信，所以，困難就在這裏。

要進行上述的內證實驗，需要主體具備一定的素養、一定的能力，在我們本身不具備這種內證實驗的條件與能力的情況下，你有沒有這樣一個直覺？科學也需要直覺。愛因斯坦在很大程度上就是一個直覺的信奉者。離開直覺，科學研究就少了一條腿。我想在我們許多人裏，也許會有人具備這樣一種內證的能力，也許一個也沒有。但你相不相信呢？這是學中醫一個很重要的方面。有人問我，學中醫需要什麼條件？我想就是需要這個條件，在你做不出來的情況下，你相不相信有這麼一個存在？

內證實驗究竟是什麼一個情況呢？梁啟超的一句話説得很好：「心明便是天理。」這也是楊振寧教授在講座中引用過的一句話。心明不是普通的心裏明白，要獲得這樣一個心明

是很不容易的。心明實在的就是已經具備了內證實驗的這麼一種狀態。心明就可以內視，就可以反觀，經絡隧道就可以一目了然，你就可以進行內證實驗的操作。為什麼說這是內證實驗呢？因為它不是在人體外部進行的。

大家知道，張仲景在《傷寒論》的序言中提到過一本書，這本書的名字叫作《胎臚藥錄》。過去認為，既然有一本《顱囟經》是講小兒疾病的，現在又用一個「胎」字，所以，《胎臚藥錄》自然應該是講小兒用藥的書。如採用現代的語言來翻譯，或者可以叫作《兒科用藥全書》吧。但是，我們翻開歷史就會清楚，東漢以前會不會有一本專講小兒用藥的書呢？《神農本草經》只分上、中、下三品，而不分內科、外科、婦科、兒科；就是到明代的《本草綱目》也只分木部、草部、石部、獸部，等等。所以，有這些常識，就不應該這樣來思維《胎臚藥錄》。那麼，《胎臚藥錄》究竟是一部什麼樣的書呢？胎，不是指胎兒，而是指胎息，是一種回復到胎兒時期的特殊呼吸狀態。人一旦進入到胎息的狀態，心明的狀態也就自然產生了，內證的條件也就具備了，這個時候內證實驗室就可以建立起來。此時，你對藥物的感受是實實在在的，藥物服下去以後，它的氣味如何，它先走哪一經，後走哪一經，在這些部位發生什麼作用，這些都是清清楚楚、明明白白的。所以，古人講藥物的氣味，講藥物的歸經，並不都是思考出來的，而是真正試驗出來的。所以，《胎臚藥錄》就是在能夠進行內證實驗的條件下，對藥物在體內運行作用過程的一個記錄。

因此，傳統文化，特別是中醫理論的構建，完全是在理性思考與內證實驗的結合下產生的。所以，中醫光有思考，沒有實驗這樣一種認識是不能接受的。可以接受的是，中醫確實沒有像現代一樣的外證實驗。

（4）理論的運用

中醫理論產生以後，它是怎麼應用的呢？理論應用就有一個技術問題。我們可以把現代科學領域劃分為三大塊，就是基礎學科、技術學科、應用學科。技術學科是什麼呢？就是基礎理論與應用之間的一個橋樑、一個中介。為什麼現代科學往往是科學技術並稱呢？就是因為這兩者的相互影響太大，有些時候科學決定技術，有些時候技術決定科學。比如物質結構的研究，沒有理論不行；但是要突破理論，沒有高速度、高能量的碰撞機也不行。所以，科學與技術是相輔相成的。但在傳統文化裏，有一個非常奇怪的現象，就是在理論與應用之間，缺少一個現代意義上的技術，理論與應用之間沒有中介，沒有橋樑。我們看現代醫學，理論與應用之間有一個龐大的技術中介，整個現代科學的物理學、化學、生物學都在為這個中介服務，這使得醫學理論的應用變得非常方便。現在，醫生很少再用望觸叩聽去診斷疾病，而代之的就是上面這個龐大的技術中介，這一系列的理化檢測手段。而中醫呢？我們沒有這樣一個中介。理論的應用，理論價值的實現，這一切都得靠我們自己去心領神會，靠我們自己去把握，這就帶來了很大的困難。

◎現代科學是中介科學；傳統科學是非中介科學。

◎中醫是一門沒有技術學科的醫學。

所以，要談傳統文化與現代科學的差別，我想，最大的差別就在這裏。現代科學裏，理論與應用之間有一個技術中介來幫助實現理論的價值，而傳統文化，特別是中醫，完全沒有這個中介。理論的應用只有靠主體直接來把握，主體能夠把握多少呢？像現代科學這個技術的過程完全可以由科學精英來創造，而技術一旦創造出來，就可以進行大批的複製，這個過程是可以由普通技術工人來進行的。錢學森搞導彈，並不需要他親自去造導彈；電腦專家發明電腦後，也不需要他一台一台地去造電腦，技術就可以幫助他們完成這個

過程。所以，現代技術是很方便的東西，它可以幫助我們，使再高深的理論都能夠變成現實。所以，在現代科學面前，精英是可以複製的。但是，在傳統的領域裏就沒有這麼方便。這樣一個理論再好，如果你不能把握的話，還是等於零。就像我們現在拿到相對論，我們能搞出什麼名堂？大家可以想想，一個相對論擺在你面前，你可以搞出些什麼東西？我很難想像這個問題。如果你搞不出什麼，是否就能說這個相對論太落後，愛因斯坦太糟糕呢？所以，中醫所面臨的就是這樣一個問題，它落後就落後在這樣一個環節上，並不是說它的理論真正地落後了。因為歷史上已經有非常多的精英成功地運用了這個理論，成功地運用它造出了「原子彈」，造出了「電腦」。所以，我們應該有一個很清醒的頭腦，要好好地思考上面的問題。思考清楚以後，我們就會發現問題出在什麼地方，是出在理論的環節上，還是出在其他的環節上。

通過上面這些討論，大家是不是能建立這樣一個認識：中醫這門學問，現在並不是理論出了問題，並不是理論滯後於臨床，實際上完全不是這麼回事。中醫的理論，你一旦進去了，你就會有感覺，你就會受用，怎麼還會說她滯後呢？

現在，如果我們有了這樣一個共識：中醫的問題沒有出在理論上面。既然沒有出在理論上，那為什麼會出現我們今天的這個局面呢？這就需要從我們自身去找原因。我們對中醫理論的領悟如何？我們是否真正把握了中醫理論的臨床運用？記得1987年，我的師父曾經接治過一例血氣胸的病人，患者經過一周的西醫保守治療，病情不見緩解，仍高熱不退，呼吸困難，左肺壓縮2/3。在這種情況下，西醫只有求諸手術治療。但患者本人及家屬並不願放棄保守治療的希望，於是轉而求治於我的師父。師父診斷後，認為這是陽明

病,屬陽明不降所致,只要設法恢復陽明之降,血氣胸的問題就可以解決。於是處了玉竹120克、陳皮120克、白芷120克、大棗120克,共四味藥。患者服藥以後出現大量腹瀉,自覺症狀迅速緩解;第四天,體溫恢復正常;治療一周血氣全部吸收,左肺復原。血氣胸與陽明又有什麼關係呢?看來這完全是一個領悟和運用技巧的問題,而不是理論本身的問題。經典的理論不但能夠解決20世紀的問題,而且能夠解決21世紀的問題。

二、學問的傳承

接下來我們要談一談學問的傳承,具體地說就是中醫這門學問的傳承。我們在這裏用「傳承」這個詞,可以說比較的古典,一門學問要流傳下去,它靠的是什麼呢?靠的就是這個傳承。所以,學問的傳承是一個重要的問題。下面我們分兩部分來討論。

1. 現代中醫教育的模式

傳承用現代的詞語說就是教育,我們首先來看一看現代的中醫教育。什麼是現代中醫教育呢?這個「現代」的界限應該是中醫高等院校建立以後的這麼一個年限。中醫高等院校是1956年開始籌辦的,那麼,到現在已經四十多年了。回顧中醫高等院校所走過的這四十多年的教育歷程,我們能夠看到她的一些利和弊。

首先,從形式上來說,大家在這麼一個高等學府裏學習,我們所採用的教育形式、教育方法,基本上與醫科大學

沒有什麼差別。大家現在同時學兩套，既學中，又學西，從
形式上大家想想有什麼區別呢？沒有什麼區別。所以，所謂
的現代中醫教育，實際上是模仿了現代醫學的一種教育。那
麼，現代教育有些什麼特色呢？教育這個問題是與學科相關
的，學科的性質決定了教育應該採用一種什麼樣的模式。前
面第一部分，楊振寧教授曾談到現代科學有別於傳統文化的
一個很特殊的方面，就是它的數理邏輯體系，它的推演體
系。這個邏輯體系是很嚴密的，而且公理性很強，透明度很
大，所以，在教育的時候就有很容易接受的一面。另外一個
有區別的方面，就是現代科學是一門中介性科學，這一點我
們前面已經多次談到，它是現代科學的一個非常顯著的特
點。中介具有儲存的功用，具有複製的功用。人類的思維、
人類的智慧都可以聚集在這樣一些中介體上，如電腦這樣一
個中介體。然後再由中介來認識事物，改造事物，服務人
類。所以，我們把現代科學叫作中介科學。有了這個中介，
就有了複製的可能。我們的電腦從「板塊」設計出來以後，
就可以批量生產。這就是複製的過程，而不再需要我們一台
一台地重新設計，重新製造。所以，它的複製性很強，複製
性就決定了它的規模性。現代教育之所以有這樣大的規模，
就是與現代科學這個特性相適應的。還有另外一個方面，就
是現代科學的分科非常精細，這也決定了現代教育的分科性
極強的特性。

近現代科學的這些特徵，也充分體現在西方文化的各方
面。比如繪畫藝術，我們看到西方的一幅油畫，它給我們一
種什麼感受呢？它給我們一種實實在在的感覺，比如畫人
體，它是裸露的，整個人體充分暴露在你的面前，有時甚至
每個毛孔都清晰可見。而反過來看中國畫呢？中國畫不畫人
體，展開一幅通常的山水畫，總給人一種煙雨濛濛、縹縹緲

緲的感覺，就像《老子》說的「恍兮、惚兮，其中有象」。用行家的話說，西洋畫重寫實，中國畫重寫意。一個一目了然，一個朦朧可見，這就構成了中西文化的差別。亦正是這樣一個差別，促使我們去思考：中西文化的教育，中醫西醫的教育應不應該有所區別？

從現代中醫的教育，我們看到她的分科愈趨精細，有的甚至嘗試將一本《中基》劃分為數個學科，將針灸也分為經絡學、腧穴學、灸刺學。這種學科的分化是否提高了原本這些學科的教學質量與教學效果呢？從規模上講，中醫教育確實步入了歷史上前所未有的時期，培養出了大批專科生、本科生、研究生。特別是現在許多中醫院校相繼升級為大學——規模上去了，教育的內涵上去了沒有呢？這些年都有大四的學生在實習前請我作講座，講什麼題目呢？還是講前面的「如何學好中醫」，為什麼呢？因為他們對中醫還是覺得困惑，還是覺得不清楚，不知道用什麼去對付實習？四年的時間應不算短，過去學醫三年出師，像蒲輔周那樣，15歲隨祖父學習，三年後即獨立開業行醫。我們現在學了四年了，還困惑，還糊塗，問題出在什麼上面呢？是不是出在教育的路子上？這是我們很自然就想到的原因。前面我們提到學科的性質決定教育的模式，我們是否充分考慮了這個問題？

◎中醫傳承上的問題。

2. 形而上與形而下

以下我們從內涵結構的角度繼續上面的問題。現代文化明確地將世界劃分為兩個範疇，一個是物質世界，一個是精神世界。現代科學研究的範圍主要限於物質世界，對精神世界的東西涉及得並不多，所以，唯物主義肯定物質是第一性的，精神是第二性的。那麼，這個物質世界又是屬於一個什

麼範疇的東西呢？這一點我們可以暫時放下，而先來看一看
古人對這個世界的劃分。在古代有這麼一個「形而上與形而
下」的區別，「形而上者謂之道，形而下者謂之器」。所以，
世界就分一個形而上，一個形而下，一個道，一個器。什麼
是器呢？器就是有形質的東西、有結構的東西，所以，叫作
形而下。很顯然，現代科學所探討的物質世界，就是這個形
而下的器世界。所以，現代科學所探討的範疇就是這個「形
而下」的範疇。那麼，什麼是形而上呢？有形之上的東西，
那當然就是無形的東西了。這個無形的「形而上」的東西，
就稱之為道。道世界的東西是否就是精神世界呢？這個問題
還有待三思。但至少兩者在範疇上有相近的地方。

　　上述的這個區別，關鍵在於「形」。《素問》裏面對這個
「形」有很具體的描述，那就是「氣合而有形」，或者說「氣聚
而成形」。形是怎麼構成的呢？氣聚而成形，氣合而有形。
氣聚合以後就可以構成有形質的東西，形而下的東西，器世
界的東西。那麼，氣還沒有聚合以前呢？這是一個什麼狀態
呢？顯然這就是一個無形的、形而上的狀態。所以，按照上
述的這個劃分，現代科學討論的領域，實際上是氣聚合以後
的這個領域。比如物理學，她探討物質的結構、物質的組
成。因此，就有基本粒子這樣一個概念。物質是由什麼構成
的呢？由分子，分子由原子構成，原子又由原子核、電子構
成，後面又有質子、中子、介子，介子後面又是什麼呢？是
夸克！夸克是現代科學目前所發現的物質最微細的結構，儘
管它很微細，但它仍屬於形而下的這個層面。

　　夸克這個名字起得相當幽默，它反映了科學家們對尋找
物質最終結構的一種心態。夸克原本是西方神話中的一種神
鳥，這種鳥的叫聲就像「夸克」、「夸克」。這種鳥平常不輕易
叫，它一叫太陽就要落山，大地就一片漆黑，什麼也看不見

了。科學家們給現今發現的物質的最細微結構賦予了「夸克」的名字，看起來他們不願再尋找下去了，再尋找下去又有什麼結果呢？太陽落山了，天黑了，什麼也看不見了。在這一點上，大家可以想像，如果按照這樣一個模式去尋找物質的最終結構，我們什麼時候能夠找到這個結構呢？看來遙遙無期！在這個遙遙無期、難有希望的問題上，古人沒有駐足，他只講「夫有形者生於無形」，而不去追究這個最有形的東西，最形而下的東西。所以，《老子》講：「天下萬物生於有，有生於無。」

前面我們談到，現代科學的研究領域大概屬於「形而下」的範圍，也就是「有」的範圍。那麼，中醫呢？中醫屬於一個什麼範圍呢？很顯然，她既有形而上的成分，又有形而下的成分。她是道器合一的學問。所以，《老子》也好，《內經》也好，都強調要形神合一，形氣合一，要形與神俱。所以，中醫所探討的，既有夸克以前的東西，又有夸克以後的東西。

中醫是一門道器合一的學問，這一點有太多太多的證明。就以五藏而言，在五藏的心、肝、脾、肺、腎中，我們不難發現，它們有一個很重大的區別，就是肝、脾、肺、腎都有一個「月」旁結構，而心沒有這個結構。「月」這個部首，《說文》把它歸在「肉」部，「肉」當然是有形質的東西。所以，古人對肝、脾、肺、腎的定位是非常明確的，它屬於形而下這個範疇，屬於一個形器結構。那麼，心呢？心就不同了，它沒有這個「肉」部，也就是說它沒有這個「形器」，它是形而上的東西，而非形而下的東西。五藏的這個定位，不是一個簡單的定位，不是一個輕鬆的定位，實在的，它是對整個中醫的定位，是對整個傳統文化的定位。這個定位我們也可以從五行的聯繫中去認識，像金、木、水、土這些都是有形有質的東西，這些東西都是往下走的，因為它有重量，都受

◎心的定位不但是對中醫的定位，也是對整個傳統文化的定位。

萬有引力的作用，都屬於器的範圍。而火呢？唯獨這個火，我們很難用形質去描述；唯獨這個火，你放開後它是往上走的，難道它沒有重量？難道它不受引力作用？這就是所謂的「形而上」，這就是道。

現在我們知道了，中醫光講肝、脾、肺、腎行不行呢？不行！還要講心。所以，中醫肯定是一門既講形而下，又講形而上的學問。那麼在這兩者之間有沒有一個輕重的區別呢？這個答案也是很明確的。我們看一看《素問‧靈蘭秘典論》就可以知道，《論》中說：「心者君主之官，神明出焉。」「君主」意味著什麼呢？我想大家應該很清楚的。而《靈蘭秘典論》的另外一段話，也很值得引出來供大家參考：「凡此十二官者，不得相失也。故主明則下安，以此養生則壽，歿世不殆，以為天下則大昌。主不明則十二官危，使道閉塞而不通，形乃大傷，以此養生則殃，以為天下者，其宗大危，戒之戒之！」從這個五藏的關係，從這個十二官的關係中，我們可以看到，傳統文化、傳統中醫，雖然的確是道器合一的統一體，雖然它強調要形氣相依、形神合一，但是總的側重卻在道的一面、神的一面、氣的一面。所以，她是一門以道御器、以神御形、以形而上御形而下的學問。

有關上述這個側重的問題，我們還可以用一個更實際的例子來說明，就是醫生的等級。《內經》裏將醫生劃分為兩個等級，即上工與下工。上工指的是非常高明的醫生；下工呢，當然就是非常普通、非常一般的醫生了。上工、下工怎樣從更內在的因素去加以區別呢？《靈樞》在這方面給出了一個很具體的指標，就是「上工守神，下工守形」。神是什麼？神是無形的東西，屬於道的範疇，屬於形而上的範疇，上工守的就是這個。換句話說，就是能夠守持這樣一個範疇的東西，能夠從這樣一個層面去理解疾病，治療疾病，那就有可

能成為上工。反之，如果守持已經成形的東西，從形而下的這樣一個層面去理解疾病，治療疾病，那只能成為一個下工。所以，《素問‧四氣調神大論》說：「是故聖人不治已病治未病，不治已亂治未亂，此之謂也。夫病已成而後藥之，亂已成而後治之，譬猶渴而穿井，鬥而鑄錐，不亦晚乎！」守神就是治未病，未病就是尚未成形的病，在未成形的時候你拿掉它，不是輕而易舉的事嗎！等成形了，甚至等它牢不可破了，你再想拿掉它，那就不容易了，那就會吃力不討好。

　　任何疾病的發生都是從未病到已病，從未成形到已成形的。按照西醫的說法，就是任何一個器質性的病變都是從非器質性的階段發展而來。在非器質性的階段治療是比較容易的，而一旦進入器質性的階段，治療就困難多了。因此，為醫者不但要善於治病，更要善於識病。疾病在未病的階段，在未成形的階段，你就要發現它，截獲它，使它消於無形。像扁鵲望齊侯之色一樣，病還在皮膚就發現了，在皮膚就進行治療，應該不費吹灰之力。而張仲景為侍中大夫王仲宣診病，提前20年做出診斷，並提出相應的治療措施。這就是見微知著的功夫，這就是防微杜漸的功夫。等到晚期癌症了你才發現它，又有多少意義呢？

　　目前現代醫學的診斷技術從總體上來說還是處於診斷已病的階段，也就是說這個診斷技術再先進，也只是診斷出那些已成形的病，對於未病，對於尚未成形的病，現代的診斷還無能為力。但是，到了基因診斷，檢查嬰兒，甚至胎兒的基因，就能發現將來的疾病，到了這個階段，就應該是知未病了。所以現代醫學從總體上說，還是向傳統中醫這樣一個方向發展。

　　現在大多數人對中醫的認識，都是從已病的這個層次上去認識，都是從形而下的這個層次去認識。從這個層次上去

認識中醫，當然覺得中醫處處不如西醫。我經常打一個比方，比如一個心梗的病人，心梗發生了，你會往哪個醫院送呢？是往中醫院送，還是往西醫院送？我看100個人會有100個人要往西醫院送，也許就是張仲景再世，他也會建議你送醫科大附院，而不送中醫學院附院。憑著這個，搞西醫的人個個挺胸抬頭，搞中醫的人個個垂頭喪氣，以為中醫確實糟糕，自己入錯了行。如果這樣比較，那中醫確實不怎麼樣，要甘拜下風。但是，如果我們換一個角度去思考，我治的這個病人，我治的這個冠心病，根本就不發生心梗，乃至根本就不發生冠心病，我是使它不發生，你是發生了以後去救治，這兩個如何比較呢？對社會，對國家，對家庭，對患者個人，哪一個更有利益？我想100個人裏也會有100個人是贊成我的。如果我們從這樣一個角度去比較，也許我們就會有信心。中醫講究治未病，張仲景在《金匱要略方論》的開首就指出「上工不治已病治未病」，我們這門醫學的出發點，它的宗旨是治未病，是未渴而穿井，未鬥而鑄錐。可現在許多人偏偏要在已病的行列跟西醫較勁，搞什麼中醫急救醫學，這就叫作不自量力，這就叫作以己之短擊人之長。渴而穿井，鬥而鑄錐，你怎麼可能和現代的速度相比呢？

◎中醫的認識是從「渴而穿井，鬥而鑄錐」的角度，這能夠反映中醫的真實嗎？

所以，上面這個問題是一個十分嚴重的問題。中醫是這樣的一門醫學，它整個地是偏向於形而上的一面，是以形而上統形而下，是以治未病統治已病。而我們現在卻在完完全全地用形而下的眼光去看待它，把它當作一門完完全全的形而下的學問、治已病的學問。我們提倡科研，提倡現代化，提倡現代中醫教育，完全就是用現代科學這個「形而下」的篩孔去對中醫進行過濾，濾過去的是「精華」，是可以繼承的東西，濾不過去的東西，就是「糟粕」，就要揚棄掉。大家想一想，這個通不過篩孔的部分是中醫的哪一部分呢？必定是

形而上的這部分。對上述問題我們思考清楚了，我們就會發現，原來我們所採用的現代教育方式，我們所採用的現代中醫教育路子，只是一條培養造就下工的路子！

大家也許不會同意我的看法，認為這太偏激。但是，我們需要解釋，為什麼用這個模式培養出來的學生對中醫沒有多少信心？為什麼臨床醫生碰到一點困難不在中醫裏想辦法，而急著上西藥？中醫裏有許許多多的辦法，不是開兩劑藥就了事。除了時代造成的客觀因素外，我們怎麼去解釋當前中醫的這個現狀？我想原因不外兩個，一個就是教育上、傳承上出了問題，一個就是中醫自身的問題。可是，只要我們回顧歷史，看一看這些有成就的醫家，我們就會發現，問題並不出在中醫身上。

3. 師徒相授

既然傳統中醫是這樣一種學問，它的確有許多有別於現代科學的地方，如果我們照搬現代科學這樣一個教育模式，那勢必就會在這個過程中丟失掉許多東西。而丟失掉的有可能恰恰是傳統中醫所注重的東西。這就使我們要思考，究竟什麼樣的教育方式最適合於中醫？

（1）訪雨路老師

中醫已有兩千多年的歷史，在學問的傳承上有著豐富的經驗，有些經驗是值得我們借鑒的，其中有一條經驗就是師徒相授。我想這樣一種模式比較有利於中醫這樣一門特殊學問的傳承。

這裏我先講個故事，1998年上半年我到北京開會，到京以後，就向朋友打聽，有沒有中醫方面的「高手」？當然，

我打聽「高手」並不是要跟他「過招」，而是想找個地方討教。因為我感覺自己中醫的火候還太欠缺，而我的恩師又在1991年去世了，所以，每到一個地方我都很迫切地想找一位高人指點。這個心情有些像金庸武俠小說中描述的那樣。朋友給我介紹了北京中醫藥大學的雨路老師，雨老是搞溫病的，他是某位著名老中醫的開門大弟子。某老是我國老中醫裏非常了不起的一位，他的父親、祖父、曾祖三代皆為朝廷御醫，所以，家學淵源很深。雨路老師是個悟性很高的人，而且勤於表達，隨師三年，深得某老家學三昧。但由於其他各方面的原因，以後的師生關係處得並不融洽，甚至到了見面都不打招呼的地步。我在拜訪雨路老師的時候，他給我談到許多學問上的見解，我也請教了不少問題。在臨送我出門的時候，雨老師語重心長地說：「劉老師，中醫這個東西要想真正學好來，只有兩個字，就是要有『師傳』。」

這次造訪，給我最深的一個感受就是臨別時雨老師送我的這兩個字。什麼是「師傳」呢？「師傳」是個傳統的字眼，就是要有師父的傳授。大家想一想，在我們現在這樣一個教育規模裏，在我們這樣一個教育模式裏，有沒有「師傳」呢？可以説沒有師傳！這個模式裏只存在工具式的老師，卻不存在師父。雨老師與某老的關係有這樣不愉快的經歷，可是他還是要送這句話給我，這就説明了師父對他的影響之深。我想雨老師的這句話對中醫的學習、中醫的傳承，應該是很關鍵的一個環節。這是我有同感的。

(2) 師者，人生之大寶

下面談談我的從師經歷。從大學畢業到現在已是廿個春秋了，在這麼些春秋裏，我能孜孜不倦地學下去，從未回過

頭、歇過氣，不管什麼浪潮，經濟浪潮、做官的浪潮，還是西醫浪潮，始終都沒有打動過我。現在，我之所以能在這裏向大家談出一些感受來，能夠在中醫這門學問裏繼續不斷地鑽研下去，為什麼呢？這在很大程度上得益於我的師父。

我是1983年畢業後，於1984年元月8日拜於我師父門下的。師父名叫李陽波，現今已經去世十年餘。我跟師父七年多的時間，前面兩年半是跟先師同吃一鍋飯、同睡一張床，有時甚至是通宵達旦地討論學問。近八年的從師生活，使我在中醫這個領域裏開了些竅，也就是師父把我領進門了。常言道：「師父領進門，修行在個人。」這的確是古今過來人的行話。門確實是需要師父領進的，這一點非常重要。沒有領進門，你始終是在門外兜圈子，有的人為什麼努力一輩子還是摸不到「火門」，有的人為什麼在學問之道上堅持不下來，很可能就是因為缺少這樣一個關鍵的環節。

現在回過頭來想想跟師父的這個過程，感受是很深的。這個世間的人無不是厭苦求樂的，你說光是苦沒有樂，誰都不想幹。所以，光是講「學海無涯苦作舟」這一句話，已將很多人嚇在學問門外了。實際上，學問一旦做進去了，一旦進了門，並非全都是苦，至少是苦樂參半，甚或樂多苦少。所以，《論語》的開首句就是：「學而時習之，不亦說乎。」而不是：「學而時習之，不亦苦乎。」古來都說「窮學富商」，做學問的必定窮，做生意才可能富。但為什麼還會有那麼多人搞學問呢？就是因為有這個「不亦說乎」。搞學問是精神上的富有，搞生意是物質上的富有。能夠給人真正帶來安樂的，到底是物質還是精神呢？大家可以思考這個問題。但是，上面這個「不亦說乎」並不是輕易就能得到的，我想這個正體現了「師傳」的意義，師父可以指引你找到這個「說」、這個「樂」。而在傳統文化的其他領域，「師傳」的這個意義就更為突出

◎傳統的學問為什麼要講究師徒相授？

了。這是我在傳統文化裏，在中醫領域裏，經歷過的一個過程，而在這個過程中所得到的上面這個感受，值得大家參考。

教育也好，傳承也好，都有三方面的意義：一是知識的傳授；二是知識的運用；再一個就是創新。我們說知識，實際上指的就是已經知道的這些見識、這些常識。因此，知識實際上是已經過去的東西，我們學習這個已經過去的、舊的東西，總是會感到厭煩，所以，人總是有喜新厭舊的一面。但是，這個厭舊的一面是必須克服的，你不學習舊的知識，你怎麼可能利用它去開創新知？因此，搞學問必須做到「喜新而不厭舊」。《論語》中提到做師的一個基本條件，就是「溫故而知新」，「溫故而知新，乃可以為師」。「故」是什麼，「故」就是舊有的東西，就是知識；「新」呢，新就是創造。有創造就有新，有新就有樂。所以，你是不是一個稱職的老師，就看你有沒有這個東西；你的學問做不做得下去，也要看你有沒有這個東西。這個東西是什麼呢？就是學樂！有了學樂，學問之道就會（苟）日新，日日新，你的學問就能深入下去，就能堅持下去。沒有它，學問總是枯燥的，你就會轉而去求物質財富，就會轉學為商，下海了……學樂從哪裏來呢？從師處來！為師者能夠「溫故知新」，必能使你也因故知新，這也是一種克隆。學問傳承應該是更值得研究的克隆。

（3）在瀘沽湖的意外收穫

我的先師是一位了不起的人，他曾使一些詆毀中醫的西醫人反過來信奉中醫。他靠的什麼呢？就靠的臨床的功夫。但在我從師以後，先師的工作重心已經轉移，他試圖完成愛因斯坦在現代科學領域未完成的任務，企圖在傳統文化這個領域建立一個「統一場論」，工作的重心從臨床轉到了理論的建立。所以，我從師以後更多得到的是理論上的薰陶，而臨

床上則感到比較欠缺。先師去世後，我在理論上仍不斷努力深入，而臨床上，總覺得思路打不開，心裏沒有底，效果不穩定。有些時候聽人說，劉力紅真神，那麼頑固的病，到他手裏，幾劑藥就好啦；有些時候卻聽人議論，劉的理論還可以，臨床卻不怎麼樣。對這些情況我內心很清楚，特別對有些遠道而來的病人，人家把全部希望寄託在我身上，可我又未能解決問題時，心裏感到特別困惑和難過，心裏明白，我又到了一個坎上了，也許還要有師父的提攜才能邁過去。前面提到，為什麼我每到一處就急著打聽有沒有「高手」呢？其實就是想解決這個問題。

1999年8月，我應美國波特蘭國家自然療法學院中醫系主任付海吶教授之邀，前往雲川交界之瀘沽湖為該系的部分研究生及本科生作《傷寒論》講座。付海吶是一位漢學家，為復旦大學的文學博士。學成回美國後，哈佛大學曾聘請他去做教授，可是因為一個特殊的因緣，他迷戀上了中醫，於是他放棄了哈佛大學教授的職位。大家應該知道，在哈佛這樣一所大學謀到教授這個職位將意味著什麼。可是付博士放棄了這個職位，而轉過來學中醫，教授不做，反而來做學生。這件事情對我們這些本來就學中醫的人應該有所觸動。我們許多人是被迫學中醫，是在痛苦中學中醫，而不是有幸能學中醫，這個對比太鮮明了。我在瀘沽湖給他們作了十多天的講座，聽講的這幫人有雙博士、有碩士、有本科生，還有幾位根本沒接觸過中醫的詩人、畫家。開始幾天只安排上午講，下午他們自己安排，可三天下來，他們覺得光講上午不過癮，要求下午連續講。十多天講座結束了，每個人都依依不捨，都豎起大拇指稱我是「great man」。這些人的稱讚使我又一次感受到了中國文化的偉大，也使我感到在中西文化的交流上，只要方法恰當，是可以超越語言這個障礙的。

在這次講座中，付博士的感受也非常深。出於感謝，他將他學醫的經歷告訴了我，並特別介紹了他的師父曾榮修老中醫。曾榮修老中醫不是科班出身，開始是自學中醫，以後在「文化大革命」期間，因為特殊的機緣得以親近成都名醫田八味。大家聽到田八味這個名字一定會感到很刺激，真有些像金庸武俠小說中的武林高手。不過，田老師的確是一位醫林高手，田老師臨證善經方，用藥不過八味，故此得名。田老之臨證尤精脈診，因為應診者極多，日看三四百，故常無暇問病，而多以脈斷之。有是脈則定是證，而用是方，臨床療效極佳。曾老師從田八味後，也漸漸體悟到脈法的重要，加之自己的實踐琢磨，對《傷寒論》中許多方證的脈象也有了很獨到的體會，臨證往往也是有是脈用是方，療效亦多高出同道。付博士的這番介紹令我興奮不已，我搞傷寒雖然多年，在理論上已有一定的感受，但在經方的臨床運用上，總覺還不自如。搞傷寒，卻不能用傷寒方，那叫什麼搞傷寒？我感到曾老的這些正是我當時最最需要的，於是我請求付博士一定要將我引見給他的師父。就這樣，我們從瀘沽湖回到成都之後，付博士就帶我去見了他的老師。見面後我表達了拜師的這個請求，曾老是個直爽的人，也覺得與我投緣，加上有付海吶的引薦，便欣然接受了我的請求。2000年11月，我把曾老接到廣西，跟他抄了一個禮拜方。這一個禮拜的學習對我的幫助太大了，前面所講的那個坎，被曾老這一帶，就輕輕地邁過來了，使我再一次切身感受到要學好中醫，師父的這個意義太重要了。雨路老師送我的那兩個字，真正是他的肺腑之言。

田八味像

　　經過上面這個從師過程，現在應用起經方來雖不能說得心應手，但比以往要自如多了，治病的把握亦與以往不同，從臨床的療效上看，也在穩步上升。前些天為一位同行看病，病的是左顴部位紅腫癢痛，已經用過西藥抗菌治療，但效果欠佳。這麼一個病擺在大家面前，你會怎麼思考呢？又是紅，又是腫，又是癢，一定是要清熱，要解毒，要祛風，要止癢吧，過去我可能會是這樣一個思路。當時我為這位病人號脈，脈浮取可見，但有澀象，不流利，這是一個什麼病呢？這還是一個太陽病，是表病汗出不徹，陽氣怫鬱所致。《傷寒論》48條就專門討論到這個問題，治療的原則是「更發汗則愈」，於是我開了一個麻黃桂枝各半湯的原方，一劑藥後紅腫痛癢消大半，兩劑藥後平復如初。麻黃湯、桂枝湯本來是治療感冒的方，你為什麼用來治療我的左顴紅腫呢？這位同道感到驚惑不已。的確，要是在過去，我頂多想到左顴屬肝，紅腫屬熱，應該用瀉肝的方法。我可能會用龍膽瀉肝

湯，而不會想到用這個麻黃桂枝各半湯。我想我今天有這樣
一個進步，這樣一個思路，與受曾老的指點是分不開的。這
一擺又把師傳的重要性擺出來了。為什麼呢？這確實是由它
這樣一門學問的性質所決定的。這樣一門特有的學問確實沒
有現代科學那樣的通透性，特別是在技術的應用上，它不是
通過中介來實現的，而必須靠我們這個主體自身去用功。所
以，這樣一門學問的教育過程，有些時候確確實實需要言傳
身教。大家想一想，這樣一種言傳身教，沒有傳統意義上的
以及本質上一對一的師父行不行呢？

　　中醫既是形而上與形而下二合一的學問，它的教育、它
的傳承就應該圍繞這兩方面來進行。前面我們已經談到過，
我們現今所採用的這套教育模式只能適應形而下的部分，那
麼，形而上的部分呢？這就要依靠真正意義上的師傳，就要
依靠師徒授受這樣一種古代的模式。所以，中醫的教育應該
包括這兩種形式。本來研究生招生制度的恢復應是一個可喜
的苗頭，導師就有點像是師父。但是，現在看來不行了，這
個制度已經流於一種形式。加之具有師傳經驗的導師相繼退
位，而代之以完全科班出身的，這批人少有師傳的法脈，他
們很難體會師傳，亦不知道何以授徒。現在的研究生，不管
是碩士這個層次，還是博士這個層次，管導師叫什麼呢？叫
老闆！為什麼叫老闆呢？這應該不是偶然，應該事出有因。
老闆與師父怎麼樣都想不到一塊來。

◎隨著眾多名老
的謝世，中醫這
種真正意義上的
「師」還會有嗎？

三、尋找有效的方法——依靠經典

　　思想的問題解決了，信心就很自然地會生起來，加上有
了師傳的條件，那麼，剩下來的，我覺得就是如何去尋找更

有效的方法。我有一個認識，中醫這門學問，要想真正搞上去，要想真正抓住她的價值，除了純粹醫學的技術成分外，還應關切和體悟她的科學層面、哲學層面，以及藝術層面。而要真正地做好這一點，不借重經典是不行的。

我們提出要依靠經典來學好中醫，這個方法好像不合乎時宜，因為現在大多數中醫院校已將經典改為選修。從必修淪為選修，經典的這個地位大大地下降了。它給人們的信息就是對於中醫的學習來說，經典已經不是必需的了。為什麼會發生經典的這個變動呢？首先一個理由就是中醫已經發展了兩千年，時代在進步，一切都在進步，我們為什麼一定要死抱住這些經典呢？其次，後世的這些東西，像現在的《中基》、《方劑》、《診斷》及臨床各科不都是從經典裏總結出來並賦予了現代的意義，有這些就足夠了，為什麼我們還要抱著經典不放？再次就是我們有關部門的調查統計。這個調查統計顯示，很多人認為經典的學習沒有太多的意義，學也可，不學也沒有太大的損失。基於這樣一些原因，經典的命運便有了上面這樣一個改變。而我的體會則與上述這個認識截然相反，經典的東西不但不能削弱，而且還應該進一步加強，為什麼呢？下面就來講述這個依靠經典的理由。

1. 歷史的經驗

經典對於中醫的學習和把握究竟重不重要，究竟應不應該必修？這一點如果我們從歷史的角度來看待它，就會很清楚。翻開歷史，我們看一看，從張仲景開始直到清代，在這長長一千多年的歷史中，凡是在中醫這個領域有所成就的醫家，我們研究一下他的經歷，就會發現，大多數醫家是從經典中走出來的，大多數醫家是依靠經典而獲得了公認的成

就。中醫這樣一個特殊的歷史現象，不得不使我們去思考，經典為什麼會具有如此大的魅力？儘管東漢以後，中醫的著述汗牛充棟，儘管這浩如煙海的著述無一不自稱是來自經典，但是，從一定意義上說，它們無法替代經典，無法超越經典，甚至有時會成為我們認識經典內涵的障礙。所以，到了清代，陳修園和徐大椿這兩位大醫家竟然呼籲要燒掉後世的這些書。當然，陳、徐的這個觀點過於偏激，但卻不妨礙我們從另一個角度認識中醫經典的意義。

從上面這個歷史事實中，我們可以感受到：自古醫家出經典。古人的經歷如是，那麼，近人、今人呢？只要我們翻閱周鳳梧等編著的《名老中醫之路》，就會有相同的感受。就以大家最熟悉的蒲輔周老中醫為例，蒲老初出茅廬時，求診病人頗多，然有效者，亦有不效者。為此，蒲老毅然停診，閉門讀書三年。將中醫的經典熟讀、精思、反復揣摩。三年後，復出江湖，遂能於臨證得心應手，以致成為新中國成立後首屈一指的大醫家。對於這段特殊的經歷，蒲老深有感慨地說：「當時有很多人不瞭解我的心情，認為我閉戶停診是『高其身價』，實際是不懂得經典的價值。」無獨有偶，著名中醫學家秦伯未先生亦強調，要做好一個中醫臨床醫生，每年應拿出三個月的時間來溫習經典。蒲老、秦老的經驗與誡訓，值得我們重視。

◎蒲老的三年閉關。

已故名老中醫林沛湘教授是我非常景仰的一位老師，林老不但理論上有心得，而且臨床的療效卓著。臨床上除內科疾病外，還善治婦科、兒科甚至五官科的疾病。但林老從未讀過內、外、婦、兒、五官這些臨床各科的書籍，他就憑一本《內經》治病。在一次講座中，林老深有感慨地說：「《內經》的東西，只要有一句話你悟透了，那你一輩子都吃不完。」林老的這個意思很清楚，《內經》的東西，一個問題、

◎經典對於醫者的切身受用。

一句話你搞明白了，你一輩子都受用無窮。這是經驗之談，這是肺腑之言啊！大家想一想，這是不是經典獨具的魅力呢？一句話悟清了都能吃一輩子，那麼，兩句話、三句話，甚至整部《內經》你都搞清了，那會受用多少輩子呢？從林老的這個切身感受，我們看到經典的這個後延性實在太大太大，它確實是一個早熟的文化，它確實是歷久彌新的東西。

2. 掃清認識經典的障礙

　　要說服大家把這個逐漸被放棄的東西，把這個已經改為選修的東西，重新重視起來，是不容易的。因為大家已經習慣了用現代科學的思路來思考問題，總認為是長江後浪推前浪，一代新人勝舊人。我們怎麼會認可經典能夠超越時空，超越時代，超越後世呢？這簡直是難以置信的，但又是在傳統的許多領域中存在的事實。

　　我們要消除上述這個認識過程的障礙，仍然還得從理論的構建談起。前面我們討論過，中醫經典不是光憑一個理性思考構建的，還有一個內證過程，是兩者完美結合的產物。正是這樣一個完美的結合，構成了梁漱溟先生所稱的——人類未來文化的早熟品。而且這個未來、這個早熟的跨度異常之大，以至於我們現在還無法完全地理解這個理論。比如說形而上的這個領域，現代科學涉及的就相當少，很多東西我們無法說明，於是都歸之為迷信和偽科學。實際上，並不是這麼回事，只是它已經超出了形而下這個器世界的層面，它的認識半徑不完全局限在形而下這個器世界。所以，你完全地用器世界的眼光來看待它，就難以完全地發現它。而造成這樣一個差異的原因，就在於它的這個實驗不是常規的外證實驗，它是內證實驗。

◎這裏是對內證實驗的進一步申說，可以與14–16頁的內容相互參看。

前面我向大家表述過，內證實驗的問題不好談，但是，要真心探討中醫，這個問題不得不談。這個實驗不是靠買多少設備、多少先進儀器構建起來的，不是一個有形的實驗室擺在那兒，讓你看得見摸得著。它完全是通過艱辛訓練而構建起來的，是超越有形的東西。這就關係到一個潛能的問題。前些天翻閱《發現母親》這部書，作者叫王東華，這部書收集的資料很豐富。其中一個章節專門談到人的潛能問題，書中以植物為例，相同的種子，由於培養的條件不同，培養的過程不同，得出來的結果會相差很多。比如一棵番茄，我們在農村呆過的人應該有經驗，一棵番茄能結出多少個果呢？在沒看到這則資料以前，根據我以往的農村經驗，我在想，一棵番茄苗頂多可以結幾十上百個果，如果再培育得好一些，充其量不過幾百個吧，可一看到經過日本育種專家所培育的一棵番茄，竟然長出一萬三千多個果，不禁為之咋舌。當時這棵經特殊培養的番茄在日本展出，引起了極大的轟動，創造了一項新的吉尼斯紀錄。大家可以思考這個現象，這是什麼呢？這就是潛力！同樣一粒種子，由於栽培的方法不同，結果有這樣大的差別。從植物種子所包含的巨大潛力，我們可以聯想到，人的潛力有多大？大腦的潛力有多大？這個大是難以計量的。

所以，從理性上我們完全可以推斷這個內證實驗的存在，經過特殊的「培育」過程，這個內證的條件是完全可以獲得的。有了這個條件，就可以自在地進行建立經典所需的各種內證實驗。內證實驗加上理性思考，這個經典就建立起來了。但是，經典的理論形成以後，後世的人往往就只學習這個理論，而不去親身感受這個內證實驗過程，久而久之，由於沒有有意識地培養這個內證能力，內證的條件逐步喪失，人們甚至不相信有內證實驗的存在。但在早期，像張仲

景的那個時代，是不會懷疑這樣一個內證實驗的。所以，張仲景在《傷寒論》的序言中以「余宿尚方術，請事斯語」來結尾。張仲景這裏的方術，有很大一部分就是指的內證，這一點是有史可查的。我們可以查閱《漢書》、《後漢書》的方術列傳，就可以知道，方術在很大的程度上是談內證的術。

　　時代越往後走，人們對這個內證術，這個內證實驗過程就越來越模糊，宋明為什麼會有理學產生呢？很顯然，到了這個時候，對內證的認識已經很不清楚了，所以，只能在理上、在思辨上繞圈子。理學的產生究竟是不是由於內證的失傳，這可以從宋明人對「格物致知」的理解來作出判斷。「格物致知」在這裏不準備作申說，但有幾個基本的原則應該弄清楚。首先「知」不是通過學習或深入分析而得到的一般性知識。這個「知」是「覺」的意思，也就是前面講的心明的狀態。就是要靠這個心明、這個覺，才能進入內證的狀態，才能進行內證實驗。那麼，這個心明怎麼來？通過格物來，格物不是像宋明人說的窮究物理，格物是要遠離物欲（顏習齋嘗釋格物之「格」同「手格猛獸」之「格」意），這是一種精神境界，只有獲得了這個境界，才有可能進入內證的狀態。這個境界儒、釋、道都有。孔子說的「君子食無求飽，居無求安」，其實就是講的這個境界。《大學》裏講：「知止而後有定，定而後能靜，靜而後能安，安而後能慮，慮而後能得。」大家想一想，這個「止」，這個「定」，這個「靜」，這個「安」，如果不「格物」行不行？你不「食無求飽，居無求安」，成天的物欲橫流，想著這個股票要漲了，那個股票要跌了，你能夠止、定、靜、安嗎？不能的話，怎麼能得，怎麼致知？在道家那裏，老子講：「為學日益，為道日損，損之又損，以至於無為。」損什麼呢？實際上就是損物，就是格物。而格物在佛教裏，則顯然指的是遠離一切世間八法。所

◎「知」是「覺」的意思。

◎「格物」是遠離物欲；「致知」就是致智。

以，格物在儒、釋、道裏都有所指，所指的層次雖然有差異，但大體的意義上是相近的，這個與宋明的認識顯然是兩碼事。要獲得內證的能力，格物是一個最基本的條件。這個條件不具備，或者弄錯了，內證就無從談起。

宋明人將格物作細微地分析講，作窮究講，僅此一途，已見他們不明內證，已見他們沒有實驗了。

所以，到現在我們就容易看清楚，為什麼中醫的有些問題我們不容易弄明白？為什麼我們總是很難正視經典的價值？對中醫的很多東西總是抱有懷疑，為什麼呢？因為我們少了內證這隻眼睛。這實際上是造成我們認識障礙的一個關鍵因素。因此，我們要想對中醫，特別是對中醫的經典，獲得一個比較公正的認識，首先得從思想上掃清這個障礙。

3. 三種文化

前面我們強調了理論認識的重要性，為什麼要強調這個問題呢？因為現在與過去不同，過去許多名醫走上學醫的道路，並不先需要一個理性過程，他們是直接從感性開始的。感性這個東西很奇怪，力量很大，一旦感性的動力確定了，其他問題都好解決。古人大都是從這上面走上學醫道路的。像張仲景一樣，他是「感往昔之淪喪，傷夭橫之莫救，乃勤求古訓，博採眾方」，而《針灸甲乙經》的作者皇甫謐以及其他醫家都有類似的情況，都是從這樣一種感性中獲得動力，從而發奮學醫的。

但是，現在大家來分析一下自己，看看我們有沒有這個動力？我看大家並沒有這個動力，即便有，也是模糊的。大家看看自己是怎麼到中醫學院來的。高考分數達不到清華、北大，達不到重點線，甚至入不了一般高校，於是就上了中

醫學院。考分不爭氣，無可奈何，這就上了中醫學院。有沒
有能上清華、北大的分數而來報中醫學院的呢？我看沒有！
大家就是以這樣一種心態來學中醫的，一種良性的感性動力
根本就沒有，這個中醫怎麼能學好？

　　我師父曾經多次跟我談到，中醫不是一般人所能學的東
西，必須具有北大、清華這樣的素質的人才有可能學好中
醫。而宋代的林億、高保衡亦持如是觀點。他們在《重廣補
注黃帝內經素問》序中言：「奈何以至精至微之道，傳之以至
下至淺之人，其不廢絕，為已幸矣。」現在的情況就是這
樣，高素質的人對中醫不屑一顧，低素質的人壓根兒又學不
好中醫，所以，其不廢絕，為已幸矣！這種情況如果不從根
本上改變，中醫怎麼繼承，怎麼發揚光大？

　　高素質的人為什麼瞧不起中醫？這與環境的關係很大。
現在大家身邊所感受的都是現代文化的氣息，都習慣了用一
種文化視角去看待問題，去思考問題，所以，從感性的層面
講，很難產生對傳統、對中醫有利的動力。正因為如此，我
們強調理性，要從理性的層面來分析，通過這個分析，幫助
我們尋找傳統的感覺，建立感性的動力。

　　文化實際上是多元的，不局限在一種模式裏，只是現在
大家業已習慣了這麼一種模式，就用這麼一種模式的東西去
看待一切，其實，這是局限的、片面的。大家現在已經習慣
了的這種文化實際上就是現代科學文化，或簡稱科學文化。
這種文化有它鮮明的特點，就是它的時代性很強，時代進
步，它也進步，真可以用日新月異這句話來形容。大家可以
感受一下自己身邊的一切是不是這樣？看看前十年跟這十年
有什麼差別？差別太大了。正因為我們很鮮明地感受到了這
一切巨大的變化，所以，我們會很自然地認為一切文化都是
如此，長江後浪推前浪，一代新人勝舊人。時代進步了，一

◎現代科學需要
高素質的人才，
中醫也需要高素
質的人才。

切文化都在進步，新的文化總比舊的文化強，古老的東西落後於今天的文化，這是必然的。有了這個認識他們怎麼會瞧得上中醫，怎麼會重視經典？

我們說文化的多元性，就是說文化不僅僅局限在上述這樣一個模式裏。當然，現代科學文化在迄今為止的這樣一個階段裏，都讓我們感受到它是隨著時代的進步而進步的。是不是其他任何文化都有這個特性呢？比如藝術文化，是不是時代進步了，藝術這門文化也一定進步了呢？我們不用專門從事藝術研究，只要粗略地回顧一下中外的藝術歷史，就可以確定根本不是這麼一回事。以詩詞為例，比如說唐詩，以唐詩這樣一種格律體裁的詩，在唐朝這幾百年裏已占盡風光，是不是到了宋代，這樣一種詩又有進步了，又有發展了？當然不是這樣。古人知道，詩寫到唐的份上，詩機已然讓他們占盡，要想再超過唐詩，幾乎不可能了。於是宋人學聰明了，他們不再在唐詩裏繞圈子，而轉往另一個方向，宋詞也就這樣形成了氣候。同樣，元曲也是類似的情況。這是詩詞方面。那麼，音樂呢，繪畫呢？情況也差不多。在維也納，每年元旦都要舉行新年音樂會，音樂會演奏的都是什麼曲目呢？幾乎都是大、小施特勞斯的作品。演奏這些曲目並不僅僅為了紀念，作品的水平擺在那兒。像貝多芬、柴可夫斯基，這樣的頂級音樂家所代表的音樂水平，是不是過若干年、幾十年、幾百年就一定有發展，就一定會有超過這個水平的音樂出現呢？至少搞音樂的人都很清楚，到現在還沒有出現這樣的階段。音樂也好，繪畫也好，詩歌也好，在這些領域的文化，確實不像科學文化，存在線性發展的規律，它們往往是非線性的。一個高峰出現後，若干年、幾百年，或許會出現另一個高峰，但這個峰的峰值並不一定能超過前一個。一個是線性，一個是非線性；一個是直線向前發展，

一個是曲線徘徊。很顯然，這個文化的層面和模式都很不相同。

除了上面兩個層面的文化以外，還有一個特殊的文化，就是古代形成的一些文化，比如佛教文化。佛教文化誕生於西元前四百餘年，由印度的悉達多太子釋迦牟尼所創立。與其他文化，特別是與科學文化截然相反，釋迦佛沒有預言他所創立的這門學科會不斷發展壯大，相反的，他以一種反常規的模式頂言了他的學科的三個不同階段，那就是正法時期、像法時期、末法時期。此處我們暫且不去從專業的角度分析，為什麼這樣一門特殊的學問會走這樣一條不同尋常的路子。這個原因我們暫且不去討論。我們只要清楚這個現象是確鑿的就行了。另外，像道家的文化，儒家的文化，實際上，它也跟佛教的這個模式差不多，它也是創立以後就處於實質性的鼎盛階段，然後逐漸走向衰落，乃至於到現在名存實亡。

所以，文化是多元的，並不僅僅局限在一個模式裏面。若都是以發展的眼光看問題，那也不一定符合事實。在上述這些文化層面裏，中醫究竟屬於哪一個層面的東西，或者三個層面兼而有之，這一點需要我們開動腦筋去思考。我的意見，中醫至少不是局限在科學文化這一個層面的東西。所以，光從這一個層面去看待它，研究它，就難免會出問題。對於中醫，有些時候需要向前看，有些時候需要向後看。

◎關於中醫傳承問題上的科學主義的制約，可以參看19–21頁的論述。

我常說，中醫究竟屬於什麼樣的文化，我們觀察自身也許就會有答案。你可以觀察，在你那裏，中醫究竟是一個什麼情況？是發展了，還是倒退了？你是高等學府的畢業生，甚至還是研究生、博士生，如果你的中醫很棒，理論和實踐都沒有問題，對經典的理解沒有障礙，那也許中醫

在你那裏是發展的，是一種線性的模式。如果情況反過來，你的中醫不怎麼樣，理論不怎麼樣，臨床也解決不了問題，特別對於經典一竅不通，那中醫在你那裏就成問題，就倒退了，就是另外一種模式。所以，在這裏要特別強調自知之明。

另外一個重要的問題就是對於經典的認識、對於經典的評價，那是要講受用的，對經典沒有覺受，那說出來的必定是空話。所以，我奉勸那些欲對經典發表意見的人，一定要三思而後言。否則你的底線在哪兒，人家一望便知。對於這個問題的認識，孔子在《繫辭》中的話說得很好：「仁者見之謂之仁，智者見之謂之智，百姓日用而不知，故君子之道鮮矣。」經典的束西確實是仁者見仁，智者見智。當然，還有一句話，在這裏不好說出來，不過，大家可以仔細去琢磨。現在經典改為選修了，為什麼改為選修呢？當然是它的重要性、必要性下降了，當然是在某些人眼裏，經典的「仁」、「智」成分不夠了。另外一個支持經典改為選修的依據就是搞民意調查統計，弄幾百份，甚至上千份問卷，要大家在上面打「 」或者打「×」，結果許多人的確在經典的一欄裏打了「×」，這個結果經過統計處理好像有意義，因為多數的人認為經典的意義不大，可以改為選修。但是，如果按照孔子的標準，這樣的調查有可能沒有絲毫意義。為什麼呢？因為這是一門見仁見智的學問，你是仁者你方能見仁，你是智者，你方能見智，如果你什麼都不是，你怎麼見得到經典中的「仁」、「智」？那你當然會說經典沒啥意義，甚至選修都可以不要。前面我們不是說學習經典要有覺受嗎？覺受沒有生起，你絕不會說經典的好話。所以，這個對象問題很重要，不是你隨便拿一個人來問話，都可以反映真實。

◎仁者見之謂之仁；智者見之謂之智；愚者見之謂之愚……

◎對「覺受」的理解請參看39–40頁的有關申說。

　　舉個例子，像中國古代的四大文學名著，《三國》《西遊》《水滸》《紅樓》，前三部我都讀過不止一次。可是《紅樓》呢？我很想讀它，也看過不少名人的讚許，特別毛澤東就非常推崇這部名著。可是我每次讀它，讀到幾回，最多十幾回就讀不下去了，也不知道什麼原因，所以，至今我連這部名著也沒能通讀一遍，只知道個「赤條條，來去無牽掛」，設想如果紅學的東西問到我，那會是什麼結果呢？我前面曾經跟大家介紹過我們學院的已故名老中醫林沛湘教授，在林老那裏，現代的內、外、婦、兒這些書可以不讀，但是《內經》卻不可以不讀。林老不讀內、外、婦、兒，他就憑一部《內經》。可是內、外、婦、兒的病，他都治得很漂亮。如果問卷問到林老那裏，大家可以想一想他會是怎麼回答。

　　所以，像經典這樣一些見仁見智的學問，我們在徵詢它的意義時，一定要注意對象，不是你認為經典沒什麼就沒什麼，你認為經典沒什麼，恰恰證明了你在經典中沒有得到什麼。人家下海發了財，成了百萬富翁，偏偏你下海不但沒賺到錢，反而虧本，那你當然說下海不好。經典的意義實際上也是這麼回事。

4. 學習經典的意義

(1) 不是守舊

　　上面我們從文化層面的角度來談經典，目的就是想說明，經典的年代雖然久遠，但它不一定就過時了，就落後了。所以，大家不要輕易地否定它，遺棄它。不過話又說回來，我們現在強調兩千年前的經典，大家還是會擔心，這是否在守舊？因此，對於新、舊這樣一個概念，大家還是應該從多層面去看待。

　　張仲景在《傷寒雜病論》的序言中談道：「上古有神農、黃帝、岐伯、伯高、雷公、少俞、少師、仲文，中世有長桑、扁鵲，漢有公乘陽慶及倉公。下此以往，未之聞也。」張仲景在這段文字中所顯示的資料，提醒我們注意這樣一個問題，為什麼正值經典產生，或愈是接近經典的年代，名醫、大師愈多？而為什麼一旦遠離這個時代，名醫、大師就「未之聞也」？這個現象值得我們去思考。所以，我們現在強調經典的重要，並不是為了其他什麼，而是明知我們在時間上離經典越來越遠了，但是，能否通過有效的學習，使我們在實質上接近它呢？接近它，其實就接近了這些大師。我們通過學習經典，最後把我們自己造就成了雷公、少俞、少師，這有什麼不好呢？我想這是我們學習經典的最根本的意義。

　　張仲景在序言的下一段文字中接著談道：「觀今之醫，不念思求經旨，以演其所知，各承家技，始終順舊。」從這段文字我們可以看到，仲景在1,700年前已經清楚地說明了什麼是守舊、什麼是創新。當時的醫生中，各人只抱守家傳的一點經驗，這就叫守舊；而反過來呢，能夠「思求經旨，演其所知」，這就是創新。所以，我們學習經典，學習《內經》、《傷寒》這些著作，完全是為了「演其所知」。「演」是什麼意思呢？「演」就是推演、擴大、發展、延續的意思。能夠把我們那點局限的知識發展、拓寬開來，能夠發揚光大它，這個東西就是經旨。現在我們老說中醫要創新才有出路，但你憑什麼去創新呢？所以，搞經典完全不是守舊，而是為了創新。這一點你學進去了，你就會有體會，這個過程究竟是不是創新，你會有感覺，臨床實踐上也會有印證，光是口說還不行。

　　我經常談到，做學問要學會「喜新而不厭舊」，這也是孔子的一個思想。孔子所說的做學問的一個關鍵就是：「學而

◎只有真正地把握傳統，才能真正把握現代。

不思則罔，思而不學則殆。」大家好好琢磨這句話以後再來做學問，不管你做什麼學問，西醫也好，中醫也好，我看就會有著落。

學，學什麼呢？學就是學習過去的、現在以前的東西，實際上就是舊有的東西，只是這個舊的程度有不同而已。光學現有的東西行不行呢？這種為了學習而學習，孔子認為那是罔然。所以，光是學了很多東西，知識積累了很多，哪怕你成了一部活字典，那還是不行。有知識，不一定有學問。古人的這個認識是很有道理的。所以，孔子說學了還要思，思是什麼呢？思就是一個組合的過程，通過這個組合，各種材料、各個部件逐漸碰撞、接觸，融合成新的東西。因此，這個過程實際上就是創新的過程。「喜新」這是每個人的習性，但新不能憑空來，新是從舊中來，所以，「思而不學則殆」。沒有材料，我們怎麼搞建築？學習經典亦是如此，要想有收穫，就得這樣去做。不這樣做，光學不思，你哪會有收穫，當然是白打工，罔罔然！現在聽許多人說《內經》《傷寒》沒什麼，不是丟在一邊，就是束之高閣，心裏面很是難過。這樣寶貴的東西，他們卻說沒什麼，怎麼不叫人痛心。所以，學經典必須要即思即學，即學即思。

（2）萬變不離其經

我們說經典的意義再怎麼強調也不過分，這是有實義的。這裏我想給大家講兩個我經歷的故事。

1998年上半年，因為一個偶然的機會，結識了南寧附近賓陽縣上的一位老中醫，老中醫名叫廖炳真，我喜歡稱呼他廖老。廖老從醫幾十年，在某些病的治療上有獨到的經驗，但更使我感到佩服的是廖老的醫德與人格，所以，我很喜歡去拜訪廖老。而廖老亦視我為忘年交，有什麼心得都毫無保

留地傳授給我。一次，廖老給我講蛇傷的治療。在舊社會，有些江湖郎中治療蛇傷往往都會留一手，這一手的方法很巧妙，讓你根本沒有辦法察覺。郎中給你治蛇傷，很快就把蛇毒治住了，讓你沒有生命危險，很多症狀也消除了，可就是有一點，傷口老不好，隔上一段時間傷口又腐爛，你又得到郎中那兒買些藥，管上兩三個月，就這樣拖上一年半載，甚至更長的時間。在江湖上，這叫郎中釣病人，病人養郎中的招數。但是，這個竅門被廖老從父輩那裏探知了。竅門就在忌鹽，如果讓病人忌鹽幾天，再吃上幾劑解毒、生肌的藥，傷口很快就長好，而且不再腐爛。就這麼一點奧妙，可要是你不知道，你會被折騰得夠嗆。

聽過廖老的這席話後，我就在琢磨，這不就是《內經》的東西嗎？《素問·金匱真言論》上說：「北方黑色，入通於腎，開竅於二陰，藏精於腎，故病在溪，其味鹹，其類水，其畜彘，其穀豆，其應四時，上為辰星，是以知病之在骨也，其音羽，其數六，其臭腐。」腎家的臭是腐，所以，凡屬腐爛一類性質的病變都與腎相關。腎病需要忌鹽，「多食鹽則傷腎」，這既是《內經》的教證，也是普通老百姓都知道的常識，蛇傷引起的傷口腐爛，忌鹽幾天，再吃幾劑普通的中藥，傷口便從此癒合，這是一個多麼神秘而又極其簡單的事實。經典的東西就是這樣，沒有揭開時，它非常神秘，揭開了，又這麼簡單，這就是至道不繁！這些東西，百姓日用而不知。像這些江湖郎中，他絕不知道，他留的這一手，原來是《內經》的東西。這就是君子之道。

還有一件事，就是廖老治骨癌的經驗，骨癌在所有的癌症裏，疼痛是最劇烈的。而且這個疼痛往往很難止住，就是用上麻醉劑，效果也不見得理想。而廖老對這個疼痛有個撒手鐧，雖然骨癌最後不一定都能治好，但是這個疼痛卻能很

快地消除，這就在很大程度上解除了病人的痛苦。廖老用的是什麼藥呢？就是在一些草藥裏面加上一味特殊的東西，然後煎湯外洗患處，洗幾次以後疼痛就能逐漸消除。這味特殊的東西很靈驗，加上它就很快止痛，不加它完全沒有這個效果。這樣特殊的東西是什麼呢？就是棺木的底板上長出的一種東西。過去人死了，用的是土葬，把屍體放在棺材裏，再埋在土裏，埋下去以後，這個屍體就逐漸腐爛，腐爛的這些東西就往下滲，滲到棺木的底板上，連同木質一同腐壞，上面這個東西就是感受這個腐氣而生的。大家可以閉目沉思片刻，在所有的腐氣裏面，還有比人的屍體腐臭更厲害的嗎？所以，說到腐字，應該到這裏就打止了。既然這個東西是感受這樣一個腐氣而生的，那麼，按照上述《內經》的教言，它與腎的病變就有一種非常特殊的親緣關係，所以，用在骨癌上有這樣特殊的療效。後來我問廖老，是誰告訴您用這個方法的？廖老也說不出所以然，這個方法既沒有傳承，也沒有理論的依據，廖老只是覺得骨癌是個怪病，而上述這個東西也是個非常的東西，那就以怪治怪吧，可萬沒想到有這樣好的效果。當我將上面的那段經文翻給廖老看時，廖老這才恍然大悟，原來這又是《內經》的東西。

◎得其用者，腐朽亦能神奇。

上述這兩個事例，雖然比較特殊，但都可以從《內經》裏面找到教證。當然，這個過程是被動的，事情發生了才去找依據，但這個被動的過程讓我們感受到了經典的內涵、經典的潛力。讓我們對經典的每一句話都感到不可小視，如果我們對經典建立了這樣的信心，然後變被動為主動，利用經典去主動思考一些東西，很多問題就會迎刃而解。所以，我堅信，我們從《內經》裏面必定能夠找到解決愛滋病的方法。

另外，我再講一件相關的事情。幾年前有兩本書曾經引起很大的轟動，一本是美國人寫的《學習的革命》，一本是日

本醫學家春山茂雄博士寫的《腦內革命》。尤其是後者，引發了世界範圍內的腦研究熱潮。《腦內革命》這部書的一個焦點問題就是探討如何提高大腦的效率，喚醒腦細胞的巨大潛能。而這個焦點又集中在如何引發大腦的 α 波，如何激活內啡呔的分泌。在增加內啡呔的分泌，使大腦處於更多 α 波狀態這個關鍵環節上，春山茂雄博士總結並提出了許多有效的方法，其中包括運動方面、飲食方法和調節心身方面。在飲食方面，春山茂雄博士的研究顯示，在日本所有的常用食品中，唯獨有一種日本人很鍾愛的食品，在促進內啡呔分泌方面獨占鰲頭。這種食品，類似於中國的豆豉，就是大豆經過發酵以後製成的，這是日本人每天早餐必備的食品。這種食品為什麼對提高大腦功能有這樣獨特的作用呢？打開經典我們才發現，答案還是在《內經》裏面。

上過《中基》大家都很清楚，這個屬於神經系統的腦，與腎的關係最密切，有道是：「腎主骨生髓，髓通於腦。」所以，要想改善和提高腦的功能，從中醫的角度來思考，就要從腎入手。這是一個基本的方向和原則。這個方向確定後，那就好辦了。還是上面的《素問‧金匱真言論》的那段話，腎的穀為豆，其臭為腐。腎之穀為豆，這個很好理解，大家只要拿一顆豆瞧一瞧，你就明白了，豆的外形與腎怎麼樣？簡直一模一樣，只是縮小了。所以，豆與腎有一種非常的關係，這是不難理解的。另外，經過發酵的豆，使上述這個「親情」關係又密切了許多。為什麼呢？因為發酵，實際上就是一個腐質化的過程。所以，發酵以後的豆，對腎的作用更大了，對腎的作用大，當然對腦的作用就大，這就從經典的角度印證了春山茂雄的研究。

上面這段短短的經文我們已經用它來說明了三件事情。當然，還可以繼續地說下去。從這個過程，我們應該可以感

受到一些經典的魅力。事情不管你再複雜，不管你再怎麼變化，似乎都沒有逃出經典，這就叫「萬變不離其經」。

(3) 讀經開智

講到經典的意義，我還有一個切身的感受，就是經典與智慧很有關係，它不僅僅是一個知識問題。如果大家以為研習經典僅僅是為了增加一些知識，那經典的意義當然就不大了。知識多了不一定就有智慧，知識多了，也不一定學問就高，這個關係大家應該搞清楚。而讀經典卻確實能夠提高智慧和學問。所以，我經常說，學問是從讀經開始的。在這一點上很多人有共識。

◎知識和智慧的區別。

現代的腦科學研究認為，人的左腦是邏輯腦，主管語言文字、邏輯思維，人類所使用的大部分是左腦。而右腦是直覺腦，這右腦大部分時間是在閒置，當然，這與科學講求邏輯是有關聯的。近些年的腦科學研究表明，人們已漸漸地把目光瞄向右腦這塊處女地，如上面提到的春山茂雄的《腦內革命》就較多地闡述了這個問題。實際上，大腦處在較多的 α 波狀態，就是一種喚醒激活右腦的狀態。

對於上述的左、右腦，我喜歡用另外一個概念來描述和定義。左腦，也就是我們常說的邏輯腦，定義為現代腦；右腦，也就是我們常說的直覺腦，定義為傳統腦。所以，左、右腦之間的關係，實際上就是現代與傳統的關係。

具體地說，現代腦的含義是什麼呢？所謂現代腦就是這一世的腦，或者稱現世腦，自從你生降到這個世間，與你相關的一切信息就貯存在這個腦裏。所以，如果從信息的角度來看這個左腦，它的信息容量有多大呢？就與這一輩子的經歷有關。經歷的時間長短，這個要看每個人的壽命，經歷事情的多少，這個要看每個人的閱歷。但總體來說，與它相關

的信息就只是幾十年，至多百年。這是左腦的大體情況。那麼，傳統腦呢？傳統腦的信息要大得多了，可以説人類歷史上所經歷的一切，都有可能與右腦發生聯繫。所以，右腦所貯存的東西，或者説與右腦發生聯繫的這些信息、這些經驗，就不僅僅是這幾十年、這百年。這個信息關聯的跨度可能是幾百年、幾千年、幾萬年，甚至若干億年。而且這個信息，這個經驗不是個體的，有可能是整個人類文明的整合（這有點像道金斯所謂的「覓母」）。如果我們借用一個藏傳佛教的概念，這個右腦，也可以叫作伏藏腦。什麼叫伏藏呢？伏就是埋伏潛藏，藏是寶藏，人類無始以來的文明寶藏都潛伏在這個右腦裏。如果從意識的角度，我們也可以説，人類無始以來的意識寶藏都埋伏潛藏在右腦裏。我們這樣來對比左、右腦，就知道這個差別太大，大到難以形容的程度。只可惜現在大多數人沒有認識到這一點，他們只知道現代腦，而沒能認識傳統腦，進而想方設法去開發它。

大家可以思考，認識右腦，進而開發右腦，這是一個什麼概念。這是真正地站在了巨人的肩膀上，我們站在這個基礎上往前走，與我們僅僅依靠個體的，非常局限的這幾十年，這是一個什麼量級的差別？所以，認識、研究左右腦，這個意義太大了，大家不可小視它，也不要當作天方夜譚，這絕不是天方夜譚！我們從《腦內革命》的研究，已經可以看到這方面的可喜苗頭。而更值得關注的是，俄羅斯生物學家亞歷山大‧卡緬斯基在近期得出結論，人的記憶除了我們所知的神經記憶之外，尚有一種遺傳記憶和免疫記憶。其中，遺傳記憶又被稱為「自然界的儲備基金」，這與我們前面所稱的「伏藏腦」有極為相似的地方。

◎人是傳統與現代的完美結合體。

學醫的人都大體知道大腦的結構，在左、右腦之間有一個溝通和聯結兩側大腦的結構，這個結構叫腦胼體。腦胼

體的存在說明左、右腦之間的聯繫是必然的，右腦的信息完全可以通過適當的方式交換到左腦而為其所用。所以，傳統與現代的結合也是必然的，這裏面有生理結構作基礎。我這一節的題目叫「讀經開智」，閱讀經典為什麼能開智慧呢？其實這個意義就體現在上述這個過程。有效地閱讀經典、研究經典，可以幫助我們挖掘伏藏，可以幫助我們打開上述的伏藏腦，從而讓人類文明的共同寶藏源源不斷地流向個體。這個過程如果實現了，大家想想，怎麼會沒有智慧，怎麼會沒有學問呢？大家如果從這個高度去認識經典，經典就有意義了，經典就容易學進去了，這是真正的源遠流長啊！

　　當然，現在許多人不但不會對我們上述的觀點表示讚許，而且還會嗤之以鼻。因為他們一提到傳統就喜歡跟現代對立起來，以為傳統的東西都是阻礙現代的，都應該拋棄。其實，這樣的認識是沒有真正地認識好傳統。在門外談傳統，對它望而生畏，這種做法是不可取的。台中師大的王財貴教授有一句話說得非常到位：「凡是將傳統看成是包袱的人，不是懦弱者，就是敗家子！」希望大家能以懦弱者和敗家子為戒。傳統怎麼可能是包袱呢？它是資本！通過適當的「投資」，它可以發展和壯大我們的事業。

◎願意開取你的伏藏嗎？

5. 認識經典與現代

　　下面我們從另一個角度來討論經典，可以分三方面談：

(1) 保守性問題

　　一提起經典，一提起傳統，大家都免不了會想到一個問題，就是文化的保守性問題。以為現代文化必然都是開放性

的，而經典的、傳統的文化，必然帶有保守性。中國為什麼落後，中國為什麼沒有產生近現代科學，甚至中國的科學家為什麼沒有拿到諾貝爾獎，這些似乎都與我們的文化有關，都是我們文化中固有的保守因素造成的。這樣一來，傳統的東西當然就成了障礙。但事實究竟是不是這麼回事呢？如果我們對傳統的文化持這樣一種見解，那就是太不瞭解我們的文化了。

1998年度，又有一位香港的華裔科學家摘取了諾貝爾化學獎的桂冠。在一次座談會上，楊振寧博士專門就此談到了大陸的科學家為什麼至今仍未有一位問鼎諾貝爾獎。他認為，一個很重要的因素就是受儒家文化保守性的影響。在這裏，我想單就儒家文化的保守性問題提出來與楊振寧博士商榷。

◎ 在中國，諾貝爾獎的缺失究竟是不是儒家的責任？

認為儒家文化有保守性，我想楊教授的這個觀點是很有代表性的。現在要是抽問十個人，起碼會有九個人這樣回答。但是，儒家文化究竟有沒有保守性呢？有保守性，你要拿出證據；沒有保守性，你也要拿出證據。這個證據從哪裏找呢？當然要從孔子那裏找，當然要從正宗的儒教文化裏找。

《論語》是儒家文化的重要經典，我們翻開《論語》，哪一點體現了儒家文化的保守性呢？這一點我們似乎看不到。而相反的，我們看到了它的另一面，它的開放性。

《論語》的第一篇是〈學而〉，也就是談論學習方面的問題，一門文化它有沒有保守性，它是不是故步自封，很重要的就是看這個學習的方面。在〈學而〉篇裏，孔子開篇即言：「學而時習之，不亦說(悅)乎？有朋自遠方來，不亦樂乎？人不知而不慍，不亦君子乎？」孔子開篇的這段教誨，實際上道出了治學的三大竅訣。

第一竅訣是「學而時習之，不亦說(悅)乎？」大家不要小看了這個竅訣。它不僅僅是學習了知識，要經常安排複習

的問題，大家都經歷過複習，大家回想一下，學習了，複習了，是不是就產生了快樂呢？是不是就有喜悅呢？當然，「時習之」還不僅是指複習的問題，更多的是指實踐的問題、用的問題。大部分經驗告訴我們，學習這個過程是枯燥的，要不然，怎麼會說：「學海無涯苦作舟」呢？所以，在學問海裏沒有幾個人能堅持下去。為什麼呢？因為沒有見到「悅」。沒有見到「悅」，那學習就是件苦差事，吃力不討好，哪個願意去做？前些年為什麼那麼多人下海經商，原因就在這裏。海裏面有「悅」，書裏面沒有「悅」。有幾個人能見到書中的玉女，有幾個人能見到書中的金屋呢？所以，學問能不能真正地活到老學到老，關鍵的就要看他有沒有這個「不亦說乎」。這個「不亦說乎」在學問上叫「學樂」，要有學樂融融，在佛道裏叫「法喜」，要法喜充滿。初學的修行僧，為什麼叫苦行僧呢？因為這個過程非常苦，幾乎沒有樂趣可言，全靠一個信念在維持。所以，這個階段戒律很重要，要靠這個戒律來約束，否則堅持不下去。而一旦邁過了這個階段，學以致用了，在用中有了樂趣，有了感受，真正產生了法喜，到了這個境界，那完全就不同了。你不用再擔心你的信心會退失，不再需要用什麼東西來強迫你、約束你修持，你會自然而然地去行持菩薩道。修行變成了你的生命，修行變成了你的生活。這又叫無勤而作。所以，學問能不能做下去，修行能不能搞下去，這個「學樂」、這個「法喜」是非常關鍵的因素。這第一個竅訣就是講的你要設法獲得這個東西，這樣你的學問就有了基本的保障。學習為什麼一定要講興趣呢？興趣就與這一竅訣有關。

◎儒家的學問就是重行的學問。

　　第二竅訣是「有朋自遠方來，不亦樂乎？」在〈學而〉篇裏講「朋」，顯然這個朋不是講的一般的酒肉朋友，或義氣朋友。這個朋友是與學習有關的朋友，是有志於學問的這麼一

幫人。古人講：「同門為朋，同志為友。」但這個同門我們不應該狹隘地去看，同一個師門才叫朋，這個同門是廣義的，同一個學門都叫朋，也就是凡有志於學問的都是朋。朋從遠方來，這個遠方有可能指省外，有可能指國外，有可能來自秦國，有可能來自趙國，當然也可能是楚國、燕國，甚至是偏邦。這些來自不同國度的學人自然帶來不同的文化、不同的學問。與他們在一起交流，吸取新鮮血液，難道不是一件值得慶倖的事嗎？按照今天的地理觀念，這個遠方為什麼不可以指西方，為什麼不可以指美國呢？所以，孔子的這第二個竅訣明明是在講學習就要善交流，就要有開放。保守和自封會有什麼後果呢？孔子告誡說：「獨學而無友，則孤陋而寡聞。」這是第二竅訣。

第三竅訣是「人不知而不慍，不亦君子乎？」這個竅訣也很重要，它講的是做學問要能耐寂寞。這個竅訣對於做傳統的學問，特別是像中醫這樣的學問尤其重要。學中醫要是不能耐寂寞，三年兩年就想出名，就坐不住了，那我勸你儘早改行，改個什麼金融或電子，也許會更適合你。學中醫要能夠沉潛下來，十年、二十年人不知你都不慍，這樣才有可能學好中醫。

做學問一要講興趣，要有學樂，學習要想堅持下去就必須有這個東西；二要開放，要交流，不能故步自封，孤陋寡聞；三是學問要做得深，要真正成為學問家，就必須能耐寂寞。大家想一想，這三條能夠少嗎？一條都不能少！從孔子給出的這三大竅訣中，我們可以感受到，儒家文化哪有一點保守性呢？根本沒有！

以上我們是講道理，講理論依據，下面我們可以擺事實。大家知道，中國文化主要有三大塊，就是儒、釋、道。其中儒、道是土生土長的本土文化，而釋家則是完完全全的

外來文化。三者之中，儒家始終是主導文化。講三家文化，大家就應該留意一個問題，釋家文化是怎麼傳入我國的？這個異域文化的傳入說明了什麼？

儒教祖師孔子出生於西元前551年，佛教創始人釋迦牟尼的出生年代亦大致相近，約在西元前565年。佛教最早傳入中國的時間，約在西元前2年，即西漢哀帝元壽元年，距孔子不過400餘年的時間。這正是儒家文化非常鼎盛的時期，儒家文化是主流文化，皇帝老子就以這家文化來治理天下。可以說，在這個時期，儒家文化是說話算數的。大家不妨思考一個極簡單的事實，如果儒家文化是一門保守性很強的文化，如果儒家文化故步自封，那麼，在這個時候，佛教這個異域文化有可能傳入中國嗎？簡直一點可能也沒有！就憑這個事實，已經足以說明儒家文化是一門開放性、吸納性很強的文化。哪有一點保守可言？說儒家文化保守，很顯然，這個儒家文化已然不是孔子所創立的這個文化，而是被後世的這些徒子徒孫們歪曲了的這個文化，這哪能算是儒家的文化呢？所以，要瞭解儒家，就一定要到孔子那裏去瞭解，這才算正宗。同樣，要學正宗的中醫，也一定要從經典著手，這就避免了以訛傳訛。這是我們強調學習經典的另外一層意義。

（2）古典音樂與流行音樂

談到經典的特殊，以及它與現代的差別，我們可以作一個很形象的比較，就是古典音樂與流行音樂的關係。大家可以感受一下，古典音樂與流行曲在現代是一個什麼情況？

我們可以設置一個問卷，在年輕人當中，甚至擴大到整個人群中去調查，看喜歡流行音樂的有多少，喜歡古典音樂的有多少。我感覺這個問卷不問即知，喜歡流行音樂的

占絕大多數，喜歡古典音樂的寥寥無幾。大家可以看一看港台歌星、大陸歌星的演唱會，歌星往台上一站，眼睛一閉，台下人山人海，群情亢奮，有時簡直到了瘋狂的地步。而演奏古典音樂呢？情況就大不相同了，演奏廳裏靜悄悄的，人也少得多，最多在一曲終了有些掌聲，這個反差太大了。

現代的人為什麼喜歡流行歌曲，為什麼不喜歡古典音樂？這是非常值得思考的問題，這反映出了現代人的內心世界。透過這個現象我們可以發現許多問題。流行歌曲在過去叫作下里巴人，它是一種很淺白的音樂。比如唱愛情的歌，它似乎把什麼都唱出來了，愛得死去活來，愛得發瘋，不管你在什麼時候，什麼心態下，你一聽都會知道它是首愛情歌曲。可是古典的音樂呢？情況就不同了，比如我們聽貝多芬的《月光奏鳴曲》，你不靜下心來，你不認真的去感受，你根本就不知道這首樂曲的主題是什麼。

音樂和歌曲都是為了抒發內心，表達志意。流行歌曲較古典音樂在表達上雖然更加直截了當，但是，正如古人所說：書不盡言，言不盡意。對於很深沉的內心世界，對於複雜的感情，這種很淺白的旋律是沒有辦法表達的。可是大家為什麼還要這樣偏愛它呢？從這樣一個喜好，我們可以感受到現代人的浮躁心理、現代人的急功近利。他們只喜好吹糠見米的東西，做什麼都要立馬見功，而不願意靜下心來感受什麼、體悟什麼，這種情況令人憂心。

在中醫界，為什麼要取消經典？為什麼對經典的重視程度日益下降？中醫界的這個情況正好可以用上面這個例子來說明。經典就好比古典音樂，而現在的這些書籍，包括各種教材，就好比流行歌曲。經典的東西不像現代的教材這樣白，拿起來什麼就明瞭，它需要你去感受，需要你去悟。這

個過程與聽受古典音樂十分相近。要真正感悟出「味」來，並不那麼容易，而一旦你感悟出這個「味」了，你才真正知道它的意義，你才知道音樂的真正生命力在古典音樂那裏。同樣，中醫的真正生命力亦存在經典裏面。

大家應該都喝過茶，喝過飲料，茶與飲料有什麼區別呢？飲料很方便，打開來就能喝，而且立馬可以嘗到它的滋味。可是茶就不那麼方便了，它講究沏泡，特別是工夫茶，這個過程很講究，而且味要慢慢品，這個比飲料要麻煩得多。所以，很多人沒這個耐心，寧可去喝飲料。但是，飲過以後的回味，飲過以後的感受，飲料是沒法跟茶比的。相信大家都有過這樣的經驗。讀經典與讀後世的書就有點像品茶與喝飲料，大家可以認真琢磨，看是不是這麼回事。所以，我們不能用喝飲料的眼光去看茶，同樣也不能用流行歌曲的標準去衡量古典音樂，如果我們把茶當成飲料來喝，這個味你是品不出來的。

◎諸位還是「吃茶去」！

（3）《中基》能不能取代《內經》

經典為什麼要改成選修？甚至很多人乾脆主張取消經典。很重要的一個原因是，他們認為，現在不是有《中基》教材嗎？《中基》不就是從《內經》裏來的？而且較《內經》更清楚、更明白。所以，《中基》為什麼不可以取代《內經》呢？應該完全可以。

《中基》取材於《內經》，這是不爭的事實。但是，《中基》能否真正涵蓋《內經》，進而取代之呢？我們想舉兩個例子來說明。

◎茶杯能盛得下茶壺嗎？

第一個是病機，病機這個概念是中醫一個很關鍵性的概念，它出自《素問·至真要大論》。綜觀《內經》全篇，就是這一章討論這個問題。這樣一個問題放在「至真要」裏來討

論，已足見它的重要性。與之相對應，在《中基》裏，病機亦立了專門的章節，而且在章節下羅列了許多內容。可是你看完這整個章節後，你就會感到這是在掛羊頭賣狗肉。為什麼呢？因為真正的《內經》中的病機，它隻字不提。用《內經》的病機作名，可實際上《內經》中那麼豐富的病機內容卻不提，這個差別大家可以自己去感受，此其一也。

另外就是《中基》對病機這個概念的解釋。這裏我們引用它的原文：「病機，即疾病發生、發展與變化的機理。」病機能不能作機理講，這個差距有多大，我們可以從文字上去考究。病，這裏當然可以作疾病講，當然與疾病的發生、發展、變化有關，但是，「機」作什麼講呢？「機」是不是機理？我們翻《說文》、翻《康熙》，都看不到這樣的解釋。機的原意我們可以從《說文》那裏看到：「主發謂之機。」箭在弦上要發出去，必須撥動這個機。其他任何事情都是這樣，都有一個機，只有觸動這個機，事情才會發生，不觸動這個機，其他的條件再多，也沒辦法引發事件。機就是這麼一個東西，它是事情發生的最關鍵因素。它是點，不是面。可是觸動這個點，就能帶動面。所以，病機就是疾病發生、發展、變化的最關鍵因素，這個關鍵與機理顯然不是一碼事。這就讓我們看出了《中基》與《內經》的不同，《中基》有些時候很難說明《內經》。這是第一個例子。

◎我們靠什麼來天人合一。

第二個是「肺主氣，肺主治節」。我們首先來看「肺主氣」，在《中基》裏，這個氣指的是一身之氣和呼吸之氣。肺所主的這個氣究竟是不是指的一身之氣和呼吸之氣呢？從《內經》裏我們知道，肺主氣實際上說的是「肺者，氣之本」，這段經文出自《素問·六節藏象論》裏。《六節藏象論》在講說肺的這一重要功能前，首先探討了氣的概念。讓我們來

看一段黃帝與岐伯的對話，黃帝問曰：「願聞何謂氣？請夫子發蒙解惑焉。岐伯曰：此上帝所秘，先師傳之也。帝曰：請遂聞之。岐伯曰：五日謂之候，三候謂之氣，六氣謂之時，四時謂之歲，而各從其主治焉。」上面這段對話是很關鍵的對話，但也不失幽默。黃帝說，我很想知道氣這個概念是說的什麼，請夫子給我發蒙解惑，好讓我清楚它。可這一問觸到了岐伯的難處，這個問題本來不應該輕易說出來，這是「上帝所秘」的東西，是先師單傳下來的，可是碰到黃帝老子問起來，又不能不回答。沒辦法，只好如實言之。什麼是氣呢？五日為一候，三候為一氣，也就是十五天，這個十五天的週期就叫作氣。大家算一算一年有多少個「氣」呢？一年有二十四個氣。原來這個氣指的就是節氣。這不很簡單嗎？現在讀小學都能背二十四氣歌，翻翻日曆我們也知道，2月4號立春，再過十五天就是雨水，再過十五天就是驚蟄，似乎沒什麼稀奇。可是大家想一想，在當時這可是一個要命的問題，你如果知道了它，老天的奧秘你就知道了，天地變化的節律你就知道了。所以，這不是一個小問題。

中醫一個很重要的特色就是整體觀念，天人合一。天人怎麼合一呢？說白了就是天地在變化，人也要跟著變化，這個變化的節律要能夠同步。從上面這個氣的概念中，我們知道了天地變化的基本節律就是氣，也就是十五天一個變化，十五天一個變化。在這個節律上，人也要有一個類似的同步變化，這個變化跟上了，天人就合一了。那麼，在人體內，具體是哪個部門負責這個基本節律層次上的天人同步變化呢？就是肺。所以，「肺者，氣之本」，說的是這麼一件事。這個氣與呼吸之氣，與一身之氣又有什麼關聯呢？顯然沒有什麼大的關聯。

◎「治節」不宜解
作「治理和調
節」。

　　再一個就是「肺主治節」，《中基》裏把這個「治節」說成是「治理和調節」，這個差距似乎就更大了。什麼是治節呢？治節這個概念出於《素問·靈蘭秘典論》，它與後面的氣之本是相呼應的。我們前面講的這個三候為一氣，實際還是一個籠統的稱呼，細分起來，一個月的兩個氣，一個叫節氣，一個叫中氣。所以，統稱為二十四節氣。這樣一來，我們就知道了節與氣實際上是非常相近的概念。治節當然是治的這個「節」，怎麼會扯到治理和調節的問題？即便它是調節，調節什麼呢？

　　有關上面的「肺主氣」、「肺主治節」，我們還可以從其他一些方面來思考。肺處胸中，其外包以肋骨，大家數一數，肋骨有多少根呢？左十二，右十二，一共是二十四根，正好是二十四節氣這個數，這是巧合還是必然呢？是一年先有二十四節氣變化，還是先有二十四根肋骨呢？大家可以思考這個問題。

　　另外，節與關節也有關聯，我們先看一看人的四肢大關節一共有多少？一共有十二個，每一個關節由兩個關節面組成，合起來還是二十四個面，這裏一個面與節氣相應，一個面與中氣相應。四肢應四時，每一肢有六個關節面，正好應「六氣為一時」。關節與節氣相關，與天氣變化有關，這是平常老百姓都知道的。我們可以問一問周圍上年紀的人，特別是一些關節有毛病的人，他們對天氣變化的敏感程度往往超過氣象儀器。氣象預報說有雨，他可以說沒雨，結果真的就沒雨。他為什麼敢這樣斷言呢？因為他的關節有反應，這個反應與天氣的變化是十分相符的。所以，我們完全可以把關節看作是人體對天氣變化的一個感應器。而這個感應器是由肺來掌管的。

　　弄清了肺與節氣的這層關係，肺的意義也起了根本的變化。天人相應，實際上在很大程度上就落實在這個「肺主

氣」、「肺主治節」上面。但是，我們看一看《中基》，卻根本沒有談到這方面的問題，如果現在就急著用《中基》來取代《內經》，大家想一想會是一個什麼結局？

6. 如何學好經典

(1) 直覺與工具的重要

學習經典必須有方法，而基本的一個方法就是要懂得借重工具。經典至少產生在東漢以前，由於特殊歷史條件的限制，它必須用很精練的語言文字來表述它那深廣的內涵，這是經典的一個特色。我們現在學習經典，你憑什麼去瞭解經典深廣的內涵呢？別無他法，唯有從文字開始。瞭解文字就要借重工具。所以，學習中醫經典要有像樣的工具書，光是《新華字典》還不夠。

◎「咬文嚼字是中國文化之最高境界。」

古人云：文以載道。我們要明白道，當然就要首先知曉文。所以，《康熙字典》始終是案頭翻動最多的一部書。翻弄多了，對文字你就會有感受，你就會覺得中國的文字的確有很多優越的地方，你就會對它生起感情。

中國文字是以象形文字為基礎的，很注重形義之間的關係。所以，看到一個文字，除了查閱工具外，你還要分析它的結構。形部的結構需要分析，聲部的結構也要分析，兩者都與義有關聯。

以「味」字為例，味是由口去感覺的，所以，它用一個口字作形部部首。聲部呢？由未組成。義除與形部有關外，與聲部似乎有更特殊的關聯。未是十二地支之一，它位於西南方，西南這塊地方在五行中屬土，屬長夏；後天卦中屬坤；五藏屬脾。弄清了未的上述含義，我們就知道「味」字為什麼要用它來作聲部。

◎在古漢語研究領域，「右文說」已是被廣泛確認的觀點。這個觀點的中心內容就是強調漢字右文（多為聲部）的語義學作用。

學過《中基》我們懂得，脾開竅於口，脾和口方能知五味。也就是說味覺是由脾來掌管的，而脾屬土，土在西南，未所屬的這個方位正好是由脾來主理的。所以，用一個未，已然將與脾相關的這樣一些生理全包括進去了。這是其一，其二呢？味在古代含義很廣，在《內經》裏稱五味，實際上，凡屬食物一類的東西都歸於味，當然也包括藥物。大家可以考慮，大地生長的食物，特別是糧食一類，主要成熟於什麼時候呢？在長夏。味成熟於長夏，這個成熟顯然又與未有關聯。另外，未處西南，在我們國家，西南這個地方由四川所居。四川還有一個特別的稱呼，就是「天府之國」，為什麼叫作「天府之國」呢？因為這個地方的物產特別豐富，味特別豐富。而我們反過來思考，為什麼這個地方的物產豐富，味屬豐富呢？因為它屬未，屬西南，屬土，土生萬物。所以，從文字的造字，從文字的結構，我們可以感受到，它裏面的含義太深太深了。像這樣一個味字，它的形、聲、義結構已然將許多很深沉的理論包含進去了。一個文字包融這樣深廣的內涵，這在其他文字是難以做到的。

◎「漢字是人類最高智慧的結晶。」

因此，要想深入經藏，文字就是一塊敲門磚，一把鑰匙。而要解決文字，當然就得依靠工具，依靠對文字結構的一種直覺。二者不可缺一。

（2）曾國藩的讀經竅訣

對於經典，熟讀強識是非常重要的。古人說：讀書百遍，其義自現。這個口訣尤其適用於經典的學習。學後世的書，我們不用讀百遍，有時一遍就行了，而對經典，非讀百遍不行，尤其是像《傷寒論》這樣的典籍。

有些人讀經一兩次就想過關。一兩次沒有感悟，就以為經典沒什麼，丟在一旁了。這哪是讀經典呢？這是把茶當飲

料喝了。你把巴赫的曲子當成了「冬天裏的一把火」，你怎麼會感受出味道呢？

　　有關讀經，我以為曾國藩的經驗很值得借鑒，他在道光二十三年給其諸弟的一封信中有下面這樣一段記述：「窮經必專一經，不可泛騖。讀經以研尋義理為本，考據名物為末。讀經有一耐字訣：一句不通，不看下句；今日不通，明日再讀；今年不精，明年再讀，此所謂耐也。」曾國藩的這個「耐」字訣，可謂深得讀經三昧。當然，對於曾氏的這個訣我們也可以靈活地看，不一定這句不通，就不讀下句。但是，「今日不通，明日再讀；今年不精，明年再讀」，這是一定要做的。總之，讀經不是三年兩年的事，更不是三兩個月、一個學期的事，讀經是一輩子的事。經要放在案頭，更要常置心頭。經典是一輩子的必修課，你要想真正學好中醫，學好經典，就必須做這樣的打算。

（3）基本條件

　　學好經典需要注意的另外一個問題，就是要具備一個基本條件，或者說一個基本的素質，這就是信受奉行。現在很多人學經典是帶著一種批評的眼光來學，覺得經典這也不科學，那也不科學，你比經典都高明了，那你還學什麼經典呢？你以一種抵觸的情緒，認為經典過時了，那你怎麼學得進經典？所以，學經典這個態度很重要，你必須完全地相信它，接受它，然後再思考怎麼按照經典的思想去奉行。只有這樣，經典才學得進，只有這樣，你才會有收穫。經典經過了那麼長時間的考驗，那麼多人依靠經典成了名醫，你有什麼擔心呢？所以，對於經典完全地可以信受奉行。

　　這裏為什麼要提出這個條件和素質呢？因為它太重要了。不具備這個條件，經典的學習整個就成了障礙。記得

◎「信是道源功德母。」

在讀《本草綱目》的時候，讀到白術這一條時，李時珍引了張銳《雞峰備急方》的一則案例：「察見牙齒日長，漸至難食，名曰髓溢病。用白術煎湯，漱服即愈。」大家看到這個案例，你的第一感覺是什麼呢？我想很多人會不相信。牙齒長到一定程度就定型了，怎麼會越長越長，以致進食都困難呢？這太離譜了。即便有這個髓溢病，牙齒那麼堅硬的東西，怎麼用白術漱漱口就能縮回去呢？簡直太不科學了。但我不這麼想，我首先是相信它，然後，再來思考它的道理。

　　首先，這個病名很有意思。牙齒為骨之餘，由腎所主。腎主骨生髓，骨與髓乃是異名同類的東西。牙齒日長，就好像是髓滿了在往外溢一樣，所以，叫作髓溢病。現在要考慮的是這個牙齒為什麼會日漸長長？髓為什麼會往外溢？這一定是約束骨髓的這個系統出了問題。骨髓由腎所主，腎為水藏，故骨髓亦屬水類，明白了這層關係，就知道對骨髓的約束功能是由土系統來完成的，這亦是前面所講的土克水。現在土系統出了問題，土虛了，當然就會發生水溢，當然就會發生髓溢。髓溢了，牙齒自然會日漸變長。這個道理明白了，用白術來補土制水，控制髓溢，就是十分簡單的事了。這是我對髓溢病及其治療的思考過程。

　　1991年接治一位跟骨骨刺的患者，患者的雙跟都有骨刺，疼痛厲害，以致足跟不敢落地，要踮起腳來走路，所以，生活感到很困難。我按常規的思路，用了補腎的方法，也用了活血、除痛、蠲痹的其他方法，但都沒有獲得明顯的療效。正在我感到進退兩難的時候，突然想到了上面的這個案例。骨刺病也叫骨質增生，是由於骨鈣流失到骨面，形成骨性贅生物所致。骨鈣流失形成骨性贅生物，這與髓溢有什麼差別呢？應該沒有差別。於是我如法炮製，用白术煎湯，

讓患者浸泡足跟，每日兩三次，每次20分鐘。出乎意料，不數日，痛即大減，足跟能夠落地，堅持近月，病即痊癒。

　　上面這個例子給我的感受很深，什麼感受呢？就是對這個「信受奉行」的感受。對這件事我首先是相信了，相信了才有可能去進行上面的思考。如果對這件事根本不相信，那怎麼會有以後的思考？沒有這些思考，就不會想到要用白术來治療跟骨骨刺。所以，相信是第一，只有這一步做好了，才有可能為今後的研究帶來機會。如果首先就不信受，那一切就被你拒絕了，一切的機會就沒有了。大家想一想是不是這麼回事。因此，這一節裏講的這個條件，也是學習中醫必須具備的一個條件。

　　以上這一章，我們從宏觀的方面，理性的方面，和從某些感受上談了中醫學習和研究的一些基本問題，只有從思想上把這些問題真正解決了，學習中醫才沒有障礙，學習經典才沒有障礙。

第二章

傷寒之意義

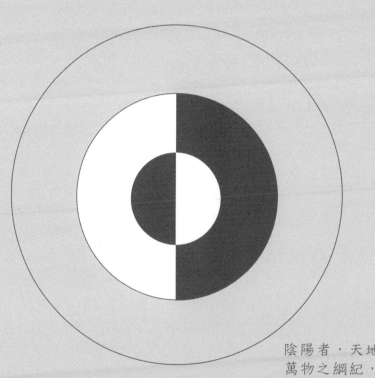

陰陽者，天地之道也，
萬物之綱紀，
變化之父母，
生殺之本始，
神明之府也。

一、傷寒論說什麼？

　　從這一章開始，我們將對《傷寒雜病論》的一些具體問題進行討論，在討論這些問題前，應該首先弄清楚這部書是一部什麼樣的書。我想這個問題，我們可以通過論題、通過書名來解決。

◎「雖未能盡愈諸病，庶可以見病知源。」

1. 傷寒的含義

傷寒，是我們討論的這部書的核心，有關它的含義我們應該很清楚。傷寒這個概念，在《素問‧熱論》裏有很明確的定義：「今夫熱病者，皆傷寒之類也。」這個定義說明了傷寒的一個非常顯著的特徵，那就是發熱的特徵。凡是屬於發熱性的疾病，或者說凡是具有發熱特徵的疾病都屬於傷寒的範疇。

《內經》對傷寒的這個定義，是從最基本的點上去定義的，但是，擴展開來卻顯得很泛化，不容易把握。為此，到了《難經》的時候，又給它作了一個更具體的定義。《難經‧五十八難》云：「傷寒有五，有中風、有傷寒、有濕溫、有熱病、有溫病。」《難經》的這個定義說明了，這個具有發熱特徵的傷寒常見於五類疾病裏，哪五類疾病呢？就是中風、傷寒、濕溫、熱病、溫病。稍稍具有臨床經驗的人就能感受到，《難經》給傷寒的這個定義確實很具體，臨床所見的發熱性疾病，大多也就見於這些疾病裏面。所以，要研究傷寒，就應該著眼於上述這五類疾病。

另外一個需要注意的問題，就是《難經》中談到兩個傷寒，第一個傷寒當然是總義的傷寒，也就是《素問‧熱論》講的傷寒，現在的教材又叫它廣義傷寒；後一個傷寒是分義的傷寒，又叫狹義傷寒。而我們這個論題上，書名上的傷寒，當然是指第一個意義上的傷寒，這一點不容混淆。這個問題弄清了，我們就知道張仲景並不偏重於談寒，他也談濕溫、熱病、溫病。

2. 雜病的含義

傷寒是《傷寒論》或者《傷寒雜病論》這部書的經，但還有一個緯，這就是雜病。雜病與傷寒相比，它具有什麼意義呢？這裏先講一個「文化大革命」的故事。

「文化大革命」期間，王洪文當上了黨的副主席和軍委副主席，但是，大家都知道他一個保衛幹事，能有什麼特別的才幹？有一次當時的副總理鄧小平就問王洪文一個問題，說中國到底有多少廁所，讓王洪文告訴他。王副主席一聽這個問題，當時就愣住了，這個問題我怎麼回答？我又沒有作過具體調查，毛主席不是說沒有調查就沒有發言權嘛。看到這個尷尬的局面，總理便在一邊解圍說，這個問題不用作調查，中國就只有兩個廁所，一個男廁所，一個女廁所。

這雖然是個玩笑，但是，哲理卻很深。聯繫到傷寒與雜病的概念，如果我們從發熱的角度去認識天下所有的疾病，那麼，天下的疾病也無外乎兩個，一個就是具有發熱特徵的疾病，一個就是不具備這個特徵的疾病。天下的所有疾病中，要麼是發熱的，要麼是不發熱的。大家想一想，是不是這麼回事？現在，既然發熱的疾病讓傷寒占去了，那麼，不發熱的這一類疾病就非雜病莫屬了。所以，一個傷寒，一個雜病，已然將天下的疾病占盡了，這就是傷寒與雜病的真實含義。

弄清了上面這個含義，可以解除我們許多的顧慮。過去我們常會擔心，光搞一門傷寒會不會太局限了？擔心搞傷寒的只會治外感，不會治內傷；只會治傷寒，不會治溫病；或者只會治內科，而不會治其他各科的病。現在我們知道了《傷寒雜病論》是一部什麼樣的書，知道了它的研究範圍。這些問題清楚了，怎麼還會有上面的擔心？所以，讀古書，對書名的理解是很重要的。

3. 論的含義

◎關於經典的意義，可參看45-53頁的內容。

書名的最後一個字是「論」，大家也別小看了這個字。論在古代是一個很重要的概念，是一個與經相對應的概念。所以，要搞清楚論，必須首先搞清經。

「經」是什麼？經就是經典。中醫有中醫的經典，道家有道家的經典，佛家有佛家的經典。這個經典意味著什麼呢？它往往代表某一門學問裏最權威的東西。經典產生的時代，往往就是這門學問最成熟的年代。這與現代科學的發展模式是不同的。經典的這樣一個特性決定了我們要研習這門學問，就得依靠它，這一點我們前面已經討論過。而經典的另外一個重要特徵就是它的作者。經典的作者是很講究的，像佛家這門學問，只有釋迦牟尼所講述的那些著作能夠稱經，其他後世的這些著述統統不能稱經。儒家的學問也是如此，只有孔子的著述，或孔子刪定的詩、書、禮、易能夠稱經，而後世的那些同樣也不能稱經。經典作者的這樣一個特殊性使我們發現，他們都是這門學問的開山祖師，只有開山祖師的東西才能稱經。開山祖師亦稱聖人，像儒家這門學問，只有孔子能稱聖人。所以，孔子又被稱為「大成至聖先師」，而孔子以後的人統統不夠聖人的條件，要稱的話，最多勉強稱作亞聖或後聖，亞於聖人、後於聖人。

那麼，上述的這些聖人，上述的這些經典的作者滅度以後，後人便要對這些經典進行詮釋，進行發揮，這些對經典進行詮釋和發揮的著述就稱之為論。所以說論是與經相對的概念，沒有經就沒有論。我們從手頭的這部書叫論這個名字，就知道它是詮釋和發揮經典的著述。

上述這個關係清楚後，我們就會發現，在中醫界有一個很奇怪的現象，那就是把造論的作者當成了醫聖，反而作經

的黃帝、岐伯沒有稱聖。這個現象當然有它的原因，張仲景對中醫的貢獻太大了，他於危難之中拯救了中醫，中醫之所以能夠延續到今天，張仲景是功不可沒的。正是張仲景的這個功績，他被越稱為醫聖，他的論亦成了經。但是，作為張仲景自己，他是很謙虛的，他並沒有把他的著作叫「傷寒雜病經」，這一點他要比後世的皇甫謐、張介賓高明。

　　有關經論的上述含義，我們還可以用另外一個關係來說明，那就是「體」與「用」。經為道之體，論為道之用。經以言體，論以明用。沒有體不行，如果我們沒有強健的身體，那一切的理想都會落空。所以，體是基礎，沒有它不行。同樣，用也很重要，有體而無用，那這個體的意義怎麼體現出來？我們光有強健的身體，卻不去發揮作用，那麼這個身體有什麼意義呢？還不是臭皮囊一個！

　　因此，體與用、經與論就是這麼一種關係。這樣我們就知道了，要學好中醫，經必須讀，論也必須讀，而《傷寒雜病論》呢？它既具有經的一面，又具有論的一面，它既言體，又明用。就是這麼一部著作，大家看應不應該讀，應不應該把它作為依靠處？

◎《傷寒論》是一部經論合一的中醫典籍。

二、認識陰陽探求至理

　　上面的論題搞清以後，這就開門見山了。接下來的是要提出三個問題：第一，《素問》裏講：「今夫熱病者，皆傷寒之類也。」明明熱病就是熱病，怎麼要把它歸到傷寒呢？寒與熱是風馬牛不相及的事，這是為什麼？第二個問題，它與第一個問題也有聯繫，傷寒就是傷寒，就是一個病嘛，《難經》為什麼說「傷寒有五，有中風、有傷寒、有濕溫、有熱

病、有溫病」。一個傷寒怎麼會包括這麼多病，這是一個問題。第三呢？張仲景為什麼以傷寒為經？後世的王叔和為什麼徑直用「傷寒」來做書名？上面這三個問題，是我們在讀《傷寒論》前必須搞清的問題，這三個問題弄不清，《傷寒論》你沒法子讀通。

那麼，上述的這三個問題，我們如何才能搞清呢？這裏可以借用清末四川名醫鄭欽安的一個竅訣：「學者苟能於陰陽上探求至理，便可入仲景之門也。」因此，學者若欲在仲景這門學問裏真正深入進去，那就必須把陰陽的問題放在首位。

1. 認識陰陽

◎中醫理論最核心的東西是陰陽。

中醫裏最重要的東西是什麼？中醫裏最核心的東西是什麼？方方面面都要圍繞它，離開它就不行的這個東西是什麼？這就是陰陽！《素問·陰陽應象大論》的開首即說：「陰陽者，天地之道也，萬物之綱紀，變化之父母，生殺之本始，神明之府也，治病必求於本。」《素問》的這段話對陰陽作了高度的濃縮和概括。我們做任何學問，尤其是中醫這門學問，離不開天地，而陰陽是天地之道，陰陽是萬物的綱紀，一個萬物，一個綱紀，大家可以掂量一下這個分量，有什麼東西還能逃過這個陰陽。它是變化的父母，我們探討事物，無非是探討它的變化，時間的變化，空間的變化，而是什麼導致這個變化呢？是陰陽。我們接觸社會，接觸自然，社會的東西也好，自然的東西也好，不論你是動物還是植物，是有機物還是無機物，是宇宙還是銀河，它的整個過程無非就是一個生生殺殺的過程，那麼，這個生殺是怎麼產生的呢？它的本始還是陰陽。另外，就是神明之府，神明

就是講精神講思維，所以，這一條與人類自身的關係特別
大，那麼，神明怎麼來，還是與陰陽有關。最後，就要談
到治病求本的問題，現在人都知道說：西醫治標，中醫治
本。當我們問一句中醫怎麼治本，或者中醫通過什麼來治
本呢，這就回答不上了。其實，這個本還是陰陽，還是要
在陰陽裏面尋求。陰陽就是這樣一個關係到方方面面的、
最本始的東西。

　　不知大家對陰陽有一個什麼樣的認識？是否達到了《內
經》的高度？我在教授本科生和研究生時都喜歡提這個問
題，而同學們給我的回答也就是《中基》教材的那幾條，什
麼對立制約、互根互用、消長平衡、相互轉化，等等。而再
往下問，答不出了。學陰陽，光懂這些還不夠。怎麼個對
立，怎麼個互根互用，這些你都要有真實的感受。對於任何
事物的變化，你都能落實到陰陽上面，甚至一舉手、一投足
你都能分辨出陰陽來，都能感受出陰陽來，只有這樣，陰陽
才能為你所用，你也才能用陰陽解決真正的實際問題。

(1) 陰陽的關係

　　陰陽談的是陰與陽兩者之間的事，既然是兩者，就有一
個相互的關係問題，這也是陰陽這門學問裏最重要的一個問
題。上述這個關係，《素問‧陰陽應象大論》裏有很精闢的
論述，就是「陽生陰長，陽殺陰藏」。這句話基本上將陰陽的
主要方面包含進去了，因此，只要弄通了它，陰陽的學問也
就可以基本解決。

　　「陽生陰長，陽殺陰藏」主要是講的一年裏的陰陽變化以
及萬物的生長情況。陽生陰長主要講上半年，也就是春夏的
變化。在這個過程中，陽漸漸生，陰漸漸長，兩者的關係非
常協調。聯繫到具體的自然，春日以後，白日漸長，氣溫漸

高，我們隨處可以感受到陽氣的不斷增長。那麼陰呢？陽化氣，陰成形，這些成形的，屬陰的萬物也隨著這個陽的增長而不斷地繁茂，真正的一派欣欣向榮。這個過程真正是陽在生，陰在長，夫唱婦隨。與我們以往所說的對立的、消長的關係好像不同，並不是陽產生了，萬物反而消滅，完全不是這麼一個情況。如果用現代一些的語言來形容這個過程，那麼，陽氣就好比能量，我們可以設想在天地之間有這樣一個能量庫，而在春夏這兩季，能量是處在一個釋放的過程，隨著能量的釋放，萬物得到這個能量的供給，便逐漸的生長，繁茂起來。否則，萬物憑什麼會生長繁茂呢？就是因為這個陽氣的釋放，這個能量的釋放造成的。這是陽生陰長。

那麼，陽殺陰藏呢？這是講秋冬的變化。大家不要把這個「陽殺」看成真正的殺滅，「陽殺」與「陽生」是一個相對的概念。既然春夏的陽生指的是陽的釋放，能量的釋放，那這個釋放是不是會無休止地進行下去呢？應該不會。這好比我們拳擊，拳頭伸展打出去了，如果拳頭還老是停留在這個狀態，那就沒辦法進行第二擊。所以，必須先把拳頭收回來，才能打下面的一擊。陽氣也是這樣，老是生發，老是釋放行不行？不行！這樣就不能持續。所以，生發、釋放到一定程度後，它就逐漸地轉入到收藏，這個陽氣的收藏相對於釋放而言，就是「陽殺」。陽殺了，能量收藏起來了，天地萬物得不到這個能量的供給，萬物的生長就趨於停止，而且漸漸地凋零、枯萎，這就是我們看到的秋冬景象。所謂「秋風吹渭水，落葉滿長安」就是講的這個肅殺的狀態，就是講的這個收藏的狀態。

上述的這個過程是周而復始、如環無端的。所以，收藏到一定的程度後，又要開始新一輪的生發、釋放。這便是《素問》所講的「重陽必陰，重陰必陽」。陽指的是生發、釋

放的這個過程，陰指的是收藏的過程。春夏為陽、秋冬為陰指的也是這個過程。

　　用《素問》的「重陽必陰，重陰必陽」來闡述上面的這個轉換，是非常形象的。為了更好地理解這個過程，我們可以結合一些《周易》方面的知識。《周易》是一本專門講陰陽變化的書，而且這個陰陽的變化它用一個二維的圖像表示出來，這就使陰陽的變化更為直觀、更為清晰。特別是描述一年的陰陽變化，它有專門的「十二消息卦」，即：復（☷）、臨（☷）、泰（☷）、大壯（☳）、夬（☰）、乾（☰）、姤（☴）、遯（☶）、否（☶）、觀（☴）、剝（☶）、坤（☷），如果用一句詩來記憶十二消息卦，就是「復臨泰壯夬乾姤，遯否觀剝坤二六」。其中復卦對應的是老曆十一月的變化，依次類推，臨為十二月，泰為正月，大壯為二月，夬為三月，乾為四月，姤為五月，遯為六月，否為七月，觀為八月，剝為九月，坤為十月。

　　上述的十二消息卦，在易系統裏又叫別卦，它是由兩個經卦重疊而成的，經卦也就是我們常說的八卦系統，別卦也就是常說的六十四卦系統。從十二消息卦裏，我們可以看到，除了乾坤兩卦以外，其他的十個卦都是陰陽爻混雜在一起，既有陰，也有陽。而乾、坤兩卦不同，它是純陰純陽。乾卦由兩個純陽的經卦（乾）重疊而成，所以，又稱重陽卦。坤卦由兩個純陰的經卦（坤）重疊而成，所以，又稱重陰卦。從復卦開始我們可以看到，陽爻在逐漸增多，標誌著陽氣的生發、釋放在不斷地增強，一直到乾卦，變成六爻皆陽，變成重陽，陽的生發、釋放也到了最大的程度。再往下去怎麼樣呢？重陽必陰。所以到了下一卦，到了姤卦的時候，上述這樣一種陽的格局就起了根本的變化，陽不再增長了，而陰卻悄然而起。

◎欲成大醫，能捨《易》乎？

　　姤卦所對應的月份是五月，而姤卦對應的這樣一種重陽必陰的轉換則發生在五月的夏至節上。「至」不是到來的意思，「至」的意思是極限。夏為陽，到夏至這個點上，陽的增長已經到了極限，而物極必反，所以就有這個「夏至—陰生」的變化，就有這個陽極生陰，重陽必陰的變化。姤卦以後，我們看到了另外一個截然不同的格局，陰不斷在增長，而陽不斷在萎縮，直到坤卦，變成六爻皆陰，變成重陰。而重陰必陽，所以，到了下一卦，到了復卦，又重新轉入陽的格局。於是我們又看到了一個陽爻不斷增長，陽氣的釋放漸漸增強的過程。這裏為什麼要起復卦這個名呢？復就有重複、來復的意思，到了這個點上，又開始新一輪「陽生陰長，陽殺陰藏」的變化，所以這一卦取名為復。

　　在上述這個變化過程中，我們還應留意另一個問題，這就是重陰必陽的變化，一陽生的變化並不發生於立春，而是發生在隆冬。同樣，重陽必陰的變化，姤所涵的一陰生的變化，也沒有發生在立秋，而是在盛夏。這又反映了陰陽的另一個顯著的特徵，那就是：陽生於陰，陰生於陽；陰中有陽，陽中有陰。

　　從上面這個過程我們可以看到，討論陰陽，討論中醫，如果結合《周易》來談，會顯得更方便、更直觀，更有助於我們瞭解她的確切內涵。所以，歷代都有人強調醫易的關係，尤其孫思邈指出：「不知易不足以為大醫。」這一點應該引起我們重視。

(2) 主導問題

　　通過上述討論，我們看到了這樣一種陰隨陽生而長，陰隨陽殺而藏的關係，這就要求我們明確兩個更具體的主導問題。第一個主導，是陰陽之間協同為主導，而非對立制約為

主導。這也是前面所講的「夫唱婦隨」的關係。陰陽在現實生活中一個更為具體的例子就是男女，就是夫婦，就是一個家庭關係。大家設想一下，如果一個家庭中，夫婦兩個以對立為主，一個面南，一個面北，水火不相容，那這個日子怎麼過，連基本的日子都沒法過，更不要談事業了。所以，家庭的關係、夫婦的關係、陰陽的關係應該以協同為主導。

　　第二個主導是陰陽之間陽為主導，這個主導實際上已經包含在第一個主導裏。這個主導說明在陰陽之間，陽的變化起主導的作用、決定的作用。作為陰，它是隨著陽的變化而變化。有關這層主導關係，我們可以在自然、社會的方方面面感受到。前面《素問》所說的「陽生陰長，陽殺陰藏」，實際上就是我們常說的生、長、收、藏。生、長、收、藏雖然用於表述一年裏萬物的變化情況，即春生、夏長、秋收、冬藏，但更實質的東西，更內涵的東西，則是陽的變化。是陽的春生、夏長、秋收、冬藏才導致了這個萬物的生、長、收、藏。有關這一點，董仲舒在他的《春秋繁露》裏說得很清楚：「物隨陽而出入，數隨陽而終始。……陽者歲之主也，天下之昆蟲，隨陽而出入。天下之草木隨陽而生落。天下之三王隨陽而改正。」大家考察一下自然，看是不是這麼回事呢？確實就是這麼回事。草木也好，昆蟲也好，植物也好，動物也好，它確實是在隨著春、夏、秋、冬的變化而變化。而春夏秋冬怎麼來？春夏秋冬由什麼來決定？大家知道是由太陽的視運動決定的。太陽沿黃道運行一周，就形成了一年的春夏秋冬。因此，春夏秋冬即反映了時間的變化，而更重要的是反映了陽的狀態。什麼叫春呢？春實際上就是陽氣處於生的狀態所占的時段，依次，夏就是陽氣處於長的狀態所占的時段，秋就是陽氣處於收的狀態所占的時段，冬為陽氣處於藏的狀態所占的時段。由陽的變化產生了春夏秋

冬，而萬物又依著春夏秋冬的變化而變化，它們之間就是這麼一種關係。從社會的角度，陽（男）作為主導的地位就更為明確，這一點大家有目共睹，不需多談。

上面我們談陰陽用了十二消息卦，看到這些卦象的變化，也許大家還是容易將陰陽分開來，對立來看。比如從復到乾這個陽局的變化，明明是陽日增，陰日消，我多你少，你死我活，這個對立好像很鮮明。其實，我們不能這樣看。陽日增，說的是這個陽的生發、釋放的增加；陰日少，不是說隨著陽的增加，有另外一個獨立的東西（陰），它在慢慢地減少。如果我們這樣來理解陰陽，那就會出根本上的問題。陰日少，我們確實看到這個陰爻從復卦以後，在慢慢減少，直到乾卦減為零，那我們是否可以說在乾所主的這個時候，是純陽無陰呢？一點陰都沒有，那不成了孤陽！《內經》說：孤陽不生，孤陰不長。可是我們看到夏三月的景象是萬物蕃秀，真正的一派繁榮。可見我們不能這樣來理解陰陽。

上述這個陰日少，說的是隨著陽氣生發、釋放的增加，陽的收藏自然就日益地縮減，前面我們不是申明過，陽的收藏狀態為陰嗎？釋放增加了，收藏自然地就減少，不可能又釋放，又收藏。就像我們的拳頭，打出去再收回來，收回來才能再打出去，不可能在同一個時候，又收回來，又打出去。這就是陰陽的消長關係。所以，雖然是在談消長，其實說的還是一個問題，即陽氣的變化問題。

十二消息卦的另一個層面，也就是陰局這個層面，也非常容易發生誤解。大家看從姤卦以後，陰爻日增，陽爻日減，很多人就認為這是陰日盛，陽日衰，是一個陰盛陽衰的過程。我們從卦上看，從表面看，好像是這麼回事，但深究一下，就知道這個看法有問題。

為什麼說這個看法有問題呢？大家可以思考，從姤以後，也就是從夏至以後，一陰始生，陽氣逐漸由釋放轉入收、轉入藏。那麼，這個收藏的目的是什麼呢？就像我們的拳頭打出去，要收回來，收回來的目的是為了重新打出去。同樣，陽氣要收藏，收藏的目的是為了能夠重新釋放。如果收藏以後，陽氣反而衰減了，那它怎麼能夠再釋放？實際上釋放就會有消耗，就會有衰減，而收藏的目的正是為了補償這個消耗、這個衰減。因此，從量上來說，這個秋冬的過程，這個陽氣收藏的過程，也就是我們前面認為的這個「陰盛陽衰」的過程，陽氣的量不但沒有衰減，反而得到了補償，得到了增加。只有這樣，才有可能經過收藏以後再發動新一輪的生發、釋放。聯繫我們人體，白天工作的過程，其實就是陽氣釋放的過程，而晚上的休息，則是陽氣的收藏過程。休息的目的是什麼呢？是為了白天更好的工作，是為了獲得更旺盛的精力，如果通過休息，陽氣反而衰減了，那麼這個精力怎麼旺盛？那還有誰願意睡覺、願意休息？所以，我們只要一思考，上面這個問題就不難解決。

陰陽的問題是一而二，二而一的。分開來好像有兩個，一個男、一個女，好像是兩個確鑿的、獨立的東西，但合起來的實質卻是一。所以，陰陽的問題如果我們只能分開來看，而不能合二為一，那就很難看到點子上。就比如寒熱這個問題，寒熱如同水火，很難把它們扯到一塊。這應該是兩個截然不同的東西，無論如何都不能把它合二為一。可實際上並不是這麼回事，我們看到的這個截然不同，只是顯現上的不同，如果進一步從深層去考慮，發現它還是一個陽氣的問題。

前面我們說過，陽氣好比能量，好比熱能。春夏的天氣

◎如果我們用硬幣來比喻陰陽，那麼陰陽是不同的兩枚硬幣呢，還是一枚硬幣的兩面？

為什麼溫熱？就是因為這個陽氣的釋放造成的，屬熱的東西釋放出來了，那天氣當然就變熱了。到了秋冬，秋天的天氣為什麼涼？冬天的天氣為什麼寒冷？熱的東西不釋放了，收藏起來了，天氣當然就變得寒冷。也就是說，寒熱是伴隨陽的生長收藏的一個表象，陽氣釋放了，天氣就變熱，陽氣收藏了，天就變冷，並不是在熱之外又有一個獨立的屬寒的東西。

上述這個問題，一個談實質，一個講顯現，對這個過程我們應該多思維之，善思維之。要是這個過程我們思考得清清楚楚，明明白白，那陰陽的問題可以說基本解決了。《素問》強調：「陰陽者，數之可十，推之可百；數之可千，推之可萬，萬之大不可勝數。然其要一也。」「知其要者，一言而終，不知其要，流散無窮。」這個「數之可十，推之可百，數之可千，推之可萬」其實就是講顯現，是從現象上講。而這個不可勝數的顯現，就其實質而言卻只是一個。知道了這個實質，就可以一言而終，就可以「能知一，萬事畢」，而不知道這個實質，則必會流散無窮。

上述這個陰陽變化，上述這個主導關係，我們還可以從最原始的天文測算過程去體悟。大家知道《周髀算經》這本書吧，這部書記述了最原始的測量太陽運行軌跡，也就是一年二十四節氣的方法。就是在日中正午的時候，在太陽下立一個八尺的圭表，圭表的投影叫晷影，測量這個晷影的長度，就能夠知道太陽運行到了什麼地方，就能夠確定出二十四節氣。

《周髀算經》告訴我們，晷影最長的長度是一丈三尺五寸，最短的長度是一尺六寸。大家可以思考，最長的這個晷影應該對應哪一天？最短的這個晷影應該對應哪一天？最長晷影的這一天應該是冬至這一天，相反的，最短晷影的這

一天就是夏至這一天。晷影也就是太陽的陰影，盛夏的時
節我們外出，大家總是喜歡走在樹蔭下面，或者總是希望來
一片青雲，為什麼呢？因為樹蔭把太陽遮住了，青雲把太陽
光收藏起來了。所以，我們馬上就會感受到清涼。因此，
我們可以把上述的這個晷影當作是陽的收藏狀態的一個尺
度。為什麼冬至的晷影最長呢？因為這個時候陽的收藏最
厲害。冬至一過，我們看到這個晷影就日漸縮短，這反映
了陽的收藏在減弱，隨著這個收藏的減弱，陽氣自然日益顯
露，日益生發、釋放。所以，冬至以後，白天也一日一日
增長，黑夜一日日縮短，這些都是收藏與顯露、收藏與釋放
的變換。

上述這個日益短縮的晷影到了夏至這一天，縮至了一尺
六寸，一尺六寸與一丈三尺五寸相比，零頭都不到。這個時
候的陽氣充分顯露出來了，幾乎沒有什麼遮攔，這就使得陽
氣的釋放達到了最大的程度。然而重陽必陰，所以，夏至一
過，這個晷影就一天天地變長。與之相應，白天也一天天地
縮短，黑夜一天天地延長。陽氣在充分地釋放以後，又漸漸
轉入到收藏。

由上面這個晷影的伸縮，我們可以看到，一年四季的變
化，二十四節氣的變化，其實就是陽氣收藏與釋放之間的變
化。我們抓住了這個主導，陰陽的方方面面就會自然地連帶
出來。

(3) 體用關係

陰陽除了上面的這些關係外，還可以從體用的角度來
談，體用是傳統文化裏一個重要的概念。體是談基礎，用是
談作用，談應用。沒有體，這個用不可能發生，而沒有用的
體，那這個體也就從根本上失去了意義。

　　上面這個體用的關係怎麼說明陰陽呢？具體地說，陰陽之間，哪一個屬體，哪一個屬用？很顯然，如果我們把陰陽看作一個整體，那麼，反映用的主要是陽，反映體的主要是陰。在《中基》裏，當談到肝的功能時，有一個體陰用陽的概念，實際上，不但肝如此，整個陰陽都是如此。我們從一年來看，春夏為陽，秋冬為陰。這個春夏的過程主要就體現了陽的作用，我們看春夏的陽光，看春夏的溫熱，看春夏的繁榮，這一切都反映了陽氣在積極發揮作用。所以，春夏為陽，這個陽是講用，這個問題不難理解。這與前面講的釋放狀態相應。那麼，秋冬呢？秋冬這樣一個寒冷的、凋零的景象，顯然與陽的作用不符。為什麼呢？因為陽用收藏起來了，你看不見了，所以，你見到的是另外一番景象。這就關係到體的問題。體是基礎，體是本錢。而秋冬的陰，秋冬的收藏，正是為了培植這個基礎，蓄積這個本錢。基礎鞏固了，本錢增加了，上述這個用才能更好地發揮。因此，從這個角度來看，體與用、陰與陽一點不相違。兩者相輔相成，互根互用，缺一不可。

　　陽的用這一面，我們很容易感受到，但是，我們也不能因為前面對陽的強調而忽視了這個體的意義。應該知道，它與強調陽用並不矛盾。所以，光強調男權不行，還要談女權。現在不是有一句流行的語言，「每個成功男人的背後，都有一個成功的女人」嗎？這句話講得很實在，很多情況確實是這樣。只是現在很多男人成功之後，就把原來助他的女人拋棄了，這個不但不道德，而且很愚蠢，註定他將來要遭挫折。

　　陽講用，這個用可以反映在很多方面。首先一個就是陽生陰長，這個化氣的陽，能夠促成萬物的生長。春夏的景象為什麼發陳，為什麼蕃秀？就是因為這個因素。第二

個用，陽為壽命之根本，《素問・生氣通天論》講：「陽氣者，若天與日，失其所則折壽而不彰。」因此，陽用很重要的一個方面就反映在它與壽命的關係，人的壽夭就要落實在這個陽氣上面。長壽的人陽氣沒有不充足的，相反，若陽失其所，則有折壽短命之虞。第三，「陽者，衛外而為固」，這也是陽用非常重要的一個方面。我們這個身體牢不牢固，能不能抵禦外邪的侵襲，就要看這個陽的衛外作用。這個作用與健康的關係很大。我們說人身最大的問題除了事業以外，就是一個健康，一個長壽，而陽用就反映在這個上面。

陰講體，這個體的意義表現在什麼地方呢？比如一個家庭，尤其是過去的家庭，婦女只會生兒育女、操持家務，怎麼來體現女人的作用呢？就看你這個男的有沒有出息。男的搞得好，說明你家的內助不錯。為什麼叫內助？幫助的意思，助陽的意思。也就是說，陰的意義主要體現在助陽方面，怎麼幫助陽去發揮應有的作用，這個就是陰體的意義。陰為陽體，陽為陰用。「陽在外，陰之使也，陰在內陽之守也」，兩者就是這麼一種關係。

陰為體，它的一個很突出的方面就是它的藏精作用。《素問・生氣通天論》云：「陰者，藏精而起亟也；陽者，衛外而為固也。」什麼叫「精」？實際上，精既不是陰，也不是陽。現在很多人在概念上搞混淆了，把上面這個精作陰來看，所以，習慣就稱陰精。如果精就是陰，那這個藏精怎麼講，它還怎麼藏精？這從邏輯上講不通。從嚴格的意義上說，「精」實際上指的是陽氣的蓄積狀態，能量的蓄積狀態就叫「精」。某樣東西暴發的能量越大，說明它陽氣的蓄積狀態越好。當然，在《內經》裏，在《中基》裏，精還有許多其他的解釋，我這裏是從最基本的義理上去分析。

◎那麼，精是什麼呢？

　　精是陽氣的聚集態，而不是釋放態。而陰的藏精就體現在幫助這個聚集的過程。陽氣能不能聚集，能不能由釋放狀態轉入蓄積狀態，就靠這個陰的作用。那麼，具體地說，這個精藏於何處呢？《素問‧六節藏象論》說：「腎者主蟄，封藏之本，精之處也。」蟄是藏伏的意思，腎是主藏的，所以，又稱作封藏之本。封藏什麼呢？封藏陽氣，封藏精。這個精，這個聚集態的陽氣就被封藏在腎的領地裏。所以說「精之處也」。腎在一年裏屬冬，冬主藏；腎在五藏屬陰，屬陰中之陰。這就與上面這個陰體，上面這個藏精相應了。所以，上面的這個體，上面這個陽氣的蓄養過程，在很大程度上要落實在這個腎上。精能否封藏好？陽氣能否得到充分的蓄藏，休養生息？就要看這個腎的功能。只有蓄養好了，釋放才好，精力才會旺盛。所以，人的精力如何，很重要的方面就是看腎。

　　陰講體的這一面清楚了，體的目的是為了幫助用，這樣人們就不會再把陰陽的關係對立起來。應該從統一中去看對立，而不應該像過去那樣，由對立看對立。

　　陰陽的體用關係，我們還可以從生活的許多方面去感受。比如說休息，過去我們對休息的理解也許比較籠統，以為坐下來就是休息，睡覺就是休息。其實，細分起來，它仍然是談的兩個方面。上面這個籠統的方面實際上包含在「休」字裏，休就是指的這個過程。休者休心也，停下手中的活小歇一下，叫作休，而停止一天的活動，上床睡覺更叫休。所以，休字從人從木，人躺在木床上是謂休。那麼，休的目的是為了什麼呢？這一點相信大家都很清楚。晚上睡覺是為了第二天有充沛的精力，午休的目的也如此。有午休習慣的人，突然哪一天不午休，那整個下午都會昏昏沉沉，打不起精神來。因此，休的這個作用就落實在「息」上。什麼叫「息」

呢？現在大家在銀行裏存錢，為的什麼呢？為的就是這個
「息」。早十年我們在銀行存錢，年息是9%、8%，也就是一
萬塊錢一年下來，就變成了一萬零九百元，增加了整整九百
元。正是為了這年息9%，大家都願意把錢存在銀行裏。因
此，這個「息」就是增加的意思，通過存錢使利益增加了，
所以叫利息。休息呢？很顯然，就是通過這個休的過程，使
我們在工作中消耗掉的精神體力得到增加，重新恢復精力充
沛的狀態。所以，休息也包含著體用兩個方面，也包含著陰
陽兩個方面。

春夏為陽，秋冬為陰，實際上是講春夏為用，秋冬為
體。用的發揮怎麼樣，在很大程度上要看這個體好不好。所
以，春夏的用如何，就要落實在秋冬，尤其是冬這個體上。
《素問·四氣調神大論》云：「所以聖人春夏養陽，秋冬養
陰，以從其根。」過去許多人對這個養陰養陽不理解，以為
春夏養陽豈不是火上加油，秋冬養陰豈不是雪上加霜，《中
醫雜誌》還專門就這個問題組織公開討論。其實，我們從體
用的角度看，這有什麼疑問呢？春夏養陽就是促進用的發
揮，秋冬養陰就是把體涵養得更好。這是從體用的角度來談
陰陽，大家尚可以引而伸之，推而廣之。

2. 傷寒總說

以上我們講到了兩個關係，一個主導，一個體用。陰陽
的這些東西弄清以後，就可以解答上述的那三個問題。

(1) 寒為冬氣

首先，我們來看寒，寒是冬日的正氣，這一點我們在
《中基》裏面已經學過。春溫、夏熱、秋涼、冬寒，怎麼會產

生寒呢？這一點我們前面已經提到過，陽的本性是屬熱的，春夏的陽氣處於釋放狀態，熱的東西散發出來了，所以，天氣變得溫熱。但是，春天釋放的程度要比夏天小，因此，春天的溫度要比夏天低。到了秋冬，陽氣由釋放轉入到收藏，熱的東西收藏起來了，關閉起來了，天氣也就變得漸漸地寒冷。但是從程度而言，秋天的收藏不及冬日，因此，冬日的氣溫更為寒冷。這是寒的一個根本意義。從這個意義我們可以看到，寒實際上是反映陽氣的收藏狀態，是陽氣收藏的外在表現。所以，寒不但是冬之氣，其實也是藏之氣。

現在我們暫且放下時間，來看一看空間方位的情況。在我們國家，大家都很清楚，西北的氣溫要較東南低得多，我們每年冬天看天氣預報，北方有些地區都零下十幾度了，南方還在零上二十多度。這個反差太大了，要是海南的人到北方出差，上飛機前穿襯衣，下飛機就要穿皮襖了。為什麼會出現這樣大的差別呢？看一看《內經》就清楚了。《素問·陰陽應象大論》說：「西北方陰也，東南方陽也。」陽就是用，就是釋放，陰就是體，就是收藏。從地域方位的角度而言，整個西北方以收藏為主，整個東南方以釋放為主，所以，就產生了這個氣溫上的懸殊。這就提示我們一個問題，學中醫不但要注意時間，也要注意空間方位。時空在中醫裏是同一的，是統一的，這個觀念必須牢牢記住。

前面我們提出過，陰陽的問題要真正弄清，不能光停留在書本的那幾點上，要有切身的感受。什麼事情都要養成用陰陽來思維，比如我們生活在南寧的人，時間都快到春節了，身上卻還穿著襯衣，這是為什麼呢？如果我們不從陰陽這個角度去思考，去弄清它，那作為一個學中醫的人，你就麻木了，就憑這個麻木，你要學好中醫，我看沒多少可能。

◎陰陽問題也要活學活用。

(2) 何以養藏

知道了寒的屬性、寒的意義，也就知道了冬日的寒，並不是一件壞事。我們根據這個寒的表象，這個寒的程度，就可以推斷這個陽氣的收藏情況，就可以看到這個「體」的情況。

冬日的天氣應該寒冷，也就是冬日的陽氣應該封藏，這個體應該涵養。因此，《素問》專門提到了一個養藏的問題。冬三月養藏，秋三月養收，實際上就是秋冬養陰的互辭，這是很明確的。《素問‧四氣調神大論》就是討論這方面問題的專論。這裏我們只看相關的冬三月。論云：「冬三月，此謂閉藏，水冰地坼，無擾乎陽，早臥晚起，必待日光，使志若伏若匿，若有私意，若已有得，去寒就溫，無泄皮膚，使氣亟奪，此冬氣之應，養藏之道也。逆之則傷腎，春為痿厥，奉生者少。」

《素問》的這一篇講「四氣調神」，四氣，就是指的春、夏、秋、冬之氣，就是指的生、長、收（殺）、藏之氣。調神呢？這個講的是人的因素。人怎麼在春三月適應這個生氣，怎麼在夏三月適應這個長氣，怎麼在秋三月適應這個收（殺）氣，怎麼在冬三月適應這個藏氣。這就提出了要養生、養長、養收、養藏。現在的人只講一個養生，養長、養收、養藏都不管了，這是很片面的。

上面這段經文主要講養藏。冬三月怎麼養藏，怎麼適應這個閉藏的狀態呢？關鍵的一點就是「無擾乎陽」。冬三月屬陰，《素問》又明確指出「秋冬養陰」，而這裏卻點出「無擾乎陽」，可見春夏秋冬的這個生長收藏確實是圍繞著陽的這樣一個主導。無擾乎陽，就是指的冬三月這個過程已經在閉藏了，什麼在閉藏呢？陽氣在閉藏。既然已經閉藏了，就不要

再打擾它，這就叫「無擾乎陽」。就像我們住賓館，睡覺的時候要啟動一個「請勿打擾」的按鈕。睡著了，再被打擾醒，會是什麼滋味呢？相信大家都會有體驗。那麼，怎麼實現這個「無擾乎陽」呢？上述的經文談了四個方面。

◎天人合一的四大要素。

其一，慎起居。冬三月的起居應該是「早臥晚起，必待日光」。我是反對睡懶覺的人，而且一貫也沒有睡懶覺的習慣。但是，冬三月卻可以例外，要早一些睡，晚一些起，太陽出來再起床也沒有關係，這是《內經》的教證。所以，我一直在思考一個問題，中醫學院的作息表，不應該搞什麼夏時制，而應該搞四時制，就根據這個《四氣調神大論》來制訂作息的時間，這樣才與中醫相應，這樣才叫四氣調神。我相信冬天搞「早臥晚起」，搞「必待日光」，大家都會很歡迎，冬天有幾個不想晚起？說不定就從這裏你喜歡上了《內經》，喜歡上了中醫。

冬天為什麼要早臥晚起呢？這個就是為了適應養藏。睡覺這個過程的本身，就是一種很好的藏的狀態，那麼，現在冬三月要強調養藏，這個睡眠的時間就當然要適當地延長。我們看冬三月，白天的時間短，夜晚的時間長，再看看上面說過的晷影，冬天長到一丈多，而夏天只有一尺多。晷影也好，晚上也好，都是反映一個藏的狀態，人要跟這個藏相應，那就必須早臥晚起。我們嘴上常說天人相應，怎麼個相應呢？冬日養藏就是相應，冬三月「早臥晚起，必待日光」就是相應。

要講相應，時間就很重要。天地在這個時候收藏，你也要在這個時候收藏；天地在這個時候釋放，你也要在這個時候釋放。落實到具體的問題上，睡覺就是收藏，工作勞動就是釋放。現在許多人習慣晚上工作，白天睡覺，這就不相應了，就陰陽顛倒了，這個對身體肯定不利。年輕的時候也許

沒關係，到老了你就會有感受。學中醫的人應該避免這個顛倒，避免這個不相應。

其二，調情志。冬三月的情志應該是「使志若伏若匿，若有私意，若已有得」。這裏的「志」有兩層意思。一是講心志，就是心的志向，《康熙》云：心之所之謂志。二是講我們平常說的情緒，《左傳》裏面將喜怒哀樂好惡稱作六志。所以，總起來我們把它稱為情志。這個時候的情志應該「若伏若匿」，伏也好，匿也好，都指的是藏。所以，這個時候的情志應該收藏一些，不要那麼開放，不要那麼顯山露水。平常我們都勸人要開朗一些，但這個時候則應該趨於內向。「若有私意」，有什麼話，有什麼打算不要告訴別人，藏在心裏就是了。「若已有得」，這個東西好像已經得到了，不用再到外面去尋求，可以悄然安住。總之，這個心志，這個情緒，應該伏匿，不應該張揚，這樣才有利於養藏。

其三，適寒溫。冬三月要「去寒就溫」，這一點很重要，以上我們討論的許多問題都要落實到這一點上。為什麼要去寒就溫呢？我們本來說過寒為冬氣，寒為藏氣，養藏不是應該更寒一些嗎？這裏為什麼要去寒就溫？其實這個並不矛盾。大家都清楚，夏天我們不僅穿襯衣，而且穿短袖，女的還要穿什麼一步裙，反正能暴露的都暴露無遺。這樣的穿著不但為著涼爽，也是一個相應。因為天地在這個時候也在充分的顯露，你看這時的白天特別長，大地能長出來的東西也都長出來了，與這個相應的穿著就是養長。可是冬天就不同了，特別是在北方，人們都棉裏裘衣，不但戴手套帽子，還要圍圍巾，封閉得嚴嚴實實，這個衣著不就是一個「藏」嗎？不就是一個「去寒就溫」嗎？將整個身體封藏起來了，閉藏起來了，這個也是相應，與冬藏相應，這就是養藏。但是，現在風氣不同了，冬天女的還穿裙子，這個時候還要露，中

醫不贊成這個做法。所以，我的朋友裏要是冬天穿裙子，我會勸她們別穿。現在年輕你可以頂過去，年紀稍大，關節痛了，骨質增生了，那就悔之晚矣。當然，去寒就溫還包括了其他保溫防寒的方法。

其四，節動靜。冬三月應該「無泄皮膚，使氣亟奪」，泄皮膚也就是皮膚的開泄。大家知道，什麼時候皮膚會開泄呢？當然是激烈活動的時候。皮膚開泄了，自然汗出，汗出多了，就會耗氣傷陽使氣亟奪。冬三月是陽氣閉藏的時候，這個時候皮膚也應該相應的閉藏，不要做過多的開泄。這就提示冬天的運動、冬天的活動應該避免像其他的時候一樣，應該有它的特殊性。特別是喜歡運動鍛煉的人應該注意這個問題，冬天的鍛煉應該避免過多的開泄皮膚，應該多做靜功，這樣才能與冬相應，這樣才有利於養藏。

◎是不是運動都有益於健康？

（3）傷寒即傷藏

◎《傷寒論》最核心的問題——傷寒即傷藏！

上述這四個方面都是與冬相應，都是養藏之道。它們都圍繞一個原則：無擾乎陽。那麼傷寒呢？傷寒為什麼這麼重要？它核心的問題就是破壞了這個原則。

冬主藏，寒就與這個「藏」相伴，所以，冬日的寒非常重要。如果冬日不寒了，這說明什麼呢？這說明陽氣還在釋放，沒有收藏。因此，冬季應寒反暖，農民就知道不是好事情，第二年的收成就不會好。要是用古人的話說，就會「米貴長安」。

我老家湖南有句鄉話：「雷打冬，九個牛欄十個空。」雷應該在什麼時候開始響呢？應該在春季。立春以後的第三個氣叫「驚蟄」，應時的春雷在這個時候已經打響。春雷一聲震天響，就將這些蟄藏的萬物從沉睡中驚醒過來。春雷的打響

意味著陽氣真正地全面啟動，全面地釋放出來。而雷在冬天打響，這又意味著什麼呢？這意味著冬雷的響動將整個的閉藏打破了。閉藏打破了，陽氣非時的釋放，使陽氣不能蓄積，陽氣的這個體得不到應時的涵養。體不足，用怎麼發揮？所以到了來年，真正應該陽氣發揮作用的時候，它卻發揮不了作用。萬物得不到這個陽氣的作用，整個秩序就打亂了，不但天災，而且地禍，不但植物受影響，動物也受影響，怎麼不會「九個牛欄十個空」呢？

民間還流傳另外一句話，叫作「瑞雪兆豐年」。瑞雪怎麼預兆豐年呢？現在的說法是下雪以後，病蟲害凍死了，所以，可以給來年帶來好的收成。當然，這也是一個方面，但是，更重要的一面是冬日的瑞雪反映了陽氣處在很好的蓄藏狀態。陽氣蓄藏得好，體就能夠得到很好的充養，體充則用足，來年的釋放就會好。萬物得到充分的能量供給，怎麼不會「五穀豐登」呢？另外，這個瑞雪也反映了陰陽的秩序很好，秩序沒有破壞，自然的災害就會減少，所以，瑞雪兆豐年。

上述這個過程我們還可以從經典的角度來教證，《素問》有句名言：「善養生者，必奉於藏。」或者說：「奉陰者壽。」大家看到這個「奉陰者壽」，也許就覺得她與前面講的陽用有矛盾。陽是反映和主宰壽命的，怎麼不說「奉陽者壽」，反而是「奉陰者壽」呢？現在大家只知道養生，只知道生命在於運動。可是生怎麼來？生是從藏中來！水生木這個道理難道大家不清楚嗎？大家看一看自然界，特別是動物界，那些喜靜的動物往往壽命長。像龜、蛇、仙鶴，這些動物壽命都比較長。而相反，那些喜動的東西反而壽命不長。道家講致虛極，守靜篤；儒家講燕坐，講知止；佛家講禪定。這些都是強調靜，強調藏。所以，大家不要只知道運動，應該動靜結合。

以上這些道理無礙了，我們就可以回到前面的關鍵問題上來。冬日氣寒，這個寒是天地陽氣在蓄藏，人要與天地相應，所以，這個時候人的陽氣也要藏。冬日的氣候本來寒冷，這個時候陽氣本來應該更多地釋放來為機體取暖，怎麼反而在這個時候要收藏，這個矛盾怎麼解決？這就要靠我們主動地去做好「去寒就溫」的工作。這個時候應該穿得很嚴實，甚至要把取暖的設備打開。我們依靠這個人工製造的環境，就能夠讓陽氣安然地休養生息。陽氣蓄養的這個過程做好了，那以後就能正常地發揮作用。如果「去寒就溫」的工作沒有做好，機體「傷寒」了，那會是一個什麼後果呢？大家可以想一想，這個時候，陽氣是不會坐視不管的，它會從「沉睡」中「醒」來，它會馬上轉入釋放。陽氣被擾動了，這樣一個「養藏」的格局就被徹底打破，「體」的涵養程序遭到破壞，那「用」的方方面面就會受到影響。大家看一看，從這樣一個角度去思考，傷寒重不重要？太重要了！傷寒實際上就是傷藏，它把整個「養藏」給破壞了。陽氣的「體」受到傷害，這個基礎不牢固了，用怎麼發揮？陽用不能發揮，不能作壽命的保障，不能衛外而為固，那不但中風、傷寒、濕溫、熱病、溫病要發生，百病都會發生。所以，傷寒不但可以有五，還可以有十、有百、有千、有萬。

一個傷寒，就將上述的兩個關係，一個主導、一個體用都破壞了，從這樣一個層面去思考，我們就知道傷寒的意義究竟有多大？對於本節開始提出的三個問題——《內經》為什麼將熱病歸傷寒？《難經》為什麼把傷寒分五？張仲景為什麼以傷寒作書名？——就迎刃而解了。而通過這樣一個主題的探討，又將一系列相關的問題連帶出來。這是經典的開端，也是學習經典的一個方法。

第三章

陰陽的工作機制

陰陽者，
數之可十，推之可百，
數之可千，推之可萬，
萬之大不可勝數，
然其要一也。

前面這一章我們討論了傷寒的意義，傷寒實際上就是影響陽的收藏，影響陽體，然後通過這個影響進而波及陰陽的全面。在上面的討論裏我們已經描述到陰陽的變化過程，但是，這個過程還太粗略，這一章我們將更具體地討論這個問題。

一、道生一，一生二，二生三，三生萬物

1. 易有太極，是生兩儀

上面，對陰陽已經討論了很多，對這個問題已經有所瞭解。現在我們來討論「陰陽的工作機制」，弄清楚這個以後，對理解《傷寒論》的許多問題就會很方便。

陰陽是一體兩面，一分為二。它的來源與《易》很有關聯。孔子在《易·繫辭》裏說「易有太極，是生兩儀」，兩儀是什麼？兩儀就是陰陽，因此，陰陽是從太極來的。太極是《易》系統的一個重要概念，這個概念弄不清楚，中醫的很多問題就不容易搞究竟。「太」這個字經常用，像太公太婆、太上皇等，所以，比較容易理解。那麼，「極」呢？極這個概念在《說文》叫作「棟」，就是屋脊的意思，是一個最高點。太極顯然就是比這個脊更高的地方，比最高的地方還高，這個說法似乎抽象了一點。有沒有更具體一些的意義呢？有關極的概念，在最早的一本天文曆法書《周髀算經》中有專門的含義，該經的下卷說：「陰陽之數，日月之法，

◎ 傳統的生成論要義。

十九歲為一章。四章為一蔀，七十六歲。二十蔀為一遂，遂千五百二十歲。三遂為一首，首四千五百六十歲。七首為一極，極三萬一千九百二十歲。生數皆終，萬物復始。天以更元，作紀曆。」以上的經文談到五個重要的概念，就是章、蔀、遂、首、極。章是十九歲，十九這個數就叫作章，這裏面就透著一個法度。《素問·至真要大論》講病機，為什麼講「十九」條？為什麼沒有加上一個燥？這裏面就有一個章法問題，不是隨意地加一個可以，減一個也可以。這個章法是很嚴肅的問題，這是含糊不得的。接下去是四章為一蔀，二十蔀為一遂，三遂為一首，七首為一極。這個「極」是多少年呢？是三萬一千九百二十年。也就是說，三萬一千九百二十年就叫作一極。那麼，到了這個三萬一千九百二十年會有什麼變化呢？有一個非常大的變化，就是「生數皆終，萬物復始」。

在這個極點到來的時候，所有的「生數」都終了，在所有的生命結構及生命所需的條件完結之後，又再開始「萬物復始」的新的循環。天地宇宙便是在這樣一個交替變化中行進。而在每一個新的「極」開始的時候，從天文的角度，都需要重新紀元、重新紀曆。這叫作「天以更元，作紀曆」。

上述這個對極的認識大家不要小看了，我們看現代科學發展到今天，它對宇宙有些什麼認識呢？一個熱寂說，一個大爆炸，一個熵定律，總體來說，宇宙在大爆炸中誕生，誕生形成以後，就按照熵的定律不斷演變，直至達到熵的最大值。此時所有有用的能量消耗一空，世界進入死寂，宇宙不可避免地走向死亡。這實際就是「生數皆終」的時候，就是極變到來的時候。是不是這個死亡就這樣一直地持續下去，如果真是這樣，那史前文明這個概念怎麼來？我們這一個文明史怎麼產生？所以，這個死亡不會一直地持續下去，

它還會變化，還會爆炸，還會有「萬物復始」的時候。這個過程，古印度的哲學把它叫作「成、住、壞、空」，宇宙就是在這樣一個成、住、壞、空中演進。宇宙形成以後，會有很長一個「住」世的過程，而這個「住」的過程，如果按照熵定律，就是一個熵值不斷增大的過程。增大到一定的程度就會產生壞滅，然後不可避免地進入空亡。這個變化過程就叫作一劫，劫後又要復生，又有新劫產生，又有新的成、住、壞、空。

從上面這個認識我們可以看到，《周髀算經》的也好，古印度的也好，現代科學的也好，雖然在週期的長短上、在時間單位的意義上會有出入，但究其實質而言，三個認識都是相同的。那我們不禁要問，現代科學有這樣先進的理論，有那麼多現代化的手段可以利用，它得出這樣一個宇宙認識並不奇怪，而古人根本沒有這些先進的東西，他們憑什麼也得出了同樣的認識？這就再一次提醒我們，古人的那套東西真的不可輕視。我們研究古代的東西，不可以用一個「樸素」就搪塞過去，應該知道其中必有奧妙的地方。

上面這個成、住、壞、空的週期，古人已經提出來了，就是三萬一千九百二十歲，這個就是「極」。在極的終點就會產生很大的變化，這個時候生數已經終了，一切都完蛋了。既然一切完蛋了，怎麼還會萬物復始呢？在這個節骨眼上，古人認識到，要想在一個極變終了之後還會有另一個極產生，要想使極與極之間能夠順利地轉換，就必然有一個比「極」更高的東西，就像孩子生不出孩子，必是母親方能生出孩子一樣。那麼，這個「母親」，這個比「極」更高一輩的東西，就稱之為「太極」，太極的概念就這樣誕生了。有了太極，在生數終了以後，就可以萬物復始，就可以產生新生命，就可以產生新的成、住、壞、空。

所以，太極是一個什麼東西呢？太極就是這樣一個東西，唯有它，宇宙才能不斷地循環下去，唯有它，生命才能終而復始。所以，太極就是這樣一個如環無端的東西。我們看由北宋周敦頤所傳出的太極圖，畫出的就是一個空空的圓。這樣一個圓，它如環無端，正好體現了太極概念的含義。只可惜後世的許多人誤將那個陰陽魚的畫面當作太極圖，鬧成天大的笑話。有陰陽魚的這個畫面，只能稱作兩儀太極圖、太極陰陽圖或者陰陽圖，當然，如果連上陰陽圖外面這一圈看，叫作太極陰陽圖也未嘗不可。但絕不能將陰陽魚這個畫面單稱太極圖，這如同指子為母，豈不可笑。

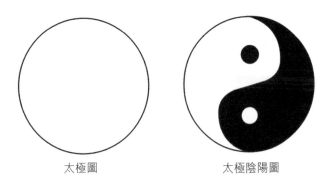

太極圖　　　　　　　　　　太極陰陽圖

◎生命能夠合成嗎？

生命能夠合成嗎？《繫辭》曰：「生生之謂易。」又曰：「易有太極，是生兩儀，兩儀生四象，四象生八卦，八卦定吉凶，吉凶生大業。」易是什麼呢？易就是產生生命的那個東西，那個道理。這個東西、這個道理又是什麼呢？就是太極！前幾十年，由於人工胰島素合成成功，於是在科學界產生了一種思潮，認為生命也可以合成。既然蛋白質可以合成，而人又是由蛋白質構成的，那為什麼生命不可以合成呢？生命究竟能不能合成？這個問題梁漱溟前輩在他的《人心與人生》中發表過專門的見解：「自然生命靡非始於分化孳

息，而人工之造物恒必從構合入手，此世所共見。今曰從構合入手取得生命，吾竊疑其貌似在此。」生命來自單細胞的分裂，就是當今最時髦的無性繁殖、克隆術，也沒有違背這個過程。只有分化才能孳息，合成怎麼孳息呢？所以，生命不可能由合成產生。只有太極生兩儀，兩儀生四象，四象生八卦，這個過程不可能倒過來。因此，生命可以合成，在現代找不到根據，在古代也找不到根據。而從這一點我們可以看到，傳統與現代並不相違，越是深層的問題越是這樣。所以，傳統鑽得越深，往往對現代的理解就越深刻。當然，反過來也是這樣，對現代的問題鑽研得越深，有可能對傳統的看法就越深刻。所以，傳統與現代需要對話，需要高層次的交流。只有這樣，東西方文化才有可能真正溝通，才有可能相互獲益。而這個對話必須平等，你要高高在上，獨稱老大，那這個交流就沒有辦法實現。

　　從「生生之謂易」，從易這門學問對生命的界定，我們應該有這樣一個感受，傳統的學問絕不容輕視。它不但涉及一般的問題，而且觸及科學最深層的問題。生命來自分裂，不來自合成。太極生兩儀是分裂過程，兩儀生四象也是個分裂過程。在兩儀階段，陰陽初判，這個時候尚未形成生命，等到四象產生了，有了生長收藏，植物類的東西就有可能產生。四象的時候就是二陰二陽，太陽少陽、太陰少陰，或者稱少陽老陽、少陰老陰。在這個基礎上繼續分化，變成三陰三陽，生命就開始形成了。所以，我們要研究生命，特別是研究人的生命，就要特別注意這個三陰三陽。

2. 三陰三陽

　　《易》這個系統在討論兩儀四象以後，就跳到八卦這個層面，當然，八卦也有三陰三陽，但是，闡述的角度顯然與醫有很大的差別。所以，醫系統的三陰三陽應該説是很獨特的。

　　我們看《素問》，在《素問》的前幾篇裏，只講二陰二陽，特別是《四氣調神大論》，它只提少陽少陰、太陽太陰，直到第六篇《陰陽離合論》才明確提出三陰三陽。就是在二陰二陽的基礎上增加一個厥陰、一個陽明。陰陽這個概念在傳統文化的各個領域都能找到，可以説各行各業都在用它，但是，像厥陰、陽明這樣一對概念，則幾乎只限於醫家之用。可見這兩個概念對中醫的關係很大。

　　什麼叫陽明？什麼叫厥陰呢？《素問》裏面有專門的定義：兩陽相合為陽明，兩陰交盡為厥陰。而其他的二陰二陽，《素問》裏沒有專門的定義。這就説明了厥陰、陽明的引入，對於中醫理論的構建具有非常特殊的意義。中醫有一個最基本的觀念，或者説最基本的特點，這個觀念我們前面已經提到過，就是整體觀念，天人合一。這樣一個觀念，實際上我們在傳統文化的各個領域都能見到，儒家的學問，道家的學問，都是秉承這樣一個基本的東西。可以説，這個觀念是整個傳統文化大廈的基石。前面我們討論傷寒的時候，引述了許多《四氣調神大論》的觀點，實際上都是説的這個觀念。

　　前章已經説過，春夏為什麼要養陽，秋冬為什麼要養陰，春為什麼要養生，夏為什麼要養長，為的是與天地同步。天地生你也生，天地怎麼變化，你也怎麼變化，這就是天人相應，這就是整體觀念，這就是道！得道多助，失道寡助；順天者昌，逆天者亡。從原始自然的意義講，就是説的

◎厥陰、陽明的引入是中醫陰陽論的一大特點。

◎陽明、厥陰的重要性。

◎天人合一的真實意義。

◎參看91-94頁關於「四氣調神」的申論。

這個問題。那麼，我們要跟上天地的變化，首先必須知道天地怎樣變化。天地變化的最明顯的單位，或者説最明顯的層次就是年。每一年天地都要作一個很大的變化，比如今年庚辰年，變到明年就是辛巳年。庚辰年是金運太過，太陽寒水司天，太陰濕土在泉，而辛巳年就變成了水運不及，厥陰風木司天，少陽相火在泉。一個金運、一個水運，一個太過，一個不及，這個變化太大了。在年這樣一個大變化的框架裏，還有一個更基本、更細小的變化單位，這就是氣。

　　氣這個概念我們在第一章裏已經討論過，它本來是岐伯保密的東西，但是，在黃帝的追問下，不得不説出來。一年由二十四個氣組成，在年這個框架裏，氣就是最基本的變化單位，天地便是按照這樣一個單位在不斷地變化。由小雪到大雪，由小寒到大寒。人要與天地相應，就必須得跟上這個變化。天地交換到另一個氣的時候，你也要跟上來，還停在原來的這個氣上，這就叫作「不及」。如果天地還沒有跨越到另外一個氣上，你先走了，這叫「太過」。太過與不及都沒有與天地保持一致，沒有與天地相應。那麼，在氣這個層次上，人體靠什麼來與天地自然保持一致呢？就靠肺。《素問·靈蘭秘典論》、《素問·六節藏象論》講「肺者，治節出焉」，「肺者，氣之本」。實際上就是揭示肺的這個功能。有關這個問題，我們在第一章已專門地分析過，肺在運氣裏，在《陰陽大論》裏，它屬於陽明。陽明燥金，主肺與大腸。所以，陽明這個概念的引入，對於在氣這個層次上建立天人合一的專門機制是非常重要的。

◎ 關於肺主治節可以參看60–63頁的論述。

　　陽明為著溝通氣這個層次的天人關係，那麼，厥陰呢？厥陰為風木，主肝膽。《素問·六節藏象論》云：「肝者，罷極之本，魂之居也。」罷極是什麼意思呢？按照前人的很多説法，包括現代《中基》教材的説法，都認為這個罷極是當

「疲極」講，疲勞到了極限，這個說法我們認為不符合邏輯。為什麼呢？因為《六節藏象論》這一篇都是探討藏府的正常功能，一個生之本，一個封藏之本，一個氣之本，一個倉廩之本，這四個本都是談的生命過程中最重要的生理問題，怎麼到了「罷極之本」突然討論起疲勞的問題呢？這顯然有悖邏輯。那麼，這個罷極究竟談的什麼？首先我們還是看「極」，「極」是什麼？前面說了，七首為一極，就是三萬一千九百二十歲。到了極點這個時候，要發生「生數皆終，萬物復始」的變化。可是誰能看到這個變化呢？誰能夠活到三萬一千九百二十歲呢？彭祖也不過八百歲。所以，要真實地看到這個極的變化是不可能的。但是，這個沒關係，這並不妨礙我們認識它。因為我們可以利用《內經》的另一個思想武器來認識這個問題，這就是象。在《靈樞》經裏，專門有一篇「順氣一日分為四時篇」，四時，就是春夏秋冬，它本是年週期裏的四個時間單位，可是在《靈樞》的這一篇中，卻把它放到了一天裏面，認為一天裏面也有春夏秋冬，為什麼呢？這個就叫作「同象原理」。從象的角度看，春夏秋冬是怎麼一回事呢？春夏秋冬就是生、長、收、藏，就是陽生陰長，陽殺陰藏。當然，在年這個週期裏面，有生長收藏，但是，在日這個週期裏有沒有生長收藏呢？同樣也有生長收藏。所以，岐伯曰：「朝則為春，日中為夏，日入為秋，夜半為冬。」雖然，年週期與日週期在時間長度上這個差別很大，但是，從象上而言，也就是從陰陽變化的角度而言，卻沒有什麼差別。為什麼「朝則為春，日中為夏，日入為秋，夜半為冬」呢？因為朝則陽生，日中則陽長，日入則陽收，夜半則陽藏也。

週期長度不同，但是，陰陽變化的這個象相同，這就是我們說的同象原理。以春生為例，在年週期裏面，這個春生

◎「象之所以包廣矣！六藝莫不兼之。」

的長度是三個月，而在日週期裏，春生的長度只有三個時辰，這就是它們的差別。

同象原理建立以後，問題就好辦了。我們知道在極這個週期裏，存在一個「生數皆終，萬物復始」的象變，那麼，年的週期呢？我們看一看冬三月與春三月。冬三月，此謂閉藏，特別在北方，我們看到的是千里冰封，萬里雪飄，萬物凋零，生數皆終。而一旦度過了嚴冬，春天到來，則又是一派萬物復始的發陳景象。這個閉藏的生數皆終與這個發陳的萬物復始，不就是一個極變嗎？所以，在年這個週期上，同樣存在一個極的象變。年與年之間交替，實際上也是極與極之間的交替，這與一日之中亦見四時是一個道理。我們之所以能從這一年跨越到另一年，必須是作為這一年的這個「極」終結，罷了，另外一個「極」才能開始。所以，「罷極」的意義就在這裏，它是促使年與年、歲與歲之間交替變換，也可以説是極與極之間交替變換的一個關鍵因素。如庚辰年轉到辛巳年，馬上就由金運太過轉到了水運不及，這個跨越太大了。作為人體，我們怎麼樣保證在這個大跨度上與天地的變化保持一致，這就要靠厥陰，這就要靠肝，這就要靠這個「罷極之本」。

在歲與歲這個層次上與天地溝通，這個要靠「罷極之本」，要靠厥陰；在氣與氣這個層次上與天地溝通則要靠「氣之本」，要靠陽明。就像我們現在的收音機，收音機收到節目的一個前提，就是要使接收的頻率與發射的頻率相一致，這就需要頻率調節器。通常調節器有兩個，一個是粗調，一個是微調。厥陰是粗調，陽明是微調。有了粗，有了微，這就在多層次、全方位上與天地建立了相應關係。有這樣一些專門的機制，有這樣一些專門的部門來負責，人與四時相應就有了保證。可見中醫理論的建立，不是一個隨隨便便的過程，她很嚴密，有理論，有實證，不是想當然。

二、陰陽的離合機制

　　以上我們討論了三陰三陽引入厥陰、陽明的意義，三陰三陽建立起來後，中醫的基本模型便隨之確定。所以，到了《素問》的第六篇，就專門有一個「陰陽離合論」。怎麼叫「陰陽離合」呢？首先從「合」的角度講，合就是從綜合來看，從總體來看，它談的是很基本的層面，這個層面就是一陰一陽。陰陽的這個合的層面，在易系統裏又叫作「道」，故《易・繫辭》裏面說：「一陰一陽之謂道。」我們前面講的陽生陰長，陽殺陰藏，就主要是從合的這個層面談。那麼「離」呢？離就是分開來講，《素問》裏面談到陰陽的無限可分性：「陰陽者，數之可十，推之可百，數之可千，推之可萬，萬之大不可勝數。」如果這樣來分，那我們怎麼能把握？所以，談陰陽的離，我們不需這樣來分，分成三就行了。陰分為三，陽分為三，這就是三陰三陽。用道家的說法，這叫作「一氣含三造化功」。因此，陰陽的離合實際上就是談一個分工合作的問題。合作就是要實現第二章所談的陰陽的生長收藏、陽氣的釋放和蓄積，而要實現這樣一個過程，就必須有不同的作用機制，這就要牽涉到分工，這也是《素問・陰陽離合論》最關注的一個問題。

1. 門戶概念的引入

　　《素問・陰陽離合論》在具體論述陰陽的離合時說：「是故三陽之離合也，太陽為開，陽明為合，少陽為樞。是故三陰之離合也，太陰為開，厥陰為合，少陰為樞。」一個開，一個合，一個樞，這是針對什麼而言呢？很顯然，它是針對門戶而言。門戶的作用大家都非常熟悉，就是要有開

合，開則能夠出入，合則出入停止。那麼，門要能夠開合，它靠什麼起作用？它靠樞的作用。所以，門戶這樣一個總和的概念，要是把它分開來，就是開合樞這三部分。沒有開合，門戶就不成其為門戶，而要實現開合自如，沒有樞又不行。

前面我們說了，天地陰陽的變化，無外乎就是一個升降出入的變化，故《素問·六微旨大論》說：「升降出入，無器不有。」有升降出入，當然就有生長收藏。那麼，怎麼個升降出入呢？古人在這個問題上動了很大腦筋。設想如果沒有一個門戶，一個理想中的門戶在把持，這個出入的變化怎麼進行呢？什麼時候出，什麼時候入，從什麼地方出，從什麼地方入？它總要通過一個地方。因此，在理論上，就有了一個門戶概念的產生。有了門戶的概念，我們認識陰陽的升降變化，陰陽的出入變化就方便多了。

《素問·四氣調神大論》曰：「夫四時陰陽者，萬物之根本也，所以聖人春夏養陽，秋冬養陰，以從其根，故與萬物沉浮於生長之門。」大家看，門戶的概念就這樣在《內經》系統裏構建出來。這裏的沉浮也就是講出入，也就是講升降。沉者入也，浮者出也。一方面是浮於生長之門，這個過程是講陽氣的出，陽氣的升，實際上就是陽的升發釋放；另一方面是沉於生長之門，這個過程是講陽氣的入，陽氣的降，實際上就是陽的收藏蓄積。這裏為什麼要講「與萬物沉浮」呢？很清楚，就是要說明萬物的這個沉浮，實際上就是陰陽的沉浮。萬物的沉浮是表象，而它的實質、它的根本是陰陽在起變化。所以，我們觀察任何事物，我們望、聞、問、切的目的，就是要透過這個表象，看它的實質，看它的根本，看它的這個陰陽變化。《內經》講：「察色按脈，先別陰陽。」就是強調這個問題。毛澤東主席在一首詩中寫道：「問蒼茫大

地，誰主沉浮？」如果把它借用到這裏，那麼肯定是陰陽主
沉浮。

門戶的概念建立了，就必須有一個與之相應的工作機
制，這就是上述的開合樞。具體地説，三陽有一個三陽的開
合樞，三陰有一個三陰的開合樞。這就意味著應該有兩個
門，一個是三陽主宰的陽門，一個是三陰主宰的陰門。上面
講到的只是生長之門，其實這是一個省略，應該還有一個收
藏之門。三陽主的陽門，實際就是生長之門；三陰主的陰
門，實際就是收藏之門。陽門打開了，生長之門打開了，陽
氣便不斷升發，不斷釋放，隨著這個升發釋放，自然界表現
的便是春夏的變化，萬物在這個過程逐漸地升浮起來。而隨
著陰門的打開，收藏之門的打開，陽氣轉到入降，轉到蓄
藏，這個時候秋冬開始了，萬物則在這個過程中逐漸地消沉
下去。

上述兩個門的分工雖然不同，但是，卻要非常協調地工
作。這裏也體現了一個離合的思想。陽門開的時候，陰門
要逐漸關閉，否則，陽氣一邊出，一邊入，甚至出不敷入，
那這個春夏的變化，這個生長的變化，就沒有辦法實現。
同理，陰門開的時候，陽門也要逐漸的關閉，否則，陽氣一
邊入，一邊出，甚至入不敷出，那這個秋冬的變化，這個收
藏的變化就根本沒有辦法實現。所以，為什麼陰陽要強調
協調統一，不能搞對立呢？如果你開你的，我開我的，那整
個升降出入就要搞亂。《素問·六微旨大論》説：「出入廢
則神機化滅，升降息則氣立孤危。」神機化滅了，氣立孤
危了，那還有什麼生命可言。所以，這是一個十分嚴重的
問題。

《傷寒論》講六經，講三陰三陽，實際上就是講上面這兩
個門。兩個門要協調好，必須三陰三陽的開合樞協調好，開

合樞協調好了，陰陽的升降出入就不會有異常，升降出入沒有異常，神機氣立沒有異常，這個生命就不會發生異常。我們從這個層面切入，不但整個《傷寒論》會很清楚，整個中醫也會很清楚。下面就具體討論這個問題。

2. 陰陽的開合樞

(1) 三陽之開合樞

上面我們提到，開合樞的協調對於門戶而言是非常重要的因素。我們先來看三陽這個門。在陽門裏，太陽的作用是負責開，「太陽為開」指的就是這層意思。隨著太陽主開功能的啟動，陽門打開了，陽氣得以逐漸地升發釋放出來。這個在自然界就表現為春夏，萬物逐漸地發陳、蕃秀，而在人體呢？陽氣方方面面的作用，就得到充分地發揮。但是，太陽老是這樣開，陽氣老是處於這個升發釋放的狀態，就像我們人，老是工作不睡覺成不成呢？這一點我們前面已經作了討論，知道它絕對不行。所以，開到一定的時候，就有一個關閉的機制，將陽門逐漸關閉，使上述這個蒸蒸日上、升發釋放的過程減弱下來，這個就是陽明的合，「陽明為合」指的就是這層功用。前面我們講過，一個開，一個合，它靠什麼來轉動呢？靠樞機來轉動。所以，太陽的開，陽明的合，就要靠少陽樞機的作用，「少陽為樞」指的就是這個意思。

(2) 三陰之開合樞

三陽的作用清楚以後，我們接下來看三陰。陽氣的升發釋放到一定的程度後，就要靠陽明的作用，使這個過程逐漸衰減下來。這個時候陽氣要回頭，要從升發轉到收降，從出

轉到入，從浮轉到沉。這個時候收藏的門要打開，不能將陽氣拒之門外，而這個過程就要落實到「太陰為開」的功能上。所以，太陰開機啟動後，陽氣就真正進入到收藏狀態。與三陽的道理一樣，陽氣能不能老是待在收藏狀態呢？就像我們老是睡覺不起床，這成何體統？所以，收藏到一定的程度後，這個狀態就要慢慢地減下來。收藏的門戶要慢慢地關閉，這個關閉作用就要落實到厥陰的合上。太陰開，厥陰合，少陰的作用是樞轉開合，這是三陰的關係。

(3) 協同作用

從以上這兩個方面，我們應該能夠看到，陰與陰、陽與陽、陰與陽之間的配合非常重要。太陽主開，開機啟動，陽氣釋放，當釋放到一定程度後，釋放要終止，開機要關閉，這個作用要依賴陽明，在這個過程，太陽與陽明的開合要適時。釋放衰減以後，要轉入收藏，這個時候陰門要打開，否則，光終止釋放，不轉入收藏，這個升降的銜接就會出問題。所以，在這個關鍵環節上，陽明與太陰的配合非常重要。一個陰，一個陽，一個開，一個合，只有兩者默契，釋放才能轉入收藏。另外一方面就是，收藏到一定程度後，這個過程也要逐漸終止，開機也要關閉，這個作用當然要依賴厥陰。而太陽與厥陰的開合也要適時，在厥陰終止收藏的這個過程，陽門要逐漸打開，否則光終止收藏，不轉入釋放，這個升降的銜接也會出現問題。因此，在這個關鍵環節上，厥陰與太陽的配合十分重要。這裏也是一個陰，一個陽，一個開，一個合，只有兩者默契，入降才能轉到升出。

這樣一個過程，陰陽確實在互相幫助。太陽的開需要厥陰來幫助，太陰的開需要陽明來幫助。陰陽之間的配合，在

開合樞中體現得很充分。《素問‧至真要大論》云：「諸寒之而熱者取之陰，熱之而寒者取之陽。」這裏我們可以借用《素問》的這個說法，將它改一改：諸治陽而不愈者，當求之於陰；諸治陰而不愈者，當求之於陽。比如我們治太陽，這個病看上去明明就是一個太陽病，可是怎麼弄它都不好，這個時候我們應該考慮，太陽開的過程還有另外一個合的機制在協助它，是不是這個合出了問題，這時我們應當「求之於陰」，考慮治治厥陰。反過來，太陰的病我們看得很明確，但是，按照太陰的治法就是解決不了，這個時候，我們也應當「求之於陽」，考慮從陽明來協助治療。

　　一個「諸寒之而熱者取之陰，熱之而寒者取之陽」，一個「諸治陽而不愈者求之陰，治陰而不愈者求之陽」，加上下一章要談的五行隔治法，這些方法掌握了，對於解決疑難問題是很有幫助的。

3. 開合樞病變

　　開合樞的正常功用我們討論過了，這些功用失常就會產生病變。所以，六經病變說實在的就是開合樞的失調，就是開合樞的病變。

(1) 太陽開機的病變

　　太陽主開，負責陽門的開啟，太陽的開機為什麼會發生異常呢？這個原因可能來自內部，也可能來自外部，或兼而有之。外部的因素往往比較典型，如我們常見的傷寒、中風，就是因為外邪侵襲，障礙、束縛了這個開機，使陽氣的開發受限，於是太陽病就發生了。除了外因，內在有哪些因素呢？有陽氣虛，本身的力量不足，太陽這個開的作用會成

問題；或者由於水飲、濕等因素障礙了陽氣的外出，太陽的開機也會出現問題。

總而言之，太陽開機的功能是幫助陽氣外出，幫助陽氣發揮作用。而陽氣的作用前面討論過，有宣發，有衛外，有氣化，等等，如果太陽開機出現障礙，陽氣的作用就會受到影響，太陽病的發生就與這些影響直接相關。如太陽篇見得最多的是表病，表病就是因為陽不衛外，遭受外邪侵襲所致。另外，陽不化氣，水液的代謝就會失調，從而導致水液代謝障礙相關的疾病。我們看看整個太陽篇，表證、水氣、痰飲、蓄水占了絕大多數，這些都是與陽用障礙有關，都與太陽開機不利有關。因此，從太陽開機不利的角度去理解太陽病，就抓住了它的綱領。

(2) 陽明合機病變

太陽的開是要使陽氣升發，陽明的合是使陽氣收降。陽氣收降以後，天氣變燥、變涼，所以陽明與秋天相應。現在陽明的合機發生障礙，陽氣該收不收，該降不降，就會出現熱，就會有不降的情況。所以，陽明病最大的特徵就是兩個，一個是熱，一個是不降。熱表現在經證裏，不降表現在腑證裏。當然，熱與不降、經證與腑證都可以相互影響。我們看陽明的經證用白虎湯，這就很有意思。白虎是什麼？白虎是西方的神，主宰西方變化的東西就叫白虎。西方的變化是什麼？主要是陽氣的收與降。所以，從陽明病用白虎湯，就說明陽氣的收降出了問題。

(3) 少陽樞病

少陽主樞，負責調節開合，如果開合沒有問題，你很難發現樞機的毛病。我們看一看三陽篇，太陽篇占179條，陽

明的篇幅也不少，而少陽則僅僅十來條。是不是少陽不重要呢？絕對不是！少陽主樞，關乎太陽、陽明的開合，怎麼會不重要呢？這個篇幅上的差距，很重要的一個原因是，少陽樞機的病變很多體現在太陽和陽明篇裏面。比如小柴胡湯，大家都公認它是少陽病的主方，可是小柴胡湯在少陽病篇的運用只有一次，而其他大量的運用是在太陽和陽明病篇。樞機主管開合，因而樞機的病變往往也要從開合上看。這是樞機病變的一個特色。

前面講傷寒和雜病概念的時候，我們曾經說過，世間上的疾病，如果從發熱與非發熱這個角度去劃分，則可以分為兩類，一類是傷寒，一類就是雜病。那麼，現在我們從開合的角度講，世間的疾病也不外乎兩個，一個是開的問題，一個是合的問題。為什麼這麼說呢？因為人體的生理主要就靠這個陰陽的升降出入。升降出入正常，一切都正常；而一旦升降出入異常，一切相關的疾病就會發生。那麼，升降出入靠什麼把持呢？就靠這個開合。所以，從這個層面去思維，我們把天下的疾病分開合兩類，應該是如理如法的。

◎開合統百病。

依著上面的這個思路再深入一步，我們又發現，開合的作用是由樞機的轉動來維繫的。因此，調節樞機便能調節開合，調節開合便能調節升降出入。所以，樞機對於整個機體來說，真可謂觸一發而動萬機。歷史上有許多醫家善用柴胡劑，一個是小柴胡調陽樞，一個是四逆散調陰樞。利用柴胡劑加減化裁，通治臨床各科的疾病。比如北京中醫學院已故元老陳慎吾先生、四川樂山名醫江爾遜，都是善用柴胡劑者。歷史上往往將這些善用柴胡劑的醫家稱為柴胡派，善用一個方，就能成就一個派，這真是不簡單的事。這個現象很值得思考。為什麼柴胡劑的化裁能夠治療這麼多的疾病？根本的一個原因就在於它對樞機的特別作用。

所以，我們不要看到少陽篇只有十條條文，就以為它不重要，應該考慮到樞機的特殊性。樞機影響到開的一面，它的病變就表現在太陽裏；樞機影響到合的一面，它的病變就表現在陽明裏。所以，臨床上見到許多太陽、陽明的病變，你從本經去治，效果不理想，這個時候如果調一調樞，問題往往就迎刃而解。

(4) 太陰開機病變

接下來是太陰，太陰也主開，這個開是使陰門(收藏之門)開啟，陽氣內入轉入收藏。如果太陰開機產生障礙，就會影響到陽氣的內入。陽氣內入有兩個作用：一方面是為了陽氣本身休養生息；另一方面是內入的陽氣可以溫養臟腑。所以，陽氣內入障礙以後就會有兩方面的不妥，一是陽氣得不到休養，二是臟腑得不到溫養。臟失溫養就會產生太陰病。因此，整個太陰病的主導，就像太陰病提綱條文所說的：「太陰之為病，腹滿而吐，食不下，自利益甚，時腹自痛，若下之，必胸下結硬。」都是臟失溫養的緣故，都是臟寒的緣故。就如227條所云：「自利不渴者，屬太陰，以其藏有寒故也，當溫之，宜服四逆輩。」這些都說明了，臟腑失去溫養是太陰病的主導。如果太陰開機失調，陽氣得不到很好的休養，人體的能量得不到貯養、蓄積，陽氣就會真正衰少，這個時候情況就會嚴重，就會轉入少陰病。我們從太陰病治療主要用溫養的方法，如四逆輩等，也可以說明這一點。

太陰屬脾土，土是主養藏的。藏什麼呢？就是藏陽氣。土能生養萬物，它靠什麼來生養，靠的就是所藏的這個陽氣。所以，土之所以能生養這些形形色色的萬物，與它的這個「開」，與它的這個「藏」是分不開的。如果開機有障礙，接下來的藏、接下來的生養就會有問題。

(5) 少陰樞病

少陰也主樞，它的作用也是或影響開，或影響合。少陰樞機的重要性比少陽樞又進了一步，它主導水與火的樞轉。少陰是水火之臟，這個樞就對水火的調節起作用。水火並非不相容，它們需要相互接觸、相互依轉、相互調和。如果樞機出了問題，就會影響到水火的調和，或者就會出現水太過，水太過必寒；或者會出現火太過，火太過必熱。所以，少陰篇的核心，就是一個寒化與熱化的問題。

少陰這一經真正關係到陽的體，我們說三陰為體，三陽為用，體陰用陽。三陽的病變主要是陽用發生障礙，用有障礙了，這個問題還不太大，用現代醫學的術語這還是功能性病變的階段。所以，三陽的病很少死人。而病變到了三陰，這就危及「體」了，按西醫的說法就是器質性的損害。體與用，一個講器質，一個講功用。少陽的樞只是對用的樞轉，而少陰的樞則是對體的樞轉。體能不能得到真正的蓄養，這就要看少陰樞的功能。所以，少陰的樞轉是很重要很重要的。為什麼少陰病死證這麼多？就是因為少陰不好，陽之體就沒有辦法保養。

(6) 厥陰合機病變

前面講過厥陰是主合的，當陽氣蓄養到一定的時候，這個合機就要啟動，從而結束這個蓄養狀態，開始一個新的狀態。所以，厥陰又是罷極之本，罷極就是使這個藏的狀態結束，進入生的狀態，進而生長收藏。前面的太陰、少陰都在收藏，到了厥陰就要結束這個過程，使陽氣轉入到升發的狀態、出的狀態。如果這個過程障礙了，那會出現什麼結果？陽氣當出不出，就會產生熱。但這個熱與陽明的熱不同，陽明的熱是陽氣在外，當降不降產生熱；厥陰的熱是陽氣在

裏，當出不出而熱。所以，陽明熱與厥陰熱的區別，一個是外熱，一個是內熱；一個是氣熱，一個是血熱。那麼，什麼原因最容易引起這個厥陰合機的障礙呢？也就是說上述這個收藏狀態結束轉為升發狀態的過程，或者說陽出的過程最容易受什麼因素影響？是什麼因素能跟這個過程相對？當然是寒，寒主收引，因此，最容易引起這個障礙。大家看到，厥陰篇的大量篇幅都在討論寒熱錯雜，用藥方面，既有大苦大寒的川連、黃柏，又有大辛大熱的川椒、細辛、附子、桂枝、乾薑。看上去很矛盾，但實際上厥陰的本身就是這個情況，就是寒熱錯雜。過去都認為厥陰篇是《傷寒論》最頭痛的一篇，可是，你從合機的角度去分析，就會發現厥陰篇並不困難。

以上我們從開合樞來談了三陰三陽，談了六經病，這雖然是一個比較粗略的勾畫，但是，六經病的脈絡已然非常明晰地擺在我們面前，因此，大家應該認識到，從這個角度，從這個層面去學習《傷寒論》，是一個比較方便的法門。

4. 傷寒傳足不傳手

這一節我們討論陰陽的離合機制，討論開合樞，從《素問·陰陽離合論》裏我們可以看到，它講的是足三陰三陽，沒有提手三陰三陽。而《靈樞·根結篇》裏也談到開合樞的問題，它講開合樞也是在足經裏講，講手經它不提這個問題。再加上《素問·熱論》這樣一篇論述「傷寒」的祖文，也是論足不論手，這就給後世的許多人產生一個誤解，認為傷寒傳足不傳手，溫病傳手不傳足。

大家都知道，中醫很重要的一個觀念是整體觀念，人與天地都是一個整體，天地的變化都會不時地影響人體，怎麼

可能手足之間不會產生影響、不會相傳呢？但是，《內經》、《傷寒》在談到上述問題時，又的確是偏重在足的一面，這是什麼原因呢？要弄清這個問題，必須從以下幾個方面來考慮。

第一，我們從文化的含義上談，人是什麼東西呢？人是萬物之靈。所以，大家得到這個人生著實不容易，應該真正做一些對自己、對人民有利益的事情。有些事做了對自己有利，但對國家對人民不一定有利，而醫這個行當，只要你發心不邪，對人對己都會有利。

《素問》裏常說「人稟天地之氣生」，所以，考察人我們應該把他放到天地這個框架裏。有關天地，古人常把它與經緯聯繫起來談，我們看《三國》就經常會碰到「經天緯地」這個詞。天以經言，地以緯言。經貫穿南北，連接上下；緯貫穿東西，連接左右。經緯這個概念看上去很簡單，可是我們是否可以透過這個簡單的概念去思考一些與中醫相關的問題？大家想一想，人為什麼叫萬物之靈？在所有的動物中，除了人之外，其他的都是爬行動物，它是橫行的，只有人是直立動物。所以，從天地這個角度，從經緯這個角度，人是沿經線走的，而其他動物是沿緯線走的。從稟氣的多寡而言，當然人稟天氣最多，而餘者稟天氣較少。這是造就人成為萬物之靈的重要因素。

第二，我們對干支的這個概念很熟悉，幾乎每個人都知道天干地支。但是，大家想過沒有，為什麼我們不可以叫地干天支呢？因為干是直立的，而長在干上的支是橫行的，所以，干象天而支象地。萬物雖然都是長在地上，但是，這個地上的萬物要很好的生長卻離不開天，離不開太陽。「文化大革命」時期我們經常唱一首紅歌，「大海航行靠舵手，萬物生長靠太陽」，就說明了這個意思。花葉果實雖然都長在樹枝（支）上，但，它必須靠樹幹提供營養。所以，一個干支

◎ 從中醫觀點看直立對人的意義？

的概念也體現了天地的含義，也體現了一個縱橫的問題，也體現出人與其他動物的差別。

第三，凡屬於動物這一類，不管你是直立還是爬行，從象的角度而言，頭都與天相應，足都與地相應。所以，《內經》說：「聖人象天以養頭，象地以養足。」怎麼養頭呢？聖人說得很清楚，你就去思考天是什麼一個樣子，你按這個去做就是很好的養頭，這樣頭腦就會發達。但是，這些都是後天的因素，而先天的東西已經固定在那裏，沒有辦法改變。

我們前面說了，人是走經線的，所以，從先天而言，他稟受的天氣最多，而天象頭。為什麼人的頭腦發達？為什麼只有人類能夠思維？為什麼只有人類有智慧？為什麼人類與其他動物有如此巨大的差別？根本的一個因素就在這個稟受天氣的多寡。而其他的動物呢？它沿緯線走，所以，從先天而言，它稟受的地氣最豐，而地象足。大家想一想，動物的腳力是不是比人好？你們有誰能跑過馬，跑過老虎，跑過猴子？甚至你連貓、連狗、連雞都跑不過。就是馬家軍也沒辦法！為什麼呢？因為動物稟地氣全，而人稟受地氣相對要少得多。就這一點而言，人與動物是各有千秋的。當然，動物稟受地氣全，腳力就好，這個問題還需相對來看。比如螞蟻、烏龜，從行走的絕對速度上，那是沒法跟人相比的，但是，從相對速度上、從耐力上，是不是也要比人強，這些問題恐怕需要大家從專門的角度來研究。

第四，也許有人會提問：人睡眠的時候不也是橫臥的嗎？對！這個問題提得好。所有的動物中，只有人，他的睡眠姿勢與覺醒姿勢不同，覺醒的時候直立，而睡覺時就放平了。直稟經天之氣，橫稟緯地之氣，為什麼說人稟天地之氣生，天氣和地氣都很全，道理就在這裏。所以，人不是光稟天氣，他也稟地氣，他是「頭腦不簡單，四肢也發達」。當

◎人睡眠時為什麼要躺著？

然，從量上而言，他稟受的地氣還是不如其他動物全。其他動物覺醒和睡眠的姿勢有沒有改變？除了這個位的高低有改變，橫直並沒有改變。

馬家軍的腳力很不錯，跑一萬米用不了多少時間，因為馬俊仁教練知道怎麼超強訓練隊員的體能。但是，我想如果馬教練多來研究一下中醫，從稟受地氣的這個角度想想辦法，開發隊員的腳力，那麼，多拿幾塊奧運金牌應該不成問題。

第五，以上幾個方面都思考過了，我們就知道，人之所以能為萬物之靈，就因為他是稟天地之氣而生，而且在這個天地，在這個經緯上，他又偏重於天經的一面，這是人之所以為人的一個最顯著的特點。也就是說人類是重經的，偏重於經，以經統緯是人的一個特點。這也使我們想到，中醫的十二經為什麼不叫十二緯？這也使我們想到了聖人的東西為什麼一定要叫經典！

明確了上面的這些原則，我們就可以來解答小節開首提出的問題。在人的十二經脈當中，我們看一看哪些經能夠真正地貫穿南北、連接上下？是足經還是手經？很顯然是足經。手經它只走到一半，它沒有貫穿整個南北，它沒有貫穿人的整個「經」。所以，手經它並不能完全代表人的特性，唯有足經能夠做到這一點。足經它從頭到足，從天到地，走完人的整個「經」線，所以，足經才能真正地代表這個「經」。《內經》也好，《傷寒》也好，在談到很重要的問題時都是舉出足經為代表，道理就在這裏。實際上，這是以足賅手，以足統手，言足經手在其中矣。並不是言足不言手，更不是傳足不傳手，這個問題大家應該這樣來理解。

第六，上面這個問題解決了，我們可以來思考另一個相關的問題，就是六經辨證與其他辨證有什麼區別？當然，搞

◎最完善的辨證方法。

溫病的肯定會強調衛氣營血辨證、三焦辨證；搞臟腑的會說只有臟腑辨證、八綱辨證才行；而我們搞傷寒的是不是就要王婆賣瓜呢？我想，這個不完全是王婆賣瓜，你要有依據，有道理，不要光是感情用事。為什麼六經辨證有這個優越性呢？這就是剛剛談到的，它是一個縱向的辨證，是一個貫穿天地的辨證，是一個真正的「經」的辨證。因此，這樣的辨證才最符合人的本性，最能夠體現人的這個特徵，所以，這個辨證方法最能揭示疾病的根本。《素問》說「治病必求於本」，可以說這個辨證模式是一個最方便的求本模式。難怪後世要把六經這個辨證模式稱為能「鈐百病」的模式。而其他的辨證模式，像衛氣營血辨證、三焦辨證，以及臟腑辨證，這些都是橫向的辨證，都是注重緯線的辨證。所以，這些辨證在某方面都有局限性，而六經辨證或者說陰陽辨證沒有這個局限性。

第四章

治病法要

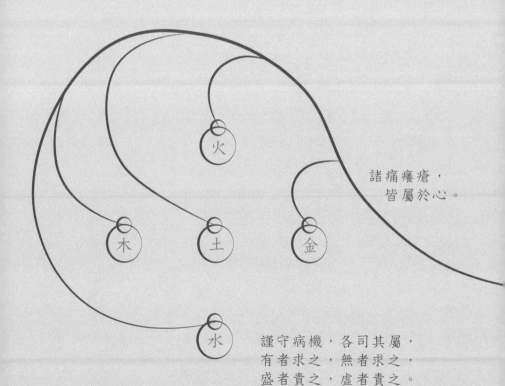

火

諸痛癢瘡，
　皆屬於心。

木　土　金

水

謹守病機，各司其屬，
有者求之，無者求之，
盛者責之，虛者責之。

在正式地進入太陽篇前,我們要討論「治病法要」這樣一個問題。只有這個問題清楚了、把握了,做醫生才有一個依靠處。

一、醫者的兩個層次

陳存仁編輯有一套日本人寫的、很有名的叢書,叫作《皇漢醫學》。《皇漢醫學》裏講到一個「醫誡十訓」,就是做醫生很需要注意的十個問題。十誡中有一誡我的印象最深,記得這是師父十多年前給我講的。先師給我講的許多問題都已經忘記,可是這一誡我記憶猶新,因為它太重要了。十多年來,我一直是以這一誡來告誡自己、鞭策自己、要求自己。現在就憑記憶把這一誡的內容轉述給大家:「醫有上工,有下工。對病欲愈,執方欲加者,謂之下工。臨證察機,使藥要和者,謂之上工。夫察機要和者,似迂而反捷。此賢者之所得,愚者之所失也。」我們看到,這一誡裏把醫生分為上工、下工。上工這一類也就是我們今天所說的高明醫生,而下工這一類,就是很差勁的醫生,就是庸醫。作為我們學醫的人,在談到這一誡時,就應該有所選擇。我想,大家應該是希望能在上工的行列,如果沒有這個信心,大家就不要學醫。否則,一輩子下來,只做一個下工,一個庸醫,這有多淒涼。另外一點,做醫生幾乎沒有中間路可走,你不是救人就是害人。你開藥,如果沒有治療作用,那就是毒副作用,中間的路很少,這是肯定的。所以,選擇做醫生

◎ 參看 24–27 頁的相關論述。

的路，大家應該很慎重。按照清代名醫徐靈胎的話，做醫生只有兩條路，要麼做蒼生大醫，要麼做含靈巨賊。

1. 下工層次

什麼是上工？什麼是下工？它的評判標準是什麼？這一誡從根本上、從源頭上給我們做了說明。「對病欲愈，執方欲加者，謂之下工。」這是什麼意思？前些天我給醫本的同學上課，下課休息的時候，就有同學問我：我們家鄉有一個朋友得甲狀腺腫，老師您看開個什麼方？另外一個同學接著問我：老師，我最近經常失眠，您看開個什麼方？現在我們暫時放下上面的提問，先來考慮另一個問題。中醫與西醫在很多原則問題上應該說是接近的，西醫治療一個甲狀腺腫，不會馬上想到割掉它，或者馬上用什麼消腫的藥物，它要通過一些手段或方法，得到一個診斷。甲狀腺腫只是一個體徵或症狀，它還不是診斷。它必須通過一系列手段和方法得出一個診斷，這個診斷是病因診斷。它是什麼原因導致甲狀腺腫？是缺碘呢，還是甲狀腺機能亢進，還是單純性甲狀腺腫瘤，或者會是癌腫？這些都必須做相關的檢查才能確定，或者做碘131，或者做活檢什麼的。等到這個病因的判斷明確之後，才能提出相關的治療方案。有人說西醫光治標，這個說法我不同意，病因治療就是治本，只是這個「本」的層次不同而已。上面的同學告訴我一個甲狀腺腫就要我開方，這就等於省略了這許多的過程。中醫與西醫在這個總體原則上也是一樣。我們說甲狀腺腫或者失眠，它只是一個「證」，而中醫的特色是辨證論治，通過這個「證」來辨別疾病的「因」，然後根據這個「因」來進行治療。這也叫作辨證求因，審因論治。你現在只說一個甲狀腺腫、一個失眠，這個辨證論

治的過程沒有，這個診斷的過程沒有，那怎麼開方？沒法開方。

根據上面這個認識，我們對後世提出的內科就會有一些不同的看法，它有很多不合理的地方。比如，西醫說肺結核，這是一個病，這是一個診斷，而這個診斷已經包含了病因的判斷。又比如類風濕性關節炎、紅斑狼瘡等，這些疾病的最終原因雖然沒有搞清楚，但是，這個病名已然包括有病因因素。而內科裏面說「咳嗽」，說「胃痛」，說「瀉泄」，這些都是病。「咳嗽」、「胃痛」這些是什麼東西呢？它只是一個症狀，它完全沒有病因的成分，所以，西醫要笑話中醫，我覺得應該笑話。什麼事情要模仿西醫，都應該經過嚴密的思考，沒有經過嚴密的思考，盲目地去模仿，就容易搞成半吊子，兩頭不到岸。

當然，中醫與西醫在診斷上所採用的方法是大不相同的。西醫有大量現代化的手段可以借助，而且這些手段越來越先進。中醫呢？什麼也沒有，都得靠自己。因此，學中醫要比學西醫困難。學西醫，整個世界的科技都在幫助你，現代物理學幫助你，現代化學幫助你，現代生物學更加幫助你。而學中醫沒有人幫助你，相反都在為難你，給你挑刺。所以要學好中醫，特別是要在現代學好中醫，那真是不容易。大家應該把這個困難考慮進去，樹立牢固的信心。

◎學習中醫的困難。

上面提到，說一個失眠、說一個甲狀腺腫就要處方，這就是「對病欲愈，執方欲加」。很多人搞一輩子中醫都是這樣。聽到甲亢，就開一個甲亢的方，病人又說胃痛，加兩味胃痛的，又說腰痛，再加兩味對付腰痛的，現在的很多中醫就是這樣看病的。有些同學對我說，現在在醫院裏已經看不到中醫了，心肌梗死就用益氣養陰，活血化瘀，已經形成套路了。當然有的病人可能會適合於益氣養陰，但這個思路不

◎ 欲速則不達。

對呀。心梗是西醫的病名，由冠脈阻塞所致。中醫怎麼認識它呢？中醫不一定說它是心梗，你要「察色按脈，先別陰陽」，怎麼就只有益氣養陰，活血化瘀呢？這個與「對病欲愈，執方欲加」有什麼區別？這可是下工之所為啊。所以，我們一定要設法避免這樣的方法，走另外一條路。

2. 上工層次

◎ 看似迂，但卻是治本的路子。

這一條路就是「臨證察機，使藥要和」。這個「機」是什麼呢？這個「機」就是病機。臨證的時候，首先是要察明病機，然後再根據這個病機來處方，使方藥與病機相契合，這樣一個看病的路子就是上工的路子。「臨證察機，使藥要和者，似迂而反捷」，這樣的方法迂不迂呀？確實好像有點迂。病人來了，還要察什麼機。心梗的病人一來我就用益氣養陰、活血化瘀的協定方，這個很快呀，還察什麼機。但最後的結果呢？恐怕你那個益氣養陰、活血化瘀的結果趕不上。這就是「似迂而反捷」啊。見一個咽痛，你就清熱利咽，玄參、麥冬、桔梗、甘草，行不行呢？這樣看起來快，看起來不「迂」，可實際的效果怎麼樣呢？相信大家都會有經歷。

前些天看一個病人，咽喉痛、聲音嘶啞，要用筆來代口，渾身沒力氣，開什麼方呢？光有這些還開不出方。你要是急著開什麼山豆根、牛蒡子，你就成下工了，因為你「對病欲愈，執方欲加」嘛。你還要「臨證察機」，不要急著用山豆根。當時，我為病人摸脈，發現兩尺浮緊，緊屬寒，浮是表，浮緊就是表寒，一個典型的太陽傷寒證。太陽傷寒用什麼方？用麻黃湯。再看看舌象，舌苔白膩，苔膩是濕，所以病人渾身困倦乏力。於是我給她開了兩劑麻黃湯加蒼朮。病人是晚上來診的，診前已經輸過幾天抗生素，但絲毫未見效

果。開藥以後，當晚煎服。第二天上午給我電話，咽痛十去七八，聲音已經無礙，兩劑盡後，諸證釋然。大家想一想這個病例，明明是咽喉腫痛，用壓舌板一看，咽部充血幾個「＋」，扁桃體腫大，應該清熱，應該利咽，應該消腫，可你為什麼偏偏不用這些，反而去「火上加油」呢？就是因為這個舌脈顯示出病機是表寒，所以，要用溫散表寒的麻黃湯。溫散藥一下去，寒解了，咽喉果然就不痛。這就是「臨證察機，使藥要和」。臨床診病就是這麼一個過程。古人講「必伏其所主而先其所因」，就是這個意思。

　　前段時間還看過一個女學生，也是咽喉腫痛。她的咽喉腫痛到什麼程度呢？三天兩頭要去吊針，要去打青黴素。人家油炸東西，她從那兒經過，咽喉就要腫痛，就要化膿，更別說吃了。現在好啦，不但聞到沒問題，吃下去也沒問題了。咽喉腫痛只是一個症狀，不是診斷，沒有理由就去用山豆根，就去用桔梗。你要獲得一個診斷，你的治療是對診斷負責，而不是對病人說的某個症狀負責。炎症好像兩個火，如果真的有火，那就應該清，用玄麥甘桔肯定好。火的表現是很明確的，你打開火看一看，明明顯顯的，看得見是紅的，摸起來燙手。人身的火證也是這樣，它有它的指徵。而我看的這位學生，臉色青青的，唇淡、舌也淡，手冰冷，脈沉細。哪有一點火熱的徵象？根據這個舌脈，根據這個四診的材料，這個人根本不可能有火。可是你看看前面醫生開的，全是牛黃解毒、玄麥甘桔，都在清熱利咽。看過這個病人，你就會明白，中醫為什麼沒有療效？這個病人我始終都在用扶陽的方法，開始用歸芪建中湯，後來用附子理中湯。現在，不但咽喉不腫痛，體質也得到全面的改善。這個例子再一次告訴我們上工與下工的路子，它的區別在哪裏。

　　「臨證察機」這個路子看起來迂迴了，走了彎路，可是最後的結果卻快捷得多，這正是「賢者之所得，愚者之所失也」。直接清熱利咽，或者查查藥典，看哪味藥治咽痛，哪味藥有抗菌消炎作用，這樣看起來似乎直接一些，快一些，可實際呢？她按照這個路子搞了幾年都沒有搞好，從中學一直到大學還在吊針，還在吃牛黃解毒。而在這裏僅僅服藥一個月，什麼都解決了，至少基本解決了，哪一個更快呢？所以，這是「賢者之所得，愚者之所失」。賢者之所以成為賢者，就是他按照這個方法去做了；而愚者之所以成為愚者，是因為他沒有按照這個方法去做，是因為他失去了「臨證察機」這個竅訣。我想，大家從現在開始就應該希望做個賢者，不要做個愚者。而做個賢者的辦法就是「臨證察機」。今後對每一個病人都要臨證察機，開始察不對這沒關係，但一定要履行這個手續，一定要朝著這個方向走。開始的準確性會比較小，也許只有百分之十，但慢慢地就會增加到百分之二三十，到了百分之八九十，十愈八九了，我們就成了上工。大家應該具備這個信心，方法對了，只是時間問題。

二、臨證察機

◎ 察機就是求本。

　　《皇漢醫學》講的「臨證察機，使藥要和」，可簡稱為「察機藥和」。察機實際上就是求本，「察機藥和」就是治病求本。機是病機，病是疾病，那麼機呢？這個問題我們前面已經討論過，機就是導致事物發生的關鍵要素。現在政要所在的地方為什麼又稱機關呢？當地要發展，看什麼呢？就看那棟樓！因為它是黨政機關所在。所以病機就是導致疾病發生的那個最關鍵的因素。這與病理變化這個面顯然有很大的區

別。原子彈的威力大不大？當然很大。可是這個啟動按鈕沒必要搞得那麼大，一點就行了。病機實際上就是這麼一回事。

1. 何以察機

病機的概念出自《素問》的「至真要大論」裏。至，是至高無上；真，不是假的；要，重要。最真實不虛的、最重要的論述就在這一篇裏。我們從病機放在這一篇，而不放在其他篇，就可以看出它確實是一個關鍵的因素。

〈至真要大論〉在具體講述病機前，有黃帝的一段引子：「夫百病之生也，皆生於風寒暑濕燥火，以之化之變也。經言盛者瀉之，虛者補之，余錫以方士，而方士用之尚未能十全，余欲令要道必行，桴鼓相應，猶拔刺雪污，工巧神聖，可得聞乎？」黃帝在這段引子中講到了百病產生的原因都離不開風寒暑濕燥火，然後在這個原因的基礎上再產生其他的變化。雖然我們看病的時候，也許看到的是這個變化後的疾病，好像它沒有風寒暑濕，好像它沒有「外感」，但是這個最根本的原因大家不能忘記，不能含糊。所以，黃帝在這裏說得很肯定。接下來黃帝又說，經典裏明明說了，「盛者瀉之，虛者補之」，可是我把這個方法告訴醫生，醫生在臨床上用起來效果並不十分滿意，療效還達不到百分之百。我想把這樣一個最真實不虛、最最重要的醫道真正地流傳下去，使醫生能很快地把握它，用它來治病就好像拔刺雪污一樣。臨床治病究竟能不能像拔刺一樣，像雪污一樣，立竿見影，手到病除呢？是不是真有這樣的方法？岐伯回答說：有！有這個方法，「審察病機，勿失氣宜，此之謂也」。就這麼一句話，你看病機多重要。審察好了，把握好了，治起疾病來就

會像拔刺一樣，就會像雪污一樣，就這麼簡單。可是如果沒有把握好，治起疾病來就沒有辦法做到這一點，臨床就沒有辦法達到百分之百的療效。

那麼，怎麼樣才能審察好病機呢？審察病機很關鍵的一點就是「勿失氣宜」，要抓住「氣宜」。這個提法在「至真要大論」裏有兩處，另一處說「謹候氣宜，勿失病機」。可見兩句話是互相關聯的。實在地說，病機就是氣宜，氣宜就是病機，這兩者講的是一回事。那氣宜是什麼呢？就是前面講的「風寒濕暑燥火」，就是六氣，就是與六氣相關的這些因素。審察病機，要勿失氣宜，那麼這個氣宜怎麼求呢？比如現在天陰了，要下雨了，這個氣宜我們知道不知道？知道！這是濕來了。我們可以直接感受這個氣宜的變化，在這個時候產生的疾病，不管它是什麼病，都與這個氣宜有關，抓住了這一點，不失去這一點，那你就抓住了病機。如果天氣突然轉冷，北風來了，這就是寒的氣宜。

上面這個氣宜，我們可以很明顯地感受到，這個氣宜叫作外氣宜，或者叫作顯氣宜。那麼，還有另外一些我們不容易覺察出來的，那當然就叫作內氣宜，或者叫隱氣宜。這個氣宜可以通過舌脈來體察。除此之外，是不是還有一個更加便於我們了解氣宜的方法呢？實際上，整個《素問》的七篇大論就是講的這個問題，這就要涉及運氣這門專門的學問。

在《素問》的第九篇「六節藏象論」裏，有這樣一段話：「不知年之所加，氣之盛衰，虛實之所起，不可以為工。」這句話講得非常嚴重。不可以為工是什麼呢？就是不可以當醫生。現在大家可以問問自己，你知道年之所加嗎？不知道！可是不知道你還是在當醫生，你還是要為工，這就是當今中醫界的現狀。

◎中醫的正脈。

◎做中醫的基本條件。

年之所加，氣之盛衰，虛實之所起，這就要談到運氣的問題。今年是庚辰年，那今年的年之所加是什麼呢？庚本屬金，而運氣的干支講化合，乙庚化金，所以，今年的年運是金運。年運確定以後，還要根據地支定出年氣，今歲地支為辰，辰為太陽寒水司天，太陰濕土在泉。一個金運太過，一個寒水司天，一個濕土在泉，這就是今歲氣宜的大框架。再詳細一些的氣宜，就要看主客加臨，氣有氣的主客加臨，運有運的主客加臨。氣分六步，運分五步，這就是五運六氣的大體情況。我們臨證求氣宜，很大的一個方面就是要從這裏面求。比如現在，現在已步入小雪節，是六氣裏面最後的一個氣，也是五運裏面最後的一個運。這時的主氣是太陽寒水，客氣是太陰濕土。凡是在這個區間患的病，不管你是什麼病，都與以上這些氣宜的綜合作用相關。審察病機要考慮這些因素，治療疾病也要考慮這些因素。這些因素不但會導致外感病，也會影響內傷病。因此，氣宜不但外感病要求，內傷病也要求。懂得了氣宜，懂得了上述氣宜的綜合作用，你就懂得了「年之所加，氣之盛衰，虛實之所起」，你就可以為工。就是因為這一步，做醫生的路就變得海闊天空，所以，運氣這門學問很重要。

南寧有一位名醫叫曾邕生，也是我的一位師父，他就是整天研究這個「年之所加，虛實之所起」。早些年他自己開門診，每天都要看一兩百號病人，多的時候看到三百多。單號看農村的，雙號看城裏的。一個人怎麼能看這麼多的病人？就是因為他知道這個「年之所加，氣之盛衰，虛實之所起」。氣宜清楚了，再一對照病人，病機就容易帶出來，病機一出來，方藥也就跟著出來。所以，病既看得快，也看得好。所以，病機的關鍵是氣宜，而要抓住氣宜，就要知道年之所加。

2. 十九病機

知道了病機與氣宜的這個關係，黃帝接著問：「願聞病機如何？」岐伯說：「諸風掉眩，皆屬於肝。諸寒收引，皆屬於腎……」像這樣的病機，岐伯一共回答了十九條，這就是著名的十九病機。我對十九病機的研究雖說不上很深，但已隱隱約約地感受到它的重要性。可是，現在研究它的人很少，像《中基》的病機篇，本來應該以這個十九病機為核心，可現在連提都很少提到它。這是什麼原因呢？當然，是對它的重要性認識不夠。以為天下的疾病那麼多，那麼錯綜複雜，怎麼可以就用這簡單的十九條病機加以概括、加以說明呢？

十九條病機能不能作如上的概括、如上的說明呢？這個回答是肯定的！岐伯在這裏用了一個「諸」和「皆」，這就是一個肯定的說法。凡是「風」，凡是「掉眩」，必定與肝有關係，你就從這個肝去找，一定能找到病機，一定能夠找到導致這個疾病發生的關鍵因素。這一點，岐伯已經給你打了包票。以此類推，「諸痛癢瘡，皆屬於心」。凡是疼痛、癢、瘡的一類證候，必定與心有關，你可以從心去尋找問題，至於怎麼尋找，我們下面還要談到。在岐伯陳述完這個十九病機後，他也考慮到了黃帝可能也會有類似我們一樣的疑問。為了進一步地消除這些疑惑，岐伯接著引述了《大要》的一段話：「謹守病機，各司其屬，有者求之，無者求之，盛者責之，虛者責之，必先五勝，疏其血氣，令其條達，而致和平。」病機要謹守，不要懷疑，這一點很肯定，不容含糊。要各司其屬，各就各位。風掉眩，不管你是什麼風掉眩，都一定要找肝。怎麼找呢？這就要落實到「有者求之，無者求之，盛者責之，虛者責之，必先五勝」這個原則上來。

◎ 事實上，任你千變萬化，不出十九病機。

比如剛剛說的風掉眩，我們看到一個掉眩病，一個眩暈病，它肯定屬於肝，這個沒問題。病人一來，我們看到他一副肝病的模樣，臉色青青，脈又弦，肝的色脈非常明顯，這個就叫「有」。有者求之，這一點比較容易做到，因為它很直接。但是，如果沒有呢？我們看到這個眩暈的病人，臉色也不青，脈也不弦，一點肝家的色脈都沒有，這怎麼辦呢？這種情況就叫「無」，無者也要求之，反正它與肝有關係，這是病機規定的前提。那怎麼求呢？這就要根據「必先五勝」的原則。五勝是什麼意思呢？就是要根據五行之間的關係去求它。明明是眩，肯定屬肝，為什麼見不到肝的色脈？這個問題你要考慮，為什麼會產生這個「無」？上面這個原則就是告訴我們用一個很方便的方法來找出這個原因，這個方法就是以肝為中心，利用五行生克的原則去考察。

比如上面這個例子，你沒有看到肝的色脈，你看到的是腎很虛的表現，那麼，你應該知道這是因為腎水很虛，母不生子而導致了這個「沒有」。所以，治療就應該補母生子，用補腎的方法，這個眩暈就會好。如果腎的情況也沒有，那就繼續看，看看有沒有肺的情況？如果有，那還要看一看盛虛。如果是肺家盛，金太過，那肝木就必遭克損，這個時候泄其太過，使木不遭克損，那疾病就自然會痊癒。如果是肺虛金不及呢？那就要用佐金平木的方法。如果還不行，再看看心怎麼樣，脾怎麼樣？心虛則子盜母氣，心實則火旺克金，金不制木，這時把心火一泄，病就沒了。有時又可能是土的毛病造成的，土虛亦不能育木。

從上述這個過程我們可以看到，病機的方便在於它把這個中心座標確定了，你根據這個中心點去搜尋，根據五勝的原則、生克的原則去找，這就有了目標。這就比你漫無邊際地去尋找要好得多，大家看是不是這樣？所以，這樣的一些

原則很了不起，它把一切疾病最關鍵的東西告訴我們了，這就是病機！導致風、導致掉、導致眩的最最關鍵的因素就是肝，它告訴你了。大家想一想，這在過去是什麼？是秘訣，是竅門，是寶貝啊！可是我們拿著這樣的寶貝卻不當一回事，甚至拿著金盆當尿壺，難怪古人說：傳非其人，漫泄天寶。

對於上面這樣一種病機辨證方法，現在很少有人去研究，去關心，我打算在這方面作深入地研究，也希望大家多研究。古時候不是有治肝三十法嗎，清代名醫王旭高就專門有一個「治肝三十六法」，這「三十六法」怎麼來？就從這兒來。還有所謂隔一、隔二、隔三、隔四的治法，明明是這一臟的病，他不治這一臟，而治另一臟。用藥平平淡淡，根本看不出有一味治肝的藥，卻把肝病治好了。你拼命去平肝熄風，用羚羊鉤藤湯、龍膽瀉肝湯，治來治去沒有作用。為什麼呢？你沒有真正搞清楚，你只知道「對病欲愈，執方欲加」，你只知道「諸風掉眩，皆屬於肝」，卻不知道還有一個「有者求之，無者求之，盛者責之，虛者責之」，卻不知道還有一個「必先五勝」的原則，卻不知道「見肝之病，知肝傳脾，當先實脾」，那你當然只有「守株待兔」當下工了。所以，病機裏面變化的花樣很多，但是，萬變不離其宗。我們利用《大要》給出的這些原則，圍繞這個「宗」去尋找，就一定能夠找出疾病的癥結。這裏我只將大體的思路提供出來，希望大家沿著這個思路去研究，並且在臨床上加以應用。

上面舉例談到了十九病機，也把運氣的基本情況給大家談了，我想這個感受應該比較深。現在過了小雪，我們感受到了什麼氣宜呢？很潮濕，人昏昏沉沉的，感冒的人特別多。這個感冒與以往的感冒不同，如果不知年之所加，不明運氣，治療這樣的感冒多少會碰壁。現在是寒濕當令，而且

濕特別重，有點像春天，只有春天才這樣潮濕。前幾天看過
三個病人，一個是上齶的惡性腫瘤，一個是坐骨神經痛，一
個是胃痛，三個病人我都用的同一張方，就是《和劑局方》
的五積散，結果除惡性腫瘤的這一例因特殊的原因沒能服藥
以外，其餘兩例都有不錯的效果。三病不同而治同，這叫作
「異病同治」。其實，既然治同，那肯定有相同的因素，這個
因素就是氣宜。因此，氣宜把握好了，病機就容易審察清
楚，病機清楚了，治療的方案就很容易制定出來。這實在是
臨床上一個很方便的法門。

上述這例惡性腫瘤的病人年紀只有26歲，看上去氣色
很差，自覺症狀不多，只有頭脹，微咳（已肺部轉移）。切脈
右弦滑，尺澀，左脈沉細，不耐按。舌淡暗，苔白水滑。像
這樣一個病人我們怎麼去思考呢？再一看他前面服用的藥，
都是大量的半枝蓮、白花蛇舌草。所以，我首先給他一個建
議，就是馬上停用這些藥物。半枝蓮、白花蛇舌草這些都是
清熱的藥，如果真是熱毒結聚的腫瘤，那當然用之無疑，用
後確實會產生抗癌作用。但如果是寒濕凝結的腫瘤，像上述
這例病人，那再用清熱的藥就等於助紂為虐了。碰到癌症病
人你就想到要用半枝蓮，你就想到要抗癌，那你在走「對病
欲愈」這條路，你是西醫，不是中醫。中醫就要講辨證，有
是證才用是方。《內經》講：寒者熱之，熱者寒之。這是必須
遵循的原則。如果是寒性的病，就應該用溫熱藥，不管你是
腫瘤還是什麼。

上述這個病人初次發作是在1994年，1994年是甲戌
年，甲為土運太過，戌為太陽寒水司天，太陰濕土在泉。這
樣一個腫瘤病人，你很難說清他是那一天發病，他的發病界
限你很難像感冒那樣用天來界定。所以，這個年的框架就顯
得非常重要。我們知道，1994年的「年之所加，氣之盛衰」

主要是寒濕為盛，尤其是濕為盛，他這個病為什麼不在
1993年發作？也許1993年這個癌腫已經在孕養。它為什麼
一定要在1994年爆發出來？可以肯定，1994年這樣一個年
運，它的六氣變化對這個腫瘤的發作很有幫助，是這例腫瘤
爆發的助緣，所以，它就在這樣一個特殊的年運裏引發出
來。我們再看今年，今年是庚辰年，司天在泉同樣是寒水濕
土，這就給了我們一個提示，這個病跟寒濕有關。說明寒濕
這樣一個氣肯定對他的內環境不利，對他的免疫系統不利，
相反的，對這個腫瘤很有幫助。

　　大家想一想，這個「年之所加」重不重要呢？確實很重
要。如果再參照舌脈，舌脈也跟這個相應，那病機就肯定
了。所以，這個病你別管它是什麼，你就從寒從濕去治療，
去掉這樣一些對腫瘤有利的因素，去掉這樣一些對機體不利
的因素，即便它不好，至少也不會助紂為虐。

◎如何看待中醫
的可重複性和不
可重複性。

　　在討論病機的開始，黃帝就提出這樣一個問題：「夫百
病之生也，皆生於風寒暑濕燥火，以之化之變也。」這裏提
的是百病，就是眾多的疾病都受這個因素影響，沒有說腫瘤
例外。腫瘤也好，其他疾病也好，都受這個大環境的影
響，都受這個六氣綜合因素的影響。你只要弄清楚這個因
素，然後設法阻斷它，改變它，那顯然會對這個病的轉歸產
生有利的影響。從這個角度去看，為什麼五積散不能抗癌
呢？五積散一樣能抗癌！但是，大家就不要用它去做課題、
搞實驗，作出來也許沒有結果。這樣很多人又會對中醫失
望，說中醫不科學，不能普適，不能重複。其實，不是中
醫不能普適，不能重複，而是你的這個做法根本不可能重
複。五積散針對的是寒濕這樣一個因素，對於寒濕，五積
散是普適的，是可以重複的，如果你用它對付其他的因素，
這個怎麼能普適，怎麼能重複？就像抗生素它只能對細菌普

適，現在你要它對病毒也普適，這個可能嗎？可是現在中醫的科研就是這麼一個情況，拿著抗生素去治病毒，治不好，反而怪抗生素不好。自己錯了，反而怪別人，天下哪有這樣的道理。現在大家看雜誌，看到最多的一類文章就是用某某方或某某法治療某某病多少例。這個例數不能少，少了做不了統計處理，而說實在話，臨床哪有這麼多同類因素引起的同一種病呢？沒有怎麼辦？那只有讓風馬牛也相及。這樣的做法，這樣的研究態度，著實令人擔憂。而我們的科研部門，我們的雜誌所制定的這些政策，卻對上述的歪風起到了推波助瀾的作用。

病機這門學問是中醫的大學問，前面我們只略說了「諸風掉眩」這一條，那麼，還有「諸痛癢瘡，皆屬於心」，「諸濕腫滿，皆屬於脾」，「諸暴強直，皆屬於風」呢？這些也是一樣，大家可以用同樣的方法去逐條地剖析。反正這個前提它給你定死了，把這個前提作為中心，圍繞這個中心，按照上述這些原則去搜尋，就一定能夠查出實據。等到你將十九病機爛熟於胸，將搜求的方法爛熟於胸，你去治病就會左右逢源。

3. 抓主證，識病機

臨證何以察機，以上的這些方面非常重要，這些都是經典的教證。其次的一個方面就是「抓主證」，抓主證是劉渡舟教授提出來的。劉老是傷寒界的權威，人稱北劉南陳，這個「北劉」就指的劉渡舟，「南陳」則指我的導師陳亦人教授。劉渡舟教授有部書叫《傷寒論十四講》，這部書的篇幅雖然不大，但講的都是劉老的經驗。這部書的最後一講，就是這個抓主證問題。劉老認為，抓主證反映了辨證論治的最高水

◎抓主證是辨證論治的最高水平。

平，因此，能否抓好主證，就成了臨證的一個關鍵問題。為什麼抓主證那麼重要？我的理解有兩個：其一，是主證最能反映致病的機要，也就是最能反映病機，而只有這個能夠反映病機的證才能稱為主證；其二，是主證最有可能反映疾病的祛除途徑，它提示你，你應該用汗法、下法還是吐法，或者用其他的方法。這樣的主證往往起到畫龍點睛的作用，根據這個證你就能辨別該從哪個方向著手。主證應該具備這兩個基本特點。

為什麼要在《傷寒論十四講》裏提出這樣的一個問題呢？很顯然，張仲景的每個條文，他所描述的這些證，很多就是主證。你看他的條文很多都非常簡單，如155條：「心下痞，而復惡寒汗出者，附子瀉心湯主之。」301條：「少陰病，始得之，反惡熱，脈沉者，麻黃細辛附子湯主之。」也就是說《傷寒論》的條文實際上就貫穿著一個主證問題。

下面舉一個病例。三四年前，江南無線電廠的一位女工找我看病，西醫的診斷是腎結石、腎積水，病情比較重，中西醫都看過，但是，效果不明顯。經一位老病友的介紹到我這裏來就診，按照常規，結石、積水就要排石利水，但是，我首先沒有考慮這些，而是靜靜地聽病人講述病情，一邊聽一邊思考，其實就是為了抓主證。當病人講到這一個月都在拉肚子，心很煩躁，睡覺也睡不好時，就是這一刹那，我把主證抓住了。我給她開了豬苓湯原方，沒有加什麼排石藥。為什麼開豬苓湯？因為319條說得很清楚：「少陰病，下利六七日，咳而嘔渴，心煩不得眠者，豬苓湯主之。」這裏很明確地講到，下利然後又有心煩不得眠的，就可以用豬苓湯。而這個病人兼而有之，這就使你很快考慮到這個上面來。你不必管它是結石還是積水，它的主證符合豬苓湯，你就用豬苓湯。藥開好後，病人走了，從此再沒有回來複診。

大概過了半年多，她又介紹另一位病人來找我，從這個病人的口裏才知道，她服藥以後症狀很快消失，不到半個月再做檢查，結石沒啦，積水也消除了。這例病案給我的感受很深，使我隱隱約約地揣摸到了劉老「抓主證」的含義。

上過臨床的人都知道，有些病人的病情是非常複雜的，特別是一些上年紀的人，她可以給你訴說半天的病情，等到後面的講完了，前面的也忘記了。對於這類病人，你更要抓主證，你要靜靜地聽，那麼多的東西中，總是有一句話或一個證或一個脈對你有啟發，這個就是主證。前些天我看一位同學的母親，她的主要情況就是感冒發燒，反反復復已經十來天，還是沒有解決。感冒發燒在傷寒來說，應該屬於太陽病。太陽病不管你是什麼原因引起，脈都應該浮。可是這位病人的脈卻很沉，表證而現沉脈，這就是反常，這就是一個關鍵點，這個就是主證。說明她是太少兩感，用一般感冒的藥對她肯定沒有好處。我給她開了兩劑麻黃細辛附子湯，服湯以後，燒很快就退了。所以，臨床治病，只要主證抓得好，確實可以效如桴鼓。

那麼，如何才能抓好主證呢？這一方面是經驗，另外就是要注意三點，這裏有六個字送給大家。第一，明理。比如少陰病始得之，反發熱，脈沉者，為什麼會出現這樣的情況，出現這樣的情況為什麼要用麻黃細辛附子湯，這個道理你必須搞清楚，道理清楚了，你才能舉一反三地運用在其他方面，這才有靈活可言。第二，熟記。為什麼我們一再強調學傷寒應該背誦呢？如果你想當一個好中醫，不背不行。即便不能一字不漏地背，起碼對條文你應該熟悉，特別是有方有證的條文，你必須熟悉，任何時候都能想起它大概說什麼。只有做到這一點，《傷寒論》你才能真正用起來。不熟悉條文，臨證怎麼抓主證？主證抓不住，經方用起來就不

◎抓主證的六字訣。

靈。第三，多用。學以致用，我們學過太陽篇，就要你看看我，我看看你，看看有沒有太陽證。老是躲在深閨不識人，那起不到作用。如果自己感冒了，你要辨一辨，看到底是太陽還是少陽還是太少兩感。學中醫的人，特別是學過《傷寒論》以後，碰到感冒還是複方感冒靈，還是 Vc 銀翹，那你白學了，你恐怕永遠是下工。應該記住，不管是什麼病，你都要憑脈辨證，有這樣的脈證才用這樣的方法，也就是要有的放矢。這就是我要給大家談的治病法要。

大家應該牢牢記住，上工是一個怎樣的概念，下工是一個怎樣的概念。雖然我們不能馬上成為上工，但既定的目標應該有。大家應該處處注意養成上工的習慣，處處注意避免下工的行為。不要這個腫瘤病來了，你就滿腦子想的白花蛇舌草、半枝蓮這些抗癌藥，我想這個不是中醫，充其量是半吊子中醫。既然是中醫，你就要有中醫的思路，你就要臨症察機。也只有這樣，你才容易有體會，你才容易有感受。否則，這個病人治好了，你不知道是怎麼治好的，治差了你也不知道怎麼回事，當了一輩子中醫自己還是糊塗蟲，豈不可憐！要是這樣做中醫，那真的沒意思。所以，希望大家都能成為上工，至少成為一個准上工。我想只要按照我們上面的這些方法去操作，我們在形式上就已經成為上工了。在正式進入太陽篇的討論前，這個引導過程是很有必要的。

第五章

太陽病綱要

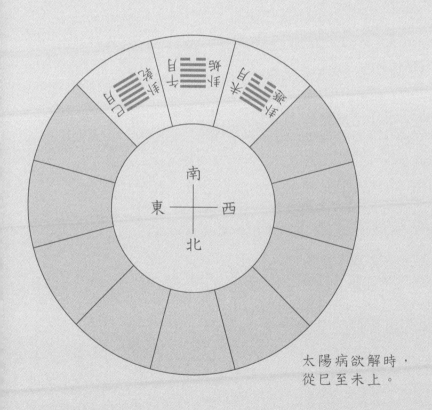

太陽病欲解時，
從巳至未上。

一、篇題講解

讀太陽篇我們首先要看這個篇題，就像讀書首先要讀書名一樣。這個習慣大家應該養成，特別是一些需要精讀的書，那是一個字也不能放過。

讀經典必須弄清三義，即字義、句義、總義。三義清楚了，沒有讀不懂的經典。我們首先從總義的角度來看這個篇題：「辨太陽病脈證並治」，它講的是什麼內容呢？它主要討論辨別與判斷與太陽相關的病名、病機、脈、證及其相關的治療這樣一個問題。透過這樣一個題目的分析，我們就能把握中醫的一些性質。現在有一種思潮，認為中醫只講辨證不講辨病，或者詳於辨證略於辨病，所以，要與西醫相結合，要辨病加上辨證。對於持這樣一個看法的人，我常常說他們根本沒有讀過《傷寒論》，不能算是中醫說的話。你讀過《傷寒論》你就知道，中醫怎麼不辨病呢？中醫首先是辨病然後才是辨證。辨病是首位，辨證是次位。你不首先確定是太陽病，你怎麼去進一步肯定它是中風還是傷寒。所以，說中醫沒有辨病，那是個天大的誤解。

1. 辨釋

首先釋第一個「辨」字，辨字比較簡單。《說文》曰：「判也。」《廣韻》說：「別也。」合起來就是一個判斷、區別之義。《康熙字典》載《禮學記》注云：「辨謂考問得其定也。」又載《周禮天官書》注云：「辨謂辨然於事分明無有疑惑也。」

綜合以上諸義，辨就是將通過各種途徑所獲取的這些材料進行綜合的分析判斷思維，然後得出一個很確定、很清楚的東西，這個過程就叫作辨。結合中醫來說，就是根據四診的材料，進行綜合分析思維，然後得出明確的診斷，辨就是講的這個過程。

2. 太陽釋

(1) 太陽本義

太陽有些什麼意義呢？我們先來看它的本義，就是原來的意，這個意我們通稱為日。將日通稱為太陽，或者將太陽通稱為日，這都是大家知道的。其次就是《靈樞·九針十二原》說的「陽中之太陽，心也」，這裏把心喻作太陽，為什麼呢？張介賓說：「心為陽中之陽，故曰太陽。」太陽從它的內涵去看，也就是陽氣很盛大之義，所以，王冰說：「陽氣盛大，故曰太陽。」

(2) 太陽經義

以往研究《傷寒論》的人，有的認為六經就是講經絡，有的認為除了經絡還有藏府，有的認為六經是講介面，這就告訴我們，六經的概念內涵很豐富，它不是一個方面，它是多方面的。這裏我們只從經絡的角度看看太陽的意義。

太陽的經絡有手、足太陽經，特別是足太陽經非常重要，這一點我們在前面已經強調過。足太陽具有什麼特色呢？足太陽起於睛明，上額交巔，然後下項夾脊，行於背後，沿著人的身後、腿後，最後到達至陰。我們比較十二正經，足太陽是最長的一條。它的分佈區域在十二經中是最長

最廣的，特別是佈局於整個身後這一點非常有意義。大家也許有過這樣的經驗，特別是對風比較敏感的人，如果風從前面吹來，你會覺得無所謂，要是風從後面吹來，你會馬上不舒服。為什麼呢？明槍易躲，暗箭難防。《內經》一再強調「聖人避風如避矢石」，所以，對這個風大家不要小看了。

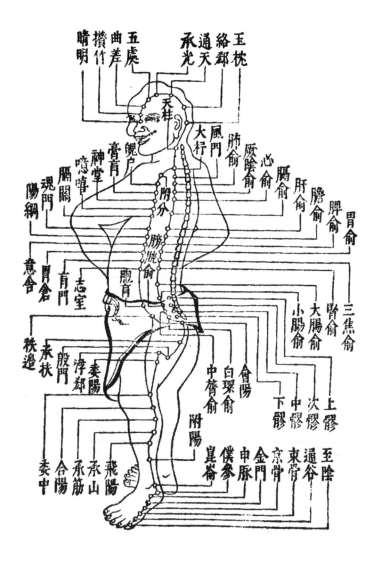

在《內經》的時代，能夠遠距離，並且在不知不覺中傷人的有什麼呢？就是這個矢石。而矢石從前面發過來，你還容易察覺，容易躲過去；如果矢石從後面打來，那就不容易躲過了。有幾個人真能像金庸小說裏寫的，腦後生目，辨器聽聲呢？聖人把風比作矢石，可見風對於人體的危害之大。而前面來的風我們容易察覺，後面來的風就比較難察覺了。這個風從後面來，偷偷摸摸的，所以，又叫賊風。人體靠什麼對付從後而來的賊風呢？這就要靠太陽。太陽居後的意義正在於此。前人把太陽比作六經藩籬，就與太陽居後有很大的關係，並不是說太陽經的位置最淺表。

對於經絡循行的這樣一些部位，大家要很留心，傷寒的六經辨證有很大一部分與這個相關。病人的腿痛，或者其他的什麼地方痛，你要問得很具體，不是光問一個腿痛就了事，是前面痛還是後面痛，是外側痛還是內側痛？如果是後面痛，膕窩的地方痛，那肯定與太陽有關，你要從太陽去考慮它的治療，這就很自然地把你帶入了六經辨證。所以，要學好傷寒，弄清楚經絡的意義是很重要的。

（3）太陽府義

太陽府有足太陽膀胱府、手太陽小腸府。「膀胱者，州都之官，津液藏焉，氣化則能出矣。」所以，膀胱是津液之府，是水府。那麼，這樣一個水府為什麼要跟太陽相連呢？這個連接正好昭示了水與氣化的密切關係。一個水、一個氣化，太陽篇的許多內容都與這個相關。

另外就是手太陽小腸府，小腸府與太陽篇的關係雖然沒有膀胱那麼直接，但是，它的內涵值得在此一提。

《素問·靈蘭秘典論》云：「小腸者，受盛之官，化物出焉。」對於這個「受盛」，王冰解釋說：「承奉胃司，受盛糟

粕，受已復化，傳入大腸，故云受盛之官，化物出焉。」而張介賓則云：「小腸居胃之下，受盛胃中水穀而分清濁，水液由此而滲於前，糟粕由此而歸於後，脾氣化而上升，小腸化而下降，故曰化物出焉。」以上王張的兩個解釋都將「受盛」作複詞看，這個看法未必恰當。因為受即承納、接受之義，已經具備了上述的複詞意義。盛呢？《說文》云：「黍稷在器中以祀者也。」故盛的本義原非盛受，而是置於器中以備祭祀用的穀物。「盛」是用來作祭祀用的，王冰把受盛釋作「受盛糟粕」；而張介賓雖然未全作糟粕講，可是也有糟粕的成分。這怎麼可能呢？古人祭祀所用，必是精挑細選的上好佳品，怎麼可能是糟粕？因此，王張的這個解釋值得懷疑。

盛為祭祀用的精細穀物，這與小腸接納經胃熟化、細化的水穀甚為相合。另外一個方面，盛是作祭祀供奉用的，在這裏小腸承納的「盛」用於供奉什麼呢？當然是供奉五藏，因為五藏乃藏神之所。用水谷之精微來營養藏神的五藏，這不就是一種祭祀供奉嗎？這樣的解釋才基本符合「受盛之官」的含義。從這個含義我們看到，古人若不知道小腸是吸收營養的主要場所，絕不會用「受盛」這個詞。

◎「受盛」與祭祀。

(4) 太陽運氣義

談過了太陽的本義、經義、府義，下面來看太陽在運氣方面的意義。在運氣裏，太陽在天為寒，在地為水，合起來就是太陽寒水。太陽為陽中之陽，為什麼要與寒水相配呢？我們可以從以下這些方面來思考。

① 水義釋

有關水的意義，我想大家應該很熟悉。水對於我們日常生活是一天也不能缺少的東西，水是生命過程不可缺少的一個重要因素，也是生命最重要的組成部分。我們男的稱起來

有100多斤，女的有90多斤，但主要的東西是什麼呢？是水。大家還可以打開世界地圖看一看，占絕大多數的是什麼？依然是水，陸地只占很少的一部分。老子說「人法地」，所以，我們人身也是這樣，水占絕大部分。從這個組成，從我們的生活經驗，水的重要性可以很容易地感受到。

二十多年前，唐山發生大地震，死的人有幾十萬，可是有的人被埋十來日竟又奇跡般的活過來，為什麼呢？就是因為有水。所以，一個人一個星期不吃東西是沒有問題的，但是不能沒有水。西醫的看法也是這樣，病重了，他最關心的是什麼呢？還是這個水。小便量多少？液體量多少？水電解質平不平衡？總之，水對生命來說，它的重要再怎麼形容也不過分。

再舉一個簡單的例子，我們要過生活，那你看看這個「活」字怎麼來？沒有水（氵），活得了嗎？所以，要活下來，就必須得靠水。

水作為生命的要素，它還有另外一個更重要的層面，這個層面我們可以通過易卦來體悟。易卦裏代表水的叫坎（☵）卦，水本來是最陰的東西，用卦象來代表這樣一個東西應該都用陰爻，可是我們看一看坎卦卻並不是這樣，它是陰中挾陽，這就構成了水的一個最重要的要素。有了這個陽，這個水就是真正的活水，就能為生命所用。沒有這樣的一個陽，這個水是死水一潭，死水對生命有用處嗎？沒有用處！

◎功夫在詩外。

李白有一首著名的詩，叫《將進酒》，其中有兩句這樣寫道：「君不見黃河之水天上來，奔流到海不復還。」華中理工大學校長楊叔子教授在看到李白的另一首詩「日照香爐生紫煙」時，從現代科學方面作了許多有啟示的聯繫。那麼，作為一個中醫，我們看到李白的這首《將進酒》會不會有所感受，會不會問個為什麼？黃河之水為什麼會從天上來？天上

哪來的水呢？這就存在一個「搬運」的過程，肯定有一個東西將水搬運到了天上，這個東西就是陽，就是太陽。《內經》講「地氣上為雲」，就是指的這個過程。地氣怎麼上為雲呢？陰的東西它總是往下沉的，我們讀讀《尚書‧洪范》的五行就知道：「木曰曲直，火曰炎上，土曰稼穡，金曰從革，水曰潤下。」水總是往下的，人往高處走，水往低處流，你做一個簡單的試驗就會知道，潑出一碗水，看它往上升還是往下走。所以，水要往上升，要成為雲，就必須借助陽氣，就必須借助火。因此，水要成為活水，要能循環起來，運動起來，要能真正為生命所用，它就必須借助陽氣的作用。坎卦中爻為什麼不用陰爻而用陽爻呢？道理就在這裏。從坎卦的情況我們瞭解到，易卦揭示事物是從很深的層面去揭示，這就告訴我們要想弄通中醫的理論，易的學問不能不稍加留意。

② 寒義釋

按照常理，這個水被陽氣蒸動起來了，就應該越蒸越上，蒸蒸日上嘛，但它為什麼又會降下來？這裏有一個什麼因素呢？水被蒸動因陽而上，當到達一定的高度以後，就會遇到一個重要的因素——寒。不是有「高處不勝寒」的詩句嗎？高的地方很寒冷，你到西部高原，看看超過海拔幾千米的高山，即便是盛夏時節，山腳下鬱鬱蔥蔥，而山頂上卻白雪皚皚，你會真正感受到高處不勝寒。水被陽蒸成為氣，當這個氣遇到高處的寒，就又復凝結為水。高處的水越凝越多，當達到一定的重力，再加上其他的一些因素作用，它就會重新降下來，這就是《內經》所說的「天氣下為雨」的過程。可見這個黃河之水確實是從天上來的。可是天上的水又從哪裏來？這一點李白沒有作交代，但是，我們學中醫的卻應該清楚這一點。

◎活水的三個要素。

上述這個過程，一個上蒸，一個下降，一個下降，一個上蒸，水就變成活水，就「自有源頭活水來」。水對生命的意義很大，大家想想，靠我們人工來灌溉的植物有多少呢？就整個植物界而言，這只是很少的一部分，大部分要靠老天來灌溉。靠老天，如果沒有太陽，沒有上面這些因素參與，行嗎？不行！水循環不起來，萬物利用不了，再多的水也等於零。所以，這個過程，一上一下，太陽起什麼作用？寒起什麼作用？水起什麼作用？太陽、寒、水實在地講一個都不能少，一環扣一環，少了任何一個，水都循環不起來。前面我們講「活」離不開水，是從靜的層面來講，這裏我們再要討論「活」，就得從動的層面入手了。所以，太陽寒水這樣的搭配，有它很深刻的含義。

我們討論太陽篇，如果從很深的層面去討論，它實際上就是講的這個水的循環過程。這個循環過程在任何一個地方卡住了，就成為太陽病。有些時候是在上升的過程中卡住了，有些時候是在下降的過程中卡住了，所以，太陽篇裏講經證、府證。如我們用麻桂二方治療太陽經證，就是因為在蒸騰上升的這個過程出了障礙，地氣不能上為雲，所以，我們要用發汗的方法，通過發汗，使汗從皮毛而出，那這個上升的障礙就消除了。水到天上以後，又要雲變為雨，這個過程是下降的過程，這個過程障礙了往往就是府證，我們要用五苓散來解決。五苓散是太陽篇很重要的方，張仲景主要用它治療蓄水，治療消渴。五苓散為什麼能治消渴？它裏面沒有一樣養陰藥，沒有一樣生津藥，它用的是白朮、茯苓、澤瀉、豬苓、桂枝，反而有桂枝這樣的辛溫藥，沒有一樣生津藥，它怎麼能夠治療口渴？這個似乎不容易想通，不但你們不通，我也不通。但是，如果你把它放到太陽裏，放到自然裏，放到水的循環裏，這個疑惑就很容易解決。地氣上為雲

◎五苓散為什麼能治渴。

了，還要天氣下為雨，如果天氣不下而為雨，那大地就會出現乾旱，這個事實大家都是經歷過的。那這個大地乾旱在人身上是什麼反應呢？地為土，脾主土，開竅於口，所以，這個「乾旱」首先就會出現在口上，就會有消渴。五苓散能使天氣下為雨，解決這個下降過程的障礙，那當然能治渴了。老子講：「人法地，地法天，天法道，道法自然。」我們從五苓散為什麼能解決治渴這樣一個問題，應該對老子的這段話有所感悟。道法自然是老子講的最高境界，人到這個境界，你看什麼問題都一目了然。學中醫的應該很好地領悟老子的這個竅訣。這個竅訣領悟好了，中醫在你眼裏是滿目青山，清清楚楚，明明白白。如果這個竅訣一點沒有把握，你不「道法自然」，只是「道法現代」，那中醫在你那裏，也許就會是「泥牛入海」。

　　整個太陽篇實際上都是講這樣一個問題，大家慢慢地去體味，這個過程很有意思。不管是麻黃湯、桂枝湯、五苓散，還是大青龍湯、小青龍湯、越婢湯，這些方都是在講水。所以，我給太陽篇總結了一句話：治太陽就是治水。治水就要做大禹，不要做鯀！

　　以上是太陽的大體含義。

◎治太陽就是治水。

3. 病釋

（1）病之造字

　　病，對於當醫生的講，應該太司空見慣了，但是，要真正地詢問大家懂得這個「病」沒有？恐怕就會有不周到的地方。從這個病的造字，我感到中國文字的內涵真是太豐富了。古人講一指禪，也講一字禪。一個字裏面有很深的含義，有妙理，有禪機。有些時候只要你悟透了一個字，這門

學問的門就被打開了。像病這個字，如果你真正解通了，那中醫就沒有太大的問題。張仲景在他的《傷寒雜病論》序中寫道：「若能尋餘所集，則思過半矣。」我這裏也斗膽借用這句話，如果病字你真正弄通了，那對於中醫也是「思過半矣」。

◎思過半矣。

我們首先來看病這個造字，病由疒＋丙而成，疒是形部，丙是聲部。病的形部「疒」在古文字裏也是一個單獨的字，它的讀音是：尼厄切。《說文》解為：「倚也，人有疾病象倚箸之形。」為什麼叫倚呢？人有疾病以後就會不舒服，不舒服當然就想靠著，就想躺著。所以，「疒」字就像一個人依靠在一個東西上，是一個象形文字，人生病了就是這副樣子。所以，《集韻》說：「疒，疾也。」因此，形部的這個偏旁實際上已經代表了現代意義上的疾病，在英文裏可以用disease這個單詞表示。

在古漢字中，「病」字是一個會意字。這個字的左半部，是一個床榻的符號；右半部是一個人的符號。人與床平行，說明人是躺在床上的。這個字後來演化成了「疒」，也就是今天漢字偏旁中的「疒」。

◎學會咬文嚼字。

既然病字的形部偏旁已經代表了廣義上的「病」字，那麼，偏旁之外，為什麼還要加上這個「丙」呢？是不是僅僅為了讀音。這個問題記得在第一章裏已經有過討論，聲符不僅表音，而且表義，並且聲符所表的這個義對於文字是很關鍵的部分，這一點也希望研究古文字的同道注意。

一個形符「疒」，一個聲符「丙」，就把疾病所牽涉的方方面面揭示出來了。現在我們重點來看丙字，丙是十天干裏面的一干，位於南方，五行屬火。所以，古人云：東方甲乙木，南方丙丁火，西方庚辛金，北方壬癸水，中央戊己土。《說文解字》釋云：「丙位南方，萬物成炳然。陰氣初起，陽氣將虧，從一入門，一者陽也。」炳然就是很茂盛。《素問·四氣調神大論》的「夏三月，此為蕃秀」，說的就是這個炳然。陰氣初起，陽氣將虧，是言夏至一陰生，一陰生後，陰道漸息，陽道漸消。一是什麼？一就是陽。這又關係到了易象的問題，文字起源有一種八卦說，這裏應該是一個根據。門，徐鍇釋為：「門也，大地陰陽之門也。」丙位南方，處夏月，夏月是陽氣釋放最隆盛的時節，然而盛極必衰，所以，陽氣在夏至以後，就要逐漸地轉入到收藏，這個「從一入門」的造字實際上就反映了這個過程。丙的上述意義向我們提出了一個十分深刻的問題。

（2）疾病的相關性

丙代表南方，代表方位。那麼，方是幹什麼的呢？《易·繫辭》講：「方以類聚，物以群分，吉凶生矣。」方是用來聚類的，所以，東方就有東方這一類的東西，南方就有南方這一類的東西。「疒」這個形符加上丙以後，就揭示出一個很關鍵的問題：疾病的相關性。

上面這個問題為什麼說很重要呢？因為不管你是什麼醫學，中醫也好，西醫也好，藏醫也好，蒙醫也好，他所探討的一個關鍵問題就是疾病的相關性。這個病跟什麼因素相關？從發生的角度說，什麼因素導致這個疾病，這個發生的相關性是什麼？我們探討一門醫學，探討的最根本的是什麼東西？歸納起來就是一個疾病的相關性。21世紀是生物醫學

◎醫學所關注的最核心問題就是相關性問題。傳統文化的要義，已經在這裏體現出來了。

世紀，醫學研究將把很大一部分精力放在基因方面，目的就是要解決在基因這個層次的相關性問題。有些疾病像愛滋病或其他什麼疾病存在一個易感人群，張三剛接觸一次就感染上這個疾病，而李四成天地接觸也沒有問題，是否在某個基因片斷上存在易感基因？如果存在這樣的易感基因，那麼，對這個相關片斷的特殊基因進行處理，使它不再具有易感性，這從疾病的預防角度來說就徹底解決了。所以，無論是疾病的發生還是疾病的治療，都無外乎是這個相關性問題。

在前一章裏，我們曾舉過三個病例，一個是惡性腫瘤，一個是坐骨神經痛，一個是胃痛，三個疾病的相關因素都是寒濕。寒是北方的氣，濕是中央的氣，一個北方，一個中央，這就把疾病所相關的最重要的那個因素歸結到方上來了。生物醫學它把疾病的相關性放在基因這個層次來研究，在基因這個層次來進行攻關。也許到21世紀後半葉，或者到22世紀，基因這個課題攻破了，那麼，相關性的研究將放到後基因的層次。而中醫呢？中醫這個相關性就放在「方」上。方以類聚，這個類可以很多，可以數不清，正是由這些不同方屬下面的「類」導致了眾多疾病的發生。所以，疾病的因素再複雜，它也離不開這個方。反過來，我們治療疾病叫開方，開什麼方呢？就是開的上面這個方。如果你是寒導致的疾病，那這個致病的因素在北方。北方你拿不走，但你可以模擬一個能夠對治它的「方」去對付它、去協調它。比如這個「寒」，你可以根據「寒者熱之」這個原則，模擬一個南方，就用這個南方去對治上面的北方。南方起來了，北方自然要下去，不可能冬夏在一個時間裏出現。中醫治病的真實境界其實就是利用藥物的不同屬性來模擬不同的方，不同的時間、空間。時間可以用藥物來模擬，空間也可以用藥物來模擬，治療疾病就是方的轉換，就是時空的轉換，將人從

◎中醫治病為什麼叫「開方」？

不健康的疾病時空狀態轉換到健康的時空狀態。有關這個轉換，我們將在以後的逐章裏詳細討論。所以，總起來說，疾病所相關的關鍵要素就是這個「方」。病的造字為什麼要用「丙」呢？原因就在這裏。

方以類聚，那麼，可以用來聚類的方有多少呢？從基本的角度說有五方，東南西北中，但如果按易的經卦分則有八方，按年支分有十二方，按節氣分有二十四方，按六十四卦分則有六十四方。我們看羅盤，羅盤上面就有這些不同層次的方分。所以，學中醫的應該買羅盤來看一看，羅盤不光是風水先生用，中醫也可以用，至少它可以幫助你認識這個方，認識與疾病最相關的這個因素。

這裏我們先從最基本的方（五方）來討論，看看每一方裏究竟聚有哪些相關的類。

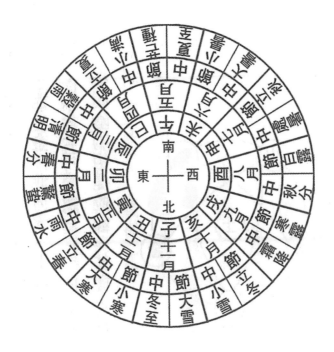

① 時間

方首先是聚時，東方聚寅卯辰時，聚春三月，餘者依此類推。所以，時是方裏面一個很重要的類。《素問‧六節藏象論》云：「謹候其時，氣可與期。」又說：「不知年之所加，氣之盛衰，虛實之所起，不可以為工。」這就是說疾病發生的一個相關因素就是時間，與時間有關係，這是中醫很重要的一個特色。你看一個腫瘤病人，他1994年發病與1995年發病就不同了，可西醫不管這一套，他只看這個CT的結果、活檢的結果，至於1994年發還是1995年發跟他沒什麼關係。但如果中醫也這樣看，也不管這個1994、1995，那就會完蛋。那你不可能真正弄懂病，因為與疾病發生的一個很重要的相關因素你沒有考慮進去，你怎麼可能全面地認識這個疾病？所以，這個時間你要謹記，這個病在1994年發與1995年發完全不同，因為相關性不同了，年之所加、氣之盛衰不同了。作為一個中醫，如果這一點忽略了，那很大的一塊你就失掉了。

◎不知時不足以為工。

現代醫學也在逐步地認識時間的問題，比如藥物的服用時間已經得到一定的關注，像強心甙這類藥，在凌晨服用要較其他時間服用效價增加上百倍，還有一些激素類的藥物，也有類似的情況。但從本質上來說，西醫對時間的認識還與我們有很大的差別。有關時間的相關性今後我們會有較多的討論。

② 五行

方所聚的第二個因素是五行，即金木水火土，東方木，南方火，西方金，北方水，中央土。所以，疾病跟五行是很有關係的。這種關係在《內經》裏面隨處可見。你不談五行，你認為五行是迷信，那你的中醫搞不好。在《內經》裏，在《中基》裏，我們經常看到五行與陰陽相提並論，其實，五行

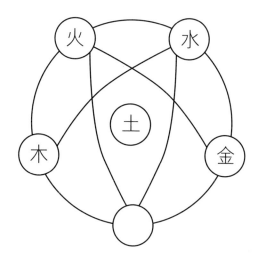

就是陰陽的不同狀態。陽氣處在生的狀態就叫木，處在長的狀態就叫火，處在收的狀態就叫金，處在藏的狀態就叫水，而生長收藏這個轉換的過程就是土。所以，五行是中醫一個很重要的因素，大家千萬不可輕視。

◎五行是怎麼來的？

③ 六氣

方所聚的另外一個因素是六氣，即風寒暑濕燥火。東方生風，南方生火（暑），西方生燥，北方生寒，中央生濕。病機講：「夫百病之生也，皆生於風寒暑濕燥火。」百病的發生都與風寒暑濕燥火相關，都與這個方相關。是百病而不是某一個病，所以，六氣的相關性是普適的。

④ 五氣

五氣與上面的六氣有區別，它主要反映藥物的方位屬性，即寒熱溫涼平。東方溫，南方熱，西方涼，北方寒，中央平。前面我們講到中醫可以用藥物來模擬時間、模擬空間、模擬方位，就是依據藥物所具有的這個五氣特性。所以，把握五氣乃是中醫治方的一個要素。

⑤ 五味

五味也是方所聚的一個重要因素，東方聚酸，南方聚苦，西方聚辛，北方聚鹹，中央聚甘。中醫處方治病，依靠的是什麼呢？很重要的就是藥物的這個五氣、五味。大家看《神農本草經》，它在每個藥物裏先談什麼呢？先談氣味，氣味放第一位，主治功效放在第二位。氣味是藥物的首要因素，功效主治是次要的因素；氣味是體，主治功效是用。這個主次、這個體用關係大家應該搞清楚。現在很多人不明體用，主次顛倒，只管主治功效，某某藥治某某病，頭痛就上川芎、白芷，腫瘤就上白花蛇舌草，完全將氣味拋到九霄雲外，這個怎麼能算中醫呢？我們再看《內經》，《內經》治病講補瀉，盛者瀉之，虛者補之，她憑什麼補瀉呢？憑的就是這個氣味。所以，她講「治寒以熱，治熱以寒」，她講「木位之主，其瀉以酸，其補以辛。火位之主，其瀉以甘，其補以鹹。土位之主，其瀉以苦，其補以甘。金位之主，其瀉以辛，其補以酸。水位之主，其瀉以鹹，其補以苦」。所以，中醫治方她是憑氣味來治方，有氣味才有方可言。你憑一個活血化瘀，一個緩急止痛怎麼治方？它算北方還是南方，是東方還是西方？

方裏面所聚的每一類都是很值得研究的課題，現在大家都感到中醫的科研難找課題，其實這個方裏就大有課題，而且這些才是對中醫真正有意義的課題。這幾十年，國家在中醫藥領域裏投入了不少的資金，攻關課題也層出不窮，但是，大家冷靜地想一想，這些課題中有多少是對中醫有真實的意義呢？可偏偏就是這些課題容易中標，容易到手。你搞什麼「方」的研究，標書出去就石沉大海了。

五味的研究也告訴我們，疾病跟飲食的相關性非常大，古人說：病從口入，禍從口出。這個說法在現代生活中能夠

得到更充分的反映。像現在世界上的頭幾號殺手，心血管病、糖尿病、腫瘤病等，哪一個不與飲食有關？現代醫學研究飲食，它主要從食物的成分，脂肪多少，糖多少，微量元素多少，飽和脂肪酸多少，不飽和脂肪酸多少，從這些角度去認識。作為中醫，大家不可忘記五味的因素。

從上面這些討論，大家應該發現中醫一個很特別的地方，在中醫裏，導致疾病的是這些因素，可治療疾病的還是這些因素。真所謂：成也蕭何，敗也蕭何。中醫的這個特別之處，大家應該好好地去思考，好好地去琢磨。它與西醫的概念完全不同。像風是一個致病的因素，「諸暴強直，皆屬於風」。可是風又是一個治病的因素，風能勝濕。而西醫則完全不是這樣，像結核桿菌、葡萄球菌，這是致病的因素，那麼，治病呢？它有另外一個可以殺滅這個致病菌的東西，比如抗生素。而中醫的病因你是殺滅不了的，風你怎麼殺滅，沒有辦法。我們只能夠進行調整，只能根據古人給出的方與方之間的這個巧妙關係來進行對治。讓水能載舟而不覆舟，讓蕭何成事而不讓他敗事。中醫治病的路子就是這樣，如果從兵法來說，中醫治病是攻心而不是攻城。

◎成也蕭何，敗也蕭何。

⑥ 五色

五色是青赤黃白黑，東方青，南方赤，中央黃，西方白，北方黑。既然顏色與方有這樣的關係，這就告訴我們對於色調我們不能光作美觀來看，色澤不僅僅起裝飾的作用，它應該有更深的含義、更大的作用。一個土氣很弱的病人，用了補土的藥，用了四君子湯，用了理中湯，可是老不好，什麼原因呢？結果發現這個病人老是穿一身青色的衣服，你在這裏補土，它在那裏伐土，這怎麼會好呢？疾病跟那麼多的因素相關，而你只知道清熱解毒、益氣養陰、活血化瘀，你只知道從功效主治去調理。功效主治如果不靈，你就說中

醫沒效，你就說中醫的理論滯後於臨床，這怎麼行呢？中醫的這個局面大家說堪不堪憂，應不應該設法改變。

◎五色的妙用。

五色的因素很重要，記得我跟大家談過一個例子，就是上面的曾邕生師傅。他曾經治療過一例重症肝硬化腹水的患者，病人臥病不起，所以，只好請曾醫生上門去診治。曾醫生看病處方之後，還做了一個奇怪的舉動，就是將病人家的其中一面牆整個地用煤水刷黑，然後讓病人住在這間房裏靜養服藥，結果病人很快地得到痊癒。黑色聚北方，北方屬水、屬腎，所以，曾醫生用黑必定與腎有關。治病不但用藥物的氣味與主治，而且還從五色入方、五色治方，這個經驗值得我們借鑒。

疾病的相關因素是多方面的，比如北方不足的病人，當我們用藥物來調補，感到力量不夠的時候，我們可以通過這個相關性從其他方面來考慮，比如從五色來考慮。這是中醫很值得注重的一個方面。

⑦ 五音

◎「聞而知之謂之聖」——這個「聞」究竟是聞什麼？

下面我們看五音，五音即角徵宮商羽。東方角音，南方徵音，中央宮音，西方商音，北方羽音。五音對疾病有關係沒有呢？有！《內經》講：「望聞問切，望而知之謂之神，聞而知之謂之聖。」望什麼呢？望氣色、望形色。望氣我們很難做到了，我們只能觀形。那麼這個聞而知之是聞什麼呢？很重要的就是聞這個五音。五音裏面哪個音強，哪個音弱，哪個音有，哪個音沒有，五音之間的協調關係怎樣？這些都要能夠區別。這都是很深的學問。古人云：相識滿天下，知音能幾人。這個知音的原始意義就是知五音，只是後來把它泛化了。大家還記得子期、伯牙的故事嗎？可見知音是不簡單的。

聽一個人的聲音就知道你的情況，是不是太玄了呢？不玄！歷史上有的人確實能夠做到這一點。你在隔壁說話，

他就知道你的疾病，這才叫「聞而知之」，這才叫聖。為什麼呢？因為疾病與五音相關。你的肺病了，那你的商音肯定會出問題；你的心病了，徵音肯定會出問題。所以，聽這個聲音就能大致瞭解你的情況。只不過我們現在都是聾子，我們聽見的只是惛溷心耳的繁手淫聲，而真正的五音我們聽不懂。有的甚至連五音的概念還搞不清楚，一聽五音，就說這不科學，應該是1234567，應該是七音，怎麼搞五音呢？

五音是一門很深的學問，值得花大力氣來研究。上面提到的是診斷的角度，從治療的角度看也是一樣。五味能治病，五氣能治病，五音同樣也能治病。商音就是屬於西方，就屬於金，金就能克木。你光知道羚角鈎藤可以平肝熄風，應該知道商音一樣地能夠平肝熄風。

現在西方很多地方流行音樂療法，這是一個可喜的苗頭，不過，這個音樂療法還比較初級，還是小學水平，甚至是幼稚園的水平。真正的高水平在高山流水裏，在中醫裏。希望大家在這方面做些研究，不要局限於開一個小柴胡湯、麻黃湯，或者時方的荊防敗毒散，不要局限在這裏，應該把眼光放開一些。21世紀中醫可以有很多的作為，為什麼呢？因為她的相關性太多了，正是這個相關性決定了她在很多領域能夠有所為。現在許多中醫到西方去，就只紮個針灸，弄弄按摩，開個中藥，西方人也認為中醫就這幾招，你為什麼不搞搞音樂療法，你可以研究五音，開一個真正的五音療養醫院。《史記·樂書》云：「音樂者，所以動盪血脈，流通精神。」可見音樂對人體的作用，對疾病的作用，並非現在提出來的。這就是說，中醫裏面可以操作的東西太多太多，我們不要只是抓住現在這一點點。

◎中醫「不患無位，患無以立」。

⑧ 五臭

在方這樣一個框架裏面，有很多相關的問題，有時間，有五行，有六氣，有五色，有五音，有五味，往下的還有很多。比如五臭，臭是雙音字，這裏讀「秀」音。臭跟味不同，它是通過鼻來完成。五臭即臊、焦、香、腥、腐。東方臊，南方焦，中央香，西方腥，北方腐。對於五臭，也許我們對它要比其他敏感，特別有些臭我們的感受很深。比如香燥的東西。香燥的東西為什麼大家都這麼喜歡？特別在不想吃飯的時候很想吃一些香的東西。為什麼呢？因為香屬中央，香入土，香入脾胃，脾胃運化好了，胃口就自然會打開。

記得蒲輔周老先生曾治一例高年久病的患者，症見煩躁、失眠、不思食，大便七日未行，進而發生嘔吐，吃飯吐飯，喝水吐水，服藥吐藥。病家認為已無生望，抱著姑且一試的態度詢治於蒲老。蒲老詳問病情，當得知病者僅思喝茶後，即取「龍井」6克，囑待水煮沸兩分鐘放茶葉，煮兩沸，即少少與病者飲。第二天病者子女驚喜來告：「茶剛剛煮好，母親聞見茶香就索飲，緩緩喝了幾口未吐，心中頓覺舒暢，隨即腹中咕咕作響，放了兩個屁，並解燥糞兩枚，當晚即能入睡，早晨醒後即知饑索食。」蒲老囑以稀粥少少與之，飲食調養月餘而癒。一味茶飲而起如此沉痾，同道頗以為奇。當時我看到這個病例也覺得不可思議，不明白其中的道理，可是我們今天討論五臭，這個道理就很清楚了。上好的「龍井」是非常清香的，而按照蒲老的這個泡茶方法是取其臭而不取其味，這樣香氣直入中土，當然就可以醒脾開胃了。適當的喝茶能夠幫助消化，道理就在這裏。

有關五臭的例子還很多，第一章裏我們講《腦內革命》的例子，我們講治骨癌的例子，都與這個五臭有關。

◎這就叫四兩撥千斤。

⑨ 五畜

五畜在《內經》有不同的說法，一種五畜指雞羊牛馬豬，東方雞，南方羊，中央牛，西方馬，北方豬。一種是七篇大論的說法，即五蟲：毛蟲、羽蟲、倮蟲、介蟲、鱗蟲。這個五蟲包括人，它泛指一切的動物。現在我們這個時代是肉食的時代，過去小時候一個月能吃上一頓肉，所以，吃肉叫打牙祭，可現在哪餐不是肉，哪頓不是肉？現在的疾病越來越複雜，奇疾怪病也越來越多，而很多高發病率的疾病就與肉食直接相關。從中醫的角度，從五畜的角度切入，應該會有文章可做。

談五畜還需要補充一個問題，就是十二生肖的問題。十二生肖應該是大家都很熟悉的，子鼠、丑牛、寅虎、卯兔、辰龍、巳蛇、午馬、未羊、申猴、酉雞、戌狗、亥豬。前些天我在《參考消息》上看到一篇文章，文章報導了一件很有趣的事情。在海灣戰爭的時候，美國為了預防伊拉克的毒氣彈，除了攜帶很多現代化的設備外，還帶有很多的活雞。為什麼帶活雞呢？科學研究表明，雞對有毒氣體的嗅覺，其敏感性遠遠超過其他一切動物，所以美國人要借助這個雞來為他報警。為什麼對氣體最敏感的東西是雞呢？雞屬酉，酉位西方，肺亦屬西方，開竅於鼻，而嗅覺是由鼻來主管的，這就造成了雞的嗅覺與眾不同。這使我意識到了十二生肖的內容不可忽略，它不是隨意的，它不僅僅是一個代號，這裏面肯定有很深的東西。

◎十二生肖亦不可等閒視之。

另外一個是古人用來治療青腿牙疳的例子，青腿牙疳大概相當於現在的血管性疾病，如靜脈炎這一類病。這種病先是腳趾遠端一節節地發青，然後逐漸壞死。古人用什麼方法治這個疾病呢？就用馬乳，母馬的奶。喝這個馬奶，血管的疾病就會慢慢地痊癒。這是什麼道理呢？這也是很有意思

的。午馬屬南方，屬火屬心，中醫講乳為血化，因此，乳又稱白血。而心又主血脈，所以，這個馬乳就與血脈有特別的親和力，有特別的關係。正是因為有這樣一種特殊的關係，所以，它能治療這個血管的病變。以上這些關係告訴我們，研究動物，我們還不能完全像現代醫學那樣光從營養的角度來考慮，應該還有其他一些方面，也許這些方面的意義更深遠、更廣大。

⑩ 五穀

五穀，即麥、黍、稷、稻、豆。東方麥，南方黍，中央稷，西方稻，北方豆。五穀我們在第一章裏曾經提到過豆，豆入北方，與腎的關係最密切，所以，豆又稱腎穀。實際上我們看一顆大豆的外觀，它就像一個縮小了的腎。因此，豆類及其製品，對於腎，對於與腎相關的骨和腦就有特殊的作用。比如現在很流行的一個保健品叫大豆卵磷脂。服用卵磷脂除了調節血脂、改善心腦功能、增加記憶力外，對某些脫髮還有很好的作用。而從中醫的角度看，這些作用都與北方有關，都與腎有關。所以，研究食物不能光考慮現代的營養學，還要考慮到「方」的因素。

五穀裏面稻屬西方，屬肺穀，而肺主皮毛，所以，從美容的角度講，吃大米恐怕要好一些。南方人的皮膚為什麼比北方人細膩，這可能與南方人主食肺穀有關。

⑪ 五志

五志就是怒、喜、思、憂、恐。東方怒，南方喜，中央思，西方憂，北方恐。情志跟疾病的關係我想大家都有感受，不用在此多說。思慮太過會怎麼樣，憂傷太過會怎麼樣，恐懼太過會怎麼樣，這些在《內經》都有明確的記述。這就說明了情志跟疾病的相關性是很密切的，有些疾病就是

因情志而起，你用藥物治療，治來治去都不好，對於這類疾病，解鈴還須系鈴人。在古醫案裏，有不少是用五志的方法治療疾病的，五志能夠致病，五志亦能解病，這些都是因為有方的因素。

⑫ 五數

五數即一二三四五六七八九十，其中天數五，地數五，合之即五數也。《易‧繫辭》云：「天一地二，天三地四，天五地六，天七地八，天九地十。」以天地分之即奇數一三五七九為天數，偶數二四六八十為地數，天數為陽，地數為陰。以五方類之，則一六北方水，二七南方火，三八東方木，四九西方金，五十中央土。數的五方的分類實際上就是傳統所說的河圖數，河圖是傳統文化中一個最具神秘色彩的東西，孔子曾經感慨地說：「鳳鳥不至，河不出圖，吾已矣乎！」它不僅與易的起源相關，故《易‧繫辭》曰：「河出圖，洛出書，聖人則之。」而且傳統文化的精髓很大一部分就蘊藏在這個河圖裏。在這裏我們暫且不就這個神秘性去探微索隱，而是就這個五數的問題作一個討論。

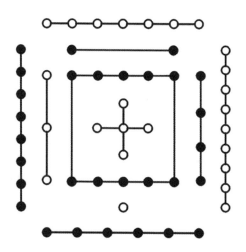

◎數理邏輯是抽象之學，陰陽術數是應象之學。

　　如果大家要問現代科學最具特徵的地方是什麼？那我們可以回答，是她的數理邏輯體系，是她的數學體系。而在這個體系中，她對數的認識的最大特徵又是什麼呢？那就是「抽象」。所以，現代數學是一門純抽象的科學。而與之相對應，傳統文化最具特徵的地方則是她的陰陽術數體系。在這個體系中，她對數的認識具有兩面性，一方面是抽象，比如我們以上所說的這個方與類，這些看似風馬牛不相及的東西為什麼屬於一類，為什麼能夠聚於同一個方下？在這個「方以類聚」的過程中，如果不從事物的許多屬性中，撇開非本質的屬性，抽出本質屬性，那這些風馬牛不相及的東西根本就扯不到一塊來。所以，在類聚的過程中必須抽象。那麼，另一方面呢？另一方面就是不允許抽象。現代數學裏，她對數的認識是純抽象的，比如這個1，1就是1，1就代表1這個數，除此它不代表任何一個具體的內涵，它不代表任何一個象。任何一個東西，任何一個象都必須統統地抽掉，在這個前提下，我們才能來研究數學。可是在陰陽術數這個體系，她完全不是這樣，她的數裏有象。所以，《左傳》說：「物生有象，象生有數。」物裏面有象，象裏面有數。反過來呢，則是數裏面有象，象裏面有物。因此，傳統文化裏專門有一門「象數」學，就是探討象與數之間的關係，進而探討數與物之間的關係。

　　數不允許「抽象」，它有一個相對固定的內涵，它有一個直接與之關聯的「象」，這就是河圖的重要內容。一六這兩個數表徵水，有一個水的內涵，北方的內涵；二七表徵火，有火的內涵、南方的內涵；三八表徵木，有木的內涵、東方的內涵，餘者依次類推。一六為什麼會有水的內涵，北方的內涵？這顯然不是今天在這裏就能解決的問題，但是，這是整個古代文化確知確證了的一個事實。這個事實不容推翻，推

翻了它就等於推翻了整個古代文化。而從這個事實，我們可以很清楚地看到傳統與現代的一個根本差別。

現代的預測學，它根據概率，根據統計，那麼古代呢？它就根據象數之間的關係。所以，象數學不是一門虛設的學問，它是一門很實在的學問，古人制方的大小、用藥的多少，以及每味藥的具體用量，就是依據象數的學問。

⑬ 五毒

除了上述這些因素，這裏再補充一個五毒，五毒即貪、嗔、癡、慢、嫉。這是佛家的一個概念，在這裏提出這個概念，是希望大家思考這樣一個問題，即行為的善惡，特別是心靈世界的善惡與疾病有沒有相關性。《易·繫辭》云：「積善之家必有餘慶，積不善之家必有餘殃。」《素問·上古天真論》云：「恬淡虛無，真氣從之，精神內守，病安從來。」恬淡虛無的狀態，一定是祛除了五毒的狀態，還有貪、嗔、癡、慢、嫉，這個心境不可能恬淡，不可能虛無。而一旦趨入這個境界，就會真氣從之，就會精神內守，就不會有疾病的發生。由斯可見，道德的問題就不僅僅是一個宗教的問題、社會的問題，也是醫學的問題。

以上我們粗略地討論了方的含義。在每一方裏，所轄的這些「類」在表面上看雖有很大的差別，但就其本質而言，卻是相同的，卻是等價的。正因為這個等價性，造成了中醫在診斷上和治療上的靈活性和多樣性。看似不同，看似不規範，看似公說公有理，婆說婆有理，但實際是大同，是殊途同歸。這叫你有你的打法，我有我的打法，打法雖不同，但都不能違反「方」的原則。

著名紅學家周汝昌先生在談到中國文化的魅力時，用了兩個「最」字來形容，一個是「『咬文嚼字』是中國文化最高之境界」，一個是「漢字是人類最高智慧的結晶」。我們從病

字的釋義，引出了疾病的相關性，而從這個過程我們可以感受到周先生的確是過來人，他的這個形容絕非孟浪之語。

(3) 何以用「丙」

有關病的造字，我們轉入另一個話題。由上述討論可知，病字用丙是為了用方，而用方的目的是揭示疾病的相關性。既然用丙即是用方，那我們就要提出一個問題，這個造字完全可以選甲，為什麼一定要選丙呢？天干從甲開始，你用天干應該首先用甲。如果當初造字的聖人選擇了甲，那我們今天不讀得「丙」而應該讀得「甲」。我想光是聲符，光是發音，應該沒有太大的關係。這只是一個習慣的問題，就像沒過門的毛腳媳婦喊阿姨喊慣了，過門後突然要改叫媽，真是周身的不自在。但是，這個沒關係，時間一長，兩三個月後，你就習慣了，自在了。所以，光從聲部來解釋造字為什麼一定要用丙，這個理由不充分。

① 君主之官，神明出焉

病之用丙肯定有它的特異性。怎麼樣一個特異性呢？丙在十天干裏屬南方，屬火、屬心，這個南方，這個火，這個心有什麼作用呢？也許不學醫的人很難領會這個作用。我們現在換一個角度來談，從《素問》的〈靈蘭秘典論〉來談。《素問》裏面有很多的醫學模式，有生物的醫學模式，有宇宙的醫學模式，有心理的醫學模式，也有社會的醫學模式。這個〈靈蘭秘典論〉就是從社會的角度來談醫學。從這個角度上述的這個南方、這個心有什麼意義呢？論曰：「心者君主之官，神明出焉。」君主之官是一個什麼概念呢？我想大家都很清楚，如果就一個國家言，在美國就是總統，在中國就是主席。一個主席，一個總統，他對國家的關鍵性、決定性作

用，這個不用多說。所以，《素問·靈蘭秘典論》在談完十二官的各自作用後總結說：「凡此十二官者，不得相失也。故主明則下安，以此養生則壽，歿世不殆，以為天下則大昌。主不明則十二官危，使道閉塞而不通，形乃大傷，以此養生則殃，以為天下者，其宗大危，戒之戒之！」主明則下安，君主之官明，則整個身體，整個十二官就會安定，用這樣的方法來養生，你就會獲得長壽。所以，你要想把身體搞好，要想長命，就是要想方設法使這個主明。歷史的經驗更是這樣，我們回顧幾千年的歷史，哪一朝哪一代遇上明君，天下就安定，老百姓就得利。如果遇到昏君當道，那就慘了，那自然天下大亂，百姓受苦。從《素問·靈蘭秘典論》我們知道，這個心、這個南方，火是一個主宰，是整個身體的關鍵，健康也好，長壽也好，夭折也好都關係在這個心上、這個南方上。因此，病與不病，就要看這個心。病之造字為什麼一定選丙呢？道理就在這裏。

前面我們提到中醫這門醫學是「攻心」而不是「攻城」，從這個造字可以得到證實。兵法云：「攻心為上，攻城為下。」所以，你只知道攻城，而不知道攻心，那你不是中醫，或者你成不了上醫。而什麼是攻城呢？什麼是攻心呢？大家可以思考。

② 十九病機

另外，我們還可以從十九病機看，整個十九病機五藏病機占五條，上下病機各占一條，就是七條。風寒濕的病機各一條，加起來十條，那麼，剩下的這九條都是講火熱的，如果再加上五藏病機中心這一條，就成了十條，超過半數，可以控股。在病機的開首，黃帝說了，「夫百病之生也，皆生於風寒暑濕燥火」，也就是這個百病與五方的因素都有關係，可是為什麼一到具體的病機，岐伯就撇下了其他的因

◎ 十九病機可參看134-139頁的相關內容。

素，而主要談火熱，主要談南方呢？這顯然與前面《素問·靈蘭秘典論》的君主之義相呼應。疾病雖然與方方面面的因素相關，但是，最關鍵的、最決定性的只有一個。就像一個國家，國家的各個部門都很重要，不能說你外交部重要，我財政部不重要，都重要。但是，這些重要的因素都必須服從一個更關鍵的因素。造字的先聖之所以選擇丙而不選擇甲或是其他，就說明了這個問題，這是很具深意的。

◎一字之安，堅若磐石；一義之出，燦若星辰。

以上我們通過病的造字引申出這樣一系列的問題，前面我們曾經說過，你對病的造字真正領悟了，對於中醫就「思過半矣」。這句話大家說過分嗎？我想不過分。任何醫學它研究的不外乎就是兩個問題：一個是疾病的發生與哪些因素相關；一個是疾病的治療與哪些因素相關。而在病的造字裏，顯然已將這兩個相關因素包括進去了。所以，病字大家要好好地研究、好好地琢磨。我們乍看周汝昌先生將「咬文嚼字」作為中國文化的最高境界，還以為是不是老先生糊塗了。「咬文嚼字」是沒事找事，怎麼可以代表中國文化的最高境界呢？可是，你一仔細琢磨，就知道這個最高境界非「咬文嚼字」莫屬。「咬文嚼字」不是簡單的一樁事，它需要很深的沉積、很厚的底蘊，這裏面既有邏輯的知識積累，又有直覺的體認判斷聯想，沒有這些，你咬不到東西，嚼不出味道。嚼不出咬不到你還談什麼境界，這就沒有境界可言，這也不叫「咬文嚼字」。而一旦你咬到東西了，嚼出味道了，你感到一口下去回味無窮的時候，這個境界就會自然地湧現出來。佛家講等靜智慧中的自然流露，恐怕我們可以借用來描述這個「湧現」的過程。

真正有學問的老先生，他的一句話有時都是沉甸甸的，用一字千金來形容，實不為過。周汝昌先生講的「咬文嚼字」實在就是一個最好的例子。

4. 脈釋

(1) 脈之造字

首先我們還是從造字來看。簡體的脈(脉)由月＋永構成，還有另一個是月＋𠂤，這是比較正規的寫法。「月」字在這裏是形符，《說文》和《康熙》都把它放在肉部。所以，月可作兩個部首，一個是月亮的月，一個是肉。《說文》、《康熙》將脈(脉)置於肉部，我的意見是對一半錯一半。說對一半是因為從形上講，脈確實是由肉構成的。但是，如果從功用上，從更廣義上講，脈置肉部就有諸多不妥。它應該置於月部。

月就是月亮，《說文》釋月為「太陰之精」，《史記‧天官書》曰：「月者，陰精之宗。」而《淮南子‧天文訓》則云：「水氣之精者為月。」也就是說，月為水氣之精凝結而成。

永的本意是長，把這個長放在歷史裏就是永恆。如果把它放在自然裏，這個長與什麼才堪稱配呢？當然只有江河才能相配。所以，《說文》云：「永長也，象水巠理之長。」我們經常講源遠流長，在本義上就是指江河。你看長江從唐古拉山起源後，一直流到大海，橫穿整個內陸東西。還有什麼比這個更長？所以，永的本義就是這樣，它代表江河，代表江河的主流。而𠂤的意思呢？它也與水有關，表示江河的支流。一個主流，一個支流，兩個都是講水。所以，這個脈字必定是與水相關的。

(2) 脈義

形聲二符的意義已如前說，形符我們還是從月講。月屬陰，陰的東西是黑暗的，不應該有亮光。但為什麼月會有亮光呢？古人講這是日使之明也。也就是說屬陰的月本無明，

◎陽加於陰謂之脈。

而有了日，有了太陽它就會明。所以，月的光明主要與太陽相關。我們常說水中月、鏡中花，其實水中本無月，鏡中亦無花。月的明亮也就是這樣一個關係，它好比一面鏡子，一面太陽的鏡子，一面陽氣的鏡子。因此，月相的變化情況，從天文的角度講，它反映的是日、地、月三者之間的相互關係；從中醫的角度講，它反映的是陽氣的進退消長。所以，整個月的陰晴圓缺它並不在於說明其他的什麼，而說明的就是這個陽氣的變化。

今天是農曆十一，再過四天就是十五，從這個時候起，月亮在一天天變圓，直至形成十五的滿月。月屬陰，月滿了是不是就意味著陰氣滿呢？不是的。恰恰相反，它反映的是陽氣滿，陽氣充滿，陽氣盛大。這就引出一個月週期的問題。

前面我們曾講過年週期和日週期的問題，有的人發病跟這個年週期很有關係。比如胃病的病人，有的就喜歡在春天發作，其他季節他比較平靜，可是每到春天胃就不舒服。這樣一個發病特徵就提示我們這個病與東方很有關係，與肝木很有關係，應該從這方面來考慮治療。還有的病人在年週期上沒有特徵，可是在日週期內卻很有特徵，他這個病就是傍晚的時候不舒服，其他時間相安無事。這是什麼原因呢？從前面談的日週期我們知道，傍晚的時分對應秋，這就與西方、與肺金有關。這裏我們提出月週期，也就是說在每一個月週期裏面也存在一個春夏秋冬的變化，也存在一個生長收藏的變化，根據病人在月週期內的發病特徵，我們可以做出一個相關性的判斷，從而有利於疾病的診斷與治療。

◎陰晴圓缺與生長收藏。

漢代的魏伯陽造有一本《周易參同契》。這本書在歷代都受到極高的重視，享有「萬古丹經王」之美稱。這本書對月相的變化是用易卦來描述的，比如這個十五，它所對應的是乾卦：「十五乾體就，盛滿甲東方。」乾卦三爻皆陽，是純陽

卦,月滿用乾來表示,正說明了月滿是陽氣最隆盛的時候,
這個時候陽氣處在最大的釋放狀態。月滿一過,重陽必陰,
陽氣逐漸地轉入收,轉入藏。月相也漸漸由滿變缺。到了二
十二、二十三即成為下弦月,這個時候的陽氣狀態與秋相
應。下弦以後,月的亮區進一步「萎縮」,直至三十,什麼都
沒有了,只見一個月亮的影子,這個時候就叫晦。在晦這個
時候,月亮跑到哪去了呢?月亮還是在那兒。就像我們的鏡
子,剛才鏡中還有花,為什麼這會兒沒有了?因為你把花拿
掉了,藏起來了,而鏡子仍然在那兒。這個時候陽氣沒有顯
現,陽氣都收藏起來了。所以,月就不明了,這就成為晦。
所以,晦這個時候就與冬藏相應。因此,整個月象的變化,
實際上就是說明陽氣變化的這麼一個問題。月象所呈現的不
是其他,就是一個陽氣,故月又稱為陽鏡。月為陽鏡的這個 ◎月為陽鏡。
說法,不知道古代有沒有,如果沒有,則權作我們的一個創
造。所以,月象變化的這個過程,實際上就是以陰顯陽、以
陰現陽的過程。

　　月的這樣一個意義談完了,現在再回過頭來看水。水也
是屬陰,是一個靜物。它只有往下走,所以,我們常說:人
往高處走,水往低處流。但是,有些時候也會有例外,水也
會有起落,比如潮水的漲落就是一個典型的例子。這就促使
我們去思考這個導致漲落的因素。今年中央電視台剛好轉播
錢塘江觀潮的盛況,大家也看到了,這個過程確實蔚為壯
觀。特別是兩股潮碰撞迴旋的時候,正好形成一個天然的太
極陰陽圖,這使我們想到了什麼叫作「道法自然」。古人所搞
出來的這些東西,都不是胡思亂想出來的,都是有根據的,
這根據就是自然。

　　水這樣一個靜物為什麼會漲起來?而且漲得這麼洶湧澎
湃。這跟月亮一樣,月本無光而陽使之光,水本為靜而陽使

之動。所以，這完全是一個陽氣的問題。既然是陽氣的問題，那麼，這個漲落必然會與時間相關，與陽氣的變化相關。古人講月滿觀潮，就是說潮漲一般都在月圓的時候。月圓潮起，月虧潮落，這是什麼原因呢？從現代科學的角度，從海洋潮汐學的角度，認為在月圓的時候，月地的引力最大，由於引力的作用產生了潮漲的變化，也就是說潮的起落與月地的引力相關。這個是現代科學的說法。但是，在古代還沒有引力這個概念，是什麼因素導致這個潮汐的漲落變化呢？既然有變化，那必定要找陰陽，這是《素問‧陰陽應象大論》明確規定的。是什麼因素能使這個陰靜而下的東西升漲起來呢？除了陽再沒有別的東西。陽主動主升，唯有靠陽的鼓動作用才能使水升漲為潮。而恰恰月滿的時候是陽氣最隆盛的時候，這就與現代科學的說法吻合了。陽氣的作用，就使這個靜者變動，就使這個下者變高。因此，潮汐的漲落變化實際上反映了陽氣的變化，是陽加於陰方為潮，這與月為陽鏡的道理同出一轍。

在自然界，海洋的潮汐受月地引力的作用，受陽氣的影響。那麼，在人體呢？根據天人相應的原理，人體的情況應該跟這個過程相似，而這個相似的東西就是血脈。幾年前《中國青年》雜誌的一篇文章正好支持了以上這個說法。這篇文章有兩個觀點：一個是最原始的生命起源於海洋，這個問題我們在厥陰篇會有詳細的論證。生命的起源跟河圖很有關係，跟五行很有關係；另外一點就是認為人體的血液跟海水具有很大的相似性。為什麼呢？人血是鹹的，海水也是鹹的。所以，自然有江河湖海，人身就有血脈。血者水也。血本靜物，它為什麼會在血管中流動，進而產生脈搏呢？當然，我們從現代的角度很清楚，這是由於心臟的不停收縮造成的，但是，光從這個角度來理解還不能解決問題。心臟收

縮產生脈搏，這一點古人已經認識到，並且將這個問題歸結到胃氣裏面。但是，要使這個脈理與整個醫理相應，那麼，脈的變化還是要歸到陰陽上來。樹欲靜而風不止，陰血欲靜而陽動之。如果我們用一句話把整個脈理濃縮進去，給脈下一個定義，那麼這個定義就是：陽加於陰謂之脈。

　　知道了脈的這個道理，這就好辦了，你就會明白我們號脈是為了什麼？那就是為了瞭解陰陽。《內經》云：「脈以候陰陽。」脈為什麼可以候陰陽呢？就因為脈的形成、脈的變化具備了陰陽的要素。所以，我們號脈的最根本、最重要的意義就是了解陰陽。《素問‧陰陽應象大論》云：「陰陽者，天地之道也，萬物之綱紀，變化之父母，生殺之本始，神明之府也，治病必求於本。」在前面第二章裏我們曾討論過這個本的問題，本就是陰陽。因為一切事物的發生、發展、變化都與這個陰陽有關，都是陰陽的變化導致的，疾病當然也不例外。現在我們要瞭解這個疾病，要考察這個疾病，看是什麼因素導致的這個疾病，那我們從什麼地方入手呢？當然要從根本上入手。從根本上入手就離不開陰陽。而陰陽從哪裏去瞭解呢？脈！既然脈能夠這樣好地反映陰陽，所以，中醫一個很重要的診斷方法就是從脈入手。當然，如果有人能像扁鵲那樣望而知之，那這個脈可以不那麼重要。你一望便知道他的陰陽。但是，這一點我們恐怕很難做到，那我們就只能依靠脈來鑒別陰陽。

◎中醫號脈號的是什麼？

（3）四時脈論

　　中醫脈學的內容十分豐富，有講28脈的，有講36脈的，這些都是很寶貴的經驗，但是，真正把握起來並不容易。《內經》講脈沒有這樣繁雜，她只講一些最基本、最重要的原則。例如她只講四時脈，而不講36脈。然而，四時脈

你一旦搞清楚了，脈學的基本問題也就解決了。下面我們就來討論四時脈。

① 春弦

所謂四時脈就是春夏秋冬所相應的脈。春脈為弦，什麼叫弦？弦脈比較容易理解，古人形容是「如按琴弦」。在指下有「如按琴弦」這樣一種感覺的就叫弦脈。典型的弦脈在手下稍稍感到緊張，如果更進一步緊張就成了緊脈。所以，有不少的醫案脈寫弦緊，因為弦緊的這個度有時不好區別。弦屬春脈，緊屬冬脈，冬春相連，所以，這個交界有時並不容易區分。不過，明顯的還是可以區別開來。

◎ 第二章的相關
討論見77–79頁。

春天為什麼會現弦脈呢？通過第二章的討論我們知道，春天的時候陽氣開始釋放，開始升發，但是，這個時候陰寒還沒完全退。特別是北方，早春二月的時候還很寒。在這樣一個時候，陽氣要出來，陰寒就會阻擋它，束縛它。這就形成一個抵抗，這樣一個陰陽綜合作用的結果就形成了我們所說的弦象。所以，我們摸到這個脈的時候總有一種受阻的感覺。當然這樣一個過程用言語確實不容易描述，大家可以慢慢去感受它。為什麼會形成這樣一個弦脈呢？很關鍵的一點是陽出的時候有東西去束縛它，如果沒有這個束縛的因素，它不會出現這個弦脈。因此，弦脈的這樣一種情況正好反映了春天的陰陽變化。所以，在春三月裏見到這樣一個脈象應該是正常的。但是，不能太過，過則有病。太弦了那就說明這樣一種束縛和抵抗的力量超過了正常，那你要找原因，看看為什麼會形成這個弦脈的太過？如果脈根本不弦，一點緊張的味道都沒有，相反地很鬆弛，那說明這個陽氣根本沒有升起來，這也是有問題。所以，春三月脈太弦了，即太過，或者一點都不弦，即不及，這樣都不好。這個是春脈。

如果在平常其他的時候見到弦脈，就應該找找原因。特別是女同志，摸到弦脈的時候應該問問她：近來的情緒怎樣？是否慪氣了？慪氣的時候常常會有弦脈出現。為什麼呢？因為慪氣就會有抑鬱。抑鬱了，氣血的運行就會有障礙，有束縛。因此，在其他的時候出現弦脈，我們就應該尋找這個引起束縛的原因。

② 夏洪

夏天的脈是洪脈，又叫鉤脈。夏天為什麼會出現洪脈呢？夏天時候的陽氣在方向上還是像春天那樣，是春日的繼續。陽氣升發，向上向外。但是，夏天這個時候陰寒已經退了，束縛的因素沒有了，脈氣就像完全張開的翅膀，很自在很逍遙地飛翔。所以，這個時候的脈就是洪脈。夏天見到這個脈，這叫應時脈。如果其他時間也出現這個脈，這就是非時之脈。

現在給大家講一個我師父當年的病案。大概在1982年的冬天，先師到鐵路的一個朋友家赴宴。飯前，應朋友的要求為她的父親診脈，診脈過後先師沒說什麼，等把飯吃好，先師的朋友送他出門的時候，先師才跟她講：你父親的身體要注意，不然的話，明年夏天就會出大問題。朋友聽到先師的這番話，心裏很緊張。因為她親眼見過先師的一些預言後來都兌了現。所以，她迫不及待地問有什麼辦法可想。先師當時開了一張處方，用的只有兩味藥，一味生石膏，一味蘇木。熬水以後當茶飲。為什麼開這兩味藥呢？當時是冬天，而冬天摸到的卻是一個夏天的洪脈。這個時候陽氣正在收藏，不應該出現這個洪脈，出現了說明一定有問題。在收藏的時候，還有一個天地的因素在束縛這個脈氣。在這樣的時候你都會出現這個脈，而一旦到了夏天，這樣的因素沒有了，那不火山爆發？所以，先師斷定夏天肯定會出問題。這

◎冬見心而不治。

個脈在《傷寒》裏也叫陽明脈,陽明病當然可以用白虎湯。所以,我師父開的不過是白虎湯的變方,是更簡單的方。

送走師父後,回到家她就跟父親說:李醫生說您應該吃一些中藥調理,這樣會對身體有好處。可是她的父親是一位老幹部,很固執,並且剛剛做過全面體檢,什麼問題也沒有,吃什麼藥呢?所以,就沒有做理會。到了夏天,大概是七月份的時候,突然腦溢血,送醫院搶救,不到一個星期就死了。這個病例給我的印象很深,認識到脈是很有作用的,把握好了,確實可以知道疾病,預防疾病。但是,我們很多中醫只相信CT,只相信核磁共振,偏偏不信這個脈象。這是洪脈。

③ 秋毛

秋脈毛浮,即輕虛以浮之義。言其浮者,輕取即得,言其毛者,輕虛之象也。故其浮不是表病之浮,輕取有餘之象。《素問·平人氣象論》形容這個脈是「厭厭聶聶,如落榆莢」。吳昆注云:「厭厭聶聶,翩翩之狀,浮薄而流利也。」張介賓注曰:「如落榆莢,輕浮和緩貌,即微毛之義也。」《脈訣匯辨》則說:「氣轉而西屬金,位當申酉,於時為秋,萬物收成。其氣從散大之極自表初收,如浪靜波恬,煙清焰息,在人則肺應之,而見毛脈。」這個毛脈的形象我沒有多少體會,總之,它是陽氣欲斂的一個象徵。

④ 冬石

冬為石脈,石就是沉,就像我們把石頭丟到水裏,必須沉到水底才能摸到一樣。冬天為什麼見到的是這樣一個沉脈呢?因為冬日的陽氣收藏起來了。就像三十的月亮一樣,我們見不到它。陽氣收藏起來,不去鼓動陰血,不去陽加於陰,脈當然也就收藏起來。可見這個脈象它完全是跟著陽氣

走，陽氣出來它就浮起來，陽氣入裏它就沉下去。我們看脈實際上就是看這麼一個問題。

理論上，脈是怎麼一回事情我們搞清了，實踐上大家可以慢慢地摸索。脈象不是一兩下就能精通，大家可以先從簡單的開始。先搞清浮沉，浮沉清楚了，我們就能知道這個病是在三陽還是三陰。脈浮病在三陽，脈沉病在三陰。陰陽區別清楚了，求本的要素也就具備了，治療上也就有了一個大致的方向。另外就是遲數、滑弦、大小，這些脈都比較容易分清楚。除此之外，還有一個重要的方面就是分清脈的有力無力，前面我們提到過的川中名醫鄭欽安就特別強調這一點，認為這是鑒別脈氣有神無神的不二法門。這一點我的體會也很深，尤其是碰到大脈，更要弄清這個有力無力。如果有力，那這是陽明病，要用清瀉的方法方能奏效。如果無力，這就是虛，這就是勞，清瀉的方法萬萬使不得，必須要用甘溫之劑。臨床碰到這樣的脈象，不管你什麼病，都可以異病同治，都可以用黃芪建中湯，或歸芪建中湯化裁，而且往往都能獲桴鼓相應之效。脈的問題就談到這裏。

5. 證釋

(1) 造字

繁體的證，形符為「言」，聲符為「登」；簡體的證(证)形符還是「言」，聲符卻是「正」。這兩個有區別，但是又有很微妙的聯繫。另外在繁體字裏也有一個証，不過它表述的是另外一個意思，我們這裏不作討論。

◎「證」的問題值得濃墨重書。

① 言

我們先來看這個形符 ，《説文》釋云：「直言為言。」有什麼話説什麼話，這個叫言。有什麼不直説，拐彎抹角的，這個不叫言。言經常跟語連起來用，或者叫言語，或者叫語言。那什麼是語呢？《説文》曰「論難為語」，就某一問題進行討論，這些討論的東西就叫語。語和言的一個差別就是語加進了邏輯，有時候我們講話並不考慮邏輯，想到什麼就説什麼。可是要形成語呢？就要有一個邏輯加工的過程。你要問難，你要辯論，沒有邏輯怎麼行？因此，言和語還是有區別的。在《釋名》裏，言有另一個解釋：「言宣也，宣彼此之意也。」把彼此的意思宣説出來，這就叫作言。

言還有另外一個內涵更深的意義，就是漢代揚雄《法言》裏所説的「言，心聲也」。言語它所表述的是什麼？什麼是心聲？心聲就是心靈的聲音，心靈的呼喚。心靈的這個聲音、這個呼喚，可以通過言語來進行表述。我們每個人的內在思想、內心活動，你是看不出來的。現在在座的每一個人你們心裏想什麼，你們心裏在搞什麼鬼，我確實無從知曉，除非我具有佛教裏所説的他心通，否則真是一點辦法都沒有。但是，有一樣東西能讓我知道你的內心活動、你的思維過程，這個東西就是言。言為心聲講的就是這個意思。你心裏面有什麼？你的思想有什麼活動？你把他宣説出來，當然你要説老實話，不能心裏一套口裏一套。所以，《説文》講的先決條件是直言為言，什麼叫直言呢？心之所想口直言之，這個叫直言；口是心非那不叫直言，那叫詆語。所以，言的作用是使我們知道原來沒法知道的東西，是使我們知道看不見摸不著的那些東西。言的這樣一個作用應該是很清楚的，大家琢磨一下是不是這麼回事。

有關言的這個功用希望大家好好地去體悟，這個功用很重要。那些內在的、藏得很深的、不露痕跡的東西，經過它的作用就會變得清清楚楚明明白白。你說這個言厲不厲害？人類區別於其他一切動物的最重要一點，我想就在這裏，這個是言。

② 登（正）

那麼，這個聲符呢？它也是有意義的。這個看法我們一再強調過，聲不但表音，也表意。所以，中國的文字是形意和聲意相結合。有些時候聲部的意義更大，更具特異性。我們先看這個繁體的聲符「登」，登的動作就是往高處走，《說文》的原意是登車這個動作。過去的車都很高，要踩著台階才能登上去，所以，後來這個登就被引申為登高之義。九九重陽又叫登高節，為什麼呢？為什麼叫重陽？九為陽數之極，是陽之代表，陽之象徵。現在兩個九，當然就叫重陽。九在洛書裏處在最高的地方，所以，九九重陽你不登高你幹什麼？這個就叫作相應。因此，九九重陽的登高那是有深義的，這與洛書相應。那麼，登的目的是什麼呢？是為了擴展胸懷，是為了拓寬眼界，是為瞭望遠。欲窮千里目，更上一層樓。本來我們看不到的地方，本來我們眼光很短淺，鼠目寸光。可是我們登高以後，就不是鼠目寸光了，而是千里目了，我們可以看到很遠很遠的地方。這樣一個登的動作，這樣一個行為，就使我們的眼界大大地開闊，大大地向縱深發展，使我們能看見更深廣、更久遠的地方。這個就是登。

還有一個是簡體的聲符「正」，簡體用這個正還是動了很多腦筋。正，《說文》釋曰：「是也，從止一以止。」正的這個造字，這個止一，非常的重要，非常的有意義。可以說，如果要把整個道家和儒家的思想濃縮成一個字，那麼這個字我

看非「正」莫屬。止一就是守一，守一就是抱一，抱一就是知一，就是得一。故《老子‧十章》云：「載營魄抱一，能無離乎？專氣致柔，能如嬰兒乎？」《老子‧三十九章》云：「昔之得一者：天得一以清；地得一以寧；神得一以靈；穀得一以盈；萬物得一以生；侯王得一以為天下正。」故《老子‧四十五章》云：「清靜為天下正。」從以上的經文我們應該可以感受到，這個止一，這個抱一，這個得一，這個正，確實濃縮了道的精華。那麼儒家呢？儒家的東西亦在一個「止」字上，亦在一個「正」字上。我們看《大學》，《大學》之首即開宗明義地說：「大學之道，在明明德，在親民，在止於至善。知止而後有定，定而後能靜，靜而後能安，安而後能慮，慮而後能得。」「能得」什麼呢？當然是得道，當然是得的聖人心目中最高的那個境界。而怎樣才能得到這個境界呢？這個起手的功夫就在這個「止」字上，就在這個正字上。止就不能離一，離一何以止之？

◎關於「格物致知」的討論可參看 39–40 頁的內容。

又，儒家治學的一個核心是「格物致知」，印象中格物致知的這個話題前面已經討論過，那麼，我們依靠什麼來「格物」呢？這個「格物」的功夫還是要落實到止上。不止何以物格？所以，《大學》繼續談道：「物格而後知至，知至而後意誠，意誠而後心正，心正而後身修，身修而後家齊，家齊而後國治，國治而後天下平。」這是儒家的一個崇高理想，而要實現這個理想，不止一行嗎，不正心誠意行嗎？大家看一看，儒家的東西是不是也歸到這個正上來了。

我們撇開這個造字，《說文》將正釋為「是」也是非常精闢的。「是」是針對是非曲直而言，它講的是「是直」的一面，是真理的一面。而我們怎麼才能得到這個真理呢？除了「正」以外，沒有其他的方法。所以，正可以幫助我們瞭解真理，通達真理；正可以幫助我們明白是非曲直；正還可以幫助我

們實現最高的理想境界。從哲學的角度而言，我們可以這樣來看正。

另一方面，我們從自然來講，正有三正、七正。三正有兩個，一指夏商周三正，即建寅、建丑、建子，我們現在沿用的是夏正，所以，用建寅；另一個是指日、月、星三正。七正指日月和五星。因此，正實際上是一個天文學範圍的概念。複雜的天體是很難認識的，當然從現代的角度說，天文的儀器和設備都很現代化，射電望遠鏡可以看到幾十億光年。但是，在遠古的時代，大家想過沒有，這樣一個天體的運行狀態，怎麼去把握它，怎麼去認識它呢？就是通過觀察這些特殊的星象來認識。比如我們通過測量日的晷影長度，我們可以知道二十四節氣的變化。我們可以通過觀察北斗七星斗柄所指的方向而了知四季的到來。我們還可以通過觀察月的陰晴圓缺來知曉日地月之間的關係。總之，我們可以通過「正」來認識和把握複雜的天體變化。

除此之外，正還有另外一個相關的含義，即「室之向明處曰正」（見《康熙辭典》）。古代的房子不像現在，窗戶很大，採光非常好。古時候的建築除了廳堂的光線較好，因為有一個大的天井作採光，其他的房間窗戶很小，光線都比較暗。靠這個小窗的光線不可能照見整個房間，那麼向明的這一面，也就是光線能很清楚地照見的這個角落就稱為正。向明的這塊地方，它的內涵，它所擺放的東西，我們能夠很清楚地見到。而不向明的地方，沒有「正」的地方，這些地方擺放的東西我們就看不清楚，就沒法瞭解。

③ 證的共義

上述這個形聲的相關含義分析過了，對於證我們就應該有一個清楚的思維。證是什麼？我想這裏不說大家也會有一個概念。

言是什麼呢？你內在的、藏得很深的那些東西，根本沒辦法知道的那些東西，通過言就可以全部知道。埋藏得再深、再隱蔽的秘密，通過一個言就昭然若揭。那麼登呢？通過登這樣一個行為，我們的眼界大大地開闊，那些很深邃很廣遠的東西我們都可以盡收眼底。而通過正的過程，可以使那些神秘的、捉摸不定的東西確定下來。更重要的，通過這個正，我們可以明辨是非曲直，可以通達真理。我們若將上述三者合起來看，證的意義就一覽無餘了。

現代我們用證這個字往往都是用複詞，如證明、證據。證明者，證之使明也。證了以後，你就清楚，你就明白，這個叫證明。過去「文化大革命」時期這個證明非常重要，幹什麼事沒有證明都不行，沒證明連旅館都住不上。證據呢？通過這個證使它有根據。所以，三者合起來就是很內在、很深遠、很複雜，很不容易把握、很難知曉的這些東西，通過證你就能清清楚楚明明白白。更具體地說，證的聲符著重上述這個過程的實際操作，而證的形符則是對上述操作所得結果的表述，證的作用就是這樣。一旦我們清楚了證的這樣一個含義之後，我們就知道了中醫為什麼要辨證？中醫為什麼把最要害的一些東西都放在證裏？

（2）證的別義

證的別義我們主要從中醫的方面講，證是中醫裏面一個非常非常重要的概念，可以說，在中醫裏，對於證你再怎麼強調都不為過。

前面一個問題我們討論了病，一個病，一個證，中醫最內在的東西都包括進去了。病，主要講疾病的相關性，而證呢？證就是這個相關性的提取。所以，這個病講的是理論的過程，而證則是實際的操作。如果借用佛教的理論，病是講

教法，證是講證法。一個理論，一個實踐，一個教法，一個證法，還有什麼東西比這兩個字更能涵括中醫？前面我們講病用去一個「思過半矣」，剩下的一半用在「證」上我看再合適不過。

證的內涵你明白了，你能夠辨清這個證，那麼，內在的變化你就知道了。你還一定要用CT？一定要用核磁共振？一定要用生化檢查？我看不一定！通過證你就能明確。你要知道很深遠的事情，你想預知疾病的轉歸，還需要其他什麼嗎？通過證你就能知道。有關這方面的事例，在中醫的史實裏面有很多的記載。

◎什麼是中醫的「CT」，什麼是中醫的「核磁共振」？

皇甫謐的《甲乙經》序裏記載了張仲景的一個案例。當年張仲景為侍中大夫王仲宣診病，診後即言：君有疾，不治四十將落眉，後半年當死。當年的王仲宣年輕氣盛，二十來歲就做了侍中大夫，所以，根本沒把張仲景的話放在心上，給他開的五石散也沒有服用。十多年過去，王仲宣到了四十歲的時候果真雙眉脫落，這個時候才知道悔之晚矣，半年之後便一命嗚呼了。大家不要認為這個是開玩笑，是傳說，這是確確實實的事實。如果張仲景沒有這個本事，歷史上不會有這樣多的醫家崇拜他，我想我也不會對《傷寒論》那麼癡迷。為什麼我選中張仲景作為我從醫的依怙處？為什麼不依怙孫思邈，不依怙陶弘景，不依怙金元四大家以及溫病的四大家？這些都是中醫裏頂尖的高手，但是，他們在智慧上確實沒有辦法跟張仲景相比。所以，大家應該有很充分的理由相信這完全是真實的，沒有半點虛假的成分。

張仲景憑什麼知道疾病在將來相當長時期內的轉歸變化？是憑神通嗎？不是的！他憑的就是這個證。你對證把握好了，你對證的認識精義入神了，那你就能通過證來了知疾病當前及今後的變化。

21世紀是生物醫學世紀，基因技術的發展將會從不同程度替代和刷新當前的診斷技術。屆時可以通過新生兒甚至胎兒的基因診斷來確知今後幾十年的疾病情況。孩子剛出生甚至還沒有出生，就能知道他一生的疾病，這個是不是先驗論？這個與我們當前的哲學理念有沒有衝突？如果上述這個基因診斷再過十年或者幾十年真正地兌現，那麼，以從前的觀念來講，這個絕對是先驗！這與算命有什麼區別？在本質上實在沒有什麼區別。對於這個先驗我們應該怎麼看待呢？過去，在分子這個水平上，我們認為許多疾病的發生是偶然的，感染上這個鏈球菌，風濕熱就發生了，感染上乙肝病毒或是愛滋病病毒，這個乙肝或愛滋病就發生了。但是，實際的經驗告訴我們，並不完全是這麼回事。曾經各大新聞媒體以及中央電視台都在講述「小路的故事」，在當今這個世界，對於愛滋病真可以用「談虎色變」這幾個字來形容。愛滋病的發病率越來越高，通過傳播途徑（血液及性交）不經意地就傳染上了，可是小路的妻子卻始終沒有感染上。為什麼呢？今天，我們從基因這個層次去認識就會發現，以往我們認為是偶然發生的事情，而在基因這個層面上卻是必然的，在基因上有它的因果性和決定性。有這個愛滋病的發病基因，你稍一接觸就傳染了，你防不勝防。可是如果沒有這個發病基因，就像小路的妻子，你怎麼接觸也不會傳染。

以上這個分析告訴我們，研究的層面不同，認識的境界不同，觀念也不是不可以改變的。在原先那個層面，這些絕對是先驗的，是「迷信」的東西。可是換到現在這個層面、這個境界，它就變得「柳暗花明」，它就是最先進和最科學的東西。這就提醒我們，對傳統的學問你不要輕易地給它下結論，不要輕易地說這就是迷信，這就是偽科學，應該給將來留一些餘地。層次不同了，境界改變了，為什麼不可以對傳

統有新的認識？張仲景的辨證層次、辨證境界與我們不同，如果他是站在「基因」這個層次，他為什麼不可以知道將來的疾病？對證的識別，對證的把握，在中醫至少可以分為四個層次，就是神、聖、工、巧這四個層次。望而知之，謂之神；聞而知之，謂之聖；問而知之，謂之工；切而知之，謂之巧。大家可以掂量，你自己屬於哪個層次？如果連巧這個層次都談不上，那你怎麼能夠測度神這個層次的境界，那是根本沒有辦法的。那你看到的都是不可能的，都是迷信的東西。就像我們用20世紀初葉的研究手段，不可能發現基因這個層面的東西，不可能理解基因這個理念一樣。

◎把握疾病的四個層次。

中醫的證值得我們花大力氣去研究，《傷寒論》講辨病脈證，病主要通過脈證來反映、來把握。張仲景提到一個很重要的治病原則就是：「觀其脈證，知犯何逆，隨證治之。」為什麼要隨證治之呢？證很重要啊！證能夠告訴我們一切。很內在的東西，很難看見的這些東西，證可以告訴你。用不著你去透視，用不著你去掃描，這個證能夠清楚地反映。現代意義上這些物理的、化學的、生物的，這一系列的檢查手段為了得到一個什麼呢？為的就是得到這個證，這個中醫意義上的證。所以，證是中醫一個很了不起的地方，我們不要把它看簡單了。

現代很多人往往瞧不起這個證，這麼一個口苦算什麼？不算什麼。於是根本不在乎這些東西，不在乎這些東西，你怎麼會在乎《傷寒論》呢？實際上，《傷寒論》的每個證你好好去研究，它的蘊涵是很深的。舉一個近期看的病例，這個病人是專程從桂林趕來就診，西醫診斷是黑色素瘤，惡性程度很高的腫瘤。手術以後，又廣泛地轉移，已轉移至肺臟和腹腔。最近三個月來疼痛非常厲害，要吃強效止痛藥，打嗎啡最多也只能頂三個小時。不打麻醉劑，不服止痛藥，晚上

根本沒法睡覺。近來又出現噁心嘔吐，一點東西也不想吃，口很苦。以上這些就是病人的證。這個證是非常關鍵的東西，至於病人拿來的一大堆檢查當然也有參考意義，至少你不會對病人誇海口，當病人問到你對這個病的治療把握時，你會比較保守的回答。除此之外，這一大堆檢查，這幾千元甚至上萬元的花費還有什麼其他意義嗎？在我看來它沒有。這些因素對中醫只能做參考，它不是關鍵的因素，也不是決定的因素。但是，沒有這些因素也不行，因為我們目前的辨證水平還達不到張仲景的那個境界，還達不到扁鵲、倉公的那個境界。我們望聞問切之後，還把握不了病情的轉歸，還預知不了疾病的預後，在這樣的情況下，西醫的檢查對我們當然就有很重要的參考作用。但它畢竟只是參考的因素，而決定的因素是這個證。因為只有證（脈）能夠幫助我們提取有關中醫這個病的各類信息，只有證能夠使我們清楚病的性質，進而做出治療的決定。而上面的這一大堆檢查起不了這個作用，作不了這個決定。如果你認為它能起這個作用，能作這個決定，那就糟了，那你不是中醫。你看到西醫這個報告單你就被嚇住了，你看到這個報告單就只顧用白花蛇舌草、半枝連，或者是其他的抗腫瘤中藥，你怎麼能算作中醫？可是現在相當多的中醫就屬於這一類。這是中醫面臨的最大一個問題，說中醫青黃不接，就是不接在這裏。現代的手段還沒有辦法替代中醫原有的望聞問切，而原有的這些方法又在很快地流失，中醫眼下就處在這麼一個境況裏。

◎中醫靠什麼來決斷！

中醫不能丟掉辨證，至少在今後的相當長一個時期內還不能丟。比如上面這個病例，除了上述的這些證以外，右脈沉細弱，左脈弦細略滑，二便還可以。從這些證裏，你明白了什麼？你看到了什麼？西醫説這是黑色素瘤的廣泛轉移，你不要也跟著叫黑色素瘤，這個與中醫的病名風馬牛不相

及。從上述這些證，提示它應該與少陽相關，屬少陽病的可能性大。一個口苦，一個默默不欲飲食，一個心煩喜嘔，一個脈弦細，少陽病的很多證據齊備了，對這樣一個病你不從六經去考慮，你不從少陽去考慮，你只考慮它黑色素瘤，那你就上當受騙了。這個病就從少陽去考慮。但是，病人的舌苔白厚膩，六氣中還兼濕，所以，從少陽挾濕去考慮。開了小柴胡原方加上局方平胃散，再加了一味浙貝和卷柏，就是這麼一個簡單的方子。方開出去以後，不到三天就有了回饋，病人的丈夫給我打電話，說服藥以後的效果非常好，疼痛大大減輕，這兩天不用打嗎啡，也不用服止痛藥，晚上能夠安然入睡，而且嘔吐基本消除。大家想一想，對於這樣一個高惡性程度的腫瘤病人，姑且不論她以後的走向會怎麼樣，單就這個療效就很不一般了。嗎啡和強效止痛劑都難以減輕的疼痛，一個小小的柴胡湯、平胃散就給大大地減輕了，這說明一個什麼問題呢？這只能說明證的重要，只能說明辨證的重要，只能說明隨證治之的重要。在你看來這是一個黑色素瘤轉移引起的疼痛，而在我看來這是少陽的問題。少陽出了問題，那這個少陽領地的氣血流通就會發生障礙，就會出現不通，不通則痛。你現在調整了少陽，少陽的問題解決了，少陽領地的氣血流通沒有障礙了，它怎麼還會有疼痛？而你憑什麼知道這是少陽的問題呢？憑的就是這個證。

　　有關中醫的這個證，我們的確還沒有這個智慧去看透它，但是，通過這個證字的釋義我們隱隱約約地感受到這是一個很神奇的東西。尤其是在《傷寒論》。《傷寒論》就講一個脈一個證，而更多的是講證。從脈證的比例來看，證的比例要大得多。很多條文根本不講脈，比如96條：「傷寒五六日中風，往來寒熱，胸脅苦滿，默默不欲飲食，心煩喜嘔，或胸中煩而不嘔，或渴，或腹中痛，或脅下痞鞕，或心下

◎ 你有你的打法，我有我的打法。

悸，小便不利，或不渴，身有微熱，或咳者，小柴胡湯主之。」這個條文敘述了十多個證，可是一個脈也沒有講，所以，《傷寒論》更多的是講證，或者說是以證來統脈。我們若從證的根本含義上講，脈其實就是認識證，獲取證的一個手段，所以，言證則脈在其中矣。

證所能揭示的這些東西，大家應該好好地去琢磨。我們

◎把握證的訣竅。

一再強調《傷寒論》的條文要熟讀背誦，為的是什麼呢？為的就是熟習這個證，認識這個證，把握這個證。疾病不管它淺也好，深也好，都是通過證的形式來反映。如果你不知道證與證之間的關係，證與病之間的關係，證與方之間的關係，那你怎麼去論治？這就很困難了。這是從總的意義上討論證。

① 證的自定義

具體言之，證可以幫助我們認識疾病的存在和變化，疾病的存在有些時候很容易認識，但是，隱匿的疾病，沒有發作出來的疾病，像侍中大夫王仲宣那樣的疾病，你就無從知道。而疾病的變化，以及導致這個存在與變化的這些因素就更不容易認識。但是，根據證所具備的上述功用，通過證你就能夠知道。所以，凡是能夠反映疾病的存在，凡是能夠反映疾病的變化，凡是能夠反映導致疾病存在與變化的這些因素的這個東西，都可以叫作證。如果要給證下一個比較確切的定義，我想就可以這樣下。

西醫要取得這樣一個證，她要憑藉一系列的現代手段。可以說整個現代科學都在幫助西醫取證，生物的、化學的、物理的、電子的，甚至將來的納米技術，這些都統統在幫助現代醫學取證。而中醫呢？有誰在幫助中醫取證？沒有人幫你。科學現在還幫不了你，科學不但幫不了你，恐怕還會說你幾句。某某人如果真能望而知之了，她也許還會說你是搞迷信。所以，中醫很難啊！

　　前面曾向大家介紹過我的先師李陽波。先師故去後，我一直有一個心願，就是將先師的思想整理出來，我想大家看到這個思想，會對你學中醫有幫助，會對你研究傳統文化有幫助。1997年，一個偶然的機會結識了中國中醫藥出版社的一位編輯，他對我談起的這部書很感興趣，同意協助我出版這部書，同時要求我在書的前面寫個長序來全面地介紹我的先師。因為先師沒有名，沒有任何學歷文憑，所以，需要用我這個博士充充門面。這樣我就把我所認識的師父從頭到尾寫了一遍。序言寫就後，我拿去徵求部分老師的意見，這些老師都說：寫是寫得很好，就是把你的師父寫得太神了，太神了反而會有負面作用。其實我師父的這點能算什麼呢？不過偶爾的望而知之、切而知之罷了。這樣一點小神小通比起扁鵲，比起張仲景，那又是小巫見大巫了。可是，就連我師父的這一點東西你都說太神，那你怎麼可能相信扁鵲，相信張仲景？這就根本不可能。

　　中醫就是這麼一個局面，不但整個科學不從根本上認可你，不幫助你去取證，反而會說你的閒話，拖你的後腿。也許有人會說，現在的中醫看起來不是很熱鬧嗎？又是科學化，又是現代化，又要走向世界，但是，你看到的這個場面是真正的虛假繁榮，是真正的泡沫經濟。我的這個話寫進了書，白紙黑字了，那就得負責，大家可以走著瞧。所以，我覺得中醫要學出來，說實在的真是不容易。沒有孔子所說的第三個竅訣「人不知而不慍，不亦君子乎」，那是搞不成的。中醫沒有其他的幫助，只有靠我們自己望聞問切來取證。除此之外，沒有第二條途徑。可是一旦學出來，這個意義就非同一般。就像剛剛舉的那個病例，我也覺得不可思議，一個小小的柴胡湯怎麼會有這個作用。

◎有關內容參看29–30頁、179–180頁。

◎現代給我們帶來了什麼？

這些年來，我對古人的「窮則獨善其身，達則兼善天下」有了越來越深的感受，學中醫確實能夠做到這一點，確實能與這個相應。機緣來了，大家想聽我談些感覺，那我就談一談。像這本小書出版以後總會有幾個知音，總會影響一些人。倘若沒有這個機會呢？那你真可以躲進小樓成一統，管它春夏與秋冬。中醫的理論太美了，太完善了，在我看來她完全不亞於相對論。你就琢磨這個理論，個中也有無窮的樂趣。

② 證的依據

◎證的依據：有諸內必形於諸外。

前面我們說了，現代醫學取證，整個科學理論、整個科學技術都可以作為它的依據。那麼，中醫這個取證，在理論上有些什麼依據呢？這個依據就是《內經》所說的「有諸內必形於諸外」，這個就是最大的依據。不管你內在的變化是什麼，不管你內在的變化多大，不管你內在的變化多麼細微，都肯定會在外表現出來。這個是絕對的，沒有疑慮的。問題是我們能不能從諸外看到諸內？我們知不知道哪些外是反映哪些內的？這個相關性你能不能建立起來？這是一個很困難的地方。相關性、對應性肯定有，這是毫無疑問的。比較粗的變化大家都能察覺到。比如你黑著臉，不用說也知道你內心不高興；看到你樂哈哈，就知道你內心有喜事。這個是最典型的「有諸內必形於諸外」。但是，更加細微的、更加深內的變化，你有沒有辦法知道呢？這就要看你「見微知著」的功夫。從很微細的表象去發現很深刻、很顯著甚至是很久遠的變化。實際上，中醫這個體系裏已經有一整套這樣的方法。透過理性思維、透過內證和外證的方法來「見微知著」，來認識疾病，來獲取上面的「證」。這樣的一整套取證的思維、方法和技術就稱為辨證。像中醫歷史記述的這些事例，像扁鵲望齊侯之色，張仲景診侍中大夫之疾，這些就是見微

知著的過程，這些就是取證、辨證的過程。如果我們也把握了這個過程，那上述的東西也就不在話下。

前不久給先師的一位老病號、老朋友看病，他看的是喉嚨痛。南寧人見喉嚨痛就認為有火，就喜歡喝涼茶，結果越喝越痛，病人害怕了，前來找我。我一摸脈，雙脈很沉很沉，再一看舌，淡淡的，這哪有火呢？於是開了麻黃附子細辛湯，藥下去不到兩個小時，喉嚨疼痛就大大減輕，兩劑藥後，病告痊癒。這位老病號給我講述了二十年前經歷的一件事情，當時他家樓下的一位婦女，四十多歲，小腹疼痛一段時間後，到某大醫院做檢查，檢查的結果是盆腔腫瘤，需要手術治療。正在收拾東西準備住院手術的時候，先師的這位老朋友知道了，就跟病人家屬說，幹嗎不找李醫生看看呢？病人聽了這個建議就找我師父看，師父看後說，這不是腫瘤，這是蟲，把蟲打下來病就好了。於是給病人開了藥，幾天以後，大便中果然拉出很多細細條條的東西來。最後這個病就這麼好了，沒有做手術。再到這家大醫院檢查，什麼腫瘤都沒有了。所以，大家真是不要小看了中醫這個證，這個東西如果你真能精細地把握了，那你就等於擁有了現代的這一切，甚至可能超過這一切。

③ 證與病的區別

下面我們來談一談病與證的關係，病講的是總，是從總的來說；證是言其別，講的是個性與區別。病言其粗，證言其細。比如太陽病，這個就比較粗，這是從總的來講。那麼，太陽病裏的中風證呢？這個就比較細，這就講到了區別。另外，在證裏面它還有區別，有不同層次的證，比如中風是一個證，而組成中風的這些發熱、汗出、惡風、脈浮也是證，不過它是下一層次的證，是子系統的證，這個是從更細的微分上來談區別。

　　證是機體對疾病存在與變化以及病因的反映形式，由於個體不同，這個反映形式也不盡相同。打個比喻，我們在座的這十幾位，對同一件事情的感受會不會完全相同呢？肯定不會。就舉一個最簡單的例子，我們看同一部電影，隨著個人的生活經歷、個人的理念不同，對這個影片的感受和評價也會有差別。有的人會說這部片子太棒了，而有的可能會說：沒勁！前些日子我問一個人，《臥虎藏龍》這部片子怎麼樣？他說太臭了！如果按百分打，最多能打 59 分。聽到他這個評價，我就動搖了，還值不值花這兩個小時呢？最後還是咬咬牙去看了，看後才驚呼險些上當！武打片是我很喜歡看的片子，可是要拍到《臥虎藏龍》這個份上，那真是不容易。

　　上述這個區別大家可以細細地琢磨，病與證的關係有時也是這樣。同一個病，個體不同，反映就有差別。這個就叫同病異證，病相同，證可以完全不同。所以，我們在制訂治療方案時，除了考慮病，還應該考慮證的因素。西醫治病主要強調辨病，強調辨病實際上就是強調共性的因素。一千個人患結核，一千個人都用抗結核藥，這個不會有區別。但是，大家想一想，一千個人得結核，張三跟李四會完全一樣嗎？肯定不一樣。當然，西醫找到了這樣一個共同的因素，這是很了不起的，很偉大的。從那麼複雜的變化裏，你能找出一個共性因素，這個就叫抽象，這個的確了不起。但是，你忽略了這個共性後面的複雜個性，這個完善嗎？這也是不完善的。所以，西醫具有她很偉大、很優越的一面，也有她不足的一面。中醫也講求共性，所以，一定要辨病，不辨不行，這是前提。《傷寒論》的每一篇都以辨某某病為先，就是很好的例子。但僅此還不行，還要辨證，辨證就是要辨出個性來。共性你抓了，個性你也抓了，那就很全面了。我們把

◎中醫既辨病，又辨證。

這樣一個區別說出來，大家就可以去評判兩門醫學，看看從理念上，哪一門更優秀。

中醫是一門非常優秀的醫學，只可惜我們這些秉持中醫的後來人不爭氣，我們不是後來居上，我們把中醫搞成了慘不忍睹。搞成這個樣子不是中醫不好，中醫是好的，但我們沒有把它繼承好！

④ 分說證義

甲、「有病不一定有證」

總而言之，證為機體對病的反映。由於個體的因素不同，所以，反映的形式及輕重也會有很大的差別。有的反映程度輕微，有的反映形式隱匿，在臨床上都不容易察覺。這些都構成了所謂的「無證」可察。雖然「無證」，但疾病卻確實存在。比如部分癌症病人，在發現前往往都沒有明顯的不適，應該說這個病已經很重了，可是「證」卻很輕微。為什麼會導致這個病重證輕的情況呢？這個問題我們在今後的篇章裏會詳細討論。這就告訴我們，中醫的認證水平，實在就是辨識疾病的關鍵所在。像張仲景能夠提前這麼多年知道王仲宣的病變，這就是認證的高手。實際上，那個時候王仲宣不是沒有病，也不是沒有證。只是病尚未成形，證也非常輕微。如果一點影子也沒有，那不成了無中生有。所以，張仲景既不是搞神通，也不是算命，只是見微知著罷了。

◎見及「無證」之證即是「見微」。

見微知著，我們可以從形氣上去看。見微者，言氣也；知著者，言形也。在氣的階段，往往它很隱微。我們常說捕風捉影，可是在氣的這個階段，它往往連風影的程度都達不到。而一旦成形了，它就會顯著起來。這個時候你很容易察覺，這個證是很明顯的。任何事物的發展都是這個過程，由氣到形。在氣的階段不容易顯現，不容易發覺，而到形的階

段就不難識別了。如果在氣這個階段你就發覺了，這個就叫見微，那你肯定會知道沿著這個氣的發展，將來必定會有一個成形的變化，知道這個變化，這就叫知著了。見微知著就是這個意思。

見微知著，是中醫一個很關鍵的問題。《內經》裏反復強調「上工治未病」，未病是什麼？未病是沒病嗎？沒病你去治它，這不成了沒事找事。未病不是沒病，也不是預防醫學。未病就是尚未成形的病，是處在醞釀階段的病，是處在氣這個階段的病。這個時候你去治它，那真是不費吹灰之力，那真是小菜一碟。可是一旦等到它成形了，成為腫塊，成為器質性的病，這個就是已病，已經成形的病。這個時候就病來如山倒，病去如抽絲了。所以，上工他從來不治這個已經成形的病，治這個病的就不叫上工。治這個病你再厲害，上工也會看你的笑話，說你這是：「渴而穿井，鬥而鑄錐，不亦晚乎！」

◎內行看門道，外行看熱鬧。

前些年閒來無事翻看史書，有一個非常精彩的片斷，當時以為記住了，所以，沒有做筆記，也沒有記標籤。今天想把這一段告訴大家，可怎麼也想不起細節來，是否出自《舊唐書》也不能記清。但大體的情節還能勾畫出來：有弟兄三個，都行醫，三弟兄中，以老三的名氣最大，病人最多，門庭若市，許多病人抬著來，走著回去；老二的名氣略次，門庭也沒有老三這樣熱鬧；老大的門庭則是最冷落的，到他這裏看病的也不是什麼重病人。一次，一位高人帶了弟子參訪這弟兄三人，回去後，高人問弟子，你看這弟兄三個哪一個醫術最高，哪一個醫術最差？弟子不假思考地回答：當然是老三的醫術高，你看老三的病號這麼多，這麼重，療效這麼好，所以，老三的醫術是最高的。相比之下，老大的醫術最差，你看他的門庭冷落，治的又都是些雞

毛蒜皮的小病，這算什麼本事呢？師父聽了連連搖頭，非也！非也！三者之中，以老三之醫術最差，老三之醫道不能及老大的十分之一，老三充其量是下工，老二是中工，老大才是當之無愧的上工。老大治病不露痕跡，你在未病的階段就給你消除了，這個病在老大那裏根本就沒有機會發展到成形的階段，在微的階段就消於無形了。所以，在老大這裏怎麼會見到像老三治的那些危重病人呢？老三治那麼多的危重病人，而且也都救治過來了，看起來是救了人的命。可是在疾病根本沒有發展到這個階段的時候你不去發現它、治療它，等到折騰成這個樣了你才來救治，這不是「勞命傷財」嗎？

上述這個故事也許是史實，也許是虛構。但不管怎麼樣，個中的理趣卻是值得我們深思。你要治未病，首先是要知未病，在未病的階段你要能夠發現它，這就牽涉到認證的水平，見微知著的水平。你要能於「無證」中認證，這個才算是上工。現代醫學目前的各種檢查手段，也都只限在已病這個階段、成形這個階段發現問題，等到將來真正能夠做基因診斷了，恐怕也就進入到知未病這個行列。

乙、有證必有病

有證必有病，這是一定的道理，這個問題我們不用廣說。但在西醫裏面會有例外的情況，比如神經官能症，它會有很多的證，但它們卻無病可言。而在中醫裏，不會出現這個情況。

丙、證之輕重

證是許多複雜因素綜合作用的顯現，所以，證的輕重程度還不一定能決定病的輕重。有些病人證很重，但病卻很小、很輕，像一個牙痛，俗話說：牙痛不是病，痛起來卻要

命。因此，對證的這個複雜性大家應該充分地考慮到。這也不是一時半時就能弄清的問題。

證的有無輕重取決於機體對疾病的反映程度，取決於機體對疾病的敏感性，當然，它還取決於機體與疾病的對抗程度。這些因素在我們研究證的問題時，都應該考慮進去。

丁、證之特性

證的特性，略述之，有如下幾點：

其一，證反映疾病所在的部位，這是證的一般特性。比如胃脘這個部位疼痛，反映了病有可能在胃。頭痛在前額，則說明病在陽明。也就是說證的部位與疾病的部位有一個相關性，這一點我們在辨證的時候應該考慮進去。

其二，證反映了疾病的性質，這一點對證來說是一個非常重要的特性。辨出疾病之所在，那當然是重要的。比如你通過證確定了這是太陽病或陽明病，但是，六經裏面它還有一個寒熱虛實之分，不區分這個性質，籠統地說這是太陽病或者陽明病，那還不行。比如確定了太陽表病，那你還得分一個傷寒、中風。傷寒、中風怎麼分呢？這就要靠證。以上兩個特性合起來，就是病機。

其三，證反映個體之差異，證的這個特性對於我們區別體質，區分個性非常重要。受同一個致病因素的作用，而在證的表現上卻截然不同，比如都是傷食，而張三每每見瀉，李四則每每見吐。這樣一個證的差異，就把個體區分開來了。說明張三素體太陰這一塊比較薄弱，而李四有可能是少陽這一塊比較薄弱。

◎證的兩面性。

其四，證的兩面性。對於中醫這個證的研究，我們應該把眼界放開來。證，其實就是疾病的表現，所以，從這個角度而言，我們不希望它有。但是，從另一個角度看，證又可

以幫助我們及時發現疾病，使疾病不至於隱藏下來，繼續危害生命。許多疾病，尤其是西醫的許多疾病，一表現出來、一檢查出來就已經是晚期，像一些癌腫和慢性腎炎。這個時候我們也許會說，這個證幹嗎不早些出來。證，它一方面帶給我們痛苦，身體的痛苦，心靈的痛苦，但是，證往往又會提示我們疾病消除的途徑。如出汗、嘔吐、下利，這些都是常見的證，但是，中醫又常常利用這些「證」(汗吐下)來治病。因此，證的這個兩面性，證與病以及證與治的這個關係就值得我們好好地研究。做西醫的你可以不在乎這些細節，憑一疊化驗單你就可以定出乾坤，但是，做中醫的必須注意這些細節，每一個證你都不能放過。每一個證都有可能是「主證」，每一個證都有可能是你治療疾病的突破口。舉一個前不久的病例，病人女性，60來歲，主訴是失眠，劇時徹夜難眠，甚者會有幻覺、幻聽、喃喃自語，中西醫都治過不少，但都沒有解決。觀看前醫，除西醫的鎮靜治療外，中醫養心安神，滋陰潛陽的也用過不少。切診兩脈皆有滑象，於是開始我按痰濁來治療，用過溫膽及高枕無憂一類化裁，但都沒有明顯效果。後來仔細聽患者訴說，患者這個失眠尤其在勞累以後厲害。鍛煉稍過，往往就難以入眠。正常人勞累之後，睡眠會更香，而這個病人卻恰恰相反。聽到這個「證」後，似乎什麼都明白了。整個病的關鍵點就在這裏，這個證就是突破口，古人講：勞倦傷脾。所以，這個病就在脾家上，就在太陰上。依法治之，投歸脾湯原方，數劑後即能安然入寐，到現在已經月餘，每晚皆能安寐，再未服用安定一類。

　　其五，見證最多的疾病。前面我們說過，病與證之間的關係很複雜，並不是說證多病就多，也不一定證重病就重，這要看你從哪個角度去看這個問題。我們研究《傷寒論》

◎以其人之道還治其人之身。

會發現病與證的這個關係、方與證的這個關係，有些病（方）的證非常簡單，而有些病（方）的證卻非常複雜，非常多變。從整部《傷寒論》看，證最複雜多變的要數樞機病、水氣病。而方呢？就是對應的柴胡劑，以及治水氣的方，如小青龍湯、真武湯等。何以看出這複雜性、多變性呢？就從這個或然證去看。我們看《傷寒論》的397條、112方中，哪些條的或然證最多？就要數96條的小柴胡，318條的四逆散，40條的小青龍湯，316條的真武湯。小柴胡所治為少陽病，或然證最多，達七個，四逆散所治為少陰病，或然證有5個。少陽、少陰都主樞機，在前面第三章的時候我們已經討論過這個樞機的靈活性，而從這個或然證的多寡，我們亦看到了這一點。說明樞機的影響面很廣，臨床見證很複雜。這樣的關係弄清楚後，那麼反過來，臨床如果我們遇到一些見證十分複雜、不知從何處下手的疾病，當然就要考慮這個樞機的可能性了。水氣病的情況亦如此，大家可以自己去考慮。

戊、證之要素

證的問題我們談了那麼多，它的最重要的要素在哪裏呢？也就是說，通過這個證我們最想瞭解些什麼呢？除了上面這些內容，我們再做一個關鍵性的概括，就是陰陽。證，我們可以通過望聞問切這些途徑得到，得到這些證後，經過我們對這些證的思考、分析、判斷，我們要得出一個什麼呢？就是要得出一個陰陽來。就是要在陰陽上面討一個說法，這個上面有了說法，治病才能抓住根本。這是大家任何時候都不能忘記的。所以，陰陽既是起手的功夫，也是落腳的功夫。

證的問題就談到這裏。

◎ 什麼是辨證呢？——就是要在陰陽上討一個說法。

6. 治釋

治在這裏不準備作廣説。治的本義是水名，《説文》云：「水出東萊曲城，陽丘山南入海。」水從東萊曲城發源，然後在陽丘山南這個地方入海，這樣一條水的名字就叫治。所以，治的形符是水旁。治後又引申為理，所以，治理常同用。治這個字為什麼要與水有這樣密切的關係呢？因為水這個東西，治之則滋養萬物，不治則危害眾生。水之治，有疏之、導之、引之、決之、掩之、蓄之等，總以因勢利導為要，治病亦宜仿此，故用治也。所以，治病就必須從治水中悟這個道理。其實，不唯治病，治一切都要從此處去悟。

二、太陽病提綱

1. 太陽病機條文

太陽病提綱這個內容我們主要講太陽篇的第1條，即：「太陽之為病，脈浮，頭項強痛而惡寒。」這一條歷代都把它作為太陽篇的提綱條文，而清代的傷寒大家柯韻伯則將它作為病機條文來看待。在他的《傷寒來蘇集》中這樣説道：「仲景作論大法，六經各立病機一條，提揭一經綱領，必擇本經至當之脈證而表章之。」病機就是疾病發生的關鍵因素，我們從何處去發現這個因素呢？就從這個脈證中去發現。所以，柯氏談病機就用這個至當的脈證來表章。

查閱上海科學技術出版社1959年3月版的《傷寒來蘇集》，脈證它用的是「症」，證與症現在的許多人也分不清，

有必要在這裏稍做說明。症讀第四聲，意為疾病之症狀或症候。症為今用字而非古字，第四聲的症亦非繁體之簡寫，故《說文》、《康熙》皆未載此症字。且聲符正字亦無簡繁之別。秦伯未認為證、症二字無別，可以通用。而從證、症二字的造字含義去分析，則二字的差別甚大，證義廣而症義狹，故兩者實不可以通用。西醫用症而不用證，中醫則以用證而不用症為宜。

◎什麼樣的病是太陽病？

　　既然提綱條文即是病機條文，那麼，將上述條文作一個病機格式化會有益於我們對條文的理解。即格式為十九病機式的行文：諸脈浮，頭項強痛而惡寒，皆屬於太陽。病機條文一共講了三個脈證，一為脈浮，一為頭項強痛，一為惡寒，這三個脈證便成為鑒別太陽病的關鍵所在。那麼，是不是三者一定具備才能判為太陽病呢？當然三者俱備那一定是太陽病，但若是僅具其一，或僅具其二，這個算不算太陽病呢？這個問題在歷代都有很大的爭議。我的意見比較偏向後者，診斷太陽病，並不一定三者皆備，有其一二就可以定為太陽病。比如第六條：「太陽病，發熱而渴，不惡寒者為溫病。」這裏明確地指出了不惡寒，三者之中已然少了一者，按理不應再定為太陽病，可是條首仍赫然地冠以「太陽病」。這就很清楚地告訴我們，病機條文的三個脈證，並不一定都需要具備，三者有其一或有其二，就應該考慮到太陽的可能性。同樣的道理，我們看《傷寒論》的條文，凡冠有太陽病者，都應該與這個病機條文的內涵相關，即便不完全具備這三個脈證，三者之一也是應該具備的。

2. 釋義

（1）脈浮

浮脈，就是觸膚即應的脈，李時珍《瀕湖脈學》説：「泛泛在上，如水漂木。」只要大家養成切脈時的舉按尋三個步驟，而不是像跳水隊員一頭就紮進水底，這個浮脈還是容易體驗的。有關脈浮，我們可以從以下幾個方面來理解。

① 脈之所在，病之所在

脈浮的表象上面已經談了，為什麼會出現這個脈浮呢？這是因為邪氣犯表，陽氣應之出表抗邪，脈便隨陽而外浮。由此可知，邪之所在，即為陽之所在；而陽之所在，即為病之所在。故脈之在何處，病亦在何處。如脈在三陽，則病亦在三陽；如脈在三陰，則病亦在三陰。

② 人法地

我們在討論太陽的含義時，談到太陽主寒水，其位至高。按照老子的教言，討論人的問題應該時刻與地聯繫在一起，那麼，在這個地上，什麼地方堪稱至高呢？當然要算喜馬拉雅山。喜馬拉雅山是世界上最高大的山脈，而位於中尼兩國國界上的珠穆朗瑪峰海拔達8,844.43米，為世界第一高峰。峰上終年積雪，其為高可知，其為寒可知，其為水可知。按照《老子》「人法地」的這個道理，如果要在地上找一個太陽寒水的證據，那麼，這個證據非喜山莫屬，非珠峰莫屬。這便是與太陽最為相應的地方。太陽為病為什麼要首言脈浮呢？道理亦在這裏。浮脈就其脈勢而言，亦為脈之最高位，這樣以高應高，脈浮便成了太陽病的第一證據。

③ 太陽重脈

六經病的篇題都強調辨脈，都是病脈證三位一體，但是，我們從提綱條文，亦即病機條文切入，又會發現六經病中尤以太陽與少陰病更為強調這個脈象。太陽與少陰的提綱條文開首就討論脈象，太陽是「脈浮」，少陰是「脈微細」，而其餘四經的提綱條文沒有言脈。太陽、少陰提綱條文對脈的強調，說明在太陽及少陰病的辨治過程中，脈往往起到決定性的作用，往往是由脈來一錘定音。如太陽篇42條云：「太陽病，外證未解，脈浮弱者，當以汗解，宜桂枝湯。」52條云：「脈浮而數者，可發汗，宜麻黃湯。」少陰篇323條云：「少陰病，脈沉者，急溫之，宜四逆湯。」當然，桂枝湯的應用未必就一個「脈浮弱」，麻黃湯的應用未必就一個「脈浮數」，而四逆湯的應用也不僅僅限於一個「脈沉者」。但是，從條文的這個格局，我們應該看到，這個脈是決定性的，這個脈就是條文的「機」。而其他各經的情況則很少這樣。我們很少看到說是：「脈弦者，宜小柴胡湯。」「脈大者，宜白虎湯。」這說明脈象在太陽、少陰病中有相當的特異性。

太陽、少陰之與脈為什麼會具有這樣一個特殊關係呢？從前面脈的釋義中我們知道，脈乃水月相合，陽加於陰謂之脈。脈無陰水無以成，脈無陽火無以動。所以，一個水一個火，一個陽一個陰，就構成這個脈的關鍵要素。而太陽主水，為陽中之太陽；少陰為水火之藏。太少的這個含義正好與脈義相契合。故曰：脈合太陽，脈合少陰。以此亦知脈的變化最能反映太陽少陰的變化。

④ 肺朝百脈的思考

脈與太陽、脈與少陰的這個特殊關係明確之後，我們現在轉入脈與肺的問題。《素問·經脈別論》云：「經氣歸於

肺，肺朝百脈。」對這個「肺朝百脈」，《中基》從輔心行血的
這個角度去解釋。從這個角度去解釋，就必須聯繫到現代的
肺循環，或者稱作「小循環」。血液經過大循環後，血氧耗失
殆盡，右心室將這個含氧很少的靜脈血注入肺循環，在這裏
進行充分的血氧結合，然後再經肺靜脈入左心，再進入大循
環。所以，機體的每一分血都必須經過肺循環，都必須在這
裏進行血氧結合。血液經過這道程序後，方流向身體各處。
從這個意義來說，肺朝百脈是很容易理解的。但是，這樣一
個理解又會連帶出一個問題，古人如何知道這個「肺循環」？
如何知道這個「肺朝百脈」？是憑實驗呢？還是憑一個理性
思考？

　　另一方面，我們從脈的本義而言，前面曾經提到，脈是
水月相合而成。水的意義我們已經很清楚，月的意義上面也
討論過。《説文》云：「月者，太陰之精也。」《淮南子・天文
訓》云：「水氣之精者為月。」太陰之精為月，而肺主太陰；
水氣之精為月，而肺為水之上源。從肺與水，從肺與月的這
個關係看，它完全具備了水月相合之性，也就是完全具備了
脈性。《素問》為什麼説「肺朝百脈」？《難經》診脈為什麼要
獨取肺所主的這個「寸口」？顯然與肺的上述體性是有關係
的。這就從另一個傳統的角度談到了脈與肺的問題。

　　過去學《中基》，對上面提到的這個「肺為水之上源」百
思不得其解。肺怎麼會是「水之上源」呢？1996年夏，當我
第一次涉足西部，當我第一次看到白雪皚皚的高山，當我第
一次看到高處的雪水飛流直下，湍湍流入金沙江時，心中的
疑團頓然冰釋。這不就是「水之上源」嗎？這個時候才會對
古人的「讀萬卷書，行萬里路」有體會。光讀書不行路，行
嗎？不行！讀書是學，行路是思，「學而不思則罔」。所以，
這個「行萬里路」也很重要。這個時候你才會感受到老子為

◎把中醫放到天地裏，放到自然裏，許多問題就迎刃而解了。

什麼要強調：「人法地，地法天，天法道，道法自然。」老子的這四法才是真正的整體觀。中醫的特色是整體觀念，辨證論治。很多人也都會説這個整體觀念，但是，如果對老子這個「四法」沒有把握好，那整體觀念在你那裏不可能真正地實現。

中醫你只把它放在人的圈子裏，或者只結合一些現代醫學的東西，那很多的問題你是吃不透的，對這個理論你總感覺不放心。而一旦你把它放到天地裏，放到自然裏，許多問題就迎刃而解了。對這個理論你也會感到很厚實，靠得住。

《素問·金匱真言論》云：「北方生寒，寒生水。」水本來屬於北方，現在怎麼扯到西方上來。這就要關係到兩個問題，一個是相生的問題，金生麗水即從此出。這個問題我們下面會具體談到。另一個就是先後天的問題。我們觀察易系統的先天八卦與後天八卦，後天八卦中，坎水居於正北，所以，我們知道的這個北方生水，水屬北方，是從後天的角度來談的。那麼先天呢？在先天八卦裏，坎水不居北，它居於正西金位。坎水居西，這不正好説明了長江、黃河的這個源頭；這不正好印證了「肺為水之上源」的這個説法。所以，西金與水的關係，肺為水之上源，這都是從先天的角度來談。先天為體，後天為用；先天為源，後天為流。一個體用，一個源流，這些都是我們研究中醫很值得注意的問題。

《醫原·人身一小天地論》中説：「人之身，肺為華蓋，居於至高。」肺屬金，五行中金質最重，為什麼從屬性上這個質性最重的肺反而居於「華蓋」之位？為什麼高海拔的山脈絕大多數都位於西部？這些都是義趣很深的問題，思考這些問題必定有助於我們對中醫的理解，必定有助於我們對整個傳統文化的理解。

肺處華蓋之位，肺為水之上源，肺朝百脈，有關肺的這些義理與太陽的所涵甚相投合。為什麼整個太陽篇中肺家的疾病占去很大的一成？其中一個重要的因素就在這裏。所以，我們在考慮到與太陽相關的藏府意義時，就不能僅限於足太陽膀胱、手太陽小腸。

錢德拉塞卡教授是美籍印度裔天體物理學家，1983年諾貝爾物理學獎獲得者，他在《莎士比亞、牛頓和貝多芬：不同的創造模式》(*Truth and Beauty*) 一書中寫道：「有時我們將同一類思想應用到各種問題中去，而這些問題乍看起來可能毫不相關。例如，用於解釋溶液中微觀膠體粒子運動(即「布朗運動」)的基本概念同樣可用於解釋星群的運動，認識到這一事實是令人驚奇的。這兩種問題的基本一致性——它具有深遠的意義——是我一生中所遇到的最令人驚訝的現象之一。」當我們看到錢德拉塞卡教授這個精彩的感歎之後，你是否對我們將長江、黃河的源頭，將唐古拉山、喜馬拉雅山與「肺為華蓋」、「肺為水上之源」這樣一些看似毫不相干的問題聯繫在一起，也感到同樣的驚訝不已呢？

◎錢德拉塞卡教授的感歎。

⑤ 上善若水

在結束提綱「脈浮」的討論前，我們還想順著上面的思路，再談一點關於水的問題。《老子·八章》云：「上善若水。水善利萬物而不爭，處眾人之所惡，故幾於道。」老子為什麼將他心目中這個最善的東西用水來比喻呢？就是因為水它雖然出生高貴，雖然它善利萬物，但是，它卻能不與物爭，卻能處眾人之所惡。什麼是眾人之所惡呢？就是這個至下之位。人總是嚮往高處，走仕途的都想升官，搞學問的也都想出人頭地，做生意的百萬富翁要向千萬富翁、億萬富翁看齊。再看這些出生高貴的太子、少爺，哪一個不是高人一等，哪個願意處眾人之下？真正能像曾國藩這樣要求自己的

後人，那真是太少太少了。當官的如果真能做到口號裏喊的那樣，做人民的公僕，那真是不簡單。人的貪欲心決定了他很難這樣做，這就不「幾於道」了。不幾於道，那就是背道，背道的東西怎麼可以長久呢？古人說：富不過三代。這是有道理的。就是李嘉誠你也沒辦法。因為人很難做到「幾於道」，很難有水一樣的習性。沒有水這樣的習性，你怎麼可能源遠流長呢？富貴三代也就不錯了。

我們看人體的這個水，人體主水的是腎，腎為水藏，腎在五藏之中處於最低的位置，而腎之華在發，又處於人體最高的位置。一個至高，一個至下，水的深義便充分地顯現出來。岳美中先生參古人義，喜用一味茯苓飲來治療脫髮，過去對此甚感不解，今天從水的分上去看它，也就不足為怪了。

（2）頭項強痛

① 太陽之位主頭項

太陽之位至高，前面我們講脈浮的時候曾經談到，浮脈從位勢上說也是一個最高的脈，這裏講頭項，頭項在人體又是一個最高位。所以，中醫的東西除了講機理以外，還要看它的相應處，相應也是一個重要的方面。六經皆有頭痛，為什麼在提綱條文裏只有太陽講這個頭痛？這顯然是相應的關係在起著重要的作用。

② 項為太陽專位

項，《說文》釋為：「頭後也。」《釋名》曰：「確也，堅確受枕之處。」醫家則多謂頸後為項。項的部位在後，這一點沒疑問，但具體在後面的哪一段，上面的釋義卻比較含糊。那麼，這個項的確切部位定在何處比較合適？大家摸一摸枕

下的這塊地方有一個凹陷處，這個凹陷就像江河的端口，高山雪水就是從這裏流入江河的，我以為這個地方應該就是項的確處。項便是以這個地方為中心而作適當的上下延伸。

太陽主水，足太陽起於晴明，上額交巔，然後下項，所以吳人駒云：「項為太陽之專位。」太陽的頭痛往往連項而痛，這就是太陽頭痛的一個顯著特點。其他的頭痛一般都不會連及於項。

此處講頭項痛之外，還加一個強來形容。舒緩柔和之反面即為強，所以，太陽的頭項強痛它還具有項部不柔和、不舒緩的一面。這個主要與寒氣相關，以物遇寒則強緊，遇溫則舒緩也。

另外一個方面，項強一證還在十九病機中出現，即「諸痙項強，皆屬於濕」。項為江河之端口，水之端口必須土來治之。因此，項強的毛病除與太陽相關外，還與太陰土濕相關。今天我們見到許多「頸椎病」都有項強一證，都可以考慮從太陽、太陰來治療。

(3) 惡寒

① 第一要證

表受邪，太陽開機必受阻，陽氣外出障礙，不敷肌表，所以有惡寒一證。這個惡寒又稱表寒，它與天冷的寒不完全相同。這個惡寒對於證明機體患有表證，對於證明太陽系統受邪，具有非常重要的意義。所以古人云：「有一分惡寒，便有一分表證。」見惡寒即應考慮從表治之，從太陽治之。

② 強調主觀感受

前面我們開題的時候強調讀經典要三義並重，特別這個字義你要小心，不能馬虎。像這裏的「惡寒」，寒一配上惡，

意義就非常特殊。惡是什麼呢？惡是講心的喜惡，是主觀上的一種感受。你厭惡某某人、某某事，一分鐘都難跟他(它)相處，這只代表你的感受如此，並不完全說明這個人、這件事真這麼可惡。所以，我們說惡寒也只限於你的主觀感受，並非指氣溫很低，零下多少度，這個概念大家一定要搞清楚。我們看有些人夏日患太陽病，患傷寒，天氣本來很熱，他卻要蓋兩床被子，這個就是惡寒，它與實際的溫度毫不相干。這個時候你量他的體溫，體溫很高，39℃，甚至40℃。所以，這個「惡」就代表這麼一種情況，它完全是主觀的覺受，而不代表客觀上的存在。

由上面這個惡字，我們引出了一個主客觀的問題。這個問題大家要仔細地去思考，這是中醫裏面的一曲重頭戲，也是能在很多方面區別中西醫的一個分水嶺。我們可以看到的西醫一個很顯著的特點是，她非常注重客觀，在主客觀兩者間，她偏向客觀的一面。比如西醫的診斷，她所依賴的是物理和化學手段檢測出的這些客觀指標。判斷疾病的進退，她依據的仍然是這些客觀指標。如果一個病人主觀的感受很厲害，很複雜，但是在客觀的指標上沒有什麼異常，西醫往往會給他下一個「神經官能症」的診斷，開一些維生素、穀維素之類的藥來打發你。而中醫則有很大的不同，她很注重這個主觀上的感受。比如一個口渴的證，口渴飲水這是一個比較客觀的表現，但中醫更關心的是這個口渴後面的另一個主觀感受——喜熱飲還是喜冷飲？往往是這個客觀表現後面的主觀感受對診斷起著決定性的作用。如果是喜冷飲這個病多數在陽明，如果是喜熱飲則說明這個病可能在少陰。一個少陰、一個陽明，一個實熱、一個虛寒，這個差別太大了。這樣一個天壤之別的診斷，它的依據在哪裏呢？就在這個喜惡之間。

　　前面我們曾經提到已故名老中醫林沛湘教授，這裏向大家介紹林老70年代的一個病案：病人是個老幹部，發燒四十多天不退，請過很權威的西醫會診，用過各類抗生素，但是體溫始終不降，也服過不少中藥，病情仍不見改善。在這樣的情況下，就把我們學院屬下的名老中醫都請去大會診，林老也是被請的其中一位。名老薈萃，當然要各顯身手，各抒己見。正當大家在聚精會神地四診，在聚精會神地辨證分析的時候，林老被病人的一個特殊舉動提醒了。當時正是大熱天，喝些水應該是很正常的，但是病人從開水瓶把水倒入杯後，片刻未停就喝下去了，難道開水瓶裝的是溫水嗎？林老悄悄地觸摸一下剛喝過水的杯子，杯子還燙手。大熱天喝這樣燙的水，如果不是體內大寒這絕不可能。僅此一點，一切都清楚了。於是林老力排眾議，以少陰病陰寒內盛格陽於外論治，處大劑四逆湯加味，藥用大辛大熱的附子、乾薑、肉桂，服湯一劑，體溫大降，幾劑藥後體溫複常。

◎ 在36–37頁有林老對讀經典的論述。

　　從以上這個病例中，大家應該能夠體會到中西醫的一些差別，西醫的診斷也好，治療也好，都是按照這個理化的檢查結果辦事。中醫她也注重客觀的存在，比如這個脈弦、脈滑，脈象很實在地擺在哪裏，這個中醫很重視。但是，中醫有時更關心那些主觀上的喜惡。一個口渴，西醫會關心他一天喝多少磅水，喜冷喜熱西醫完全不在乎。一個發熱，西醫只關心它的溫度有多高，是什麼熱型，是弛張熱還是稽留熱？至於你惡寒還是惡熱，她可不在乎。如果作為一個中醫，你也完全不在乎這些主觀上的因素，那很多關鍵性的東西你就會丟掉。為什麼中醫要注重這個主觀上的感受呢？因為這個感受是由心來掌管，而心為君主之官，神明出焉。所以，注重這個層面，實際上就是注重心的層面，注重形而上

◎中醫不言主觀不行。

的層面。這是中醫一個特別的地方，我們應該認識清楚。否則人家一叫現代化，一叫客觀化，你就把這些主觀的東西統統丟掉了。對於中醫，甚至對其他任何事情，都要設法把它弄清楚，要有見地才行，不能人云亦云。主觀有些時候確實不好，光感情用事，情人眼裏出西施，這樣會障礙你去認識真實，但是有些時候也需要跟著感覺走。藝術如此，科學亦如此。

前面我們談過，脈浮、頭項強痛、惡寒，三者俱備屬於太陽，那當然沒有疑問。如果三者只具一二呢？也應該考慮太陽病。只不過這個太陽可能不全，可能會有兼雜。如病人惡寒，脈不浮反沉，說明這個病不全在太陽，還有三陰的成分。後世將麻黃附子細辛湯所治的這個證稱作太少兩感證，就是考慮到了這個因素。因此，對提綱條文所提出的三證，我們既要全面來看，又要靈活來看。

三、太陽病時相

這一大節我們主要根據第9條「太陽病欲解時，從巳至未上」的內容來講解。

1. 謹候其時，氣可與期

（1）與病機並重的條文

《傷寒論》的397條條文中，長者逾百字，短者不過十來字，可見張仲景造論重的是它的實義，而這個格式他並不拘泥。就是在這樣一種「不拘一格」的行文裏，仍然可以找到

12條格局上非常相似的條文。這就是以「之為」為句式的提綱條文，以及以「欲解時」為句式的條文。前者每經一條共六條，又稱為病機條文；後者亦每經一條共六條，我們稱之為時相條文。病機、時相各一條，二六合十二條。這個在行文上如此對稱的十二條原文，於《傷寒論》的397條原文中可謂鶴立雞群。如此特殊的條文必也有如此特殊的意義。可惜歷代的學人多隻注重前六個病機條文，而對後六個時相條文往往不予重視，這便白費了仲景的一番苦心。

《素問・至真要大論》在言及病機這一概念時，曾再次強調：「謹候氣宜，勿失病機。」「審察病機，勿失氣宜。」這就告訴我們，討論病機要抓住氣宜，而討論氣宜亦要緊抓病機，二者缺一不可。對於《傷寒論》的研究亦是如此，病機氣宜要兩手抓，兩手都要硬。我們強調提綱條文，只是抓了病機這一手。那麼，另一手呢？另一手就在這個欲解時條文當中。正如《素問・六節藏象論》所云：「時立氣布⋯⋯謹候其時，氣可與期。」雖然這個欲解時條文僅僅談到「時」，但是一言時，氣便自在其中了。所以，欲解時條文或者說時相條文其實就是氣宜的條文。我們光講提綱條文，不講欲解時條文，那這個病機怎麼完全？這個病機只是半吊子。所以，提綱條文必須與時相條文合參，這個病機才是完全。這才是一個完整的合式。

◎兩手抓，兩手都要硬。

我們看《傷寒論》這別具一格的六對條文，一個言病機，一個言氣宜，《素問・至真要大論》「審察病機，勿失氣宜」的精義已然活脫脫地在這裏展現出來。讀金庸的《笑傲江湖》，高手過招往往不露痕跡，而我們看張仲景撰用經典卻是真正達到了這個不露痕跡的境界。就憑這個境界，一部《傷寒論》也應該值得我們歡喜，值得我們讚歎！

（2）時釋

① 造字

「時」的造字，簡體形符為「日」，聲符為「寸」，繁體形符相同，聲符為「寺」。日的意義非常明確，就是太陽的意思。時字用日來作形符，說明時的產生與太陽的運行有很大的關係。那麼，寺呢？《說文》云：「廷也，有法度者也。」一個太陽一個法度，合起來即為時，時的這個造字，時的這個蘊義著實耐人尋味。我們將 time 拆開來看，是否也有這個蘊義呢？

時的簡體（时），聲符為「寸」，寸是古人用來度量的基本單位，日＋寸為時，也就是說對太陽運動的度量就構成時，這個造字似乎更為簡單明瞭。

現在讓我們回到自然中來，實際中來，看看這個時究竟是不是由太陽的運動產生的，究竟是不是由對太陽運動的度量產生的？我們先來看一看大家最熟悉的春夏秋冬四時，春夏秋冬怎麼產生？它是由太陽的運動產生。太陽的運動，造成了這個日地關係的改變，當運動至某一特定的日地相對位置區域便構成春，依此類推便有夏秋冬的產生。由此可見，春夏秋冬四時的產生完全符合上述這個造字的內涵。四時的產生依賴於這個日地的相對位置關係，而這個相對位置關係的確定，則必須借助於度量這個過程。所以，造字的左邊用日，右邊用寺，寺上為土，表地，而寺下為寸，表度量。大家仔細思忖，這個造字的內涵是不是完完全全地體現了時的產生以及時的確定過程。由這樣一個字我們不僅看到了一個學科，而且看到了這個學科的分支和內涵。中國文字所具有的這個魅力，是世界上任何一種文字都難以比擬的。難道我們不為能夠經常使用這樣一種文字而感到自豪嗎？現在我們將文字簡化了，當然寫起來要方便得多，但是，像這樣一個

時，土沒有了，日地關係不存在了，這個春夏秋冬怎麼確定？沒法確定！在火星上，春夏秋冬會是一個什麼概念呢？

對四時的測定，對一年二十四節氣的測定，最經典最權威的方法是《周髀算經》所記載的方法。《周髀算經》云：「凡八節二十四氣，氣損益九寸九分六分分之一。冬至晷長一丈三尺五寸。夏至晷長一尺六寸。」具體的方法是，在正午於地面立一八尺圭表，然後看這個圭表於地面的投影長度，根據這個長度來確定八節二十四氣的具體位置。晷影最短的這一天，即晷長一尺六寸的這一天定為夏至，然後按照九寸九分六分分之一的進度確定下一個氣，即小暑，依次類推，直至冬至這一天，晷影達到最長度，即一丈三尺五寸。冬至以後正好反過來，即按照九寸九分六分分之一的退度來確定下一個節氣，直至夏至為止。大家來看上述這個時間的確定過程，一要看太陽的運行，即運行到正午的這個時候來做測定；二要在地面看這個太陽在圭表上的投影，這樣一個投影便反映出了日地之間的相對位置關係，便反映出了陰陽的關係，便能夠看出陽氣的釋放度和收藏度；第三呢，上述這個投影的長度要用一個具體的尺（寸）度來測量。上述這三個要素一個都不能缺少，缺少了就構不成時。你現在把繁體改成簡體，文字簡化倒是省事，可是這一省你把地省掉，你把陰省掉了。陰陽兩者你把陰省掉了，不就變成了孤陽？孤陽不長啊！

所以，每每想到文字的簡化，就感到陣陣的憂心，陣陣的心痛。文以載道，文字是文化的載體，文明的載體，精神的載體，道的載體。我們就是透過這個文字去認識文明，去傳承文明。我們正是通過這個文字將過去三千年、五千年的文化結晶運載到現在，運送到將來。現在你把文字這輛「車」的輪子卸掉了一個，甚至兩個，那麼，這樣一個文化結晶的

◎二十四節氣是如何確定的。

◎文字簡化以後，我們怎麼跟古人溝通。

運送工作就會陷入癱瘓。我們今天，像我這個年紀的這一代人還讀過古書，認識幾個繁體，所以，這個文化傳承的障礙似乎還不那麼明顯。可是再過幾十年、幾百年，那會是一個什麼情況？中華文明的法脈也許就會因為這個文字的簡化而被斷送掉。中國文字的簡化的確是非同小可的事情，絕對不能僅憑某些個人、某些權威的一時衝動，這是要將全部中華文明做抵押的勾當。馬虎不得啊！

② 時義

對於時，對於中國人的時，對於傳統文化的時，大家應該非常清楚，它是有實義的，它不完全像西方文化的時。西方文化裏的時它更多的是數學意義上的概念，而傳統文化中的時則更多地注重物理的內涵。所以，一談時，太陽的運動位置就在這裏了，日地關係就在這裏了，陰陽的關係就在這裏了，氣就在這裏了。一講春就知道氣溫；一講夏就知道氣熱；一講秋就知道氣涼；一講冬就知道氣寒。為什麼說「時立氣布」呢？為什麼要「謹候其時，氣可與期」呢？道理就在這裏。所以，時立則陰陽立，陰陽立則氣立。而在西方文化裏，這個「time」顯然沒有這個含義。

如果我們從以上這個角度，從時的這樣一個內涵來切入，給傳統中醫作一個現代的定義，那麼，傳統中醫實際上是一門真正的時間醫學，或者稱時相醫學。前些年，由於時間生物學的興起，很多人認為中醫裏面也有時間醫學，於是紛紛搞起了「中醫時間醫學」，或者「時間中醫學」的研究，認為中醫裏面也有時間醫學的成分。若對這個認識作邏輯上的推理，那麼就必然會得出中醫的這部分屬於時間醫學範疇，而中醫的另一部分則不屬於時間醫學範疇的結果。實際是不是這麼回事呢？只要我們承認陰陽五行是中醫的核心，只要我們承認藏象經絡是中醫的核心，那麼，中醫就是完完

◎難道還有非時間的中醫學嗎？

全全的、徹頭徹尾的時間（時相）醫學。而絕不是部分的時間醫學。

2. 欲解時

疾病的欲解時，就是疾病有可能解除，或者有可能痊癒，或者有可能減輕的這個時間區域。前面我們在討論病字的含義時，重點談到了疾病的相關性，疾病與時間相關，與方位相關，與六氣相關，與眾多的因素相關，而總體來說就是與陰陽相關。這裏張仲景除提綱條文外，又推出一個欲解時條文，這樣又峰迴路轉地回到了前面這個相關性問題。此亦證明我們對「病」的釋義無有謬誤。

(1) 巳至未上

張仲景在條文裏談欲解時是「巳至未上」，這個「巳至未上」也就是巳午未三時。巳午未三時是哪一個層次的三時呢？張仲景沒有明確界定，這就告訴我們，巳午未至少有三個層面的內容。第一個層面是一天之中的巳午未三時，也就是上午九時至下午三時這一時間區域；第二個層面是一月之中的巳午未三時，即月望及其前後的這段區域；第三個層面是一年中的巳午未三時，亦即老曆四月、五月、六月這個區域。欲解時巳午未的這個多層面，讓我們意識到太陽病的欲解也是多層面的。太陽病是個大病，它包括了許多外感內傷的疾病。在這個大病目下，還有許許多多的子病目，因此，大家不要把太陽病看得過於簡單，好像它只是一個傷風感冒、受寒發燒。它不僅僅是一個急性的病，也可能是一個慢性病。急性病，病程總共就這麼幾天，所以，我們應該從一天的這個層面去考慮它的欲解。如果疾病表

◎「欲解時」的三個層面。

現在一天的巳午未這個區間緩解，那就要考慮到太陽病的可能。如果疾病是個慢性過程，超過一個月兩個月，甚至一年兩年，而且疾病在日週期內的變化很不顯著，或者沒有規律，那麼，我們就應該看看它在月週期甚至年週期這些層面有沒有規律可循。倘若疾病是表現在望月的這段時間或者夏天（四、五、六月）的這段時間欲解，我們仍需考慮太陽的可能性。

(2) 太陽病要

前面我們討論了太陽病的病機，現在又談論了太陽病時相，應該可以給太陽病作一個總結概括，看看太陽病的要素有哪幾點，或者說太陽病最一般的東西有哪些。依我所見，太陽病的要素應有如下三點：

其一，病位在表。也就是說太陽病的定位主要是在表系統裏，表是一個與裏相對的概念，所以，它的含義很廣，並不只限在一個感冒裏，除感冒外很多疾病可以定位在表系統裏。《素問·至真要大論》曰：「夫百病之生也，皆生於風寒暑濕燥火，以之化之變也。」百病的發生都與風寒暑濕燥火相關，都受這個因素影響，在這個基礎上才產生內外傷的變化。而上述這個因素影響人體就是從表系統開始的。所以，太陽病的這個定位非常重要。而這個定位在病機條文中可以從「脈浮」來得到反映。

其二，病性多寒。上面我們談了太陽的病位元在表系統，表系統裏的病可以牽涉到風寒暑濕燥火，但是，重點突出的卻是一個寒。為什麼呢？有關這一點仲景在〈傷寒例〉這一篇中作了重要闡述：「其傷於四時之氣，皆能為病。以傷寒為毒者，以其最成殺厲之氣也。」寒為什麼最成殺厲之氣呢？以其秋冬傷之，則陽氣無以收藏；春夏傷之，則陽氣

無以釋放。無以收藏則體損，無以釋放則用害。是以寒者，體用皆能損害，故其最具殺厲也。所以，太陽病的定性中以這個寒最為突出。

其三，開機受病。上述是從位性上來給太陽作一個概括，而導致這樣一個位性的機制是什麼呢？就是太陽的開機受病。整個太陽系統或者說整個表系統的作用就是維繫在這樣一個「開機」上面。一旦開機障礙就會影響整個太陽系統，進而產生太陽的病變。

(3) 巳午未時相要義

巳午未的時相要義也可以從三方面來談：其一，巳午未這三個時的相關變化，我們可以從乾（䷀）、姤（䷫）、遯（䷠）這三個相應的卦去看。易卦系統分經別兩層，經卦也就是我們最熟悉的八卦系統，別卦則由兩個經卦組合而成，也就是我們常說的六十四卦系統。別卦由兩個經卦組成，所以，兩個經卦便構成了上下、表裏、內外的關係。陽氣由子時來復以後，便沿著復（䷗）、臨（䷒）、泰（䷊）、大壯（䷡）、夬（䷪）、乾（䷀）這樣一個次第逐漸由下而上、由內而外、由裏而表地升發釋放。當到達辰的這個時候，陽氣雖然在很大程度上向外向表伸展，我們看夬這一卦即可知道，但是，陽氣最終還是未突破於表，未外達於表。只有到巳時以後，如乾卦所示，陽氣才真正外出於表。所以，巳午未三時所對應的乾、姤、遯，正顯現了陽氣出表的這樣一個變化過程。

其二，巳午未三時以日而言，正處日中，以年而言，則正處夏季，是陽氣最隆盛的時候，亦為天氣最炎熱的時候。

其三，巳午未所對應的日中、夏季及月望前後，從離合或者從功用上講，則為太陽開機最旺盛的時候。

　　巳午未的這三個時相要義，一個正值陽出於表，一個正是火熱朝天，一個是開機旺盛。這三個要義中，第一要義正好對治表病，第二要義正好對治寒病，第三要義正好對治開機障礙。這樣一對治，太陽病的三個要義問題就解決了，為什麼太陽病要欲解於巳午未三時呢？原因就在這裏。

(4) 太陽治方要義

　　在這個小標題裏我們將討論一個十分重要的問題。這個問題有了前面那些內容作鋪墊，我想理解起來應該不會有太大的困難。

◎治病要訣。

　　從前我的先師李陽波曾經傳授過我一個治病的要訣，他說中醫治病開方實際上就是開時間。時間怎麼能開出來？在當時我對這個要訣是不甚理解的，更不要說實際的操作運用了。但是今天看來，這個要訣基本理解了。一理解了，就覺得先師的這句話真正的非同小可，真正的一語道破天機，真正的可以像黃帝說的那樣將之「擇吉日良兆，而藏靈蘭之室，以傳保焉」。

　　前面我們講到水能載舟，亦能覆舟，成也蕭何，敗也蕭何，這些道理在中醫裏面顯得特別的重要。因為你診斷一個疾病，要從這個陰陽裏面去尋求，而治療疾病呢？依然要落實到這個陰陽上面。我們如何判斷你是真正精通了中醫的方家，還是只掌握一招半式的「高手」呢？就是要看你對上面這個問題的落實程度。而上面這個問題的落實，實際上也就是時間的落實。比如我們診斷一個火熱病，火熱病聽起來好像有點抽象，不好理解，但是，只要把它往時間上一靠，一想到夏日的重慶、南京，我們就能感覺出火熱病是一個什麼情況。既然火熱病是一個這樣的情況，那怎樣對付它呢？我們就會很自然地想到冬天，冬天來了，

自然不會再有炎熱的夏天。現在我們對付夏天這樣一個炎熱的氣候，可以採用空調冷氣。空調冷氣不就是把冬天搬到夏天裏來了嗎？這可以説是科學給我們生活帶來的一個極大的方便。

　　上述空氣中的炎熱我們可以通過空調來解決，但是，體內的這個炎熱卻難以用空調來解決。這就要借助藥物的特性。你可以通過空調將秋日的涼爽、冬日的寒冷搬到這裏來，我們也可以通過藥物的時方特性，使這個秋冬之氣作用到你的身上。比如按照中醫的治病原則，熱者宜寒之，我們用這個寒性的藥來治療這樣一個火熱性質的疾病，不就是用的冬氣嗎？不就是利用藥物的特殊氣味模擬了一個冬日的時相嗎？同理，寒者熱之，我們用熱性的藥物來祛除寒性的病變，則是模擬的這個夏氣。時間或者時相可以通過開藥來模擬，它必須有一個前提，就是這個藥物要具有時間或者時相的特性。有關這一點，我們在前面討論「病」的含義時已經談到過，藥物它有各式各樣的屬性，而其中一個最重要的或者説綱領性的屬性就是氣味，將藥物的氣味一放到「方」上來，時間的屬性就很快出來了。所以，氣寒的藥就屬冬，氣涼的藥就屬秋，氣熱的藥就屬夏，氣溫的藥就屬春。再加上味的配合以及其他屬性的配合，藥物的這個時間特性就會更加精細。中醫治病為什麼叫開方？先師為什麼説中醫治病開方就是開時間？這是耐人尋味的。我們看《傷寒論》有三張很奇怪的方，一是青龍湯，一是白虎湯，一是真武湯，青龍湯不就是開的東方？白虎湯不就是開的西方？真武湯不就是開的北方嗎？開東方實際就是開的春三月，開寅卯辰；開西方實際就是開秋三月，開申酉戌；開北方呢，那當然就是開冬三月，開亥子丑了。所以，開方開藥為什麼不是開時間呢？當然是開時間！

◎怎樣用時間來治病？

上面我們舉了青龍、白虎、真武（玄武），細心的人就會問，為什麼沒有朱雀？朱雀是南方，張仲景在《傷寒論》中確實沒有點出朱雀這個方，這也許是因為避諱或是其他的什麼因素。但是，南方的這個代表方肯定會有，只是沒有安朱雀這個名。那麼，《傷寒論》這112方中究竟哪一個方可以作「朱雀湯」呢？大家可以好好地琢磨。我的看法是這個方肯定會在太陽篇中。

方藥一聯繫上時間，在思維上，在表述上就大大地進了一步。現在的人都在談中醫現代化，什麼是中醫現代化呢？大多數人認為，分子生物學加中醫，或者現代科學的其他什麼分支加到中醫上面來，或者是搞一些現代的實驗研究，這些就是中醫現代化。現在的大多數人也就是這麼在搞中醫的現代化。中醫的現代化要靠小白鼠來點頭，要靠小白兔來點頭。當然，這些可以稱作現代化，但畢竟它只是一個方面。我們能不能換一個角度去考慮，把這個現代化的含義定得更寬廣一些。比如我們可不可以把這個在傳統思維裏，在傳統表述裏建立的中醫拉近一些，使它在思維和表述上都比較接近現代的文化氣息，使中醫的理念能夠更為容易、更為方便、更為廣泛地為現代人所接受。不但是為患者這個群體所接受，亦為文化這個群體、科學這個群體，尤其是文化科學精英這個群體所接受。這樣就會形成許多傳統與現代真正結合與交流的契機。大家應該十分地清楚，上述這樣一個真正意義上的交流與結合必須依賴精英這個群體，這是高手對高手的事。傳統文化要想在現代科學裏尋求知音，要想真正獲得現代科學的理解，這必是伯牙、子期之間的事。我們現在臨床上用了青黴素再加一些清熱解毒的中藥，或者是四診之後再加一個CT、核磁共振，這個也叫結合嗎？這個恐怕是瞎胡鬧。這樣的

◎中醫是不是一定要小白鼠點頭才行？

結合也許只會浪費資源，它註定搞不出什麼名堂。結合不是我們這個一般層次的事，結合是精英層次、高手層次的事。但是，高手的結合總要有一個契機，伯牙遇子期，或者是子期遇伯牙總得有這麼一個機緣，總得有這麼一個介紹的機會。而我們將上述的思維與表述拉近到現代的軌道上來，無疑就增加了這個機會。所以，我們將中醫治病的思路，將中醫的處方用藥往時間上一靠，把它時間化了，或者時空化了，這個傳統與現代的距離一下就縮短了。這是不是一個現代化呢？我看是一個更有意義的現代化，一個更精彩的現代化。

◎高僧不忌高道。

　　我們看太陽篇，太陽病欲解於巳至未上，這就把時間的問題擺出來了。再看一看篇中的麻黃湯，麻黃湯有什麼作用呢？麻黃湯氣溫熱、性開發，服後身暖汗出，仿佛置身於夏日的火熱之中。太陽病不是欲解於巳午未嗎？我麻黃湯就有這個巳午未的功能。我們說麻黃湯辛溫解表、宣肺平喘，你可能覺得不好理解，或者覺得這個說法太土氣，沒勁兒，可是我們說麻黃湯具有夏日時相的作用，麻黃湯就是用藥物模擬打造了一個巳午未時相，那也許你的看法就不同了，也許你就會刮目相看這個麻黃湯。麻黃湯怎麼會具有一個夏日的時間特性？麻黃湯怎麼會模擬出一個夏日的變化內涵？在中醫裏時間竟然可以模擬，時間竟然可以用藥物來打造，這不太新奇了嗎？這樣一個思維和表述角度的轉變，原來那個土裏土氣的模樣也就完全改變了。加上這樣一些「為什麼」的不斷提出，問題就產生了，研究就產生了。從這個點上去研究，去碰撞，也許真正的結合處就會被研究出來，碰撞出來。在這樣一個基點上的研究和結合與我們上面提到的那些個研究結合是不是一回事呢？大家可以自己來回答這個問題。

◎打造欲解時。

3. 欲作時

欲解時的意義基本清楚後，我們就要像老夫子所說的那樣，舉一隅而三反之，提出一個欲作（劇）時來。欲解時關係到部分的診斷問題，而更重要的是治療方面的問題。在診斷方面，欲解時雖然也有一定的意義，但是，病人更關心的、印象更深刻的恐怕不是這個緩解或痊癒的時候，而是疾病什麼時候發生，什麼時候加劇，對這個病人會更清楚些。對這個疾病的發生或加劇的時，我們就提出一個相對的概念，叫作「欲作時」或者「欲劇時」。

太陽病既然有一個欲解時，那麼，按道理就必然會有一個欲作（劇）時。欲解時在巳至未上，那欲作時呢？欲作時必定就在與欲解時巳午未相對的位置上，即亥至丑上。巳午未與亥子丑在十二支中正為相沖的關係，巳亥相沖，子午相沖，丑未相沖。所謂相沖，也就是相反的意思，在時相上相反，在陰陽的變化上相反。所以，在亥子丑這個時相，陽氣是入裏收藏；這個時候是冬日，天氣最寒冷；此時不是陽開最盛而是陰開最盛。這三個特性正好與欲解時相反，太陽病能不欲作（劇）於這個時候嗎？

太陽病的欲作時也應該與欲解時相同，至少應該從三個層面去看。如果一個咳嗽或者一個腹痛，它在日週期內有很強的規律性，比如都在亥子丑這段時間，也就是半夜的這段時間發作或者加劇，那我們應該首先考慮它有太陽病的可能性。這個咳嗽可能是太陽咳嗽，這個腹痛可能是太陽腹痛。所以，欲作時對於疾病的診斷，對於病因的尋求，顯然具有更重要的意義。

4. 總觀六經病欲解時

以上我們討論了太陽病的欲解時，現在讓我們總起來看一看六經病的欲解時，看看陰陽之間有一個什麼樣的差別。這個差別可以略分為二：

其一，三陽病的欲解時從寅始，至戌終，共計九個；三陰病的欲解時從亥始，至卯終，共計五個。

◎ 時異治異，時同治同。

其二，三陽病的欲解，太陽為巳午未，陽明為申酉戌，少陽為寅卯辰，三者雖相接，但互不相交搭；三陰病的欲解時，太陰為亥子丑，少陰為子丑寅，厥陰為丑寅卯，三者互為交錯，互為共同。

六經病欲解時的這個差別具有什麼意義呢？我想這個意義亦可以分成下面幾個方面：

其一，陽道常饒，陰道常乏。這是一句天文上的術語。饒就是長的意思，富足的意思；乏，就是短缺。我們從天文上看，日為陽，月為陰，日的自轉週期是一年，月的自轉週期是一月，陽的週期大大地長於陰的週期。在這一點上，三陽的欲解時與三陰的欲解時正好與這個「陽道常饒，陰道常乏」相應。再看一些其他方面的情況，在《素問·上古天真論》裏，在談到男女的生理節律時，男子以八八為節，女子以七七為節。男子八八六十四歲天癸竭，女子七七四十九歲天癸竭，男女相差十五年。這個陰陽的生理節律，顯然與上面的陽長陰短甚相合應。另外陽以應晝，陰以應夜，三陽病的欲解時多在白晝，而三陰病的欲解時則多在黑夜。從這樣一些相應關係中我們可以看到，六經病欲解時的建立，它的基礎是很深厚的，它依託的是整個自然。因此，欲解時問題絕非一筆可以帶過，應該值得我們很好地研究。

　　其二，三陽病的欲解時互不相交，各有獨立的三個時辰。證之三陽各篇，太陽多為表寒，陽明多為裏熱，少陽則在半表半裏。故治太陽以解表，治陽明以清裏，治少陽以調樞，三者涇渭分明。三陰的欲解時雖亦各占三個時辰，但是相互交錯，相互共有。證之於三陰各篇，太陰、少陰、厥陰雖亦有小異，然而裏虛寒病卻始終貫穿其間，四逆輩不但用於太陰病，且通用於少厥二陰之病。

　　通觀六經病欲解時，則見時異治異，時同治同。由此方知《素問·六節藏象論》所云：「不知年之所加，氣之盛衰，虛實之所起，不可以為工矣。」非虛語也。時可輕乎？不可輕也！太陽病綱要就討論到這裏。

第六章

陽明病綱要

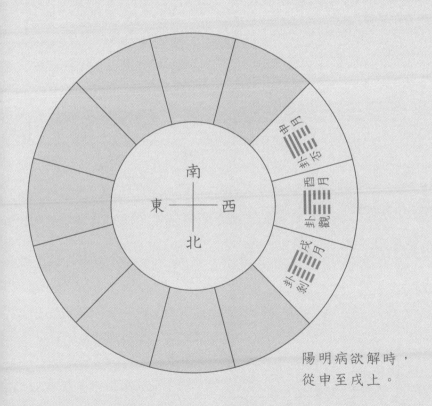

陽明病欲解時，
從申至戌上。

一、陽明釋

讀陽明篇也應該像讀太陽篇一樣，先來讀它的篇題。在太陽篇題的講解裏，我們已經討論過辨、病、脈、證、治，這裏就不再作重複，這裏我們只來看陽明的意義。

1.陽明本義

什麼叫陽明呢？《素問‧至真要大論》說：「陽明何謂也？岐伯曰：兩陽合明也。」兩陽相合為陽明。這個「合」是一個什麼意思呢？對這個相合的不同解釋，會帶來陽明概念截然不同的內涵。兩陽相合，是不是兩個陽加起來就叫陽明？就像我們的多頭吊燈。開了一個再開一個，兩個加起來就更明亮了，這就是明，這就是陽明。現在的很多人這樣來理解陽明，古人很多也是這樣理解的。兩個陽加起來就是陽明，陽明不是多氣多血嗎？好像與這個相符。

但是，只要我們仔細地來分析這個問題，只要我們把陽明放到天地裏，放到自然裏，就會發現上述這個解釋與陽明的本義並不相符。合是聚合的意思，是合攏的意思，這個合正好與開相對應，不是疊加的意思，不是一加一等於二的意思。是把陽氣從一種生發的狀態、釋放的狀態收攏聚合起來，使它轉入蓄積收藏的狀態，這個才叫「兩陽合明」，這個才與陽明的本義相符。兩陽合明，實際上與兩陰交盡是對等的。厥陰提兩陰交盡不是兩陰相加，而是陰盡陽生，陽明怎麼會是兩陽相加呢？所以，合與盡是對等的，是閉合的意

◎這一節內容可與111–118頁關於三陽三陰開合樞的論述相參看。

思，而非相加的意思。陽明的這樣一個本義還會在今後的論述中陸續地得到證明。

2. 陽明經義

陽明經義主要包括手陽明經和足陽明經，足陽明經行布於身之前，《內經》講腹為陰、背為陽，前之陰主降，後之陽主升，足太陽行於身之後正中，故太陽主開升，陽明主合降。從這個陽明的循行部位看，兩陽合明是兩陽疊加起來發散得更厲害，還是閉合起來，把明合起來？大家可以思考。

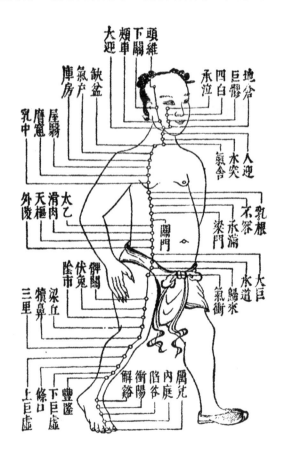

3. 陽明府義

　　陽明之府主要包括胃腸，胃當然就與脾有關聯，大腸當然就與肺有關聯。而且在《傷寒論》中胃腸往往相連，胃腸往往相賅，言胃則腸在其中矣。過去有些西學中的人看到陽明篇的「胃中必有燥屎五六枚」感到很費解，覺得很可笑。其實，如果知道這個互通的關係，知道同為倉廩之官，也就不足為笑了。

　　《素問》云：「六經為川，腸胃為海。」六經與腸胃、百川與大海的這個關係，不但在《傷寒論》中很重要，在整個中醫裏也很重要。尤其對於中醫治法的研究，這就是一個關鍵處，這就是一個秘訣處。中醫的下法為什麼能治百病？六經的病變，其他藏府的病變，為什麼都能聚於腸胃，然後通過攻下來解決，理論上就要依靠上述這個關係。而這個由川到海的一個最大的特徵，就是降的特徵。我感覺上述這個關鍵處，上述這個秘訣，要是能夠很好地研究開來，解決開來，中醫在治法上，在治療的技術手段上就會有一次飛躍。

◎下法為什麼能治百病？

◎大家一道來攻關。

　　除了以上這些內容，陽明府的另外一層含義亦值得我們關注，就是陽明與腦的關係。腦為髓海，屬奇恒之府。在現代醫學裏，腦為中樞神經系統的所在地，它的功能定位是很清楚的。我們利用這樣一個功能定位來關照《傷寒論》就會發現，在《傷寒論》中，凡是牽涉到精神異常的證幾乎全都集中在陽明篇裏，幾乎都是用陽明的方法來治療。這就使我們不得不聯想到陽明與腦的特殊關係。陽明與腦的這個關係是建立在什麼基礎之上？人有四海，腦為髓海，陽明腸胃亦為海，我們打開世界地圖，看到這個自然界的四海是相通的。那麼，腦和陽明的這個海是否也相通？《參考消息》

◎陽明與腦的關係。

2000年9月27日登載了一篇題為「人有兩個腦」的研究文章。文章作者係倫敦大學的戴維‧溫格特教授，戴維教授通過長期研究發現，成千上億的神經元細胞除了主要聚集在大腦，構成我們所熟知的中樞神經系統外，還大量地聚集在腸胃。於是他提出了一門「神經元胃腸學科」，認為胃腸有可能成為人體的第二大腦。戴維教授的這項研究是否有助於我們對陽明與腦的關係的思考？

4. 陽明的運氣義

陽明的運氣義有兩層，一層就是前面提過的肺與大腸，另一層就是燥金。這一節我們要重點討論後者。陽明者，其在天為燥，在地為金。兩陽合明為什麼要配燥金呢？這與太陽為什麼要配寒水的意義一樣，弄清楚這個意義對於解決陽明篇的問題至關重要。

(1) 燥義

兩陽合明的關鍵是合，有關合的意義我們前面已作過討論，就是聚合陽氣勿使發散的意思。那麼燥的意義呢？《説文》云：「燥者，乾也。」燥就是乾，所以，「乾」「燥」往往連起來用。在這裏大家應該注意「乾」字與易中的乾卦是一個字，是同體異音字。乾為什麼要與乾同體呢？這就牽涉到一個很有意義的問題。乾卦在後天八卦裏處在西北方位，一提西北，大家很可能就會自然地把它與乾燥聯繫起來。在寫這段文字之前，我剛好應邀到西北去會診一個美國病人，上機前穿著襯衣，可一下飛機就得穿毛衣。天冷這還沒什麼，多穿幾件衣服就解決了，作為南方人最受不了的就是這個乾燥。到的第二天嘴唇就乾裂了，等到第三天就起了焦巴。西

北為什麼會這麼乾燥？可見乾燥的乾與乾卦的乾同體不僅僅是一個借用的問題，還有深層的含義。

　　乾燥相對的是潮濕，就像寒熱相對一樣。前面我們討論寒的時候是從熱這個角度去談，這裏我們討論燥也可以借用這個方法，就是從濕這個角度去論燥，看看燥在陰陽上是一個什麼樣的變化。

　　研究濕我們還是先從它的造字入手，濕的形符為「氵」，說明濕與水有關聯；濕的聲符為「顯」，顯是什麼呢？我們常常與顯連用的一個字就是明，明顯或者顯明。是什麼東西能夠讓我們獲得明顯或者顯明？白天是太陽，夜晚是燈火。太陽也好，燈火也好，都是陽的象徵，陽能使之顯，陽能使之明。故顯者陽也，陽者顯也。顯義了知以後，濕義就很容易弄清楚。什麼是濕？怎麼形成濕？水加陽為濕，陽蒸水動以成氤氳為濕。濕與水有關聯，濕從哪裏來？濕從水中來。所以很多地方我們是水濕並稱，但濕與水又有區別，這個區別就在「顯」上，就在陽上。濕雖從水中來，但它畢竟不是水，必須是陽氣散發以成蒸動之勢，以成氤氳之勢，這個時候才成為濕。所以，陽氣的散發蒸動是構成濕的一個條件。我們看一個簡單的例子，春夏秋冬四時裏，哪些時候多濕，哪些時候少濕？當然是春夏的時候多濕，秋冬的時候少濕。我們再從方位來看，東南西北又是哪些地方多濕，哪些地方少濕呢？東南陽也，其地濕多；西北陰也，其地濕少。為什麼會造成這個濕的差別？很顯然就是因為在陽氣散發蒸動的程度上有區別。

　　春夏的陽氣蒸蒸日上，所以連帶出的這個濕就自然很多，而秋冬的陽氣由發散轉為聚合，聚合了就無以蒸騰。無以蒸騰，那構成濕的這個條件就缺少了，所以秋冬自然少濕。而由這個秋冬少濕又自然連帶出一個重要的相關問題，

◎原來濕中也有陰陽。

◎六氣的本質是什麼？

就是燥的問題。燥濕相對，多濕了自然少燥，少濕了自然多燥。為什麼秋冬乾燥？為什麼西北乾燥？說穿了就是濕少了，就是陽氣的蒸動少了。這樣一來，濕燥的問題就又回到陰陽上來了。我們探討事物就是要抓住它的本質，什麼是事物的本質呢？前面我們已經討論過，就是陰陽。所以，我們從這樣一個層面來討論濕，來討論燥，這就抓到了本質，這就是《內經》所說的求本。

◎十九病機為什麼不言「燥」？

燥、濕在這個層面上的意義清楚了，我們再回過頭來看病機十九條，就覺得十九條中不言燥並不是什麼疏忽，也不足為怪。實際上，言濕言熱，燥在其中矣。陽氣散發則為濕為熱，陽氣聚合則燥生矣。因此燥也好，濕也好，不過是陰陽的不同狀態而已。劉河間、喻嘉言自以為高明，給病機補上一條燥，看起來很有必要，其實是著相了，是蛇足了。

◎濕的易象表達。

有關濕燥的這樣一個意義，我們還可以從易卦的方面看。《周易》的第五卦叫作需卦（☳），用文字來表述這個卦象就是水天需。上卦為水為坎，下卦為天為乾。易系統本來有三個分支，我們常說的《周易》只是其中的一易，除此之外，還有《連山》、《歸藏》二易。《周易》以乾天為起手，《連山》以艮山為起手，《歸藏》以坤地為起手。在《歸藏》易中，需卦叫作溽卦，溽是什麼呢？溽者濡也，濕也。因此，需這一卦就是專門用來討論「濕」的。我們要把濕這樣一個概念，這樣一個問題放到二維平面上來討論，那就非需卦莫屬。我們看需卦，看溽卦，看這個「濕」卦，什麼叫濕呢？水在天上即為濕。水在空氣中彌漫、氤氳即為濕。水何以在天？水何以彌漫空中？離開陽氣的蒸騰是不成的。陽氣不能蒸騰，陽氣聚合了，水就無以在天，水就無以彌漫，這個時候水就只能潤下，而不能「潤」上為濕。沒有濕，燥就自然產生了。

(2) 燥何以配金

在《內經》裏燥氣配金，所以，燥金往往合稱。燥何以配金呢？明白了上面所談的燥義，這個問題就不難解決。

金在五行中是質地最重的一個，為什麼它質地最重呢？就是因為它的聚斂沉降之性。而這個聚斂沉降之性正可以使陽氣沉斂，沉斂則不蒸發，水下而不上，燥便產生了。燥金相配便是因為這個因緣。

老子云：「有無相生，難易相成，長短相形，高下相盈，音聲相合，前後相隨。」其實燥濕也是這個關係。我們看與前面需卦相隨的一個卦是訟卦，訟卦的卦象正好是把需卦倒過來，即上乾下坎為訟（☰☵）。既然需卦表溽、表濕，那麼，訟卦一定就是表乾、表燥。訟卦表燥我們可以從兩方面看，一方面是接前之義，乾上坎下，乾陽上升，坎水下降，水下而不上，故為燥也；另一方面，訴訟之事，古云官非，在五行屬金，而金與燥的因緣前面已經述過了，從這兩方面看，訟卦確實是一個表燥的卦。我們將訟、需兩卦作一個對照，燥濕的關係就非常明確了。

◎燥的易象表達。

(3) 燥濕所配氣

燥濕相對，燥濕所對應的氣當然也應該相對。陽氣聚斂收藏，則天氣逐漸變冷；陽氣聚斂收藏，則水不蒸騰，濕不氤氳，燥便隨之而生。因此，燥的本性為涼，或者說燥氣為涼。秋為什麼主燥？秋氣為什麼會涼？道理就在這裏。而整個春夏，陽氣散發蒸騰，天氣隨之變溫變熱；而隨著這個陽氣的散發蒸騰，帶著陰水往上走，這就形成了濕。所以，濕在《中基》裏雖然定為陰邪，但究其本性而言，它是與溫熱相關的。這個道理大家不能不清楚，不能不明白。前面曾經說過，任何一個事物，你只要思考到了陰陽這個份上，那你

就抓住了本質，你就不會動搖。任何人來你都不會動搖，就是黃帝、岐伯親自來説你這個思考有問題，你也不會動搖！當然，要是黃帝、岐伯真的能夠親臨，他看到你這個後生小子能夠這樣來思考問題，他會覺得孺子可教，他會讚歎都來不及。春夏為什麼多濕？東南為什麼多濕？根本的原因就在這裏。

◎這就叫定解。

以上我們説濕性本熱，燥性本涼，這是從很根本的角度講。從這個角度看，我們對苦何以燥濕、辛何以潤燥，就能很好地理解。辛苦之性，《內經》已經作了很明確的定論，就是辛開苦降。開者開發陽氣，降者降斂陽氣。過去讀本科的時候，學《中藥》學到黃連、黃芩、黃柏的時候，這三味藥都有一個共同的功用，就是「燥濕」。學《中藥》是大學一年級的事，因此，這個問題在我腦海中一直困擾了十多年。《中基》明確告訴我們濕為陰邪，那麼，祛除這個陰邪就必定要依靠陽的東西，這才符合治寒以熱，治熱以寒，治陽以陰，治陰以陽的基本原則。三黃是最苦寒的藥，其性至陰，用這個三黃加在濕邪上，只能是雪上加霜，怎麼能起到燥濕的作用呢？確實是百思不得其解。直到後來，十多年後，我開始學會用陰陽來思考問題，用陰陽來思考六氣，這才發現困擾我十多年的問題原來是這麼簡單，這麼清楚明白。

◎真實語！

苦寒不就是清熱瀉火嗎？不就是降陽嗎？不就是為了形成秋冬的這個格局嗎？不就是為了拿掉濕的這個「顯」旁嗎？火熱瀉掉了，陽氣斂降了，秋冬的格局形成了，顯旁沒有了，還有什麼濕氣可言？這才想到苦寒乃是治濕的正法。這才想到《素問》的「陰陽者，天地之道也，萬物之綱紀，變化之父母，生殺之本始，神明之府也」是真正的「真實語」。這才感受到辛翁的「眾裏尋他千百度。驀然回首，那人卻在燈火闌珊處」是一個什麼樣的境界。

　　苦寒燥濕的問題解決了，辛以潤之就不再會成為困難。辛溫何以潤燥呢？辛溫不就是為了鼓動陽氣，蒸發陽氣；辛溫不就是為了形成春夏的格局；辛溫不就是為了還濕的這個「顯」旁。陽氣鼓動了，蒸發了；春夏的格局產生了；顯旁還原了，濕潤自然產生，還有什麼燥氣可言？

　　吳鞠通有一首治燥名方，叫杏蘇散。這個方大家肯定學過，而且臨床上會經常用到它。該方由蘇葉、半夏、茯苓、前胡、桔梗、枳殼、甘草、生薑、大棗、橘皮、杏仁等十一味藥組成。本科的時候背方歌，至今對前兩句還有記憶，就是「杏蘇散用夏陳前，枳桔苓甘薑棗研」，從杏蘇散的這個組成，除了杏仁質潤以外，其他的藥物看不出什麼潤燥的成分，而且偏於辛溫，可吳鞠通說它是潤燥的。對杏蘇散的這個方義，過去我也不甚理解，從《方劑》書去看，寫《方劑》、講《方劑》的這些人也未必就真正弄通了這個方潤燥的實義。到後來燥的道理真正弄明白了，就知道這個方的確是一個潤燥的方。

　　杏蘇散與小青龍湯，一為時方，一為經方，一者性緩，一者性猛，然二者有異曲同工之妙。記得先師在日曾治過一例咳嗽病人，患者女性，起病三年，每逢秋季即作咳嗽，咳則一二月方罷，西藥中藥皆不濟事。至第四年上，患者到先師處求治，先師診罷即云：此燥咳也，當守辛潤之法，徑處小青龍湯。服一劑咳止，連服三劑，隨訪數年皆未作秋咳。小青龍湯怎麼潤燥？我們只知道它是辛溫之劑，我們只知道它能夠治療水氣病，說它潤燥，著實費解。然而一旦將它與燥的本義聯繫起來，就知道小青龍治燥一點也不足為奇。為什麼叫青龍呢？青龍是興雲布雨的。雲雨興布以後，天還會燥嗎？

　　鄭欽安於《醫法圓通》一書中云：「陰陽務求實據，不可一味見頭治頭，見咳治咳，總要探求陰陽盈縮機關，與夫用

◎潤燥法門。

◎頭頭是道。

藥之從陰從陽變化法竅，而能明白了然，經方、時方，俱無拘執。久之，法活圓通，理精藝熟，頭頭是道，隨拈二三味，皆是妙法奇方。」觀先師以小青龍治燥咳，便知什麼是「頭頭是道」了。學醫貴乎明理，理精方能藝熟。大家在這個問題上應該很清楚，不要瞧不起基礎理論，不要我們講陰陽你就打瞌睡，而講某某方治某某病你就來精神。理不精，藝怎麼熟？理不精就不可能有活法圓通，就不可能頭頭是道。

◎但得本，何愁末。

(4) 燥熱與寒濕

前面我們講燥與濕的本性，這個應該容易理解。因為你一把它放到自然的背景裏，就很容易感受到。《素問》裏面把燥邪又叫作清邪，治清以溫；《難經》的廣義傷寒在談濕的時候它講濕熱而不講寒濕，這就是從本性上言。本性是大局，是整體。但是，燥與濕還有另外的一個方面，這就是燥熱與寒濕的問題。

《易經》乾卦裏有一句話叫「火就燥」，而《說卦》則云：「燥萬物者莫熯乎火。」燥字的形符為什麼用火呢？看來是與這個意義相應。本來我們前面說得好好的，是涼就燥，陽氣收聚，天氣轉涼，氣候就隨之乾燥。秋冬你到北方走一走，就知道這個「涼（寒）就燥」真實不虛。怎麼現在突然轉到「火就燥」，突然轉到「燥萬物者莫熯乎火」呢？這一點看起來很矛盾，看起來不容易說清，但其實這是兩回事，說開了還是能夠弄清。

火就燥，這個在我們日常生活中會經常碰到。潮濕的東西往火上一烤就慢慢變乾了，因此，火就燥拿到生活經驗中是很容易理解的。潮濕的東西放到火上很快就變乾燥了，那麼，這個東西裏原有的水分、原有的濕到哪裏去了呢？是不

是火把它消滅掉了？我想火還沒有這個功能。我們在農村燒濕柴的時候就會發現，火一燒水就出來了，所以，火本身並不能把水濕消滅掉，只是把水蒸走而已。我們要是把一件剛剛洗過的濕衣用火烤乾，就會看到濕氣在蒸騰，如果這個時候我們把門窗都關閉起來，過不了多久，就會發現窗戶上出現了串串水珠。因此，火的功能只是把這個水，把這個潮濕轉移了，轉移到另外的地方，轉移到離火遠一些的地方。所以，這個地方乾了，那個地方就會潮濕。火就燥，就者近也，離火近的地方乾燥，那離火遠的地方必然潮濕。因此，燥熱我們應該這樣來理解，它講的是局部的情況，它講的是標，不是本。從這個火就燥亦使我們聯想到一個全球關注的問題，現在全球的氣溫不斷升高，北極的冰川以前所未有的速度在日漸融化，是什麼原因造成這個現狀呢？很顯然與溫室氣體的日益大量地排放有關。我們現在的空調，我們現在的製冷設備，是不是真能將熱變冷呢？完全不是這麼回事。它只不過是將此地的熱轉到彼地去了，轉到大氣中去了。這絕對是一種拆東牆補西牆的做法。所以，空調冷氣越多，大氣溫度必然越高。而大氣溫度越高，使用空調冷氣的時候就會越多。因此，這是一個難以避免的惡性循環。

◎搞中醫的應該放眼全球。

　　從上面這個火就燥我們應該知道，火熱到哪裏，燥就到哪裏。溫病講衛氣營血辨證，熱一入營到血，就會引起血熱，血熱就會導致血燥，血燥就要生風。這是就血這個局部而言，火熱不入血，血燥必定不會發生，必須有血熱這個前提，血燥才能發生。因此，血燥這個概念不是隨便就能用的，血虛並不等於血燥，這一點大家要弄清楚。

　　前面講治燥我們提到一個杏蘇散，與杏蘇散相對應的還有一個桑杏湯。桑杏湯由桑葉、杏仁、沙參、浙貝、豆豉、梔子、梨皮等藥組成。該方的氣味正好與杏蘇散相反，它所

對治的就是這個「火就燥」，這個燥熱。對付這個燥比較簡
單，首先就是要拿掉火，讓物遠離火，不就火，自然就沒有
燥，這就需要清熱。另外一個方面，已經被火蒸乾了的水分
我們需要補充，所以，還要養陰。一個清火，一個養陰，這
就達到了潤燥的目的。

　　一個辛溫潤燥，一個甘寒潤燥，雖然都是潤燥，但方法
卻截然相反。這個問題很值得我們細心地去琢磨，細心地去
思考。思考清楚了，琢磨清楚了，那我們在陰陽的思維裏又
大大地前進了一步。

　　接下來我們看寒濕的問題，前面我們已經討論過濕性本
熱，所以，要祛濕就必須清熱。溫病講濕去熱孤，其實這個
問題我們完全可以反過來看，熱去濕亦孤。在春夏的回南天
裏，空氣非常悶熱，地下都是濕兮兮的，用什麼辦法防潮都
不濟事，可是一旦天氣轉北，北風一吹，氣轉涼爽，地面便
立馬變乾。為什麼北風一刮便乾，南風越吹越濕呢？因為北
風帶來的是寒是降，南風帶來的是熱是升。從這個角度我們
很容易理解濕，很容易理解如何燥濕。可現在一轉到寒濕上
來，治濕不但不能用苦寒，反過來還要用苦溫苦熱，這個彎
好像一下轉不過來。

　　其實這個問題要與前面的燥熱聯繫起來看，既然燥與濕
是相對的，這個相對是從本性上言。那麼，在標性上燥濕也
應該相對。燥的標性是熱，濕的標性是寒。所以，燥熱與寒
濕亦相對應。這個對應關係一建立，我們就知道潮濕的東西
一近火就變乾燥，這個過程就是燥濕的過程。這個潮濕就是
寒濕。火就燥，火味苦，其性熱。因此，以苦溫苦熱來化濕
燥濕，其實就是講的這個「火就燥」的過程。「火就燥」其實
談的是兩個問題，一個是燥熱形成的過程，一個是寒濕的治
療過程。對於燥熱與寒濕應該可以這樣來思考。

(5) 陽明病之燥

　　陽明病很重要的一個問題就是討論燥。但是，這個燥是本燥還是標燥卻應該搞清楚。陽明的本燥我們前面已經論述過，它是涼燥，所以，《內經》又稱之為清氣。當然，太過了就成為清邪。這與陽明主合、主收、主降的特性相符合。而陽明病呢？就是陽明這樣一個主合、主收、主降的本性被破壞了，這就成了陽明病。而最容易導致這個陽明的習性受損，最容易破壞陽明這個本性的，就是火熱。因為火性炎上，火的這個性用就正好與陽明的性用相反，使陽明不能正常的收斂、沉降。所以，陽明病的這個燥顯然與本燥相違，它是標燥，也就是熱燥(燥熱)。我們治療這樣一個燥要用白虎湯，要用三承氣。白虎和承氣是幹什麼的呢？它們都是清劑、降劑，都是瀉火之劑。火熱瀉掉了，陽明的本性自然恢復。所以，陽明病主要討論的是這樣一個問題，是本性相違與本性恢復的問題。

　　另外，大家還應考慮到物性不滅的道理，這個地方有火熱，這個地方蒸乾了，另外一個地方就必然潮濕。反之亦然。自然氣候也是這樣，大澇之後必大旱，大旱之後必大澇。為什麼大澇之後必大旱，大旱之後必大澇呢？這就是自然的平衡、自然的調節，這就是物性不滅。老是下雨，哪有那麼多下的？那就必然要乾旱。乾旱久了，老在蒸騰，這個水總不會蒸到銀河去，總不會蒸到外星球去。所以，蒸到一定的程度，升到一定的高度，它就要受一個降的因素制約，它就要降下來。升的時間久，降的時間就必然久；升的量大，降的量必然也大。所以，大旱之後必大澇，大澇之後必大旱。老子講有無、難易、長短、高下、音聲、前後，都是相生、相成、相形、相盈、相合、相隨，而寒熱、燥濕、旱澇、晝夜、東西亦是如此。

◎燥濕相隨。

◎陽明病何以神昏譫語？

陽明病是氣分熱盛，是腸胃熱盛。陽明熱盛，蒸耗胃家津液，致胃腸乾燥而成胃家實之病。那麼，接著上面這個思路，胃家的這個津液被蒸耗到哪裏去了呢？一部分從腠理排泄掉了，所以，陽明病有大汗，有手足濈然汗出。而另一部分呢？另一部分必往上走而形成濕。這個「濕」產生過多，把清竅給蒙蔽住了，就會產生神昏和譫語。過去我們都說熱盛神昏、熱擾神明神昏，熱盛怎麼會神昏，熱擾怎麼會神昏？這個道理總不容易思考清楚。如果我們從上面這個角度去思考，是不是會清晰一些呢。

孟浩然的《春曉》云：「春眠不覺曉，處處聞啼鳥；夜來風雨聲，花落知多少。」春眠為什麼不覺曉？為什麼我們整個上午都昏昏欲睡？夏天上大課，到了上午3、4節，總有一大片要「倒」下去。我看這並不是同學們不用心思，而是這個昏沉來了確實讓人無法抗拒。除非你真的頭懸樑，錐刺股。那為什麼會產生這種現象呢？這就是因為春夏的陽氣升騰，水被蒸發成為濕，這個濕往上走，當然就會影響清竅的神明。不過這個影響是生理度上的影響，這個濕所造成的「蒙蔽」比較輕微，能為我們正常的生理所承受。所以它只是產生昏沉，只是產生嗜睡。但它畢竟是產生影響了，它畢竟使我們「不覺曉」。而一旦這個影響的度超過了生理，這就是陽明病討論的範圍。

上面這些內容實際上亦牽涉到一個標本的問題。運氣裏陽明為什麼要與太陰互為標本呢？這個問題值得我們深入地去思考。在六氣的治法裏，少陽太陰從本，少陰太陽從本從標，陽明厥陰不從標本從乎中氣。陽明為什麼不從標本而從乎中氣呢？其實也可以從燥濕的關係去思考。陽明病有我們剛剛講過的火氣太過，火氣太過，陽明就失去了它的本性，這個時候要用白虎、承氣來治療。大家思考過沒有，用大

黃、芒硝、枳實、厚樸這些藥，為什麼要叫承氣湯呢？承什麼氣？就是承的這個陽明之氣，就是承的這個降氣。現在火熱來了，陽明不降了，所以要承氣，要使它重新恢復降。我的先師把承氣湯讀作順氣湯，就是這個意思。順氣者，順陽明之氣也，順降氣也。如果反過來，陽明降得太厲害了，那也會引起燥。這個燥就是陽明本性的燥，只是太過而已。《素問》把這個燥稱為燥淫，淫就是太過的意思。燥淫於內，治以苦溫，佐以甘辛。這個時候再不能用承氣湯，再承氣不就燥上加燥，雪上加霜了。這個時候要改用辛溫苦溫的方法來潤燥。陽明篇不有一個吳茱萸湯嗎？吳茱萸湯就是針對這種情況而設。大家不要光看吳茱萸這味藥很辛燥，反過來吳茱萸湯還可以治燥，還可以潤燥。所以，關鍵的還是一個理，理搞清了，事情就好辦。吳茱萸湯為什麼不可以治涼燥？為什麼不可以治燥咳？當然可以！這就叫信手拈來，頭頭是道。◎信手拈來。

　　再一點就是今年是庚辰年，今年南方的雨水特別多。為什麼呢？這與今歲的年之所加有沒有關係？我想應該有關係。大家可以自己去思考、去分析，而方法我們前面已經講過了，無非是一升一降、一出一入、一寒一熱、一水一火的問題。而歸結起來，就是陰陽的問題。

　　陽明的運氣義就討論到這裏，陽明的篇題也就講到這裏。

二、陽明病提綱

　　我們先看陽明篇的第一條，即179條：「問曰：病有太陽陽明，有正陽陽明，有少陽陽明，何謂也？答曰：太陽陽

明者，脾約是也；正陽陽明者，胃家實是也；少陽陽明者，發汗、利小便已，胃中燥、煩、實，大便難是也。」這一條我們可以從四個方面來進行討論。

1. 總義

（1）陽明病的不同路徑

這一條講到三個陽明，即太陽陽明、正陽陽明、少陽陽明，也就是說至少有三個途徑能導致陽明病，而這裏提到的三個途徑都只局限在三陽裏。在三陽篇裏，太陽為表，陽明為裏，少陽為半表半裏，三陽的病發展到陽明，從病勢上、從病位上、從病情上，好像都有加重的趨勢。所以，張仲景在這裏提出這樣三個途徑，在一定意義上是希望我們能及早阻斷這些路徑。三個路徑阻斷了，便不會有脾約、胃家實、大便難的發生。

陽明病除了上面三個途徑，還會不會有其他的途徑？比如說除了太陽陽明、正陽陽明、少陽陽明，還會不會有太陰陽明、少陰陽明、厥陰陽明？這個問題需要我們共同來思考。從張仲景所給出的線索，好像還應該有這三個陽明。比如太陰篇278條的「至七八日，雖暴煩下利日十餘行，必自止，以脾家實，腐穢當去故也」。前人云：實則陽明，虛則太陰。因此，這一條實際是太陰轉出陽明，亦即太陰陽明的典型例子。另外，少陰篇的三急下證，即320條、321條、322條，是否可以看作少陰陽明？厥陰篇374條用小承氣湯，是否可以看作厥陰陽明？

三陽導致陽明，好像病情加重了，三陰轉出陽明呢？這就形成了完全不同的問題。

（2）對下法的現代思考

前面我們談過陽明這一經很重要，為什麼重要呢？它既是載寶的地方，水穀在這裏；也是藏污納垢的地方，大便也在這裏。陽明是精華與污穢同在的地方。有正有邪，正邪同居。　　　　　　　　　　◎魚龍混雜。

從現代的角度看，這個寶穢同處、正邪同居也可以有許多的方面。比如人體有很多的細菌，這個細菌用重量來衡量有一千多克，用體積來衡量相當於肝臟的大小。那麼，這些細菌主要居住在哪裏呢？就在陽明這個系統裏。這些細菌有部分是致病菌，一俟條件成熟，它就會為非作歹。而有些卻是身體的有益菌群，機體的部分必需物質，如維生素族，就是由這些菌群來合成生產。此外，有益菌群對致病菌群還具有拮抗作用。現在很多人對細菌的常識不瞭解，以為凡是細菌對於身體都有害無益，都應該統統地消滅。因此，把細菌當作了所有導致機體不健康因素的罪魁禍首，從而也就把抗生素當作了維繫機體健康的頭號法寶。老百姓無論遇到什麼病，都以為要用抗生素才能治好，而做醫生的無論遇到什麼病，不用上一些抗生素也總覺得不放心。這是目前中國醫界的一個大現狀，也是現代醫學的一個最大的誤區。美國人對過去的這個20世紀進行了方方面面的深刻反省，總結了幾個重大的失誤。其中一個最大的失誤就是「濫用抗生素」。對這個失誤，美國已經採取了一系列的重要措施來防止。現在在美國，對於抗生素的管制要遠遠地嚴格於槍支，這說明美國人已經意識到抗生素對生命的危害作用要遠遠大過槍支。水能載舟，亦能覆舟，美國人在這一點上是十分清醒　◎載覆慎之。
的。相比之下，在對這個問題的認識上、採取的措施上，我們卻十分糊塗！

　　那麼，如何讓上述這個寶、上述這個正對機體發揮最大的作用？如何使上述這個穢、上述這個邪的有害影響降低到最低的程度？關鍵就要看陽明這個系統的功能。而陽明的功能主要體現在一個通降上。我們從很直觀的角度看這個通降，通降就體現在對腸道內容物、對糞便的排泄上。因此，保持大便通暢，對於維繫機體健康是一個非常重要的方面。

　　陽明這個通降的特性，使我們很容易想到，毛病要是在陽明這個系統裏，就可以通過清掃的方法，很容易地把它祛除掉。所謂清掃就是下法，就是三承氣所包含的治法。疾病只要在陽明這個系統裏，都有可能用上面的方法來「一瀉了之」。因此，下法的前提是它必須在陽明這個系統裏，必須形成陽明的局面，必須有陽明病的格局。如果沒有這樣的局面，沒有形成這樣的格局，你也使用這個治法，那就叫作「妄下」。「妄下」就會出問題。我想胡萬林就是一個最典型不過的例子。但是，對胡萬林也應該一分為二來看，不能一刀切，不能一棍子打死。他使用下法的這樣一種精神和勇氣，以及他眾多的成功病例，是值得我們很好地思索與借鑒的。只是這個度他沒有很好的把握，這個前提他沒能很好地把握。

◎胡萬林的教訓。

　　上面這個前提非常重要，如果疾病不在陽明這個系統裏，在其他的地方，我們可不可以通過一定的方法把它引導到陽明這個系統裏來？我們可不可以通過一定的方法來幫助形成陽明這個格局？然後再一瀉了之。我想從理論上應該完全可能。而且不少的古代醫家，像張子和這樣的醫家已經在這方面做了大量的探索和實踐。借助這些探索，借助這些經驗，上述這個引導過程的技術是可以形成和完善的。在我們提出這樣一個問題的時候，在我們做出這樣一個思考的時候，我們突然發現，我們雖然還是在談論一個很傳統的問題、很經典的問題，但是，我們已經不是在原來的那個點上

來討論它，我們已經跨越了兩個千年。我們利用現代的思維對傳統的問題進行新視點、新角度的思考，這樣一個過程算不算中醫現代化呢？我想這個問題很值得大家思考，尤其是中醫的主管部門、行政部門更不應該輕視這個問題。現在一提到現代化，大家很自然地都把目光聚焦在現代化的手段和現代化的儀器設備上，以為非要實驗研究，非要進入現代化的實驗室，非要把中醫放在分子生物學甚至基因片斷上來研究，這才是現代化。一句話，非要小白鼠、小白兔點頭這才算現代化。現在你要申報課題，如果沒有這些內容，你是很難獲得通過的。當然，上面這些工作必須要人去做，但這僅僅是一個方面。如果我們把全部的精力，把所有的目光，都集中在這個方面，那就難免會犯錯誤。

　　我們現在來談現代化，就像我們上面談下法，它有一個重要的前提。如我們跟台灣談判，一個中國就是一個前提，有這個前提什麼都能說，什麼都能談；如果沒有這個前提，什麼都不能談。中醫的現代化也是這樣，中醫就是一個根本的前提。我所在的廣西中醫學院院長王乃平教授曾多次強調：「離開中醫這個前提去搞現代化，其結果將會是現代化的程度越高，中醫死得越快。」王院長的這個論斷不但具有很深的戰略意義，同時也有很深的哲學意義。這使我再次想到《莊子‧應帝王》中的一則寓言：「南海之帝為儵，北海之帝為忽，中央之帝為渾沌。儵與忽時相與遇於渾沌之地，渾沌待之甚善。儵與忽謀報渾沌之德，曰：『人皆有七竅以視聽食息。此獨無有，嘗試鑿之。』日鑿一竅，七日而渾沌死。」中醫要搞現代化，中醫不能老是這副土裏土氣的樣子。搞現代化的目的是讓中醫更好地適應現代，更好地服務現代。但是，如果這個現代化搞不好，中醫會像渾沌一樣死在我們手中，這是完全有可能的。

◎渾沌的故事。

　　保持和發揚傳統特色，走現代化道路，這是兩全其美的事，這是非常值得讚歎的事，但弄不好這又是一廂情願的事。傳統和現代化有些時候就像一個悖論，你抓住了這頭就會失去那頭，你抓了那頭就會失去這頭。不信大家往現實中看一看，有幾個人能一頭鑽進實驗室裏，而另一頭又埋在《內經》裏？有幾個人一手抓分子生物學，一手又抓《黃帝內經》？像現在的兩個文明一樣，兩手都要抓，兩手都要硬，很少有人能做到這一點。絕大多數的人是抓了分子生物學就丟了《黃帝內經》。我在第一章裏曾經提到過，在博士這個群體裏，為什麼有那麼多的人不再光顧《內經》，不再光顧《傷寒論》？可見「此事兩難全」。就像我一樣，一頭埋在《內經》、《傷寒》了，就再騰不出另一頭放到實驗室裏。不過，我對現代是非常關注的，也在不時地運用現代思維來思考傳統的問題。經過長期的關注與思考，我得出了兩個

◎兩個基本看法。

基本的看法：第一個看法，中醫的現代化首先是思想上的現代化、思維上的現代化、表述上的現代化，應該急於進行思維上的現代化實驗，而不宜急於小白鼠的實驗；第二個看法，傳統與現代的結合，應該是傳統精英與現代精英的結合，只有這樣的結合才能有成效，才會出碩果。過去這些年裏我們把這個路子合起來了，想在一個人身上同時打造出兩個精英，然後實現兩個精英的自然結合。現在看來，這是欲速而不達。這個路子必須分開來走。對於現代精英的造就並不困難，因為現在整個世界、整個時代都在致力於這個精英的培養。而要培養一個傳統精英，卻是困難重重。因此，要實現傳統與現代的結合，要實現中醫的現代化，我們應該把很大的一部分精力放在傳統上，放在傳統精英的打造上。我想這是一個十分重要的前提。中醫能不能用現代的這些手段，能不能用CT、核磁共振，當然能用。現代的

一切手段我想中醫都能用，但是，大家不要誤以為這就是中醫的現代化。如果你把這些當作中醫現代化，那從內涵上和邏輯上都是講不通的。從目前的情況看，運用現代化的這些手段，不能叫中醫現代化，充其量只能算中醫用現代化。中醫不必老是長袍馬褂，中醫也可以穿西裝革履，但並不意味著穿上西裝這個中醫就改變了，中醫沒有改變，中醫還是那個中醫。這是兩個不同的概念，希望大家能夠分清楚。

　　第一章中我們談到，先師用大量的陳皮、白芷、玉竹、大棗治療血氣胸，服藥以後出現大量瀉下，瀉後胸腔的血氣很快吸收。瀉一瀉肚，胸腔的血氣就沒有了。是胸腔的血氣通過一個突然開放的通道直接轉移到大腸裏去了呢，還是被血液直接吸收了？為什麼腸炎的拉肚子起不到這個作用？在這裏先師為什麼不用大、小承氣湯來瀉下，而要用這些平常都不會引起瀉下作用的藥物來瀉下？肺的問題、胸腔的問題，可以通過肺與大腸的這個表裏關係直接轉送到大腸，然後排泄出去。那麼，其他地方的病是不是也可通過經絡之間的互相聯繫，通過一個中轉，也轉送到大腸裏，也轉移到陽明裏，然後排泄出去呢？如果這樣的路子可行，那麼很多疑難病症就有了解決的辦法。我們學習這一條條文時，如果能夠這樣來思維，這就為我們今後的研究，為我們傳統的研究，為我們現代的研究，留出了一大片空間，提出了一大堆研究課題。這樣的一個思維過程難道就不是現代化嗎？對於現代化我們的理解不應該太機械、太死板，應該把眼光放遠一點。有些問題是很確鑿的，兩千年的歷史都點頭了，幹嗎一定還要小白鼠點頭才行。

◎ 參看 18–19 頁的有關論述。

2. 脾約

脾約就是太陽陽明，怎麼叫作脾約呢？我們看六版《傷寒論》教材的詞解：「脾約：胃熱腸燥津傷而致的便秘。」有的則釋為胃熱津傷，脾之功能為胃熱所約，致不能為胃行其津液，故致腸燥便秘者，是為脾約。對於上面這些解釋，以及其他類似的許多解釋，我一直感到難以信服。如果是這樣的一個便秘，古人完全可以叫一個其他的名字，或者叫「津傷」，或者叫「燥腸」，或者叫「胃熱」都行。幹嗎一定要叫這個不相干的脾約呢？脾約與太陽陽明有什麼關聯？如果這樣來解釋，至少在邏輯上我們看不出它與太陽陽明的關聯。

脾約的表現是腸中燥，便硬結，這一點是可以肯定的。問題是這個腸燥便秘為什麼要叫脾約？而且為什麼要太陽陽明才叫脾約？其實這個問題既複雜又簡單，說它複雜是一千多年沒能得出一個令人信服的說法；說它簡單確實簡單，你只要把它放進燥濕裏去考慮，就很容易地解決了。有關燥濕的關係我們剛剛討論過，就脾胃而言，脾屬濕，胃屬燥。約是什麼意思呢？約就是約束的意思。脾約就等於把濕約束起來了，脾濕一約，胃燥自然就顯現，自然就有腸燥便秘的現象。這好像是在做文字遊戲，但是這個遊戲很有意思。濕一約，當然就燥了，脾約就是這麼一回事情。但為什麼一定要太陽陽明才叫脾約呢？我們看247條：「趺陽脈浮而澀，浮則胃氣強，澀則小便數，浮澀相搏，大便則硬，其脾為約，麻子仁丸主之。」這一條講脾約點出了小便數、大便硬，是小便數導致這個腸中燥、大便硬，是小便數導致這個陽明，所以它叫太陽陽明。為什麼叫太陽陽明？因為小便由膀胱所主，由太陽所主。由小便數所導致的這個陽明，那當然就可以叫作太陽陽明。可是為什麼小便數一定要牽扯到脾約上來

呢？這就是一個水土之間的關係問題。正常情況下土克水，土約水，現在土的自身功能受約制了，那當然就不能制水，那當然就會小便數。所以，太陽陽明就與脾約很有關聯。

另外，除了小便數、大便硬的情況外，臨床上還可以見到汗出過多大便亦硬的情況。汗為腠理所司，亦為太陽所主。汗出過多所致的胃中乾燥大便硬，是不是也可以叫作太陽陽明？是不是也可以按照脾約的方法去治療？這個問題也希望大家共同來思考。

3. 正陽陽明

（1）歷代醫家之釋

對於正陽陽明的釋義，歷代不盡相同。如六版教材云：「外邪入裏，直犯陽明而形成，叫作正陽陽明」；尤在涇則以「邪熱入胃，糟粕內結，陽明自病」為正陽陽明；有以陽明本燥，故陽明病燥結者，是其本氣之病，故謂正陽陽明，如張錫駒即本此；有以不兼太陽、少陽的陽明病為正陽陽明，如汪琥即持此觀點。對於以上各家的觀點，大家可以參考。

（2）正陽本義

正陽這個詞在《傷寒論》中沒有單獨使用，它只是與陽明搭配而成「正陽陽明」。正陽是否就是指太陽、少陽之外的陽明？或者正陽這個詞還有其他的含義？這個問題上述的這些釋義似乎都沒有提出來。

我們認為正陽不見得就是指陽明，或者說正宗的陽明就叫正陽。正陽應該有它專門的含義，這個含義我們可以從文字的角度來瞭解。《康熙字典》載云：「四月亦曰正月。《詩‧

小雅》『正月繁霜』，《箋》：『夏之四月，建巳之月。』《疏》：
『謂之正月者，以乾用事，正純陽之月。』又杜預《左傳昭十
七年》注：『謂建巳正陽之月也。』」所以，正陽就是乾陽，
就是建巳之月。建巳為四月，夏氣開始用事。夏氣是什麼
呢？就是火熱之氣。火熱之氣最容易施於陽明而導致陽明
病，因為火熱之性炎上，正好與陽明主降的性用相反，所
以，火施陽明是導致陽明病最常見的一個原因。火熱也就是
正陽之氣，由火施陽明所致的陽明病，當然就可以叫作正陽
陽明。因此，正陽陽明是有所指的，並非不兼太陽、少陽就
是正陽陽明。

　　對於正陽的上述含義，除了文字的證明以外，我們還可
以從條文本身來說明。大家看168條的白虎加人參湯，在它
的方後注裏有這樣一段話：「此方立夏後，立秋前乃可服。」
白虎加人參湯是陽明病的主方之一，為什麼要限定在立夏後
至立秋前這段時間服用呢？這段時間剛好是夏三月，夏三月
火熱用事，正陽用事，這個時段裏最容易導致火施陽明的正
陽陽明病。白虎加人參湯要規定在「立夏後，立秋前乃可
服」，這就反過來證明我們對正陽陽明的解釋是恰當的。

（3）胃家實

　　正陽陽明又叫作胃家實，下面我們一起來看胃家實的
意義。

① 胃

　　胃代表什麼呢？首先是我們常識上的這個胃府。除此之
外，《素問·陰陽應象大論》對胃還有一個很重要的概括：
「六經為川，腸胃為海。」六經與胃之間的關係，就是川與海
的關係。川與海是個什麼關係呢？俗話說：「海納百川，百

川歸海。」百川歸海，說明川與海要麼有直接聯繫，要麼有間接的聯繫。沒有聯繫，川中的水怎麼會彙集到海裏呢？川海之間的這樣一種關係，證明了六經與腸胃是相通的。六經的疾病便可以通過適當的方式引聚到腸胃中來，然後瀉之使出。下法為什麼能夠袪治百病呢？道理就在這裏。

前面我們提到「下法的現代思考」這樣一個議題。從這個川與海的關係，從這個六經與腸胃的關係，我們知道上述的這樣一種思考完全是有可能的，完全是可以實現的。六經網絡全身，無處不到，所以，就可以通過上面的關係把全身的疾病，甚至是很嚴重的疾病引聚到腸胃中來，引聚到海裏來，然後清除掉。我們上面這個思考的一個重要基礎，就是建立在六經與腸胃這個特殊關係上的。

華齡出版社於1992年出版了一本《治癌秘方》，作者叫孫秉嚴。這部書是他34年治癌經驗的寫照。所謂「治癌秘方」，這個「秘方」歸納起來就是一個下法，當然是各種不同的下法。孫醫生的經驗十分可貴，而一旦放進陽明篇裏，一旦放到「六經為川，腸胃為海」的這樣一個關係裏去思考，理論上的問題就會很容易地得到解決。困難就在我們怎麼形成一個陽明的局面，在沒有形成陽明這個局面的時候就輕易地使用下法，決定是會利少弊多，甚至是有害無益。這是使用下法必須注意的一個問題。也就是說下法必須有它的指徵。邪在少陰，你怎麼把它引到陽明來？邪在厥陰，你怎麼把它引到陽明來？引到什麼程度才算是形成陽明的局面。這些都應該有具體指標，這些就牽涉到很具體的技術問題。解決這些問題我們可以參考古人和今人的經驗，我們也可以創立新的思路，形成新的方法。我以為，這樣的一些思考是很有意義的，從某種角度講，這才符合中醫現代化的內涵。

◎治癌秘法。

◎二十八宿中為
什麼有心、胃兩
宿？

　　另外一個方面，胃不僅僅是藏象學上的一個概念，它還
是天文學的一個概念。胃是二十八宿中的一宿，更具體地
說胃是西方七宿亦即白虎宿中的一宿。西方主降，白虎主
降，胃主降，陽明主降。為什麼治療陽明病的主要代表方
要叫白虎湯？為什麼胃剛好在西方白虎這一宿而不在其他青
龍、朱雀、玄武這些宿？為什麼陽明病要叫作「胃家實」？這
一連串的為什麼思考清楚了，你就會有豁然貫通的感覺，你
就會從心底裏認識到中醫是成體系的，上至天文，下至地
理，中及人事。如果僅僅是一門經驗醫學，有沒有可能建
立起這樣一個龐大的體系？顯然是不可能的。胃為西方七
宿之一，《史記‧天官書》云：「胃為天倉。」其注云：「胃主
倉廩，五穀之府也，明則天下和平，五穀豐稔。」《素問‧
靈蘭秘典論》云：「脾胃者，倉廩之官，五味出焉。」可見西
方七宿之一的「胃」並非假借的虛詞，它是有實義的，這個
實義正好與脾胃所主的倉廩相符。天人相應，更具體一點
就是星宿與藏府相應。胃為天倉，胃明則天下和平，五穀
豐稔；脾胃為倉廩之官，脾胃健則身體康泰，五味出焉。
星宿的胃與藏府的胃，它們之間的這樣一種關係值得我們認
真地思考與研究。前些日子，一位長者也是一位領導從關
心和鼓勵的角度告誡我說：「在中醫學院範圍內，能像你這
樣深入經典的確實很少，但是，有一個問題卻需要注意，就
是經典裏面有精華也有糟粕，要取其精華，棄其糟粕。」這
位長者的意思很清楚，一方面對我鑽研經典的精神表示讚
歎，另一方面又擔心我錯將糟粕當精華。這個意見提得很
好，而且提得很普適。不但搞經典應該這樣，搞任何一門
學問都應該這樣，都要取其精華，棄其糟粕。現代科學裏
就只有精華，沒有糟粕嗎？非也！現代科學裏也有糟粕。
而就目前的情況看，而就中醫界的現狀看，將經典中的糟粕

◎好人讀壞書亦
好，壞人讀好書
亦壞。

當成精華的情況並不嚴重，嚴重的是在很多人眼裏，特別是在相當多的高層次群體眼裏，經典中並沒有多少精華可取。沒精華可取，那當然就可以不屑一顧了。博士們之所以只朝現代看，只朝分子生物學看，只朝實驗室看，而很少朝經典裏看，恐怕與上面這個認識有關。有誰願去吃力而不討好呢？所以，中醫的當務之急，不是良莠不分，不是我們過多地把糟粕當成了精華，而是我們很多人從骨子裏失去了對它的信心，從骨子裏沒把它當成寶庫。像星宿胃和藏府胃這樣一個問題，我們是把它當糟粕迷信呢，還是設法從多方面去研究它？

二十八宿中，使用藏府名來命名的還有心。心位於東方七宿，心宿的定位是否與先天八卦離位東方有關，這一點值得我們研究。為什麼在二十八宿的命名中五藏它選一個心，六府它選一個胃？心為五藏之主，胃為六府之主。為什麼要選用這兩個藏府之主來為星宿命名？這個問題亦值得我們深思。

② 胃家

正陽陽明它不講胃實，而講胃家實，胃家有什麼意義呢？中國人對「家」的觀念是很濃厚的，幾乎每個人都能説出「家」的含義。如果你是單身一人，儘管你住有100平方米，三房二廳，可這個還不能叫家，你要回去也只能叫回宿舍，不能叫回家。所以要成家，至少得有兩個人，兩口之家，三口之家，當然要是在過去完全可以有十幾口的家。張仲景在這裏用「胃家」，很顯然，除胃以外肯定還有其他的因素，還有其他的成員。否則不能稱胃家。所以，陽明病的胃家實除胃以外，起碼還包括腸。否則，對「胃中必有燥屎五六枚」這樣的條文就沒有辦法理解，就會被別人看笑話。

③ 實

胃家實，什麼是「實」？實在這裏有兩義。《素問·通評虛實論》云：「邪氣盛則實，精氣奪則虛。」邪氣很盛的就叫實，精氣被奪的就叫虛。那麼，這裏的胃家實是不是就指這個意思呢？前人基本上都持這個觀點。疾病發展到陽明階段，邪氣很盛，正氣未虛，所以，胃家實應該是指邪氣盛實的意思。這個解釋可以參考，但是還不全面。《廣韻》解實為：「誠也，滿也。」《增韻》：「充也，虛之對也。」因此，實還有滿的意思，還有充的意思，還有與虛相對的意思，合起來就是充實。那麼，實的二義中究竟哪一個更符合、更確切？我們看第一義，第一義是邪氣盛，邪氣盛它是從因的角度去談，如果我們從因的角度去看這個胃家實，那顯然就不符合了。為什麼呢？因為在六經的提綱條文裏，它都是談證，都是從果上去談。像太陽的脈浮，頭項強痛；少陽的口苦，咽乾，目眩；太陰的腹滿而吐，食不下；少陰的脈微細，但欲寐；厥陰的消渴，氣上撞心等。這些都是言證，都是言果，它是從果上去求因。怎麼到陽明會有例外？所以，胃家實若作第一義的邪氣盛解，顯然有悖邏輯。它應該還是言證，應該還是言果。因此從充實來講，從第二義來講，似更為確切，更符合邏輯。

《素問·五藏別論》云：「六府者，傳化物而不藏，故實而不能滿；五藏者，藏精氣而不瀉，故滿而不能實。」又云：「六府更虛更實，胃實則腸虛，腸實則胃虛。」五藏是藏精氣而不瀉，所以，只能滿不能實；六府是傳化物而不藏，它主要起傳導的作用，所以，只能實不能滿。六府實而不滿為常，胃為六府之主，這裏講的「胃家實」似與《素問·五藏別論》講的六府實相符合。相符合就應該是正常，為什麼179條以及下面的陽明病機條文反而以「實」為病呢？這裏妙

就妙在張仲景用了一個「家」字。家的意義我們前面講過，至少要兩個以上才能稱為家，所以，這裏用胃家，顯然就不單單是胃，起碼包括了腸。胃腸合起來方堪稱「家」。因此，「胃家實」就成了腸實胃亦實，這就根本打破了《素問‧五藏別論》「胃實則腸虛，腸實則胃虛」這樣一種「更實更虛」的正常生理格局。正常生理格局打破了，那當然就是疾病的狀態。在第一章和第五章中我們用了不少的篇幅來討論經典文字的意義，經典的文字是慎之又慎的，這裏面的隨意性成分很少，前人說：「一字之安，堅若磐石。」經典的文字會像磐石一樣堅固，可見這個慎重非同小可。像上面這個「家」字，你說是不是堅若磐石？有家和無家，意義截然不同。有家則病，以胃腸皆實也。無家則不病，無家則為常，以胃實則腸虛也。有了這個「一字之安，堅若磐石」，就自然會有「一義之出，燦若星辰」。

◎「家」的意義。

④ 病機格式化

這裏正陽陽明講胃家實，下面180條的病機條文也講胃家實，這就說明了陽明病機的一個著眼點就在這個「胃家實」上。就像五藏病機中的心病機要著眼於「痛癢」一樣，六經病機中的陽明病機就著眼於「胃家實」。胃家實是果，前面的正陽，也就是火熱是因，而陽明是機。因、機、果這三者既有聯繫，又有不同的重點，既要將三者打成一片，又不容混淆。如果我們將這條公認的陽明病提綱條文進行病機格式化，可以寫成「諸胃家實，皆屬於陽明」。

正陽陽明以及陽明提綱條文就討論到這裏。

4. 少陽陽明

（1）三陽治法

「少陽陽明者，發汗、利小便已，胃中燥、煩、實，大便難是也。」在少陽陽明的這樣一個前提下，提出了發汗、利小便，這就說明發汗、利小便與少陽陽明的產生是有關聯的。為什麼發汗、利小便會導致胃中燥、煩、實？會導致少陽陽明的大便難？很顯然，發汗、利小便這樣的治療方法對於少陽病並不適宜。這就促使我們去瞭解和思考三陽病在治療上的差異。

① 太陽病治法

太陽病的治療方法主要是發汗和利小便，另外還有吐法。發汗主要針對太陽經證、表證，也就是《素問·陰陽應象大論》講的「其有邪者，漬形以為汗；其在皮者，汗而發之」的治法。代表方是麻黃湯、桂枝湯。利小便主要針對太陽府證，利小便是通陽的一個好方法。即如葉天士說：「通陽不在溫，而在利小便。」所以，利小便不僅是「引而竭之」之法，也包括了「汗而發之」之法。另外，吐法也是太陽病的治療方法之一，以病位而言，太陽病的病位不但在表在外，在高在上也是很重要的一個方面。如上論所云：「其高者，因而越之。」吐法便是這樣一個「越法」。它的代表方是太陽篇的瓜蒂散。

◎吐法的妙用。

在第一章中我曾經給大家介紹過曾榮修老中醫，曾老給我講過他的一個親身經歷。十多年前他患上了三叉神經痛，痛起來非常要命，直想往牆上撞，服什麼藥都不管用。曾老原來抽煙很厲害，痰很多，每天早上都要咳吐一陣子。可是自從患上了這個三叉神經痛，痰突然就減少了，早上也沒痰需要咳吐。這個變化引起了曾老的思索，煙照抽，飲食也沒

有改變，這個痰跑到哪裏去了呢？一定是跑到三叉神經上去了。痰阻塞了三叉神經所屬區域的經絡，這便「不通則痛」了。對！肯定就是這個問題。用什麼方法將痰引出來呢？曾老採用了張錫純的法子，以刺激天突的方法來催吐，結果吐出半痰盂膠黏的痰涎，痰吐出後，頭痛立刻減輕，再引吐幾次，疼痛再未發作。大家知道三叉神經痛是個十分頑固的病，現在儘管有許多進口的西藥，效果還是不理想。有的痛到最後沒有辦法，只有採用手術療法，將神經根切斷。用切斷神經的方法止痛，的確不是一個好方法。這樣頑固的疾病一吐就吐好了，整個過程幾分鐘，不花一文錢。所以，中醫的一些治法著實不容輕視，土好像土了些，但它的確能夠解決問題。

總起來說，太陽病的治法或汗，或利小便，或吐，都是開放的方法，這與太陽主開的特性非常相應。

② 陽明病治法

陽明病的治法歷來都以清、下二法概之。清法主要指白虎所賅之法，若細分起來，清法還應包括梔子豉湯法、豬苓湯法。下法前人今人都以三承氣湯為代表，但若按仲景本人的說法，下法是有嚴格區分的。三承氣湯中，只有大承氣湯可稱下法，是下法的代表方。而小承氣湯仲景不言下只言和，如208條云：「陽明病，脈遲，雖汗出不惡寒者，其身必重，短氣腹滿而喘，有潮熱者，此外欲解，可攻裏也。手足濈然汗出者，此大便已鞕也，大承氣湯主之；若汗多，微發熱惡寒者，外未解也，其熱不潮，未可與承氣湯；若腹大滿不通者，可與小承氣湯，微和胃氣，勿令至大泄下。」又如209條云：「……其後發熱者，必大便複硬而少也，以小承氣湯和之。」又如250條云：「太陽病，若吐若下若發汗後，微煩，小便數，大便因硬者，與

◎何為下劑？

小承氣湯和之愈。」由上數條條文可知，仲景用小承氣湯原不在下而在和，故小承氣湯應為和法之代表，而非下法之代表。另外就是調胃承氣湯，仲景用該承氣湯亦不言下，在該方的方後注云：「溫頓服之，以調胃氣。」所以，調胃承氣湯誠如其方名所言，目的在於調胃，故調胃承氣湯是調胃之劑而非下劑。

綜觀上述三方，三方都言承氣，承什麼氣呢？當然是承胃家之氣。胃家之氣以通降為順，因此三方都有通降的功能。只是這個通降的度不同，就導致了在治法的稱謂上的不同。通降在調胃承氣湯這個度上，它的功用是調胃氣；通降在小承氣湯這個度上，它的功用是和胃氣；而通降到大承氣湯這個度上，就變成下劑、攻劑了。所以，承氣的程度、通降的程度不同，它的功用以及治法的稱謂也就完全不同。因此，把握好上述這個度就成為一個很關鍵的技術問題。我們再看三承氣湯的方後注，調胃承氣湯是「溫頓服之，以調胃氣」。大承氣湯是「分溫再服，得下餘勿服」。小承氣湯是「初服湯當更衣，不爾者盡飲之，若更衣者，勿服之」。三承氣湯中，調胃承氣湯既不言下，也不言更衣，只言「調胃氣」；大承氣湯則直言「得下」；小承湯則言「當更衣」。更衣是個比較文明的稱謂，古人不說大便，也不說拉屎，說更衣就知道是怎麼回事。所以，更衣當指平常的大便。要是平常的通暢大便沒有了，這個時候要用小承氣湯，小承氣湯服後就會更衣，就會恢復正常的大便。因此，「更衣」與「得下」顯然有很大的差別。從上述三個方後注，我們看到了仲景措辭用字真是一點都不含糊，絕不是這也可那也可。這裏面的區別既有嚴密的理論、嚴密的邏輯作依據，亦有很實在的臨床。從這裏我們再次感受到了「一字之安，堅若磐石」。

③ 六府以通為用

以上我們談到了太陽的汗法、利法、吐法以及陽明的下法、和法、調法、清法，在這些治法中，汗法是疏通腠理玄府，利法是開通氣化，疏利膀胱，吐法是宣通上焦，下法、和法、調法都著眼於胃家的通降。上述的這些治法雖異，但都沒有離開一個「通」字，可以說以上諸法就是圍繞一個「通」字而展開的。「通」字法其實就是六府的正治法，因為六府以通為用，只有恢復了六府的通用，其傳化物而不藏的功能方得以實現。因此，太陽陽明的治法實際上就是通法，就是針對六府的治法。

④ 少陽不主通利

在「少陽陽明」的開首，我們談到了以汗、利小便的治療方法並不適宜少陽病的問題，現在再翻開少陽篇，看看少陽篇的內容，就會發現少陽病不但不能用發汗、利小便的方法，也不能用吐下的方法。汗、吐、下、利都是通法，太陽、陽明皆以用之，因為六府以通為用。為什麼到了少陽這一府卻要禁用這些「通」法？難道少陽就不要以通為用嗎？

少陽主樞機，於六府屬膽。膽除了六府這個屬性外，還有另外一個特殊的屬性，這個屬性在《素問‧五藏別論》中有特別的交代：「腦、髓、骨、脈、膽、女子胞，此六者，地氣之所生也，皆藏於陰而象於地，故藏而不瀉，名曰奇恒之府。」府本來是瀉而不藏的，既然是瀉而不藏，那當然就要以通為用。試想如果六府不通，它怎麼能夠做到瀉而不藏呢？所以，通法當然就是六府的正治法。現在膽的另外一個屬性告訴我們，它是藏而不瀉。府本應瀉而不藏，藏本應藏而不瀉，現在反過來了，府也變成藏而不瀉。府行藏性，你說奇不奇？當然稀奇！所以就叫作「奇恒之府」。既然是藏而不瀉，那當然就不能再用「通」法，所以，適用於六府的這

◎利膽的提法對不對？

些汗、吐、下、利諸法都不能用於少陽病的治療。如果誤用，那就會出問題。少陽陽明的「胃中燥、煩、實、大便難」，便是誤用上法的一端。因此，對於少陽病的治療，對於膽的治療，應該充分地考慮到這個奇恒之府的特性，這個藏而不瀉的特性。

膽的這樣一個奇恒之府的特性，在臨床上亦隨處可見。比如肝膽系統的結石與泌尿系統的結石在治療的難易程度上就有很大的差別，泌尿系統的結石治之往往較易，為什麼呢？因為它可以充分運用通利的方法。而相比之下，肝膽系統的結石則治之較難，為什麼困難？就是因為在奇恒之府這樣一個系統裏我們很難運用通利的方法奏效。而對於結石，如果不能用通利的方法，或者說通利的方法不適宜，那還有什麼方法可用？

三、陽明病時相

本節的講解主要以193條「陽明病欲解時，從申至戌上」為依據。

1. 申至戌上

有關欲解時的意義，在前面的太陽篇中已詳細述及，這裏不再贅述。

申至戌上即申酉戌三個時段。申酉戌亦至少包括三個層次：第一層次是日層次，即下午三點至晚上九點的這個時段；第二層次是月層次，即下弦前後的這個時段；第三層次是年層次，即七、八、九三個月。陽明欲解時的這三個層次

宜參照太陽病欲解時的三個層次來理解。這裏舉出三個層次只是粗分，若細分起來則有更多的層次、更細的層次。大家只要掌握了太陽篇所說的同象原理，再細的微分也能夠把握住。總之是日中有月，月中有日，日中有四時，年中亦有四時。不管這個層次再粗或再細，不管這個週期再長或再短，個中的陰陽變化都是相同的，都是一個生長收藏。因此，不同層次中的理論，是可以互通互用的。比如《素問》說：「月空勿瀉，月滿勿補」，這是講的月週期這個層次的補瀉原則。這個補瀉原則能不能用於日週期或者年週期這些層次呢？

◎ 把握補瀉的時機。

　　同樣可以運用。「月空勿瀉，月滿勿補」反過來就應該是「月空宜補，月滿宜瀉」。月空以年週期對之，則為冬季，進補應該選擇什麼季節呢？連平常百姓都知道應該選擇冬季。冬季進補已經成為一個常識，但是，若要查證它的出處，它還是出於《內經》。剩下的，在日週期這個層次，或者在更大的、更小的週期層次裏如何進補，大家可以自己思考。

　　申酉戌從年週期層次上屬於秋三月，秋三月若用一個字來概括其功用，就是「收」。秋三月陽氣在收，萬物在收。陽氣的這個「收」它會以一種涼，以一種燥的形式出現，萬物的這個「收」呢？它往往以一個種子的形式出現。我們秋季收莊稼，收它的什麼呢？就收它的這個果實、這個種子。種子從實在的意義講，就是對生命的一種濃縮，對生命的一種記憶。動物的種子、植物的種子都不例外。而種子的重新播種，無非就是這個濃縮生命的重新放大，無非就是這個記憶的釋放過程。當然，這樣一種濃縮，這樣一種記憶它還與「藏」這個過程相關，所以我們往往「收」「藏」連稱。因為「藏」實際上也就是「收」的延伸。聯繫到人體，人的記憶是不是也就這麼一個過程呢？確實就是這麼一個

過程。因此，人的這個記憶就與陽明有很大的關係，陽明發生病變，記憶的過程就會受影響，就會受障礙，就會發生「善忘」的病變。整個《傷寒論》為什麼只在陽明這一篇討論「善忘」這個問題？為什麼《神農本草經》中記載黃連能夠「久服令人不忘」？這是很有意義的問題，這是很值得研究的問題。善忘是許多老年性疾病的一個共性特徵。21世紀是中國將要騰飛的世紀，也是一個老年化的世紀。我們不可避免地要面對越來越多的老年人，越來越多的老年性疾病。我們能否通過上述問題的提出與研究，在陽明篇中，在陽明的思路中，找到一些老年性疾病的對治方法呢？我想是完全可能的。這樣我們就把陽明的研究提到了世紀的高度。

◎對老年性疾病的一個思考。

2. 陽明病要

陽明為六府之主，陽明之為病，胃家實是也。這個胃家實主要體現在三方面：

其一，失卻六府之通。六府以通為用，現在六府不通了，六府的用當然就會有障礙。

其二，失卻陽明之降。陽明的降與六府的通是相因相成的，沒有通就沒有降，沒有降也就沒有通。分開來我們可以從兩個角度講，合起來卻是一回事。

其三，失卻陽明本性之涼。陽明的本氣是涼，這一點我們前面已經談到過。涼怎麼產生呢？陽氣降方生涼。所以，涼與降實際上是一個相伴的過程，就如同形影不離一樣。涼與降是這樣一種關係，而降與通也是這樣一種關係，三者環環相扣，既可以互為因互為果，亦可以互為果互為因，這便是胃家實的關鍵，這便是陽明病的關鍵。

3. 欲解時相要義

陽明的欲解時在申酉戌，申酉戌我們除了從時間的角度去考慮，從時間的角度看它屬秋，以日而言則是日偏西、日落西的時候。日落西則為降可知，為涼可知，為通亦可知。涼、降、通的性用恢復了，涼、降、通的性用得道多助，陽明病不涼、不降、不通怎麼會不欲解呢？這是一個方面。

另一方面，我們還可以從空間的角度去考慮。《性命圭旨》中之「時照圖」云：「人之元氣逐日發生，子時復氣到尾閭，丑時臨氣到背堂，寅時泰氣到玄樞，卯時大壯氣到夾脊，辰時夬氣到陶道，巳時乾氣到玉枕，午時姤氣到泥丸，未時遯氣到明堂，申時否氣到膻中，酉時觀氣到中脘，戌時剝氣到神闕，亥時坤氣歸於氣海矣。」《性命圭旨》是道家的一部重要著作，十多年前人體科學很熱的時候，對這部著作的內容作過較多引用。這個時照圖，這個元氣在地支線上的循行圖，其實就是人體這個小天地裏的日地關係圖。這個日地關係必須跟大天地裏的日地關係保持一致，怎麼個一致呢？子時你的復氣在尾閭，午時你的姤氣在泥丸，亥時你的坤氣歸氣海，這就叫作一致。一致了，這就叫作相應，這就是天人合一。道家為什麼要講河車運轉，為什麼要修煉大小周天？因為河車搬運純熟了，大小周天通暢了，上述這個一致，這個相應，這個合一就會輕易地實現。所以，天人合一、天人相應並不是一句空話。你的周天功夫真正的純熟了，這個天體的運行，這個日地關係、月地關係就會在你身上有應證。你不借助任何外在的時間、日曆、天象，把你長時間關在通明或者黑暗的房間裏，你也能準確地說出月圓和月晦的時間。為什麼呢？因為這個月地關係與你的周天是同步的，在你身上有應證。功夫純熟了，你就能感受出這個應

◎時空統一。

證，你就能說出這個應證。這樣的功夫古有之，今亦有之。因此，我們說「天人合一」不僅僅是一種推理，一種學說，更不是一句空話，它是很實在的東西。

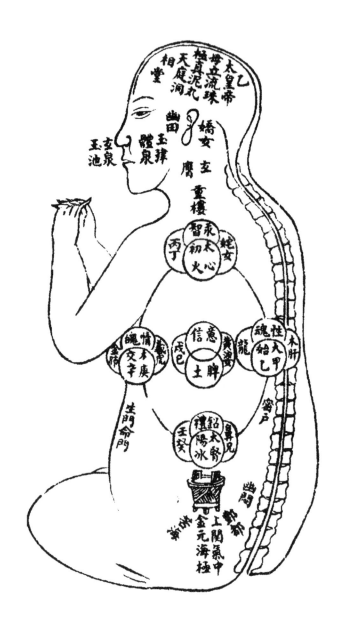

　　大家知道，中庸是孔門中的一個很高的境界。什麼是中庸呢？程子釋云：「不偏之謂中，不易之謂庸。中者天下之正道，庸者天下之定理。」朱子釋云：「中者，不偏不倚，無過不及之名。庸，平常也。」這個中庸看起來很易，不過就是不偏不倚，平平常常吧，可實行起來卻非常困難。所以，《中庸·第八章》中子曰：「天下國家，可均也。爵祿，可辭也。白刃，可蹈也。中庸，不可能也。」回首往事，我們確實有一種「中庸，不可能也」的感覺。就像我這個年紀經歷的這些事，似乎沒有幾件不是偏倚的，從大躍進大煉鋼鐵，從敢叫荒山變良田、敢教日月換新天，從「文化大革命」，從唯成分論，從唯文憑論，從唯年齡論，從前些年的氣功，從這些年的司馬南，以及從中醫界的種種政策的制訂，凡此種種，都使我們感到「中庸」實在太難太難。而經歷過這種種事件之後，又使我們更迫切地呼喚「中庸」。我們知道，前些年對傳統的盲從、對氣功的狂熱，以及這些年的司馬南現象，都不是中庸，都不是正道，都不是定理。對於傳統，像對於天人合一，對於周天運轉這些東西，我們既不可偏執於有，偏執於有，那就麻煩了。把你關在黑房子裏，一個星期，一個月，甚至一年，看你能不能說出今天是月滿還是月缺。如果說不出呢，這個結果可想而知了。但是，對這樣一個問題我們更不能偏執於無，要是偏執於無，那整個傳統、整個中醫就變得一無是處了。對於傳統的認識，對於中醫的研究，我們能不能學習舜的做法——「執其兩端，用其中於民」呢？我想中醫確實需要一個這樣的做法。

　　人之元氣子時走尾閭，丑時走背堂，寅時走玄樞，卯時走夾脊，辰時走陶道，巳時走玉枕，午時走泥丸。元氣在子至午的這段路徑中所經過的尾閭、夾脊、玉枕，又稱為三

◎中醫者，非中國醫學之謂也，乃「中庸」醫學之謂也。

關，修煉河車搬運就要過這三關。這三關一關比一關困難，但一關有一關的境界。等到衝破玉枕這一關，則元氣直透泥丸，是時將有醍醐灌頂、春意盎然的一番新氣象。泥丸，又稱泥丸宮，它是道家修煉的一個重要場所，也是人身最高之處。毛澤東主席在他的七律《長征》中這樣寫道：「紅軍不怕遠征難，萬水千山只等閒。五嶺逶迤騰細浪，烏蒙磅礴走泥丸。」主席對道家的泥丸未必甚解，但用其「高」卻是不含糊的。泥丸以後，元氣飛流直下，未時至明堂，申時至膻中，酉時至中脘，戌時至神闕，亥時歸氣海。河車搬運由尾閭至泥丸，這是一個耕耘的過程，這個過程萬般艱辛，有苦無甜，而由泥丸降氣海則是一個收穫過程，這個過程妙不可言。修煉也好，學問也好，看來都是這麼一個過程。不是一番寒徹骨，哪得梅花撲鼻香。

由膻中至神闕，也就是申酉戌，正好是陽明的地界。這個地界包括胸腹，肺與胃家都在其中。這個地段的「治安」如何，可以說主要由陽明的功用來決定。陽明的功用好，元氣通過這個地界就沒有障礙，如果陽明的功用有問題，那元氣就很難順利通過這塊領地。元氣在這個地段受阻，那就勢必會影響元氣到達其他地段的時間。這樣環環相因，人身這個小天地裏的周天運行就很難再與大天地裏的運行相應，這便導致了不健康的產生，這便導致了疾病的產生。

沿著上面這個思路，元氣在周天運行過程中分別受到六經的不同作用和影響，比如在申酉戌這樣一個特殊時段及特殊地段中，它主要受陽明的作用，更具體地說是受陽明通降功能的作用。這樣一個作用及影響的提出，就將整體與六經局部以時空的方式巧妙地聯繫起來了。大家對我們在第一章中提到過的用理中湯加味外敷巧治重症肺炎的例子還有印象

◎相關內容在第7頁。

嗎？外敷神闕為什麼能夠治療重症肺炎？外敷神闕為什麼能夠使病情發生全面而迅速的轉機？我們從上面這個聯繫，我們從以上這個作用及影響去思考，是否會有新的感受和發現呢？

　　中醫的外治法是很值得濃墨重書的一法，清代的吳師機著有《理瀹駢文》一書，該書就專談外治法，以外治法通治百病，很值得一讀。民間流傳一個治療惡性腫瘤的方法，就是用動物外敷膻中這塊區域，敷上去一個對時，或者反復多次，部分病人真就有了轉機，最後腫瘤凋亡，病獲痊癒。為什麼呢？原來膻中這塊區域正好是胸腺的所在地，胸腺是人體一個重要的免疫器官，它主要產生T淋巴細胞，起到免疫監視作用。因此，胸腺的免疫功能與腫瘤的發生有著非常直接的關係。為什麼眾多的惡性腫瘤多發生於40歲以後呢？就是因為40歲以後（女性略有提前）胸腺便自然萎縮，T淋巴細胞的產生逐漸減少，失去免疫監視作用，變異細胞便得以肆虐。膻中處申位，係陽明領地，《素問·上古天真論》云：「五七，陽明脈衰，面始焦，髮始墮。」外敷膻中，外敷陽明領地，是否起到強化陽明、激活胸腺的作用？這是很值得我們研究的課題。中醫裏面有意義的課題太多太多，可以信手拈來。可為什麼我們就喜歡捆在這一兩條道上？你現在打開雜誌來看一看，要麼就是某某新藥研究，要麼就是某某方治療某某病多少多少例。限在一兩條路上，要是眾所周知的活路，那競爭太強，像長虹、實達這樣的強手、高手也免不了要敗陣，何苦吃力不討好呢？要是碰到的是死路，那就更慘了。所以，對於中醫的科研我始終搞不懂，我始終費解，我們為什麼不能把思路放寬一些？把眼光放遠一些呢？

4. 陽明治方要義

陽明的本性我們講了三點，就是通、降、涼，而陽明病的要義就是失卻通、失卻降、失卻涼。所以，對於陽明病的治療，或者說陽明的治方，其關鍵就是如何從失卻通、失卻降、失卻涼恢復到通、降、涼上來。我們看陽明的代表方白虎湯和承氣湯就充分體現了上述這個作用。

三承氣湯性皆屬涼，又皆通降，用之得當，頓復陽明本性，這一點是容易理解的。那麼，白虎湯呢？未學過中醫的人一聽到這個名字就會覺得稀奇，可一旦弄清楚了，就覺得「白虎」這個名字妙不可言。白虎其實就是西方，就是申酉戌，就是秋三月。陽明病為什麼要用西方白虎，為什麼要用申酉戌，為什麼要用秋三月？大家知道，陽明病的主要因素是火熱，是火熱導致這個不通，是火熱導致這個不降。現在白虎來了，秋三月來了，氣轉涼爽，不復溫熱，陽明的性用便會自然恢復。所以，白虎不僅代表西方，也代表秋三月，這便與欲解時申酉戌打成了一片。中醫治病開方為什麼不是開時間呢？確實就是開時間。

◎白虎妙義。

白虎湯我們可以從幾個方面來看。首先是它的藥味，白虎湯用藥共四味，「四」是什麼呢？《河圖》云：「地四生金，天九成之。」四為金數，為西方之數，此與方名相合，與申酉戌相合；其次是君藥石膏色白味辛，白為西方色，辛為西方味，此又與方名相合，申酉戌相合；再次看諸藥之用量，君藥石膏用一斤，臣藥知母用六兩，「一」、「六」是什麼數呢？河圖云：「天一生水，地六成之。」是知「一」、「六」乃為坎水之數，乃為北方之數，白虎本為清瀉火熱之劑，火熱何以清之，以寒水清之，以北方清之。西方而用北方之數，這不但是以子救母，亦為金水相生。只這一招，白虎的威力

便陡增數倍。佐使藥粳米用六合，亦為此意，且粳米之用為生津，故亦宜用水數。剩下是甘草用二兩，「二」是什麼呢？「二」是南方火數，在瀉火之劑中為什麼要用一個火數呢？以石膏、知母皆大寒之品，雖有清瀉火熱之功，卻不乏傷伐中陽之弊，以甘草二兩用之，則平和之中又具顧護中陽之妙。是方走西北而不礙中土者也。

白虎湯也好，三承氣也好，它們的功用總起來無非就是實現這個申酉戌的效用，陽明病為什麼要欲解於申酉戌呢？道理是很清楚的，但是要把它落到實處，要對中醫治病開方就是開時間有真實的受用，卻需要一番功夫。我們應該把這個問題看開來，看廣來，把它與整個中醫連成一片，這個時候你就會有受用。

回過頭來看陽明，陽明著重的是溫熱，不少人便認為後世的溫病其實就是從陽明發展而來的，有沒有道理呢？我看有一定的道理。從橫向來看，陽明往前便是溫病的衛分，往後便是營血；從縱向來看，往上便是上焦，往下便是下焦。衛氣營血和三焦的這個樞紐，便在陽明篇中。張仲景是不是只談寒，葉、薛、王、吳是不是只談溫？顯然不是這麼回事。不過「術業有專攻」，這又是肯定的。這就使我們又聯想到前面的中庸話題。中庸是講王道，而非臣將之道。換句話說，中庸是對領導者而言，而非對一般人而言的，搞學問，或者做專家，能不能用中庸呢？如果用，那就是真正的「中庸不可能也」。如果做學問、做專家你也中庸了，那你註定是平庸之輩，那你註定什麼都搞不出來。

今天早上收看了鳳凰衛視播發的楊振寧教授的一個重要演講，演講的題目是：美與物理。在這個演講中，楊振寧教授提到了20世紀物理學領域的兩個重要人物：一個是狄拉克，一個是海森堡。從狄拉克與海森堡身上，我們看到的是

兩種不可調和的路數與風格。他們所研究的在當時看來幾乎都是異端，尤其是狄拉克方程發表後，他的研究遭到了當時相當多的大物理學家的譏諷和嘲笑。可是事實證明，他們的「異端」研究在最大限度上發展和影響了20世紀的物理學。專家也好，學者也好，你必須有一個方向，方向設定以後，你就得一直走下去，這樣一個走向其實就是「攻端」，就是「執端」。你不執端，你徘徊了，你猶豫了，那你還能搞出什麼成就？你註定要半途而廢！所以，做學問、做專家，或者是要搞成其他什麼，你都必須專注，專注了就要執著於一端。就像現在搞中醫它無外乎就是兩條路，要麼你專注於現代，專注於分子生物學，一切從現代出發，從現代中認識中醫，改造中醫，發展中醫；要麼你專注於傳統，專注於經典，一切從傳統出發，傳統搞得深了，也許你會發現她與現代並不相違，稍加調整她就可以適應現代，甚至指點現代。當然，專注傳統並不妨礙你關注現代，你也必須關注現代，而專注現代你亦應該關注傳統。關注與專注這兩個概念不同，現代與傳統是兩端，你只能執其一端，你不可能既是傳統的高手，又是大物理學家。像楊振寧教授，他專注的是現代物理學，更具體地說他專注的是理論物理學的某個分支。但是，楊振寧教授又非常關注中國的傳統文化，關注傳統的中醫。以楊教授這個極高的天賦，他可不可既做一個大物理學家，一個諾貝爾獎獲得者，同時又做一個中醫專家呢？這一點不可能！魚和熊掌不可兼得。

◎魚和熊掌不可兼得。

◎決策者更要懂得中庸。

可是作為領導者，作為政策的制定者，情況就完全不同了，魚和熊掌你還必須兼得，你還必須執其兩端。執其兩端而用中，這便是中庸的境界，這便是成就王道的境界。做領導的、制定政策的你不這樣，你還像專家那樣只執一端，只允許中醫搞現代化，不允許中醫搞傳統化，我看這個中醫很

快就會完蛋。大家想一想，當前中醫界的情況是不是這麼回事。我們可以舉一個非常簡單的例子，過去中醫晉升職稱，在語言方面你可以考外語也可以考醫古文，這兩門是任你選擇的。這樣有個好處，你傳統鑽得深，你無暇顧及外語，你可以考古文。反過來呢？你的現代化專注得好，你的外文當然很棒，那你就考外語吧。這樣一個政策就很有一些中庸的味道，你樂意搞傳統，你樂意深入經藏，好！那你就專心搞你的傳統。傳統的這條路是綠燈，你不會擔心搞傳統就上了賊船，丟了職稱。你喜歡搞現代嗎，好！那你就專心搞你的現代化。這裏更是海闊憑魚躍，天高任鳥飛。我想幹領導的，制訂政策的，你必須換一個角度，從前你是專家，現在你不能再是專家，你需要做的就是設法營造出這麼一個環境，讓搞現代的有奔頭，讓搞傳統的也有奔頭，科研經費不要光撒在現代這條道上，也要分一些到傳統這條道上來。如果能真正形成這麼一個環境，這麼一個氛圍，那無疑就是為中醫的生存，為中醫走出困境創造了最好的條件。可現在的情況不同了，中醫考古文不再作數，你要想晉升職稱必須考外語，否則，即使你的中醫再棒，你也別想升主任、升教授。寫這一段，倒不是說搞中醫的不需要懂外語，而是這樣一個政策的改變，它向我們傳遞了一個重要的信息，傳統這條道上的綠燈越來越少了。

◎傳統這條道上的綠燈越來越少了。

　　中醫現代化是大勢所趨，是人心所向，是歷史的潮流不可阻擋。在開始寫這部書的時候，我還存有非分之想，可現在孔夫子把我教聰明了。在中醫這個行業，搞中醫現代化的必定是大多數，而搞中醫傳統化的只能是一小撮。像我讀博士時的許多同學，要麼去了廣州、深圳，要麼去了北京、上海，有的甚至出了國，都奔現代化去了，只有我這個山野村夫回到了落後的廣西。我想，從我的同學和我的身上，你也

◎孔子把我教聰明了。

就能很清楚地看到現在的中醫狀況。現在大家都嚮往現代化，北京、上海還不過癮，還要紐約、倫敦。可是一旦放長假，你看都往哪兒奔？都往黃山、泰山、九寨溝奔，都往山區、農村奔。現代與傳統其實就是這麼一回事。所以，在這裏我要為專注傳統的同志鼓鼓勁，你們既不要希望所有的中醫同仁都來搞傳統，你們也不用擔心中醫會無人問津。如果我們將城市和農村比作現代和傳統的兩極，那麼必然會有物極必反的一天。北大英語系教授辜正坤作過一個「網絡與中西文化」的演講，在演講的結尾辜教授談到，網絡時代真正到來之時，「城市向鄉村的反向運行可能會發生。其時，城市存在的唯一用途便是作為一片廢墟和遺跡讓後人觀看，讓他們知道落後的前人曾在一個怎樣的受到污染的環境中生存」。我想辜教授的這個結尾也許會成為日後回歸傳統的一個預言。當然，我所指的這個回歸並不是指的物質上的回歸，而是指的一種精神上的回歸、思想上的回歸。

◎為專注傳統的同志鼓鼓勁。

5. 陽明欲劇時相

陽明欲劇時相要分兩方面談，一方面就是一般意義上的欲劇時相，另一方面是特殊的欲劇時相。

(1) 寅至辰上

這方面的欲劇時相與太陽的意義一樣，即與欲解時相對、相沖、相反的時相即為欲劇時相。陽明的欲解時為申至戌，那麼，欲劇時當然就在寅至辰。申酉戌為西方，為秋三月，其性主涼、主降，寅卯辰為東方，為春三月，其性主溫、主升，正好與陽明的性用相反。因此，對於陽明病它很容易成為一個不利的因素，它很容易導致陽明病的加劇。寅

卯辰的這樣一個時相特徵，對於我們診斷陽明病應該有比較
大的幫助。

(2) 日晡所發潮熱

陽明欲劇時相的另外一個特殊方面就是日晡所，更具體
一點說就是日晡所發潮熱。潮熱在這樣一個日晡所發生，對
於診斷陽明病，特別是對診斷陽明病的府實證，具有重要的
意義。我們翻開陽明篇，隨處都可以見到這個「潮熱」。前
人將陽明病分作經府二證，陽明府證的確定就主要依據這個
「潮熱」。而陽明府證中大小承氣湯的運用，尤其是大承氣湯
的運用，更是以潮熱為第一指證，即如208條所云：「其熱
不潮，未可與承氣湯。」

上述潮熱的發作點即在日晡所，因此有必要對日晡所及
潮熱在日晡所發生的特殊意義作一番討論。日晡，《玉篇》
云：「申時也。」《淮南子·天文訓》云：「日至於悲穀是謂晡
時。」我們再從文字的角度看，晡之聲符用「甫」，「甫」有吃
義，故哺、脯等字皆用「甫」。那麼，日＋甫又是什麼意思
呢？日被吞吃掉了，很顯然就是形容太陽落山的這個時段。
另外，《說文》云：「甫，男子美稱也。」日為陽為男，故日＋
甫，亦形容日之美者。而日將落時實為日之最美者，故日落
時亦稱日晡時也。「日晡」在這裏與「所」連用，「所」是一個
比較寬泛的字詞，它既可以表時間，又可以表地點。表時間
當然是指上面討論的這段時間，《玉篇》把它定死了，就在申
時，而其他的卻比較靈活，因為太陽落山會隨著不同的季
節、不同的經緯度區域而有較大幅度的差別。比如夏天，我
們這兒傍晚6、7點太陽就下山了，而在新疆卻要到8、9
點，這個差別顯然很大。那麼，地點呢？從自然的角度講，
太陽落下去了，落到哪兒了呢？落到西半球去了。在東半球

看來是「落」，在西半球看來可就成了「升」的過程。而在人體這個系統呢？人體的太陽落到哪去呢？當然是落到陽明裏了。我們從酉字的直觀結構看，酉為西＋一，一是什麼？一就是易卦的陽爻，它表陽氣，表太陽，一入西中，不就正好說明瞭日落西的這個過程。證之實際，日落亦正好處於酉的這個時候。而申酉戌為陽明所主，因此，這個陽不是落到陽明裏，還能落到哪裏去呢？另外，《説文》云：「所，伐木聲也。」《詩》云：「伐木所所。」而伐木者，金也。因此，日晡而用所，是表日晡為金時也。既然指金時，當然就應該包括申酉戌三時。這與方中行所言「申酉戌間獨熱，餘時不熱者，為潮熱」的解釋相合。

◎潮熱的兩性。　　這裏討論潮熱，大家要清楚潮熱有兩個重要的特性。其一，言有時也。這個「時」即日晡所，即申酉戌。其二，言其高也。這一點需特別的注意，這一點也很容易被忽略，以為光有時，凡是在日晡所發的熱都可以叫潮熱，要是這樣來理解潮熱這個概念，那還不完整。用這樣一個理解來看陽明，來看陽明府證，那就會有問題。既然叫潮熱，那就不是一般的熱，這個熱與「潮」相關。石頭打下去產生的漣漪能不能稱潮；顯然不能稱潮，「洪湖水，浪打浪」這個浪能稱潮嗎，也不能稱潮。所以，潮，它必須有一個高度，有一個氣勢，聯繫到潮熱，一般高度的熱，甚至是低熱，就不能叫潮熱。我們回過頭去看方中行的解釋，他只講對了一半。

我們在前面用了不少的篇幅來討論潮，潮漲之時在月滿，故云：月滿觀潮。而潮最盛大的時候又在哪裏呢？在八月。八月卦為觀卦。八月卦為什麼就叫觀卦呢？這是很有意思的一個問題。潮為什麼有漲落？我們前面講過這是陽氣作用的結果，陽加於陰謂之潮。既然是陽氣作用產生潮，那這

個最盛大的潮為什麼不在夏日？為什麼不在陽氣最盛大的時候？反而要在陽氣開始收潛的八月？這就關係到潮產生的兩個重要因素，一個因素當然是推動的因素，這個完全要靠陽，另外一個就是阻擋的因素，這個當然是陰的作用。光有推動能不能形成潮呢？不能形成潮！最多你是「飛流直下三千尺」，你成瀑布了，可你還是不能形成潮。要想形成潮，必須是一個推力一個阻力，你推我阻，潮便很自然地形成。而這個推阻之力恰到好處的時候，這個陰陽的作用恰到好處的時候，就會形成最盛大的潮。潮盛八月，也正是這個道理。

　　潮的道理搞清楚了，潮熱的問題就很容易解決。潮熱我們既要注意它的時間性，也要注意它的高漲性。前人講陽明，多從經府的角度談。經也講熱，府也講熱，那這個熱有什麼區別呢？就在這個潮與不潮。陽明經熱它不講潮，而陽明府熱它不離潮，潮與不潮便是經熱府熱的根本區別。我們講陽明經證之熱與陽明的涼降失用有關，陽明的另外一個重要性用「通」雖然也同時受到一定影響，但，在「經」這個階段，對這個「通」的影響程度還不很大。而一旦到了「府」的階段，情況就完全不同了，通受到了很大程度的障礙，陽明篇不是有「胃中必有燥屎五六枚」嗎？燥屎將陽明的道阻滯了，而這個時候的陽熱又很盛，推動力又很強，就這樣一推一阻，陽明府證的潮熱便應勢而生。因此，熱的潮與不潮，除了說明熱勢的亢盛程度以外，更根本的是反映這個阻滯的程度。為什麼說「其熱不潮，未可與承氣湯」呢？就是因為熱不潮，阻滯的程度就不重，阻滯不重，幹嗎要用承氣湯呢？所以，中醫的東西看起來好像鬆散，其實它很嚴密，像潮熱這樣一個證你說嚴不嚴密呢？確實很嚴密。

◎導致潮熱的要素。

6. 對高血壓病的思考

日晡所本為陽明的欲解時，可是這裏的日晡所發潮熱卻不僅成了陽明的欲劇時，也成了陽明府實證的重要診斷依據，還成了應用大、小承氣湯的重要指徵。可見這個欲劇時是非常的欲劇時，正是這樣一個非常處引發我們思考一些其他的相關問題。

前些年曾看到過日本人的一則報導，他們將高血壓的動脈硬化與陽明的脈大聯繫起來，因而運用了以石膏為主的白虎劑來進行治療。當初對這個報導我並沒有往深處想，只是覺得這樣聯繫未免太生硬。此次寫作陽明這一章，等到對潮熱作了上面一番思考後，對於高血壓這樣一個問題，我便突然覺得有了陶公當年的那個感受：「復行數十步，豁然開朗。」

血壓的作用是什麼，現在血壓為什麼要升高？我們考慮這個問題可以先不從醫學的角度去考慮，我們可以先從一般的物理意義去考慮。血壓的作用無非是維持一定的血流量，人體的組織器官需要一定的血液來供養，單位體積內，每分或者每秒需要有一個血供量，達到這個量新陳代謝就可以得到保障。單位體積內的血供量在一般情況下是相對恒定的，但也會隨著各種因素的變化而有一定幅度的差異，所以，血壓的變化它也有一個正常的允許值。例如，低壓60–90 mmHg，高壓90–120 mmHg都算正常的血壓。而現在血壓升高了，大大超過了正常值，這是什麼原因呢？根本的原因就在於單位體積內的這個血供量發生了改變，血供量不足了，達不到原來的正常量，這個時候怎麼辦呢？這個時候機體只有啟動血壓這個調節機制，通過升高血壓來維持原有的血液灌注。而在正常的血壓下，單位體積內的血供量為什麼

會下降？為什麼達不到原來需要的那個值？很顯然，必定是運血的道路出現了障礙，血管壁變厚了，血管變窄了，或是其他的原因阻滯了循環的這個過程，循環道路的阻力增加了，而壓力維持不變，那單位面積的血流量必然減少，血供必然不足。如何解決這個矛盾呢？在無法拿掉血循過程中的這個阻滯，而又必須保證組織器官的血供量的這樣一個前提下，機體萬般無奈地選擇了提高血壓的方法，而正是這個無奈的選擇使機體掉進了高血壓病的惡性循環之中。

當然，上面這個思路還很粗糙，還需要大家一起來深化細化，但是它已經在宏觀上向我們道明了高血壓病產生的關鍵因素，這個因素就是阻滯，就是循環過程的障礙。因此，治療高血壓病的根本辦法不是降壓，壓降下去了，它還會重新升起來而且會升得更高。因為要解決血供不足的矛盾就必須升壓，所以，西醫的降壓藥要你終身服用，這真不是一個好辦法。那麼，根本的辦法是什麼呢？根本的辦法是消除這個阻滯。血循過程的障礙減少了，甚至拿掉了，血壓自然地就會降下來，根本不勞你去用鈣離子拮抗劑，根本不勞你去用血管擴張劑。為什麼高血壓病的發病率越來越高，為什麼高血壓病的發病率越來越年輕化？就是因為形成上述這個阻滯、這個障礙的因素增多了，方便了。可見高血壓病的形成，還有一個不可忽略的人為因素、社會因素。而如何拿掉這個阻滯，消除這個障礙，進而從根本上治癒高血壓，這是需要中西醫同仁乃至社會各方攜手努力解決的問題。

陽明病就討論到這裏。

第七章

少陽病綱要

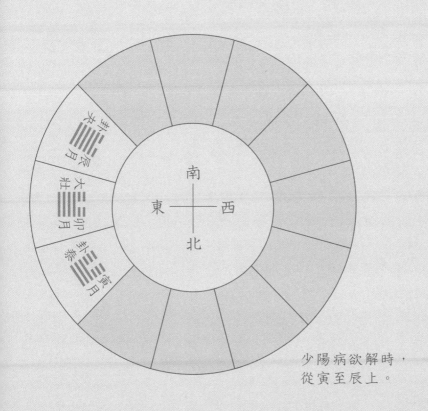

少陽病欲解時，
從寅至辰上。

一、少陽解義

少陽這一章我們仍從篇題談起,篇題的其他內容前面兩章已作過討論,這裏僅就少陽的含義作四方面的簡述。

1. 少陽本義

何謂少陽?少者小也,未大也。所以,若從字面來直接理解少陽的本義,那麼,少陽應該就是初生之陽,未大之陽。《素問·陰陽類論》將少陽喻為「一陽」,亦就包含有這個意義。這是少陽的第一層意思。

第二層,道家於四方設有四帝君,而東華帝君即號少陽。東華帝君主東方之事,以東華帝君命少陽,說明道家將少陽定位在東方。少陽與東方相關,當然就與春三月相關,當然就與寅卯辰相關。這樣一個定位很符合少陽的本性,古云:醫者、道者,其揆一也。誠非虛語。

第三層,少陽以一陽言之,以初生之陽言之,以未大之陽言之,以東華帝君言之,它顯然具有木的性用,而在運氣中少陽卻明確定為相火,這就說明在經典裏少陽兼具木火兩重性用。這樣一個兩重性實際上也就是一個體用性。我們看《易》的先後天八卦,離卦屬火,在後天八卦中它處於南方正位,南方火這是眾所周知的,這也是從用的角度談。可是在先天八卦中,離火卻位於東方,卻位於木位。這就關係到一個體的問題、源的問題。火從哪裏來?火從木中來。古時候不像現在,有各種各樣的取火工具,有火柴,有火機,還有

◎作為龍的傳人，我們應該思考些什麼？

電子打火。古人靠什麼取火呢？靠鑽木取火。所以，火從木中來。那麼更早一些，連鑽木取火的方法都沒有的時候，這個火從哪裏來？這個火就從雷電中來。驚蟄節後，春雷響動，大的雷電將乾草枯木擊燃，這便是最自然、最原始的火種。雷屬春，春屬木，這便又將木火連為一體了。雷屬春，龍亦屬春，雷屬東方，龍亦屬東方，華夏以龍自稱，華夏民族為龍的傳人，那麼這個龍究竟是什麼？是恐龍嗎？絕不是！龍是虛指還是實指呢？我們只在雷鳴電閃之時仿佛能見到古人所描繪的龍的形象，龍雷之間是不是有一種很實在的、很直接的關係？這是作為龍的傳人應該搞清楚的問題。而古人將木火，將少陽火稱為龍雷之火，顯然與火的自然出處有關。龍雷火，木火，木中有火，火出木中，這便是少陽所具的兩重性。

2. 少陽經義

從經絡的意義看，少陽有手足少陽，在這裏足少陽的意義顯得更為突出。足少陽布身之兩側，足太陽布身之後，足陽明布身之前。《素問‧陰陽離合論》云：「太陽為開，陽明為合，少陽為樞。」這樣一個開合樞的關係正好與上述經絡的佈局相應。少陽在兩側，正應門樞亦在兩側，門樞主門之開合，少陽主太陽陽明之開合。更具體一些來區分，左為陽，右為陰，陽主開，陰主合，故左少陽主要負責樞轉太陽之開，右少陽主要負責樞轉陽明之合。因此，左少陽發生病變它主要影響太陽，應合太陽而治之，論中的柴胡桂枝湯即為此而設；右少陽發生病變則主要影響陽明，應合陽明而治之，論中的大柴胡湯，以及小柴胡加芒硝湯即為此而備。

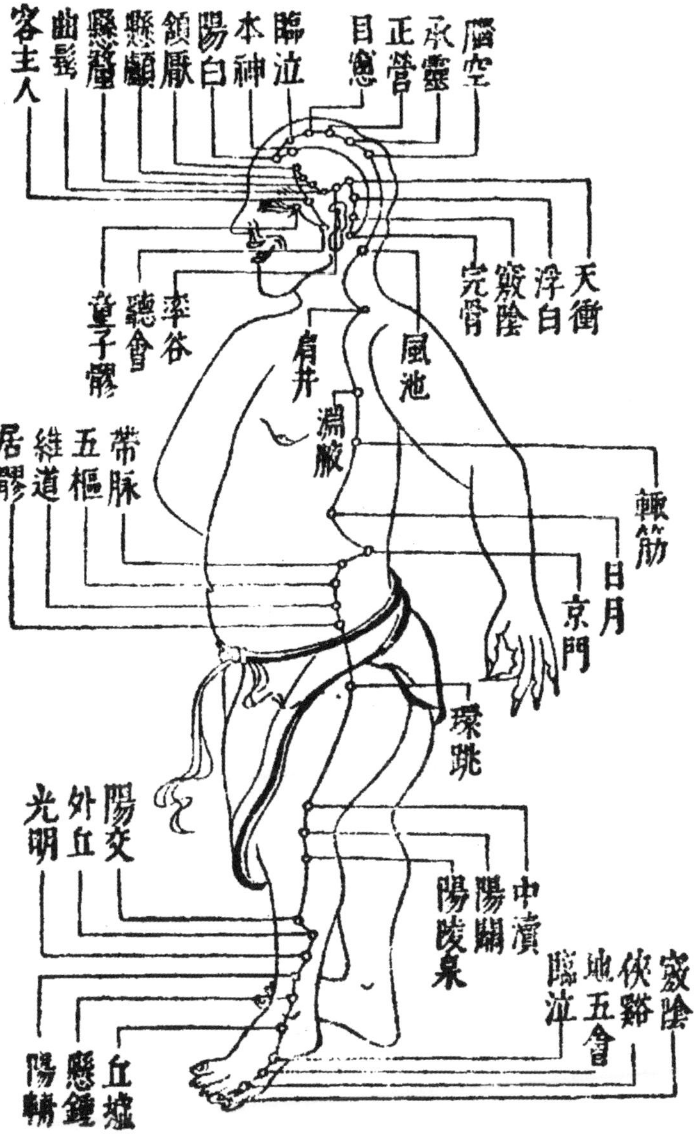
客主人
曲鬢
懸釐
懸顱
頷厭
陽白
本神
臨泣
目窗
正營
承靈
腦空
天衝
浮白
竅陰
完骨
瞳子髎
聽會
率谷
肩井
風池
淵腋
輒筋
日月
京門
帶脈
五樞
維道
居髎
環跳
陽交
外丘
光明
中瀆
陽關
陽陵泉
竅陰
俠谿
地五會
臨泣
丘墟
懸鐘
陽輔

3. 少陽府義

少陽府主要包括膽與三焦，膽是六府之一，也是六府中一個非常奇特的府，為什麼說它奇特呢？因為六府中的胃、大腸、小腸、三焦、膀胱都只限於一個「六府」的性用，而唯獨這個膽，它還兼具有奇恒之府的性用。從藏府的性用而言，藏為陰，府為陽，二者皆有偏性，故五藏主藏精氣而不瀉，六府主傳化物而不藏。一個藏而不瀉，一個瀉而不藏。而唯獨上述這個膽與眾不同，它既具六府之性，即瀉而不藏，同時又具五藏之性，即藏而不瀉。一府而兼兩性，不偏不倚居乎中正，這是「五藏六府」中獨一無二的。正因為這樣一個特性，《素問·六節藏象論》云：「凡十一藏，取決於膽也。」正因為這樣一個特性，《素問·靈蘭秘典論》將膽封為「中正之官，決斷出焉」。所以，膽的這個「中正之官」不是隨便就封的，你要真能不偏不倚，你要真能處乎中正。光是瀉而不藏，或光是藏而不瀉，那都不行，那都是偏倚，那都不是中正。而唯有這個中正的前提具備了，方能行使決斷的功能。不中正能行決斷嗎？你不中正，你偏倚了，你偏袒了其中一方，這個還叫決斷嗎？這個不叫決斷！這叫徇私舞弊，這叫貪贓枉法。因此，《素問·靈蘭秘典論》給膽所做的這樣一個功能定位，它不但具有重要的生理意義，同時也具有十分重要的社會意義。

◎中正之官的意義。

另外，我們從膽的造字看，膽的聲符用「旦」，「旦」是什麼呢？日出地者為旦，旭日東昇，九州普照，所以，旦為明也。而唯其明者，方能行司決斷。你不明，你昏庸了，你財迷心竅了，你權迷心竅了，你怎麼能做到中正，不中正怎麼決斷呢？所以要明，明則行，明則決斷。膽的造字就包含了這樣一個意義。

　　膽為中正之官，膽主明，膽又為清淨之府，膽的這些功用可以用四個字來概括，就是清正廉明。而事實上，唯有做到「清正廉明」，這個「決斷」方有真正的意義。因此，今天我們來談論膽的這個問題，它顯然已不是一個純粹的生理學、生命學、生物學的問題，它還涵括了很重要的社會問題。透過生理現象映射出一定的社會問題，而通過社會現象的研究反過來促進生理問題的認識，這便是《素問・靈蘭秘典論》向我們展示的社會醫學模式。

　　接下來我們看「三焦」這一府，三焦的官位，《素問・靈蘭秘典論》封定為：「決瀆之官，水道出焉。」什麼是決瀆呢？決者，疏通也，流行也，開閉也，故《靈樞・九針十二原》曰：「閉雖久，猶可決也。」那麼，瀆呢？瀆，《說文》云：「溝也。」溝這是從小的方面言瀆，大的方面，「江湖淮濟為四瀆」，即江水、湖水、淮水、濟水名為四瀆。所以，決瀆合起來就是疏通流行溝渠水路，使水道暢通，故「決瀆之官，水道出焉」。而唯有水道暢通，才能保障水利萬物而不害萬物。因此，決瀆這一官對於身體健康，對於國計民生，都是很重要的一官。

　　決瀆這一官為什麼會是三焦來承擔呢？這個問題很複雜，也很有爭議，似乎我也沒有這個能力把它全面的澄清。因此，這裏只是就三焦這個概念談一些相關的想法。三焦我們首先來看「焦」，「焦」的意義應該比較清楚，它是火字底，所以與火有關係。我們將什麼東西往火上一烤，它就顯現這個「焦」臭來，因此，焦者火之臭也。焦就是火的作用的一個顯現。我們看運氣，運氣的少陽相火即以三焦言，說明三焦與火的聯繫是很確鑿的。決瀆之官要三焦來擔當，開通水道的作用要三焦來完成，這說明什麼問題呢？這說明了水的功用必須靠火來幫助完成，這又再一次證明了我們在太陽這一章中闡述的理論。

◎ 可與148–153頁的內容相參看。

焦的意義我們清楚了，它與火有關，那為什麼要叫「三焦」呢？三焦說明火的性質有三，火的來路有三，說寬一點，三火就是天火、地火、人火，說窄一點，就是上焦之火、中焦之火、下焦之火。上焦之火主要講心肺之陽，中焦之火主要講脾陽，下焦之火主要講腎陽。我們回憶一下《中醫內科》，《中醫內科》在講到水腫的時候，水液的代謝是不是主要與肺、脾、腎三藏相關？確實主要與肺、脾、腎相關。火的性質，火的來路我們講了三個，同理，靠火作用的

◎三水說。

這個水的出路亦應該有三個，這就是上焦天水，中焦地水，下焦水水。從自然的角度講，天水即自然降雨之水，而肺為五藏之天，肺為水之上源，肺所主的這個水與天水相關；地水即地下水，地下之暗河系統即屬於此類，脾主運化，脾屬土，土克水，脾所主的這個水與地水相應；水水即江河湖海之水，腎為水藏，腎所主的這個水與水水相應。

上面這些水，上焦水、中焦水、下焦水，分開來是三水，合起來是一水，因為水與水之間始終在相互作用、相互影響。三水之中，我們尤其應該注重這個中焦水，中焦水也就是地下暗河系統的水，這個暗河系統的走向形成了傳統

◎什麼是龍脈？

所說的「龍脈」。龍脈不僅是風水學關心的一個大問題，也應該是現代生態學關注的一個大問題。有些地方為什麼草木茂密，鬱鬱蔥蔥？有些地方為什麼寸草不生，甚至還要沙漠化？關鍵的在於有無這個「龍脈」。有龍脈，有地下水，那自然萬物生長，山林茂密。沒有龍脈，沒有地下水，那自然萬物不生，山野荒漠。青山綠水這句話應該往深處看，這個綠水是青山的前提，有綠水才有青山，沒有綠水，那就只有不毛之地。而這個綠水有時是我們看到的河溪，有時則是看不到的地下水，是龍脈。因此，人工植樹造林也要看條件，看你植樹的地方有沒有這個龍脈，有龍脈你植

的樹就容易成林，沒有龍脈呢？你很可能白打工。所以，植樹造林也不能光憑熱情，還要講科學，還要講風水。風水術中就有辨認龍脈的具體方法。你把龍脈轉換成地下水，轉換成暗河系統，那尋找龍脈就變成了科學。其實古代的很多學科研究的是科學，只是這個名字叫起來使我們很容易聯繫到迷信。因此，命名的科學化、現代化倒是一個值得考慮的問題。

中焦地水關係到整個生態，現在搞西部開發首先強調生態環境，但是，如果沒有很好地認識這個地水與生態的關係，還是這樣無限止的開採地水，那這個生態沒法好起來。另外就是地水受到日益嚴重的破壞，這對於人體的中焦會有什麼影響呢？這個因素必須考慮進去。現在現代醫學已經意識到社會因素、心理因素對於醫學的影響，搞了社會醫學模式、心理醫學模式。那麼，這個環境醫學模式、生態醫學模式應該遲早會提出來。

◎新的醫學模式。

4. 少陽運氣義

前面談少陽經義的時候，言及少陽經所處的位置與它主樞的功用非常相符。這使我們想到經典概念的嚴密性，它不僅有功能的基礎，也有結構的基礎。這就要求我們在探討每一個經典的概念時，都必須做到嚴肅認真，切忌得過且過。經典概念的含義很廣，以我們目前所編寫的教材而言，這個含義還遠遠沒有探求出來。迄今為止，統編教材已搞了六版，現在又在緊鑼密鼓地組編七版，這些不同版的教材有什麼區別呢？除了版本上的區別，在內涵上看不出有什麼大的突破。中醫教育適不適合搞統編教材，我們需不需要這樣頻繁地變更教材？這個問題值得大家商討。

◎學好中醫需要
獲得定解。

對於經典的每一個概念都應該花大力氣去研究、去探求，我的這部著述起名為「思考中醫」，其實就是通過對中醫一些主要概念的思考，尤其是對《傷寒論》中一些主要概念的思考展開來的。中醫的一些基本概念思考清楚了，中醫的整個脈絡就會十分明晰地呈現在你的眼前。這個時候不管你搞不搞中醫，也不管外界對中醫是個什麼看法，都無法動搖你對中醫的認識。這樣一個認識在佛門中又叫定解，定解不容易獲得，而一旦獲得就牢不可破。在現代化的時代裏要想學好中醫，這個定解非建立不可。

在運氣裏，少陽主相火，相火這個概念的建立具有非常重要的意義，由它映射出的問題恐怕不是現在這個篇幅可以探討清楚。因此，本節只能由淺入深地作一個相似的討論。

很顯然，相火是針對君火而提出來的一個概念，因此，討論相火必然就得跟君火聯繫起來。我們看運氣的相火在人屬三焦、心包，君火在人屬心與小腸，現在我們暫且撇開三焦、小腸，來看這個心與心包。心之外有一個獨立的心包，而且有專門的手厥陰相連，這在中醫確實是一個非常特殊的地方。除心之外，肝脾肺腎有沒有相應的肝包、脾包、肺包、腎包呢？沒有！只有心有。因此，心之有心包，與火之分君相是有緊密關聯的，我們不能將它作為一般的問題來討論。過去一些醫家，特別是金元時期的一些醫家，把這個問題簡單化了，一般化了，以為火分君相，一個變兩，這便將土木金水一對一的格局打破了，本來是一水對一火，現在搞出兩個火來，一水怎能治二火呢？於是「陰常不足，陽常有餘」的觀點被提出來了，而滋陰一派、瀉火一派亦應運而生。

◎為什麼五藏之
中只有心有包？

上述這個問題不能這樣簡單來看，火之有君相，即如心之有心包，一個是從五行六氣的角度談，一個是從藏府的角

度談。五行之間有區別。水火怎麼沒區別，它有寒熱的區別；天地怎麼沒區別，它有高下的區別。從寒熱，從高下來談區別是可以的，但從有餘不足去談這個區別，那就會有不妥處。心與其餘四藏，火與其餘四行，我們很難將它們放在同一水平來思維。它們之間不平等，它們之間有差別。你不承認這個不平等，你不承認這個差別，那整個自然之性就會被扭曲。所以，我始終對男女平等的提法持保留意見，男女不可能平等，也不能平等。除非你能讓男人來月經，讓男人生孩子。還是女的來月經，還是女的生孩子，你卻要搞男女平等，其結果會怎樣呢？從長遠的利益看，從根本的利益看，損失的還是女性。女性的「權利」好像增加了，而女性的負擔卻越來越重。前門趕走虎，後門迎來狼。越搞所謂的平等，其實就越不平等。

◎前門趕走虎，後門引來狼。

　　上述這個差別，上述這個不平等，在形而上與形而下裏表現得更為突出。《易‧繫辭》云：「形而上者謂之道，形而下者謂之器。」有關形而上與形而下以及道與器的問題，我們在第一章中已作過討論，心為君主之官，處形而上之位，其餘藏府則為臣使之官，而處形而下的範圍。上述的這個關係如果從五行的角度看，則能得到更好的說明。五行中，火屬心，其餘金木水土分屬肺肝腎脾。五行之間一個最大的差別是什麼呢？就是火與其餘四行的差別。火放開了，它往上走，因為火性炎上，而其餘的金木水土放開了，它們往哪走？它們只能往下走。因此，在五行裏，這個形而上與形而下的區別是了了分明的。用不著我們去動腦筋，它自然地就上下分明。

◎可與21–24頁的內容相參看。

　　形而上者謂之道，形而下者謂之器。道與器有什麼區別呢？除了上面這個有形無形、向上向下的區別外，還有一個很內在、很本質的區別：是器它就有生化，它就有升降出

入。所以，《素問・六微旨大論》云：「是以升降出入，無器不有。故器者生化之宇，器散則分之，生化息矣。」有器就有生化，有生化就必有不生化；有器就有升降出入，有升降出入就必有升降息、出入廢。這是非常辯證的一對關係。既然有器形成，那自然就有器散的時候，「器散則分之，生化息矣」。有生化就有不生化，而從佛門的觀點說就是有生必有滅，生滅相隨。那麼，這個生化與不生化以及這個生滅的根源在哪裏呢？很顯然與這個器有關，與這個形而下有關。所以，器世界的東西、形而下的東西都是有生化的，都是生滅相隨。有生化，有生滅，這就有變動，《易》也好，醫也好，都強調一個「成敗倚伏生乎動」。因此，這個變動生起來，成敗、興衰就生起來，輪轉漂流就生起來。你要想獲得永恆，在器世界這個層次，在形而下這個層次，那是萬萬不可能。因為你有生化，有生滅。要想獲得永恆，那怎麼辦呢？只有一個辦法，就是設法不生不化。無有生滅，無有生化，自然就無有變動，如果不動那還有什麼成敗，還有什麼興衰，這就永恆了。對這樣一個問題的可能性，黃帝也十分關切，於是便有「帝曰：善。有不生不化乎？岐伯曰：悉乎哉問也！與道合同，惟真人也。帝曰：善」（見《六微旨大論》）的這樣一段對話。可見不生不化是完全有可能的，條件就是「與道合同」，與「形而上」合同。因為在形而上這個層次，在道這個層次，在心這個層次，它不具器，不具器，那就不會有生化，沒有生化，所以它能「不生不滅，不增不減，不垢不淨」。因此，佛家也好，道家也好，她所追求的最高境界，她的理想目標，其實就在形而上這個範圍裏。《老子》云：「為學日益，為道日損，損之又損，以至於無為。」損什麼呢？就是損這個器世界的東西，就是損這個形而下的東西。你對器世界的執著越來越少，你對形而下的執

◎醫道中的「不生不滅」。

著越來越少，那當然就趨向形而上了，這就是「與道合同」的過程。佛家講「看破，放下，隨緣，自在」，看破什麼，放下什麼？就是要看破、放下這個器世界，這個形而下。在形而下裏，在器世界裏，到處是束縛，到處是障礙，你怎麼可能獲得自在？所以，你要想真正地大自在，那就必須「看破，放下」。

　　佛家修煉講「明心見性」，道家修煉講「修心養性」，可見都在形而上這個圈子裏。因此，形而上與形而下不僅將道器區分出來，也將聖凡區分出來，也將中西文化的差別區分出來。你要搞中西文化的比較研究，如果你不把著眼點放在這個上面，你能比較出一個什麼來？我們談火分君相，也要著眼到這個上面來。既然心火屬形而上這個層次，位居君主，不具形器，那它怎麼跟器世界的其餘藏府打成一片？作為火它怎麼腐熟水穀，它怎麼蒸騰津液，它怎麼熏膚、充身、澤毛？那就只好由相火來，讓相火來履行這個「凡火」的職責。因此，相火概念的產生正是基於這樣一個理性思考和實際需要的前提。所以，從形而上與形而下來講，君火屬形而上，相火屬形而下。形而上，故君火以明；形而下，故相火以位。心者，君主之官，神明出焉。《易‧繫辭》曰「神無方」，神無方，故以相火為方，以相火為位。神用沒有方位可言，她只隨緣顯現，而在器世界這個層次又不能沒有方位，因此，建立相火以為方位。

　　前面我們曾經談到人與其他動物最大差別這個問題，這裏我們提出「主動用火」亦是一個最大的差別。迄今為止，在所有的動物中，只有人類是主動用火的，而在這個主動用火的現象背後存在一個更具實義的差別，就是人類獨特的思維。心火主神明，故火與思維有密切的關係。火與思維相關，思維由火所主。而現在火作了君相的劃分，作了

◎火與智慧有什麼關係？

形而上與形而下的劃分，這就向我們提出了一個問題，思維是否也有君相的差別？在思維這個領域，在意識這個領域，哪些屬於形而上，哪些屬於形而下？潛意識、無意識，以及思維中的直覺，是否就屬於形而上的範圍？而邏輯思維是否就屬於形而下的範疇？思維和意識問題受到了越來越多的關注，尤其是對那些影響人類文明進程的重大發現後面的這些思維和意識過程，這些過程中所顯現的和諧和驚世駭俗，令人們驚訝不已並深受感動。歷代的科學家們都在探討這個過程，想使之「真相大白」。心靈深處的這些東西是怎麼爆發出來的？心靈深處所喚醒的東西來自何處？對此，柏拉圖在《斐德羅》中表述道：「這些被喚醒的東西並不是從外部輸入的，而是一直潛藏在無意識領域的深處。」

　　行星運動定律的發現者開普勒為他的這一發現所顯示的和諧深深感動，在《世界的和諧》一書中，他寫道：「人們可以追問，靈魂既不參加概念思維，又不可能預先知道和諧關係，它怎麼有能力認識外部世界已有的那些關係？……對於這個問題我的看法是，所有純粹的理念，或如我們所說的和諧原型，是那些能領悟它們的人本身固有的。它們不是通過概念過程被接納，相反，它們產生於一種先天性直覺。」

　　著名物理學家泡利對開普勒的這一思想進行了更為精確的表述：「從最初無序的經驗材料通向理念的橋樑，是某種早就存在於靈魂中的原始意象（images）——開普勒的原型。這些原始的意象並不處於意識中，或者說，它們不與某種特定的、可以合理形式化的觀念相聯繫。相反，它們存在於人類靈魂無意識領域裏，是一些具有強烈感情色彩的意象。它們不是被思考出來的，而是像圖形一樣被感知到的。發現新

◎這是不是伏藏腦？這幾段文字可以跟 51–53 頁關於伏藏腦的內容相參看。

知識時所感到的歡欣，正是來自這早就存在的意象與外部客
體行為的協調一致。」(上述兩則引文引自S. 錢德拉塞卡著，
楊建鄴、王曉明先生翻譯的《莎士比亞、牛頓和貝多芬》一
書，謹此致謝！)

　　一個創造，一個光輝的思想，一個激動人心的理論，它
們來自某種早就存在於靈魂中的原始意象。這個原始意象
不來自外部，不存在於意識這個層面，它來自無意識；這
個原始意象「不是被思考出來，而是像圖形一樣被感知到
的」。這使我們想到了孔子在《易‧繫辭》中的一段名言：
「易無思也，無為也，寂然不動，感而遂通天下之故。」由
上述這個原始意象產生出來的思想可以不同，由上述這個
原始意象產生出來的創造可以不同，但是，對這個原始意
象存在的認識和描述卻是這樣驚人的相似。這使我們由衷
地感到：古聖今聖，其揆一也；中聖西聖，其揆一也。我
們不禁要問：《易》是一門什麼樣的學問？儒家為什麼要將
《易》立為群經之首？《易》是否就是要專門探討原始意象那
個層面的東西？

◎中聖西聖，其
揆一也。

　　「星星還是那個星星，月亮還是那個月亮，山也還是那
座山哪，梁也還是那道梁。」人類科學迄今為止所發明的這
些偉大理論，它們所揭示的，它們要說明的，不過就是自
然界這奇異的均衡關係，不過就是自然界各部分之間以及
各部分與整體之間的固有的和諧。科學並沒有在自然之外
創造什麼，科學也沒有在自然之內減少什麼。星星還是那
個星星，月亮還是那個月亮。科學只是充分地利用了自然
給出的這個均衡與和諧。寫到這裏，我們驚奇地發現，
中醫正是這樣一門科學，她在揭示人與自然的和諧方面，
她在利用人與自然的和諧方面，做到了盡善盡美，無以
復加！

二、少陽病提綱

少陽病提綱的討論主要以少陽篇263條「少陽之為病，口苦，咽乾，目眩也」為依據。這部分的討論擬分兩個方面。

1. 總義

（1）少陽病機

提綱條文其實就是病機條文，這在太陽及陽明篇中已作過論述，既然是病機條文，那它的含義就關係到整個少陽篇。因此，在這一條上必須多花工夫。為了顯示病機條文的重要性，我們還是給它一個病機格式，就是：「諸口苦，咽乾，目眩，皆屬於少陽。」

（2）三竅的特殊性

我們看提綱條文中講到三個非常簡單的證，就是「口苦，咽乾，目眩」，這樣三個證好像不痛不癢，怎麼可以用它來做少陽病的提綱？說實在的，就口苦、咽乾、目眩這三證的本身而言，確實有些不打緊，但是，我們一想到經典的特性是「一字之安，堅若磐石；一義之出，燦若星辰」，就知道三證的簡單中必然蘊涵著不簡單。

◎表法的運用。
　　口苦、咽乾、目眩，它主要講了口、咽、目這三竅，現在我們暫且撇下苦、乾、眩，看看這三竅有什麼特別的地方。竅者孔穴也，以供出入者也，山川的竅以及人身的竅都不外乎這個出入的作用。既然是出入，那就關係到一個開合的問題。我們看看人身的諸竅中，哪些竅的開合最靈敏，哪些竅的開合最頻繁呢？只有口、咽、目這三竅。而且這三竅的開合是最直觀的，最易於感覺到的。我們說話的時候，一

個最重要的過程就是口在不停地開合，而我們的講話，連帶我們進食、呼吸的吞咽動作，這個咽也在不停地開合，只是這個開合稍深了一層。目呢？目的開合更容易感受到。所以，口、咽、目的一個最大特徵，也是一個我們最容易感受到的特徵，就是它們的開合性。講開合，開合這個過程的實現，它靠什麼呢？它靠一個樞機。開合越頻繁，開合越靈敏，那必然是樞機越靈敏。開合的特徵越顯著，必然就是樞機的特徵越顯著。因此，談口、咽、目，它們實際上把一個什麼問題帶出來了呢？它們把樞機的問題帶出來了，它們把少陽帶出來了。你看口、咽、目，你感覺到它們的開合，你感覺到它們在「位」的變化上異常靈活，那這個「開合」，這個「位」的變化從哪裏來？當然是從「樞」上來。因此，談一個口、咽、目，便將少陽主樞，便將相火以位的內在含義活脫脫地呈現出來。還有什麼比口、咽、目更適合於作少陽的提綱？還有什麼比口、咽、目更能透出樞機的要義？這時你真有一種非此莫屬的感覺。

以口、咽、目為少陽提綱，並不是說這三竅就由少陽所主，而是透過這三竅表現出少陽病最最關鍵的機要。醉翁之意不在酒，諸如此類的手筆，不由得你不嘆服。

(3) 苦、乾、眩義

接下來我們看苦、乾、眩。苦是什麼呢？苦是火的本味，火味為苦。乾呢？凡物近火則乾，故乾者火之性也。眩者則如《釋名》所言：「懸也，目視動亂如懸物，遙遙然不定也。」是什麼東西具備這個「遙遙然不定也」之性呢？很顯然，風(木)具備這個性，火具備這個性。因此，談苦、乾、眩，並不是說苦、乾、眩只限於少陽病所有，而是透過苦、乾、眩表出少陽樞機的木火之性、相火之性。

另外，對於少陽提綱的討論我們還可以引而申之，觸類而長之。比如這個苦的問題，苦於五行屬火，所以，《素問‧陰陽應象大論》云：「南方生熱，熱生火，火生苦，苦生心。」苦不但屬火味，亦與心相關。而我們稍作深入，就會發現與苦聯繫最密切的痛它也與心相關，故《素問‧至真要大論》云：「諸痛癢瘡，皆屬於心。」痛苦與心相關，而在五志中，喜樂亦與心相關。痛苦屬心，痛苦生於心；喜樂亦屬心，喜樂亦生於心。痛苦、喜樂與心的這個特殊關係，便將宇宙人生的一個大問題引發出來。

◎苦生於心，樂亦生於心。

痛苦本為生理現象，但由於生理與心理的相互影響之深、之大，我們很難將它們分割開來，因此，對於痛苦和喜樂我們完全應該從綜合的角度來看。人類的問題千千萬，但是，這些千差萬別的問題能不能歸結到一個點上或者說一個問題上來呢？從最根本的意義，從最究竟的意義去思考，這是完全可以的，這個點、這個問題就是痛苦與喜樂，簡稱苦樂。我們可以從縱向來看，也可以從橫向來看，看看人類付出的所有努力是不是都是為了解決這麼一個問題。古代的也好，現代的也好，科學的也好，藝術的也好，宗教的也好，是不是都是在這個上面用功，是不是都是為了減少一些痛苦，增加一些喜樂。人類的所有行為、所有努力是不是都是為了這樣一個目的、這樣一個宗旨？至少在動機上，在主觀願望上沒有一個例外。因此，只要我們從苦樂的問題上去作意、去思考，那就把人類的複雜問題、人生的複雜問題簡單化了、真實化了。將人生的問題簡單化、真實化以後，對這個根本問題的解決，便有了一個直截了當的思考和判斷。

◎人生最根本的問題。

毫無疑問，解決人的根本問題，使人少苦多樂，甚至離苦得樂，是人類一切行為和努力的動機和宗旨，過去如是，現在如是，將來亦如是。而我們從本質上對所有的這些行為

和努力作一個劃分，則不外兩類，一類行為和努力是在形而上的這個層面用功，一類行為和努力是在形而下的這個層面用功。而更具體地說，形而下的這個層面就是物質的層面，形而上的這個層面就是精神的層面，就是心的層面。上述這個劃分建立以後，很多問題就十分清楚了，整個現代科學她是在哪個層面用功呢？她在形而下這個層面，在物質這個層面。她的一切努力都集中在這個點上，企圖用改造物質的方法來作用人類，用這個物質手段來使人類離苦得樂。物質手段能不能使人離苦得樂呢？當然可以。肚子餓了，給你吃的，身子冷了，給你穿的，饑寒交迫的苦一下子得到了解決。但是，溫飽的問題解決以後，物質手段還能在多少程度上使人離苦得樂呢？這個問題我想大家都會有感受，感受過了你就應該有思考。百萬富翁、億萬富翁有沒有煩惱，有沒有痛苦，是不是他們已經完全地解決了人生的根本問題？他們已經擁有了太多的物質，已經占有了太多的形而下這個層面，是不是他們就已經完完全全地離苦得樂了？如果不是這麼回事，如果他們的人生仍然充滿了煩惱和痛苦，那用物質手段解決人生根本問題的能力就會讓人產生懷疑。

◎物質手段在解決人生根本問題上的能力究竟有多大。

　　物質手段在解決人生根本問題的能力上為什麼有限？我們回觀前文便能明白，因為人生這個根本問題的根源，人生這個苦樂的根源，它不來自形而下這個層面，它不來自物質這個層面，它們來自形而上，來自心這個層面。因此，用物質手段來著眼這個問題就很難從根上去解決。它是間接的，它始終繞著圈子。在溫飽沒有解決前，在饑寒交迫的這個階段，物質的作用好像很強，但是，這個層面的問題一旦解決了，物質手段的能力就基本達到飽和。再往下走，物質手段所能起的作用便只是隔靴搔癢了。所以，要解決這個問題，就必須直截了當，就必須從根本上抓，連根拔起，問題才能

真正解決。那麼，根在哪兒呢？當然就在形而上，就在心這個層面。筆走於斯，我們才恍然大悟，傳統的學問，傳統的儒、釋、道為什麼都強調「修心」？為什麼都把在形而上這個層面、心這個層面的用功放在第一位？原來就是要解決這個人生的最根本問題。你看《老子》，他不叫你去追求物質，他不叫你去不斷地豐富這個物質手段，他叫你「知足者樂」。為什麼呢？因為他已經參透了，他知道這個人生的樂不可能最終從物質這個層面得到，在物質這個層面上只要你不知足，那千萬、億萬的家產、身家你也不樂，你也可能痛苦。因此，沿著物質這條路，沿著形而下這條路，你就是走到天上去了，走到太空，甚至外太空，人生的這個根本問題你還是沒法解決。到時醒悟了你還得回頭，你還得走形而上這條根本的道路。老子看清了這一點，看透了這一點。所以，他不鼓勵人們走物質探索的這條路，在這條路上他告訴你知足就行了。「知足不辱，知止不殆」，你幹嗎要去幹吃力不討好的事？從這個層面你去看中國為什麼沒有率先走向現代化這條道，為什麼沒有率先走向物質發展這條道，也就不足為怪了。

對中醫的認識，尤其是對中醫價值的認識，我們不能光局限在幾個病上，應該放開來看。古人云：上醫治國，中醫治人，下醫治病。從少陽提綱條文的討論，從對苦這樣一個問題的引申，我們看到中醫的內涵確實包括了上述三個層次的東西，只看你能不能真正地把握它，受用它。

◎修心是為了什麼？

◎老子的致富之道。

◎上醫治國，中醫治人，下醫治病。

2. 別義

(1) 五竅之特點

少陽提綱條文談到口、咽、目三竅，這使我們想到五竅的問題。五竅即心開竅於舌，脾開竅於口，肺開竅於鼻，腎

開竅於耳，肝開竅於目。竅是什麼？《說文》云：「穴也，空也。」《禮・禮運》曰：「地秉竅於山川。」《疏》謂：「謂地秉持於陰氣，為孔於山川以出納其氣。」綜《說文》、《禮經》所云，竅就是山川中的孔穴，也就是我們俗稱的山洞，這些孔穴有什麼作用呢？就是出納地氣。地雖然屬陰，雖然藏而不瀉，但它也要交換，與天交換，與陽交換。它也要有呼吸。這個交換、這個呼吸就是通過位於山川的孔竅來進行的。可見自然天成的每一樣造化都不是沒用處的，都不會閒置，只是你沒有認識到。認識到上述這個「竅」的含義，我們來看五藏的竅就非常清楚了。首先在中醫裏只有五藏有竅，六府沒有竅。為什麼呢？六府屬陽，五藏屬陰，六府應天，故瀉而不藏，五藏應地，故藏而不瀉。應天則本就空靈，何需有竅？應地則實而厚深，故需有竅以供出納。所以，我們一再強調中醫理論它的基礎很深厚，它的背景很深厚，而這個深厚處就是自然。因此，談中醫你處處在在都不要忘記自然。你道法自然了，你的理論的根基自然就深厚了，你的層次也就自然地上去了。你對這個理論就會堅信不疑。這不是盲目自信，而是你心中有數，了了分明。像這個五藏主竅的問題，一聯繫到自然，你就很清楚了。

◎何以藏有竅而府無竅？

　　另外一個問題，我們看肝、脾、肺、腎這幾竅，這幾竅皆符合於《說文》、《禮經》所給出的竅的含義，即皆位於山川（頭者身之山川也），皆具空穴孔竅之性。而且在這幾竅中，肝竅目、腎竅耳、肺竅鼻皆分左右兩竅，脾竅口雖不分左右兩竅，然由上下兩唇相構，且諸竅皆直通於外。唯獨心之竅不具這個特性，它既不直通於外，亦非空穴之竅，且不分左右、上下，而為一獨「竅」。五藏之中，肝脾肺腎諸藏皆實，而其竅卻虛；心藏本虛，而其竅卻實。五藏之中，心為君主。君主為孤為寡，故無有左右，無有上下。餘則為

百官而有左右、上下之分。五竅的這樣一個特性，既使我們看到了自然的一面，也使我們看到了社會的一面，二者似不可分。

(2) 九竅之佈局

◎泰卦的格局。

談完五竅的問題，接下來我們看九竅。九竅即二耳、二目、二鼻、一口、一前陰、一後陰。九竅的佈局很有意思，雙竅的有三，單竅的亦有三。雙竅的耳、目、鼻居於上，單竅的口、前陰、後陰居於下。雙竅之構成恰似易卦之陰爻（－－），而單竅之構成則恰似易卦之陽爻（一），且雙數偶亦為陰，單數奇亦為陽。上三陰是為坤，下三陽是為乾，上坤下乾是一個什麼卦象呢？正好是一個泰卦。所以，九竅的佈局就正好構成一個天然的地天泰卦。而連接這個地天的又是什麼呢？就是處於口鼻之間的人中。

◎人中的意義。

人中的稱謂過去我們也許不理解，它不過是鼻口之間的一個溝渠，為什麼要叫人中？其實人中的這個稱謂，甚得中醫的三昧。它就像是一個機關，這個機關解開了，中醫的許多東西就能一目了然。何謂人中？天在上，地在下，人在其中矣。天食人以五氣，地食人以五味，五氣入鼻，藏於心肺，五味入口，藏於胃。因此，鼻口實際就是天地與人身的一個重要連接處，天氣通過鼻與人身連接，地味通過口與人身連接。經云：「人以天地之氣生。」人何以天地之氣生？天地之氣何以生人？顯然這個口鼻擔當了重要的作用。而鼻為肺竅，口為脾竅，肺主乎天，脾主乎地。故鼻口者，天地之謂也。即以鼻口言天地，那處於其間的這道溝渠不為人中為何？因此，人中的這個稱謂非它莫屬。

《素問·六微旨大論》云：「言天者求之本，言地者求之位，言人者求之氣交。」研究人氣交是一個至關重要的問

題。什麼是氣交呢？氣交就是指天地的氣交，陰陽的氣交。天氣要下降，地氣要上升，陽氣要下降，陰氣要上升，天降地升這就氣交了。氣交了就有萬物化生，氣交了就有人的產生。故曰：天地氣交而人生焉。天地氣交，乾天之氣下降，坤地之氣上升，這是一個什麼格局呢？這正好是一個泰卦的格局。所以，人身這個九竅的佈局，它要三個雙竅在上，三個單竅在下，這就正好體現了天地的氣交，就正好體現了泰卦這個格局。這好像是巧合，又好像不是巧合。總之，造化的奇妙著實令人讚歎。天地要氣交，陰陽要氣交，這個氣交的過程總要有一個通道，而人中生就的是一個溝渠，這樣一個結構就正好可以作為氣交的通道。有諸內必形諸外，人中這個通道雖然是外在的，但它必然反映內在天地氣交、陰陽氣交的情況。因此，人中的這個結構，人中的這個長相就非常的重要。相家看人中可以看人的壽元，為什麼呢？因為人中的結構反映了人體氣交的狀況，「言人者求之氣交」，人的身體狀況，人的健康，人的長壽，它由什麼來決定呢？就由這個氣交來決定。氣交好的人，你當然就有了健康和長壽的基礎，氣交不好，天地之氣不生你，四時之法不成你，你從哪裏去找健康？你從哪裏去找長壽？基礎沒有，根基沒有，你沒法獲得健康和長壽。所以，看人中實際上就是看氣交，看氣交實際上就是看生命的根本。生命的根本你都看到了，那你為什麼不知道他的壽命，當然就知道了。因此，大家不要以為看相就是迷信，孫真人要求一個大醫必須精通諸家相法，這不是沒有道理的。你從基因去瞭解一個人的生命狀況，去瞭解一個人的壽命長短，那我為什麼就不能從人中去研究、去瞭解呢？難道從基因看出的就是科學，從人中看出的就是迷信嗎？我看天底下沒有這樣的道理。怎麼只許官家放火，不許百姓點燈呢？重要的應該來考究它能不能看出，

◎只許官家放火，不許百姓點燈！

能不能看準？如果看不出，看不準，你又說能看出，能看準，那當然是騙人！當然是迷信！倘若他能看出，且又能看準，與基因研究的結果不相上下，那這個問題就嚴重了。這樣一個簡單的方法，不需要借助任何外部條件，卻能與一個高科技的、複雜的方法所得出的結果相近，甚至相符。單就這個事實就足以引起我們的深思，就足以讓我們對這個簡單的方法刮目相看。簡單了難道就不科學，難道就註定是土氣、是樸素，難道就登不了大雅之堂。讓我們看拉丁的一則箴言：「簡單是真的標誌。」(*Simplex sigillum veri.*) 科學所要追求的是什麼？難道不是這個「真」嗎？簡單的其實就意味著真，越真的就越簡單，越簡單就越真。複雜了那是沒辦法，那是不得已，而複雜了往往容易失真。

《老子》講：「飄風不終朝，驟雨不終日。」這個簡不簡單，真是夠簡單。可正因為這個簡單，它透發出真實。人生的真實，社會的真實，都包含在這個簡單裏面。可就因為這個簡單，「天下莫能知，天下莫能曉」。人性是不是都有喜複雜的一面呢？本來赤條條，來去無牽掛，可人總覺得這樣簡單不過癮，還是複雜一些好。你摸脈摸出這個病來，他覺得不保險，不放心，還是要搞一些現代手段的檢查。另外，現在你開醫院如果就是望、聞、問、切，就是開幾劑中藥，即使你把病人治好了，那你的醫院也要倒閉。為什麼呢？經濟在制約你，你的經濟指標上不去，醫院怎麼能開下去？除非你到國外去開！所以，你必須開大量的檢查，也必須上西藥。這是現實，中醫也還得食人間煙火吧，那你就得隨行就市。

人為天地氣交的產物，這一氣交就變成泰的格局，而九竅的佈局就正好符合這個格局。天地氣交通過什麼道路進行呢？通過人中這個道路進行。故人中之道宜深、宜長、宜廣。人中深、長、廣了，那麼，它所代表的這個內在的道也

必然會深、長、廣，這就為氣交創造了一個良好的條件。氣
交好了，生命當然就會長久，這是必然的道理。人昏過去以
後，人的生命危急的時候，很多人都知道去掐按人中。許多
人就因為這一掐，蘇醒過來了，轉危為安了，為什麼呢？氣
交的道疏通了，打開了，氣交恢復了，生命也就自然回復到
原來的狀態。人中是不是一個重要的機關？人中這個稱謂是
不是真透著中醫的三昧？大家可以思考。

◎掐按人中為什麼可以起死回生？

(3) 否極泰來

九竅的分佈充分體現了泰的格局，泰其實就是宇宙演變
到有生命的這個階段的一個標誌。而人體的外部結構正好記
錄下了這個標誌。這便提示我們，要想透徹地理解生命的過
程，泰卦便是一個很值得注意的問題。

泰卦的佈局已如上述，它正好與否卦的佈局相對相反。
所以，自「易」始，否泰就分別用來表示兩個截然相反的事
態。諸如善惡、好壞、吉凶、小人君子等。而泰卦當然代表
著好的一面，否卦就代表著壞的一面。否泰為什麼會有這個
差別呢？讓我們看一看《易經》否泰二卦的象辭即知。否的
佈局是乾天在上，坤地在下，故否卦卦辭曰：「否之匪人，
不利君子貞，大往小來。」尚秉和注云：「陽上升，陰下降。
乃陽即在上，陰即在下，愈去愈遠，故天地不交而為否。否
閉也。」又象曰：「否之匪人，不利君子貞，大往小來。則是
天地不交，而萬物不通也。上下不交，而天下無邦也。內陰
而外陽，內柔而外剛。內人小而外君子。小人道長，君子道
消。」尚秉和注云：「天氣本上騰而在外，地氣本下降而在
內。愈去愈遠，故氣不交。氣不交故萬物不通而死矣。」由
是可知。否之所以為否，否之所以為諸困頓不吉，關鍵就在
於天地不交。

◎宇宙演變到生命階段的標誌。

那麼泰呢？泰的佈局上坤下乾，卦辭曰：「泰，小往大來，吉，亨。」尚秉和注云：「陽性上升，陰性下降。乃陰在上，陽在下，故其氣相接相交而為泰。泰通也。」又象曰：「泰，小往大來吉亨。則是天地交而萬物通也，上下交而其志同也。內陽而外陰，內健而外順，內君子而外小人。君子道長，小人道消。」由是亦知，泰之所以為泰，泰之所以為諸通達吉亨，其關鍵就是天地交通。

◎疾病的治療實際上是「否」「泰」的轉化。

由上述否泰二卦的象辭我們可以看到，否泰二卦的含義非常深廣，有自然科學的方面，有社會科學的方面，也包括了很深厚的人文內涵。這些諸多方面的內涵都值得我們去研究，去實踐。從自然方面而言，《易·繫辭》曰：「天地氤氳，萬物化醇。男女構精，萬物化生。」天地為什麼會氤氳，男女為什麼會構精？其實這就是泰的狀態。而反過來，天地要是處於否的狀態，那就沒法氤氳，沒法構精了。沒法氤氳，沒法構精，就不可能有萬物的化醇、萬物的化生。沒有化醇，沒有化生，生命怎麼得以誕生？即便是誕生了，又怎麼能夠健康地維持下去呢？所以，我們將生命的產生，以及生命過程的諸多正常和不正常態作一個根本意義上的歸納，其實它就是一個否泰的問題。否代表著不健康態，也就是疾病態，而泰當然就代表著健康態。因此，從這個角度而言，醫學的一個很根本的目的實際上就是實現由否至泰的轉變。

否是乾上坤下，由於處在這樣一個狀態下，天地不能交通，陰陽的氣交不能很好地實現，五藏的元真不能很好地通暢，因此，人的諸多疾病其實就是由這個因素漸漸演變而來的。那麼，怎麼實現由否向泰的轉變呢？一個就是要設法使乾陽下降，另一個就是設法使坤陰上升。而這兩個方法孰輕孰重，以及是否同時進行，則完全取決於引起否的這個因

素。在天地氤氳，男女構精以後，生命本來應該處於泰的狀
態，健康的狀態。而現在為什麼會淪入到否的狀態上來呢？
說到底還是陰陽的問題，還是升降的問題。一方面乾陽太
過，升而不降，可致否的形成；另一方面坤陰太沉，降而不
升，亦可致否的形成；而更重要的一個方面是，如果調節升
降的樞機出現問題，就更容易導致否的形成。當然有的時候
引起否的因素是綜合的，是錯綜複雜的。

　　由否轉泰的具體過程，反映在太陽篇的痞證裏，這個
「痞」其實就是上述「否」的狀態在人身上的一個具體表現。
痞應該有非常多的表現，可是在《傷寒論》裏卻把這諸多的
表現集中在一個「心下」，謂之「心下痞」。為什麼要將這樣
一個非常重要的證用「心下」來表述呢？心下不是講五藏的
心下，而是指劍突以下、腹以上的脘域，這個脘域稱為心
下，這個脘域正好是脾胃所居。脾胃在這裏有什麼意義呢？
它的一個最重要的意義就是升降之樞紐。如果脾胃出現問
題，那升降就必然會有問題。升降出現障礙，天地之氣怎麼
相接相交，這便有了否的形成。所以，一個心下痞其實已把
形成否的這個癥結道明了。

　　對於痞證的治療，《傷寒論》用的是瀉心湯，共計有大
黃、黃連、附子、半夏、甘草、生薑等五個瀉心湯。治痞為
什麼要用瀉心湯呢？瀉非言補瀉，瀉者言其通也。心即上述
之脘域，即上述之脾胃，即上述之升降樞紐所居處。這個地
方閉塞了，不通了，升降怎麼能夠正常的進行，這就會有痞
證的發生。故瀉心者，決其壅阻，通其閉塞，使複升降也。
升降得復，則升者降之，降者升之，自然轉否為泰矣。因
此，瀉心湯實際上是一個轉否成泰之方。以上述諸瀉心湯而
言，大黃黃連瀉心湯者，降陽之方也。舉凡陽明胃不降則乾
陽不降，乾陽不降而生否者，宜此大黃、黃連瀉心湯。服之

令乾陽下降，自成泰之格局。半夏、生薑、甘草諸瀉心湯者，降陽升陰之方也。舉凡陽明胃不降則乾陽不降，太陰脾不升則坤陰不升，乾陽不降，坤陰不升而致否者，宜此諸瀉心湯。方中所用芩連，即降陽也；所用參、薑、草、棗即升陰也；半夏則開通閉塞，交通上下也。服之自然陽降陰升而轉否成泰。附子瀉心湯亦為降陽升陰反否為泰之類。

◎轉否為泰的典範。

否者閉也。閉則天地不交而否。瀉心湯能通其閉塞，交其天地，故用之而能「天地交而萬物通也，上下交而其志同也」，用之而能「君子道長，小人道消也」。瀉心雖只五方，若能引而伸之，觸類而長之，則何愁不能於天地間立此瀉心

◎建立瀉心一派。

一派，以掃蕩諸疾哉！曾記去歲治一藏族同胞，肝病下利之後，胸中熱如火燎，腰以下冷如冰雪，經某縣醫院西醫治療，下利得止，而餘證不減，漸至晝而煩躁，夜不安臥。觀此胸熱如燎者，乃陽不得降也；腳冷如冰者，乃陰不得升也。陽不降，陰不升，非否而何？故徑投半夏瀉心湯加肉桂，加肉桂者，以桂配黃連又成交泰之勢（古方有交泰丸即由黃連、肉桂相伍而成）。服之半月餘，胸熱漸平，腳冷漸溫，諸證皆除，否去泰來。

三、少陽病時相

前面我們談到少陽主竅的問題，而由這個竅引出了對否泰的討論。應該說否泰是我們討論中醫的一個非常重要的切入點。為什麼說它是一個重要的切入點呢？因為無論什麼問題，什麼疾病，你都可以從否泰去切入，都可以把它歸結到否泰上來。不但在人事、社會的領域我們可以用「否極泰來」，在醫這個領域我們似乎可以更具體地、更實在地運用它。

　　在前面第三章談陰陽的開合機制時，我們曾經用開合去分析疾病，我們曾經以開合為切入點。從開合切入，我們可以用它來分析所有的疾病，而現在從否泰切入，我們也説可以用它來分析所有的疾病，似乎從每一個切入點都能包打天下。其實，這是中醫一個很有趣的問題，很值得研究的問題。

◎開合機制可參看111–118頁的內容。

　　條條道路通北京。我們從南寧去北京要坐T6特快列車，那麼從成都去北京呢？當然不必坐T6，你要乘T8。所以，從任何一個點上深入進去了，你都可以見道。道只有一個，中醫的道也好，儒、釋、道的道也好，都只有一個。但是，見到它、證到它卻可以有許多的方法。佛教有八萬四千法門，也就是有八萬四千種方法，八萬四千個切入點。從這些切入點切入，你都能夠最終認識宇宙人生的根本。我們這樣來看歷史上中醫的許多流派，那就不足為怪了。張仲景他從三陰三陽切入，李東垣他從脾胃切入，葉天士他從衛氣營血切入，吳鞠通他從三焦切入。只要從這些點上真正地深入進去了，最後都到了「北京」，都見到道了。那麼，這些法門、這些切入點就應該都是可取的。所謂法門無高下，見道即為真。既然法門無有高下，那你為什麼總是強調經典呢？明眼人應該可以看到，經典是什麼呢？其實經典就是「北京」！後世那麼多有成就的醫家，建立了那麼多不同的流派，不同的學科。有的醫家成就很大，眼界也很高，幾乎目空一切了，但是，為什麼他們都強調經典，都認為自己流派的出處是來自經典。這恐怕不完全是沽名釣譽，一定要找一個聖賢為依託。而是一門深入以後，當深入到相當的程度時，當他們豁然開朗時，都會不約而同地發現：原來這就是經典！

◎條條道路通北京。

◎這部分內容可與34–67頁的論述相參看。

　　經典與後世不同流派之間的關係，我們在第二章中已作過討論。它實際上就是一個體用的關係。經典為體，後世學

説為用。無體無以成用，而無用亦無以顯體。體用密不可分。這樣一個關係學中醫的必須搞清楚。這個關係如果沒有弄清，你就會覺得無所適從。一會跟著張三跑，一會跟著李四學，茫茫然不知所措。到最後兩頭不到岸，什麼都不是，更不要説成一家之言了。所以，這個問題應該引起注意。你清楚了它們是這麼一種關係之後，就知道路路不相左，法法不相違。你可以根據自己的特點，選擇適合的方法。或者單刀直入，直接從經典入手，從體啟用；或者迂回而入，從見體，從後世的醫家入手。我想這些方法都可以，都不相違。我的先師就是直接從經典入手學醫的，而更多的人則是用第二種方法，先從後世入手。只要你功夫用得深，功夫到位了，都可以學出來。就怕你淺嘗輒止，半途而廢。這樣的人不但自己學不出來，而且説三道四的就是這些人，存門戶之見的也是這些人。功夫做深了，見道了，都是岐黃的子孫哪會有什麼門戶之見？看一看《臨證指南醫案》，看一看《溫病條辨》，你就清楚了。

◎「君子遵道而行，半途而廢，吾弗能已矣。」

1. 寅至辰上

這一節我們討論少陽病的時相問題。討論時相當然離不開欲解時，少陽病的欲解時條文見272條，即「少陽病欲解時，從寅至辰上」。寅至辰的類似概念我們在太陽及陽明篇已討論了很多，從時上而言，它有許多層次可分。如以日這個週期層次而言，它包括寅卯辰三個時辰，即凌晨3點至上午9點的這段區域屬少陽病的欲解時。如果疾病的特點是表現在這段區間欲解，那麼，我們應該考慮有少陽病的可能。當然，這樣一個問題我們還應該放開來看，聯繫前面討論過的問題來看。寅卯辰不只是時間的問題，它還有許多相關

性，根據這個相關性我們來舉一反三，這才是研究中醫的正路。比如寅卯辰它包不包括東方呢？當然包括東方。一個病，或者是眩暈，或者是腸胃不好，或者是其他什麼，在南寧的時候你很不舒服，你周身不自在，可是你一到了上海，一到了浙江，你就舒服了、自在了，頭也不暈，腸胃也好啦。這個算不算少陽病呢？這個你也應該考慮有少陽的可能。因為它的欲解也在寅卯辰。

寅卯辰從月上來講，它應該是哪個區間呢？它應該是與陽明欲解時申酉戌相對的那個區間，也就是上弦及前後的這個區間。

講到月週期，我們聯想到一個很重要的問題，這個問題與女性有很大的關係。女性與男性的一個很特別的差異是什麼呢？就是女性要來月經。而月經一個最顯著的特點就是《素問·上古天真論》說的「月事以時下」。這個時包括了兩層含義：第一層就是每一次經潮的時間，以及經潮與經潮之間的時間間隔都是相對固定的；第二層就是這個間隔的時間一般是一個月。為什麼女性的這個特殊生理現象要叫月經或者月事呢？其實就是根據這第二層含義而來的。月事每月一潮，月亮每月圓滿一次，而前面我們談到潮汐的時候，又是月滿而潮。月相的變化與女性的經事，與潮汐的漲落，這個聯繫一提出來，中醫的很多問題你就可以感受出來。特別是女同志，發生在你們身上的事，你們自己應該有感受，有思考。思考發生在你身上的事，感受這個「天人合一」。所以，從這一方面來講，我覺得女性學中醫應該有優勢。因為中醫這個理在你身上有很好的印證。

經事每月一潮，這個是大的相應、粗的相應，我們還應該注意它細小方面的相應，也就是月事來潮的具體時間。是在圓滿潮還是月晦潮，是上弦潮還是下弦潮。我曾經看過一

份資料，這份資料專門探討月經來潮的時間與不孕症的關係。結果發現，凡是在月滿或接近月滿這段時間來月經的，不孕症的發生率就很低。而不在月滿的時候來潮，離月滿的時間越遠，甚至在月晦來潮的婦女，不孕症的發生率就會很高。而且其他婦科病的發生率也遠遠高於月滿而潮者。為什麼會有這個差別呢？這就是相應與不相應的問題。所謂「得道多助，失道寡助」，我們怎麼去看待這個「得道」與「失道」呢？其實就是相應與不相應。相應就是得道多助。老天的力量有多大，自然的力量有多大，你相應了，老天都幫助你，那還有什麼問題不能解決？你的疾病自然就會很少。所以，《素問‧四氣通神大論》所說的：「故陰陽四時者，萬物之終始也，死生之本也，逆之則災害生，從之則苛疾不起，是謂得道。」這在女性身上應該反映得更加充分。

月經來潮是由於子宮內膜的脫落，而子宮內膜脫落又由女性激素的分泌水平決定。這使我們看到，女性激素的分泌有一個週期性，而這週期正好與月週期相當。日為陽，月為陰，男為陽，女為陰。女性的激素分泌有一個月週期的變化，這是陰與陰應。那麼，男性的激素分泌有沒有一個類似的週期變化？這個週期變化是不是就與日的週期相當？這亦是值得探討的一個問題。這就從傳統的角度向現代提出了課題，而這樣一些課題的研究，不但為現代提出了問題，而且也為解決現代問題創造了契機。

◎從六經的角度去解決女科問題。

月事以時下，隨著個體的不同，甚至是年齡階段的不同，這個時會有很大的差異。我們討論六經病的時相，如果將這個時相放在月週期層次上來考慮，那麼，就可以把一個月分成六個刻度，以分別與六經的時相相應。月週期內的六經時相區域確定以後，上述「月事以時下」的「時」差異就很容易與六經時相建立對應關係。這個對應關係建立以後，婦

科疾病與六經病之間就建立起了一種內在聯繫，就可以幫助我們從六經的角度去思考和解決女科的許多問題。這是一個很有意義，很值得研究的課題。

　　中醫不但講辨證，而且還要講辨病。辨病是綱，辨證是目，綱舉才能目張。因此，從這個角度看，把「辨證施治」作為中醫的一大特點，而不提「辨病施治」，這是很不完全的。當然，中醫辨病的內涵與西醫不同，比如我們上面討論的，在婦科疾病與六經病之間建立一種內在聯繫，這就是一個辨病的過程。辨病是辨方向，方向都不清楚，還談什麼路線呢？而中醫辨病的指標往往比較明確、比較客觀。像時間、方位、五運、六氣，這些因素都很清楚地擺在那裏，你很容易地就能抓住它。這段時間天氣都在下雨，陰雨綿綿的，這是什麼呢？這就是濕，這就是太陰病的指標。這個指標不用你去做化驗，也不用你去做CT，你很容易地就得到了。可是正是這樣一個很容易就能得到的指標，我們許多搞中醫的人對它不屑一顧，放著西瓜不要，偏偏去找捉摸不定的芝麻。所以，儘管搞中醫的年頭不少，可還是一個糊塗蟲。

　　西醫辨病可以完全不要上述這些指標，隆冬三九得大葉性肺炎與雨濕天氣得大葉性肺炎沒有什麼區別，用一個「抗菌消炎」的方法就都解決了。可是做中醫你也不要這些指標，那問題就嚴重了。為什麼石家莊治療乙腦的成功經驗搬到第二年的北京就不靈了？是不是中醫的經驗不能重複？非也！是辨病的這些指標不同了。指標不同了，病就有差異，當然治療就應該有差異。

　　寅卯辰在月的層次上我們做了如上的討論，那麼在年的層次上呢？它就是寅卯辰三個月，即農曆的正月、二月、三月。在年的層次上再往上走，就是寅年、卯年、辰年，凡遇這些年我們都應該考慮它與少陽時相的特殊關聯。

◎此處可與196頁的內容相參看。

2. 少陽病要

前面談過少陽在功用上的兩個特點，一個就是主樞，談樞當然就離不開開合，樞與開合的問題大家應該牢牢記住。我們研究和學習《傷寒論》，始終是把這個問題放在很重要的位置。為什麼呢？因為它是一個很方便的法門，一個很直接的切入點。從這裏一門深入，你很容易見到傷寒這個道。而少陽在功用上的另一個特點，就是本章開頭討論的相火。

少陽主樞，樞機要想發揮正常的作用，它有一個重要的條件，就是必須流通暢達。因為樞機是在轉動中來調節開合，如果樞機不轉動了，結在那裏，這個開合的調節怎麼實現？因此，樞機一個很重要的特點就是貴暢達而忌鬱結。如果不暢達，鬱結了，那就沒法調節開合，那就會產生疾病。另外一方面就是相火，火性炎上，它也是喜舒展奔放而忌遏制壓抑，遏制壓抑則易生亢害。所以，總起來說，使少陽的功用沒法正常發揮，進而產生疾病的一個最關鍵的因素，就是這個鬱結，就是這個遏抑。這是少陽病的根本要素。

3. 少陽時相要義

少陽病的要素清楚以後，我們來看少陽時相的欲解時。少陽病為什麼要在寅卯辰這樣一個時相欲解呢？我想很重要的一點就是寅卯辰時相所蘊含的要義能夠有效地幫助解決少陽病的上述問題。

◎此處內容可與76–89頁的內容相參看。

寅卯辰從年上講屬春三月，屬木，木性條達舒暢。條達了、舒暢了，少陽樞機就可以活潑潑的轉動；條達了，舒暢了，少陽的木火性用便不會遏鬱。另一方面，我們討論六經

時相，討論三陰三陽時相，應該時刻不忘與五行時相進行參合。陰陽與五行是兩門，合起來其實就是一個。為什麼這麼說呢？大家回顧前面幾章討論的內容就應該很清楚。木是什麼？木就是陽氣處於升發的這個狀態，當然這個時候的升發還不是全升發，它還有一絲二絲陰氣在束縛；到了火的時候，陽氣全升發了，全開放了，陽氣不完全開放，大家想一想會不會有火產生？絕對不會有火產生。那麼到金呢？到金的時候陽氣已經由開放轉入到收藏，或者說陽氣漸漸進入到陰的狀態了；更進一步到水的時候，陽氣完全處於收藏。大家可以想一想，陽氣要是不完全收藏，怎麼會有冰雪產生呢？現在全球的氣候逐漸變暖，北極及內陸的冰川逐漸在消融，這說明什麼呢？這說明整個世界的陽氣收藏在逐漸變弱，而開放卻在逐漸加強。我們所處的這個時代就是不斷開放的時代，成天都在強調開放，而不強調收藏，那冰川怎麼會不逐漸消融？我想這是很必然的事情。

　　用中醫的理論，用五行的理論來看上面這個問題，是非常清楚的。所以，我們講金木水火，實際講的是什麼呢？它講的完全就是陰陽的不同狀態。因此，講五行離開了陰陽，你很難講到點子上，你很難對這門學問有真實的受用。那麼五行中的「土」是什麼呢？它代表了陰陽的哪個狀態？它代表了陰陽的一個很特殊的狀態。因為這個特殊，所以董仲舒在《春秋繁露》中把它稱為五行之主。五行的金木水火如果沒有土都不能成就其所用。陰陽要從水的狀態、收藏的狀態進入到木的狀態、升發的狀態，它靠什麼？就是靠這個土。同理，從木到火，從火到金，從金到水，也都離不開這個土。陰陽要變化，陰陽要流轉，陰陽要周而復始，都必須落實到土上。因此，土在中醫的作用就顯得非常重要，非常特殊。我們為什麼要把脾胃當作後天之本，《素問》言脈為什麼

要講「有胃則生，無胃則死」？這些都與土有非常密切的關係，值得我們認真研究。

五行表述的是陰陽的不同狀態，而五行的每一行在不同的時間區域內又有旺、相、休、囚、絕的不同變化過程，這便構成了五行時相的重要內容。所謂旺，就是旺盛的意思，某一行，或者說陰陽的某一個特殊狀態，在某一個特殊的時區內最當時、最旺盛；相，就是促成旺的因素，是達到旺的狀態所必須經歷的階段；休，就是旺的狀態已經衰退；囚，旺的狀態衰退，但較之休的程度略好；絕，完全衰退的狀態。以火為例，火旺於夏，相於春，休於立春、立夏、立秋、立冬前各十八天，囚於秋，絕於冬。春為寅卯辰，火相於春，即火相於寅卯辰。又，相者助也，上述關係反過來稱，即春為相火，寅卯辰為相火。由上可見，一個寅卯辰已然將少陽的性用，相火的性用充分地體現出來。少陽發生病變，少陽的性用失掉了，遇到寅卯辰就很有可能重新恢復過來。因此，少陽病當然就欲解於寅卯辰。

4. 少陽持方要義

少陽病的主方是大家熟悉的小柴胡湯。現在我們就來看小柴胡湯的治方要義是不是符合我們上面討論的這些內容。

(1) 象數層面

◎傳統的數學語言。

小柴胡湯用藥七味，所以，我們先從七來入手。七是什麼數？七是火數。故《河圖》云：「地二生火，天七成之。」學中醫的對河圖、洛書這兩個圖要記得很清楚，這兩個圖很關鍵，傳統的數學就包含在這兩圖之中。現代科學如果沒有數學，那就稱不上科學。沒有數學語言表述，怎麼能登大雅

之堂？其實中醫也是這樣，中醫同樣需要數學，所以也就離不了上述兩圖。《內經》也好，《傷寒》也好，都用到這兩個圖。孫思邈說：「不知易不足以為大醫。」我們且不要說知易，瞭解一點總是應該的。小柴胡湯用藥七味，這說明它用的是火的格局，這就與相火相應了。

接下來我們看具體的用藥，小柴胡湯用藥七味，第一味就是柴胡。我們看《傷寒論》的方應該注意它藥物排列的次第，誰先誰後，這個是很有講究的，隨便不得。排第一位的往往就是君藥，第二的往往是臣藥，排後面的當然就是佐使藥。現在開方往往不管這些，先記哪味就先寫哪味。開一個小柴胡湯他可能把人參寫第一、生薑寫第一，這就亂套了。「行家一出手，便知有沒有。」你這樣來處一個方，不用說人家就知道你的家底。

柴胡位屬第一，是當然的君藥，黃芩位於第二，是為臣藥。我們看君藥臣藥的用量是多少呢？柴胡用八兩，黃芩用三兩。一個三，一個八，正好是東方之數，正好是寅卯辰之數。單就一個君臣藥的用量，就把整個少陽的性用烘托出來，就把少陽病的欲解時相烘托出來。可見張仲景的東西是非常嚴謹的。不是你想怎麼樣就怎麼樣。如果開一個小柴胡湯，柴胡不用八兩，黃芩不用三兩，它還是小柴胡湯嗎？它已然不是小柴胡湯了。再用它作為少陽病的主方，那就會出問題。又如桂枝湯，如果把桂枝的用量加上去，由原來的三兩變成五兩，這個就不再是桂枝湯。它變成了治奔豚的桂枝加桂湯。這一變就由群方之祖，由至尊之位，淪為草民了。所以，中醫的用量重不重要呢？確實很重要！當然這個量更重要的是在數的方面。

天津南郊有一位盲醫，善治多種疑難病證，遠近的許多人都慕名去求醫。既然是盲醫，當然就不能望而知之，

他主要靠問診和切診來診斷疾病。疾病診斷出來以後，開什麼藥呢？他開的「藥」來來去去都是我們日用的食品。像綠豆、紅豆、葡萄乾、黃花菜等。不管你什麼病，他都用這些東西。唯一的區別就在這個數上。張三的病，他用二十顆綠豆，二十顆葡萄乾；李四的病，他用二十一顆綠豆，二十一顆葡萄乾。按照現代人的理解，二十顆綠豆與二十一顆綠豆有什麼區別呢？熬出來的不都是綠豆湯嗎？要是按照現在的成分來分析，它確實沒有什麼差別。而且如果不嚴格計較綠豆的大小，二十一顆綠豆與二十顆綠豆的重量也可能完全相同。但為什麼在中醫這裏會有這麼大的差別呢？這就要聯繫到我們從前提到過的象數這門學問了。

◎用數的鼻祖。

上述這位盲醫善於用數來治病，而我們循流探源地追溯上去，張仲景才真正是中醫用數的鼻祖。大家單看《傷寒論》中大棗的用量就很有意思。桂枝湯大棗用十二枚，小柴胡湯大棗也用十二枚，十棗湯大棗用十枚，炙甘草湯大棗用三十枚，當歸四逆湯大棗用二十五枚。前面的十二枚、十枚好像還容易理解，到了炙甘草湯和當歸四逆湯，大棗為什麼要用三十枚和二十五枚呢？三十枚大棗代表著什麼？二十五枚大棗又代表著什麼？這個問題提出來，即使你不回答，恐怕也能夠感受到它的不尋常。

◎傳藥不傳火。

炙甘草湯是太陽篇的煞尾方，用於治療「脈結代，心動悸」。80年代初，《上海中醫藥》雜誌曾連載柯雪帆教授所著的《醫林輟英》。後來，《醫林輟英》出了單行本。該書是採用章回小說的形式寫就的，即有醫理醫案，也有故事情節。其中有一章就專門談到炙甘草湯的運用。炙甘草湯是一張治療心律失常的良方，特別是一些頑固性的心律失常，像房顫這一類心律失常，用之得當，往往都可以將失常的心律轉復

正常。這個得當包括兩方面，第一方面當然是辨證得當，你要搞清楚炙甘草湯適應哪一類證。我們姑且不論它什麼心律失常，你得先從陰陽去分，看看它適應陰證還是陽證。更具體一些，適應陰虛證還是陽虛證。我們一分析方劑的組成，《傷寒論》中的養陰藥幾乎都集中在這一方中。因此，它適應於陰虛證應該沒有疑問。然而就是這樣一個在《傷寒論》中集養陰之大成的方子，它還是要加進桂枝、生薑、清酒這些陽的成分。我們去看太極陰陽的畫面時，你很能感受出陰中有陽，陽中有陰來。而我們回過來看炙甘草湯，陰陽的這層含義亦活脫脫地呈現出來。

　　炙甘草湯適用於陰虛類的心律失常，這個是辨證得當，但是僅僅有這個條件還不夠，還必須用量得當。這一點是柯教授專門談到的問題。你看這個房顫，各方面的條件都符合炙甘草湯證，可是用下去就是沒有應驗。問題出在哪呢？就出在用量上。道門煉丹有一句行話，叫作「傳藥不傳火」。藥可以告訴你，可是火候不輕易告訴你。為什麼呢？因為它太重要了。一爐丹能不能煉成，有時就看這個火候的把握。中醫的方子可以告訴你，可是量卻不輕傳。為什麼呢？量者火候也！火候才是成敗的關鍵，那當然不能輕傳。可是張仲景不同，他是醫界的孔聖，既是孔聖，那就應該「吾無隱乎爾！」所以，張仲景不但傳方、傳藥，而且連用量也和盤托出。

　　討論《傷寒論》的用量，應該注意兩個問題，一個是重量，一個是數量。這兩個問題有聯繫，但在本質上又有差別。重量不同，量變了會發生質變；而數不同，同樣的也可以發生質變。對於第一個質變，我們容易理解，現代用藥的劑量就是這個含義。而對於第二個質變，由數而引起的質變，我們往往不容易理解，也不容易相信。

◎量變與數變。

有關《傷寒論》的用藥重量，現在的教科書都以3克算一兩，而藥典所規定的劑量也與這個差不多。但是，柯雪帆等根據大量出土的秦漢銅鐵權及現存於中國歷史博物館的東漢「光和大司農銅權」的實測結果，東漢時期的一兩應折合為現在的15.625克。一兩合3克與一兩合15.625克，這個差別太大了，直差五倍有餘。像炙甘草湯中的生地黃用量為一斤，如果照一兩3克算，只是48克，若按東漢銅權的實測結果，則應是250克。正好相當於現在的半斤。

《傷寒論》成書於東漢末年，這是一個公認的事實。既然是東漢的著作，那這個用量理所當然地應該按東漢時的重量來折合。可是這一折合，問題就弄大了。生地黃可以用半斤，麻黃可以用93.75克(按大青龍湯麻黃用六兩來折合)，這就大大超過了《中華人民共和國藥典》所規定的用量。你按東漢的劑量治好一千個人沒你的事，但只要有一個人出了問題，那你就吃不了兜著走，你就要變胡萬林。為什麼呢？因為藥典不支持你，你沒有法律依據。所以，柯老先生儘管知道《傷寒論》的劑量就應該是東漢時的那個劑量(這個「知道」不但有考古的依據，而且還有臨床實踐的依據。何以見得？因為炙甘草湯你按照現在一兩3克的常規用量，這個房顫就是轉不過來。而一旦你用回東漢時的劑量，生地用250克了，炙甘草湯還是這個炙甘草湯，劑量一變，火候不同，房顫很快就轉復成正常的心律)，可是，柯老先生還是要強調一句：「應以中國藥典所規定的用量與中藥學教科書所規定的常用量為依據。」(見柯雪帆主編的《傷寒論選讀》，上海科技出版社，1996年3月版)不強調這一句，出問題打官司，10個柯老也不濟事。

劑量問題是一個大問題，如果這個問題含糊了，那《傷寒論》的半壁江山就有可能會丟失。你的證辨得再準，你的

方藥用得再準，可是量沒有用準，火候沒有用準，這個療效能不打折扣嗎？而最後怪罪下來，還是中醫不好，還是中醫沒療效。對劑量的問題我是有很深體會的，記得1990年暑期，我的愛人趙琳懷孕40天時，突發宮外孕破裂出血。當時由於諸多因素，我們選擇了中醫保守治療，並立即將情況電話告知南寧的師父(即先師李陽波)。師父於電話中口述一方，並囑立刻購用，即藏紅花10克，水煎服。師言藏紅花治療內出血，誠天下第一藥也。次日，師父親臨桂林。診脈後，處方如下：白芍180克、淫羊藿30克、枳實15克，水煎服，每日一劑。經用上述兩方，至第三日B超複查，不但出血停止，腹腔原有出血大部分吸收，且意外發現宮內還有一個胎兒。我與妻子不禁撫額慶倖，要是選擇手術治療，還會有我們今天的女兒嗎？每思及此事，都免不了要增添幾分對先師的思念及感激之情。

◎妙施火候。

先師所用第二方，藥皆平平，為什麼會有如此神奇的效果呢？看來奧妙就在這個用量上。我們平常用白芍，也就10來克、20克，至多也不過30–50克。用到180克，真有些驚世駭俗。但是，不用這個量就解決不了問題。因此，用量的問題確實是一個關係至大的問題，值得大家來認真地思考與研究，尤其應該由國家來組織攻關。個人來研究這個課題，充其量是你個人的看法，它不能作為法律依據。如果大家公認了，東漢的用量確實就是柯雪帆教授研究出的這個量，那我們就應該想一想，對於《傷寒論》的許多問題，對於中醫的許多問題，是不是就要重新來認識和評價呢？

接下來我們看引起質變的第二個因素，即數變到質變。由數的變化而致質的變化，在上述這兩個方劑中表現得尤其充分。我們看炙甘草湯，炙甘草湯上面已經敲定了，是一個養陰的方劑。方中大棗用量是三十枚。三十是一個什麼數

◎「群陰會」與「群陽會」。

呢？三十是一個「群陰會」。我們將十個基數中的陰數也就是偶數二、四、六、八、十相加，會得到一個什麼數呢？正好是三十。十基數中的陰數總和就是三十，所以我們把它叫「群陰會」。既然是這樣一個數，那當然就有養陰的作用。這個數用在炙甘草湯中，就正好與它的主治相符。另外一個方，就是當歸四逆湯。當歸四逆湯是厥陰篇的一張方，用治「手足厥寒，脈細欲絕」之證。從當歸四逆湯的方，從當歸四逆湯的證，可以肯定它是一張溫養陽氣的方。是方大棗用二十五枚。二十五又是一個什麼數？是一個「群陽會」。我們將十基數中的陽數一、三、五、七、九相加，就正好是這個數。這就與當歸四逆湯的主治功用相應了。

一個是「群陰相會」，一個是「群陽相會」，張仲景為什麼不把它顛倒過來，炙甘草湯用二十五枚，當歸四逆湯用三十枚呢？可見數是不容含糊的。數變，象也就變。象變了，陰陽變不變呢？當然要變！陰陽一變，全盤皆變。所以，數這個問題不是一個小問題，它與前面那個重量問題同等的重要。

數在傳統中醫裏，它不是一個純粹抽象的數，它是數中有象，象中有數，象數合一。數變則象變，象變則陰陽變。為什麼呢？因為陰陽是以象起用的。所以，《素問》專門立有一篇「陰陽應象大論」。這篇大論以「應象」為名，就是要從「象」上明陰陽的理，從「象」上現陰陽的用。當然，象數的問題不容易使人輕信。我們總會覺得三十顆大棗與二十五顆大棗會有什麼區別呢？我們總覺得有疑問。既然有疑問，那又何妨一試呢？實踐是檢驗真理的唯一標準，那我們就用實踐來檢驗它。

大家可以找一些相應的病例，當然不要太重的，最好是調養階段的心臟病。如果病例多，可以分作兩組，一組是心陽虛，一組是心陰虛。心陽虛的我們每天以二十五枚大棗煎

湯服，心陰虛的我們以三十枚大棗煎湯服。看看有沒有效應。有效應了，效應穩定了，我們再顛倒過來，陽虛的一組換成三十枚，陰虛的一組換成二十五枚，看看會不會有變化。如果有變化，那你就知道象數的學問確實不是虛設，數裏面確實包含著東西。數裏面包含的這個「東西」是什麼「東西」？是信息，還是光色？這個我們可以做研究。先肯定下來，再從容研究。如果一口否定，那也就沒戲了。這是我們從少陽的治方，從小柴胡湯的三、八之數所引申出來的一些討論。

(2)「物」的層次

　　從小柴胡湯的用量，我們看出了中醫的一點門道。它取三、八之數，是跟寅卯辰相應，是跟少陽病的欲解時相應。我們辨證開方為的什麼？不就是為了使疾病「欲解」嗎？所以，與欲解相應就是一個根本的問題。

　　數的問題我們必須把它歸到象上來討論，象雖然有實義，毋庸置疑，可總還嫌它虛無縹緲。因此，我們還是要討論一些實實在在的東西，也就是物這個層面上的東西。我們研究現代科學與傳統中醫，如果將兩者放在象、數、物這三個層面來界定，那麼，中醫與現代科學都在研究物的這個層面，這是共同的。在這個層面上，我們應該肯定，現代科學要比中醫走得遠，走得好。她對物的認識更為微細，更為具體，手段更多。但是，現代科學的研究有沒有伸展到象的層面、數的層面？或者說現代科學所採用的唯物的研究手段，是否擴展到了唯象和唯數的層面呢？從傳統的象數含義來說，她好像還沒有。而在這兩個層面，也就是在用唯象和唯數的手段認識世界的方面，傳統中醫已經走得很深、很遠了。

◎ 象、數、物的不同層面。

　　這樣一界定，我們就可以看出，現代科學與傳統中醫是各有千秋，各有長短。在象數的方面是我們的長處，可是在物的方面我們要差一點。為什麼呢？那個時候的「物」的確太貧乏。大家想一想，兩千多年前我們有多少物呀？而物這個東西，你要打開它，認識它，那還必須靠物，這叫作以物識物。大家看現代科學的研究過程就非常清楚。你要認識這個物質，你要找到物質的基本結構，你需要什麼呢？你首先需要精密的儀器，需要高速度、大能量的粒子碰撞機。沒有這些東西，微細的粒子就沒辦法打開，你也就沒辦法看到物質結構的真面目。所以，以物識物的格局一旦形成，它就仿佛進入到一個怪圈，進入到一個摔不斷的循環。你越想認識物，你就越要依賴物，認識的程度越高，這個依賴也就越大。隨著這樣一個循環的不斷深入，心的作用就自然被淡化了。

◎傳統與現代的區別：以心知物與以物知物。

　　現代人以物知物，而古人是以心知物。以心知物，所以要「格物」而致知；所以要「知止而後有定，定而後能靜，靜而後能安，安而後能慮，慮而後能得」。得到最後，便成「心物一元」了。這些就是傳統和現代在認識方法和認識手段上的差別。我們研究現代科學和傳統中醫，如果把她們放在文化的高度、思想的高度，那就必須認識到這些差別。

　　傳統在「物」這個層次上所做的工作是比較薄弱的，這一方面我們可以吸收現代的東西，其實這也是中醫現代化的主體工程。大家可以思考這個道理，傳統的東西、中醫的東西有什麼值得現代呢？那只有「物」這個層面的東西值得現代，或者說只有「物」這個層面的東西可以考慮現代。除此以外，「數」這個層次，「象」這個層次，怎麼現代呢？這些方面剛好反過來，是要現代來老老實實地做學生，是現代來傳統化。不光是現代來化傳統，傳統也可以化現代！

　　我們做這樣一種思考和聯繫有什麼好處呢？或許有助於現代科學突破一些固有的模式和僵化的思想。現代科學在某些領域已經步入了怪圈，比如基本粒子這個領域，現在已經搞到夸克。夸克意味著什麼呢？再往下去不容易了。夸克的平方已然這樣艱難，那麼，夸克的平方再往下走呢？所以，在物質這個層面，在「有」這個層面，在一定的階段裏，你可以細分，微分，毫微分。可是分到一定的時候，你分不下去了。再分，「有」就會驟然變成「無」。這個時候如果再想往下走，那就必須有思想領域的根本變革，我想這個時候就非常需要傳統了。也只有到這個時候，傳統在象數這個領域、在形而上這個領域、在「無」這個領域的東西才會得到真正的認可。

　　我經常在想，搞中醫的人應該煉點內功，應該耐著性子，不要看到這個世界什麼都現代化了，我也非現代化不可。你甭急！中醫不在於現代了沒有，而在於你學好了沒有。學好了，你不但可以走四方，還可以做現代的導師。孔子在〈里仁〉這一篇裏說：「不患無位，患所以立。」孔子的這句話我們學中醫的值得很好地參照。「不患無位」，你不用擔心將來中醫有沒有位置、有沒有地位。用現代的話來說，你不用擔心中醫的市場份額，不用擔心搞中醫能不能撈上飯吃。這些問題你不要去操心，你不用去「患」它。而真正應該操心的是什麼呢？「患所以立」也。中醫靠什麼來立？傳統靠什麼來立？顯然不是靠現代來立。因此，只要你真正學好了中醫，真正搞清了傳統，那你就不患無位。

　　對象數這個層面的認識和把握相對要困難一些，我們可以先來看「物」的這個層面。從物這個層次講，小柴胡湯的君藥是柴胡。柴胡氣味苦平，它的主治功效《神農本草經》中講得很清楚。另外，就是清代名醫周岩寫的一本書叫《本草思

◎搞中醫的人應該練點內功。

辨錄》，這本書把柴胡的性用講得很地道、很形象。他說柴胡的作用就是「從陰出陽」。從陰出陽怎麼理解呢？大家看一看寅卯辰就知道了。陰陽我們可以從南北來分，從冬夏來分，從水火來分。冬為陰，夏為陽，而位於冬夏之間的這個「寅卯辰」，不就正好是從陰出陽嗎？所以，柴胡這個「從陰出陽」的性用正好是與寅卯辰相應的。與寅卯辰相應，當然就與少陽相應，當然就與少陽病的欲解時相應，當然就與少陽的治方大義相應。所以，周岩講柴胡的這個功用講得很地道。

接下來是黃芩，黃芩起什麼作用呢？作用很清楚，就是清熱去火。為什麼要清熱，為什麼要去火呢？我們剛剛講過的少陽病的要義大家應該沒有忘記，這就是鬱結。鬱結了最容易產生什麼？當過農民的應該最清楚。過去我當農民的時候，還是人民公社集體制，那個時候種田很少用化肥。肥料一方面靠城裏人的大小便，另一方面就是每家所養的豬牛糞。所以，每到一定的時候，或者是一月、兩月，你家牛欄的豬牛糞滿了，村裏就要組織社員到你家「出牛糞」。出出來的牛糞挑到村頭的一塊空地上堆集起來。開春以後，需要施肥的時候，再把這些堆積的牛糞挑到田裏。每當扒開這些堆積的牛糞時，你都會看到熱氣騰騰的，只有在遠處用長把的梳耙把牛糞勾到糞框裏。手腳是不敢伸進去的，進去了必燙傷無疑。這個溫度足以煮熟雞蛋，你說火不火，你說熱不熱。而這個火熱不是你去用柴點燃的一個火熱，這個火熱怎麼來呢？這就是鬱結生熱。所以，鬱結了，就很容易生火熱。這個時候，你一方面要升達，疏解這個鬱結，這就要靠柴胡；另一方面，因鬱結而產生的這個火熱也要清除掉，這就需要黃芩。

再下來就是人參，人參的作用可以濡養五藏，補益氣陰。所以，吃人參以後，從遠的功效講，它可以益壽延年。

而從近的功效講，它可以使人保持旺盛的精力。柴胡性具升
達、疏解，從陰出陽。所以，用柴胡能夠有效地恢復少陽的
功用。但是，柴胡在升達，在從陰出陽，在轉動樞機的這個
過程中，需不需要加油，需不需要幫助呢？需要加油，需要
幫助，而人參就充當加油和幫助的作用。

　　小柴胡湯的其餘四味藥，即半夏、炙甘草、生薑、大棗
的功用，大家可以自己去思考。

（3）選擇服藥的時間

　　在講太陽和陽明欲解時的時候，我們沒有強調服藥的時
間，其實這個問題也應該引起高度重視。一個疾病你診斷出
來了，而且開了相應的藥方，比如你開了小柴胡湯，方子開
出後，寫上水煎服，日三次，這樣當然也可以。但是，對於
少陽病而言，乃至推及到其他的六經病，有沒有一個最佳的
服藥時間？而在這個最佳的服藥時間服藥，往往能夠收到事
半功倍的療效。現代醫學在這方面已經有所關注，比如洋地
黃類強心藥，服用的時間不同，藥效截然不同。在凌晨4時
左右服用，其效價要遠遠高於其他時間服用。而降糖類藥物
也有類似的特點。同樣一個藥物，只因在不同的時間服用，
就會帶來如此大的效價差異。可見研究服藥的時間，確實是
一件投入小而獲益大的事情。而中醫在這些方面應該大有文
章可做。一個是傳統的文章，即挖掘經典在這方面的內涵；
一個是現代的文章，這就要尋找與現代的契合點。

　　傳統方面，《素問·四氣調神大論》的「所以聖人春夏養
陽，秋冬養陰，以從其根」，已然從陰陽這個根上將它包攬
了。你從這裏一口咬定，一門深入下去，必能打成一片。淺
近一些講，養陽的藥該什麼時候服用？養陰的藥該什麼時候
服用？這已經很清楚了。在這樣一個時候服用，就好比我們

◎事半功倍的法門。

給植物澆水，一下就澆到了根子上，那當然就事半功倍啦。但是，也要提醒大家，中醫的問題死板不得。如果養陽的藥一定等到春夏才服，養陰的藥一定等到秋冬才服，那豈不慘了。一日之中又何嘗沒有四時呢？養陽的藥開出來不必等到春夏，一日之中的寅卯辰可服，巳午未也可服；養陰的藥開出來，也不必等到秋冬，申酉戌不就是秋，亥子丑不就是冬嗎？

上述的問題稍作延伸，就又回到了欲解時上來。少陽為什麼欲解於寅卯辰？太陽為什麼欲解於巳午未？陽明為什麼欲解於申酉戌？一樣的是「春夏養陽，秋冬養陰」，只不過這個「養陽」和「養陰」是老天幫你完成的。這樣一聯繫，你就知道，六經的欲解時，其實也就是六經病服藥的正時。比如太陽的麻黃湯、桂枝湯就應該在巳午未服用，這個時候服用是應時的服用，是「以從其根」的服用，自然也是事半功倍的服用。而其餘時間則視方便而定。

現代方面，我們可以根據現代研究的一些苗頭，與傳統進行有效地連結，以便互相啟迪，共同提高。比如我們前面提到過的強心藥和降糖藥，如果經過更進一步的研究確證了這兩類藥的最佳服用時間就在凌晨4時左右（寅時），那麼，糖尿病、心臟病也就很自然地與厥陰病、少陰病、少陽病建立了一種內在聯繫。因為寅時是上述三病共有的欲解時。寅時不僅三病共有，而且占兩陰一陽，這在六經時相中是絕無僅有的。因此，寅這個特殊的時相，不但值得我們從傳統的角度去挖掘研究，也很值得我們從現代的角度去發現，去思考。比如糖尿病與厥陰病的內在聯繫你思考清楚了，那我包管你在治療上會有新的思路、新的突破。中西醫為什麼不能結合呢？當然能結合！但要看你如何結合。工作到家了，敵都可以化而為友，更何況是中醫西醫。

5.《本經》中兩味特殊的藥

談少陽的治方，我們還想引申一個問題。這個問題與《本經》兩味特殊的藥相關，一味就是小柴胡湯的君藥柴胡，另一味是大黃，這味藥在大柴胡湯中用到。

柴胡為《本經》上品，大黃為《本經》下品。這兩味藥在《本經》中的氣味，功用分別如下：「柴胡，味苦平。主治心腹腸胃中結氣，飲食積聚，寒熱邪氣，推陳致新。久服輕身、明目、益精。大黃，味苦寒。主下瘀血、血閉，寒熱，破癥瘕積聚，留飲宿食，蕩滌腸胃，推陳致新，通利水穀，調中化食，安和五藏。」柴胡和大黃在氣味和功用上有差異，但是，透過《本經》的記載，我們發現這兩味藥在大的方面有很多共通之處。一方面就是破除積聚和通達腸胃，當然在這個破除和通達的力度上、層次上二者有區別，這一點我們以後會專門談到。另一方面，也是最大的一個共通方面，就是「推陳致新」。據我查證，《本經》裏面具有「推陳致新」功效的藥僅有三味，還有另一味就是消石。消石不是常用的藥，在這裏不作討論。下面就柴胡和大黃的共通問題，作進一步的引申討論。

(1) 臨界相變

先來討論「推陳致新」這個問題。陳與新是一個相對的概念，「陳」代表一種舊有的東西，舊有的狀態，「新」當然就是一種相反的狀態。將舊有的狀態推翻了，建立新的狀態，這是推陳致新，促使一個事物進行變化轉換，以形成另一個事物，這也是推陳致新。

在現代物理學前沿，有一門非常重要的學問，叫作「臨界相變」。今天我們來談這門學問，不是從專業的角度去談

（從專業的角度我們也沒這個資格談），而是把它泛化開來，作為一個一般的思想，這樣我們就有處可入了。

相變，說白了就是事物狀態的變化，這個變化在中醫看來就要歸之於陰陽。故云：陰陽者，變化之父母。陰陽的變化是以象言，所以《內經》又將上述這個變化稱為「象變」。事物由此一狀態進入到彼一狀態，必須經歷一個變化過程，而這個過程的某一區間或狀態，對於變化是否發生、變化的進程，以及變化的方向，都是至關重要的、決定性的因素。這樣一個假設的區間或狀態，就稱之為臨界或臨界狀態。在臨界狀態所發生的變化，即為臨界相變。因此，臨界狀態以及臨界相變的情況也就決定了事物的變化情況。

◎「推陳致新」與「臨界相變」。

臨界狀態的變化影響整個事物的變化，事物能否由「陳」的狀態進入到「新」的狀態，就要看臨界相變的發生情況。從這一點上來看，柴胡與大黃這個「推陳致新」的作用，是否就是直接作用在臨界狀態及臨界相變上呢？這是非常值得思考的一個問題。假如柴胡和大黃的這個功效確實能夠很直接地作用於臨界狀態，確實能夠很直接地促使臨界相變的發生，那這個意義就太大了。疾病是一種狀態，健康也是一種狀態。有些時候我們從健康走向疾病，有些時候我們由疾病回到健康。為什麼會有這個變化呢？相變不同，相變的方向不同，所以就有這個健康和疾病狀態的不同。由疾病態進入健康態，這個相變是好的，是我們希望的；而由健康變為疾病呢，這就不是我們所希望的相變了。我們能否利用上述藥物的特殊作用，通過適當的方法，適當的配伍來直接參與相變，影響相變，使相變的方向朝著有利於健康的方向發展。尤其是對那些突變性疾病，如惡性腫瘤類疾病，這應該是一個值得思考的路子。

(2) 東西法門

我們由柴胡、大黃的「推陳致新」作用引入了「臨界相變」這個概念，當然這還是一個很粗的思路，但是，把它作為與現代接軌的一個切入點還是值得提出來的。這是其一。

其二，我們談到柴胡、大黃在功用方面的另一個特點，是它對結氣、積聚、瘀血、血閉的破決、通達作用。如果用現代一些的語言來描述柴胡、大黃的上述特點，就是它具有掃清障礙的作用。結氣、積聚、瘀血、血閉，這些都是什麼呢？這些就是人體五藏六府、四肢百骸、經絡隧道中的阻滯和障礙。古人云：但使五藏元真通暢，則百病不生。人為什麼會生百病，就因為五藏元真不通暢。而五藏元真為什麼不通暢呢？因為阻滯了，障礙了。因此，你能拿掉阻滯，疏通障礙，也就解決了導致疾病的一個關鍵問題。

柴胡、大黃有這樣一個共性特點，那麼，在這個共性上有沒有區別呢？有一個很重要的區別。這就要連帶扯出東西的問題。

中國人講東西很特別，英文的「thing」是完全翻譯不出「東西」的。為什麼呢？因為東西太大了，什麼都可以包括進去，什麼都可以叫東西。什麼都可以叫東西，那東西又是什麼呢？記得前面談人中的時候，我們說人中這個稱謂透著中醫的三昧。其實這個「東西」也具有這樣的內涵，而且更寬更廣。

中國人認識事物離不開陰陽，故《素問·陰陽應象大論》開首即云：「陰陽者，天地之道也，萬物之綱紀，變化之父母，生殺之本始，神明之府也。」而陰陽的問題有如前述，都可以歸結到「陽生陰長，陽殺陰藏」上來。什麼是陽生？東就是陽生。什麼是陽殺？西就是陽殺。而唯有生才有長，唯有殺才有藏。是以一個東西已然包賅「生長殺藏」。所以，

東西的內涵很深刻，沒法用「thing」來翻譯。就像周汝昌先生說《紅樓夢》沒法用「A Dream of Red Chamber」來翻譯一樣。用「A Dream of Red Chamber」來翻譯《紅樓夢》，不但這個內涵表達不了，而且所有的義趣、境界也蕩然無存。一個「東西」，生殺在裏面了，變化在裏面了，無常在裏面了，傳統的基本理念也在裏面了。為什麼孔子老是強調「君子食無求飽，居無求安」，為什麼老子慎言，卻要不停地嘮叨「知足不辱，知足常樂」？因為事事生滅，事事無常。你要想在這個生滅裏求一個永恆的東西，在這個無常裏求常，那你永遠沒有出頭的日子。與其這樣，那還不如及早回頭，不在物器裏打轉，而在道裏面用功。因此，「東西」這個稱謂確實透著理性的三昧。

另一方面，在器這個層面，《素問》講：「升降出入，無器不有。」升者出者，亦東也；降者入者，亦西也。一個東西，升降出入在其中，器亦在其中。升降出入對於維繫生命，維繫健康，都太重要了。所以，《素問‧六微旨大論》又言：「出入廢則神機化滅，升降息則氣立孤危。非出入，則無以生長壯老已；非升降，則無以生長化收藏。」而出入升降為什麼會廢息呢？很重要的一個原因，就是出入升降的這個「道」阻滯了，障礙了。道路不通，你怎麼出入，怎麼升降？那就只好作罷。

上述這個「道」粗分起來不外兩條，一條是東邊的道，它管升出，一條是西邊的道，它管入降。這兩條道都要通暢，通暢了，升降出入有保證，神機氣立有保證，那當然健康就有保證。阻滯了，障礙了，神機化滅，氣立孤危，怎麼還會有健康。這就要設法疏通它。

前面我們談到柴胡和大黃在掃除阻滯，清理障礙方面有共同的地方，但也有區別。這個區別在哪呢？就在上述兩條

道上。柴胡善於清掃東道上，也就是升出這條道上的障礙，而大黃則善於清掃西道上，也就是入降這條道上的障礙。有些時候引起疾病是因為東道上的阻滯，有些時候引起疾病是因為西道上的障礙，而有的時候東西兩道都障礙了。這就需要根據脈證來分別對待。東道上的問題當然用柴胡，西道上的問題當然用大黃，東西兩道都有問題，那就柴胡、大黃一起上。太陽篇的大柴胡湯不就是一起上的嗎？所以，小柴胡湯和大柴胡湯的功用我們應該很清楚。小柴胡湯是解決東道的問題，而大柴胡湯則是解決東西兩道的問題。

◎用好柴胡、大黃，橫行天下無雙。

　　從上面這個切入點，是不是又引申出一個法門？這就叫東西法門、升降法門、出入法門。任何疾病，也都不出這個法門。要麼是東道的問題，要麼是西道的問題，要麼是東西兩道都有問題。而從這個法門，我們看到柴胡、大黃這兩味藥的重要性。先師在世時，對柴胡、大黃二味藥特別重視，曾言：用好柴胡、大黃，橫行天下無雙。對此中奧秘，既可以從「推陳出新」言，從「臨界相變」言，亦可以從東西法門言。

　　前面討論陽明篇的時候，我們曾經談到了高血壓的一個思路，高血壓病很根本的一個起因就是阻滯。而談阻滯，這又回到了東西的問題上來。在陽明篇的時候，我們談阻滯還比較籠統，現在我們討論少陽，討論東西法門，這個問題就比較具體了。阻滯無非就是東西兩道的阻滯，前面談陽明重的是西道，這裏講少陽似乎重東道。東道也好，西道也好，只要阻滯了，都有可能導致血壓升高。這就要求我們在治療的時候區別對待。現在許多中醫被西醫這個「高血壓」框死了，跳不出來。一想到高血壓，就離不開平肝熄風。這就叫「辨病施治」嗎？這個不叫「辨病施治」！這叫認奴為主。中醫的主張沒有了，你憑什麼施治？

◎可與280-281頁的內容互參。

　　西醫治療高血壓，用降壓的方法，這是應該的，因為它有一個理在。如果中醫也如此這般，那就糟了！高血壓是個什麼「東西」？你降它的什麼？臨床上有的高血壓服用西藥不理想，中醫也看了一大堆，都是平肝潛陽、鎮肝熄風一類，血壓還是降不下來。一看脈證，一派陽虛、水飲之證。你一溫陽，一化飲，血壓反而慢慢降下來。為什麼呢？因為陽氣一溫，水飲一化，東道上的問題就解決了。所以，搞中醫的一定要分清本末主次，不要被西醫的病名牽著到處跑。一牽著跑，那中醫的本性就迷失了。

6. 少陽之脈

　　下面我們簡單地講一講少陽病的兩個常見脈象。

　　少陽病的兩脈，我們一看書就知道了。一個是265條：「傷寒，脈弦細，頭痛發熱者，屬少陽。」一個是266條：「本太陽病不解，轉入少陽者，脅下硬滿，乾嘔不能食，往來寒熱，尚未吐下，脈沉緊者，與小柴胡湯。」一個是弦細，一個是沉緊。弦細也好，沉緊也好，都是少陽病脈。為什麼呢？我們回看前面的內容，知道少陽病是在升達的過程中受到了壓抑，產生鬱結。一壓抑，一鬱結，脈氣就無法升浮起來、條暢起來，或弦或細或沉或緊便由茲產生。此如清代醫家周岩所云：「然當陰盡生陽之後，未離乎陰，易為寒氣所鬱，寒氣鬱，則陽不得伸而與陰爭。」故脈現弦細、沉緊也。

　　少陽的問題就討論到這裏。

太陰病欲解時，
從亥至丑上。

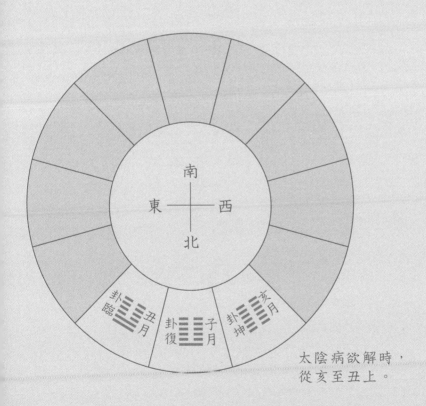

第八章

太陰病綱要

從這一章開始，我們進入三陰病的討論，這裏先來看太陰篇。太陰篇是《傷寒論》中條文最少的一篇，僅八條原文。從這八條原文看，它主要討論太陰脾土的問題，而太陰肺金基本沒有涉及。

太陰篇八條原文，而我這裏又正好是第八章討論太陰病，這本來完全出於無心，只是寫到此處的時候，才發現這個偶合。可無心之中又似有心。邵康節是宋代的易學大師，他有一本很著名的《梅花易數》，該書中談到了八卦與數的對應關係，這個關係分別為：乾一、兌二、離三、震四、巽五、坎六、艮七、坤八。坤為土，坤數為八。這又暗合了太陰篇的條文數。數的問題真奇妙。

下面我們來討論太陰篇的第一個問題。

一、太陰解義

1. 太陰本義

太陰屬脾土，這是很明確的問題。但是，我們在「本義」這樣一個立題下來討論太陰，卻免不了要扯得寬遠一些。太陰這樣一個名相，除了土的意義外，還有其他的意義嗎？有！這個意義就是水。所以，從太陰的本義講應該看到水土這兩個問題，它是水土合德。水土合德很重要，我們這個宇宙，我們這個世界，乃至我們這個人，如果水土不合德，那是很難想像的。那生命就根本無法延續下去。我們討論太陰的本義，很重要的就是要弄清這個水土合德。

(1) 太陰者，言脾土也

太陰主脾土，在很多經文裏都明確地提到過，因此，太陰脾土在經典方面是有充分依據的。像《素問‧太陰陽明論》、《素問‧診要經終論》、《素問‧五常政大論》以及《素問‧六元正紀大論》裏面都很清楚地談到太陰脾土的問題。

另外，《素問‧金匱真言論》裏也談到脾土的問題。但它不從太少講，它從陰中之至陰講。給脾土起了一個「至陰」的名字。脾土為什麼為至陰？或者倒過來，至陰何以為土？這裏有兩個說法：

其一，至是什麼？「至」是「最」的意思，極限的意思。用英文表示，可能就是加後輟──est，最高級。這個意思大家可以琢磨「至高無上」這個用詞。所以，至陰，言下之意，就是最陰最陰的，陰到這裏就打止了。至陰我們這樣表述了，但能不能更具體一些呢？這就要用到《周易》的知識。我們看《周易》的經卦或者別卦，哪一個卦是至陰呢？就是那一個陽爻都沒有的卦。是哪一個卦純陰無陽？當然是坤卦。坤者，土也。所以，至陰為土，在易卦裏是很清楚的。

其二，「至」還有其他什麼意思呢？我們說從南寧至昆明，這個「至」是什麼？就是到的意思。所以，至陰就是到陰，到達陰。陰是什麼呢？我們看一年四季的春夏秋冬，春夏為陽，秋冬為陰。秋是陰的開始，至陰也就是至秋，到達秋。將要到達秋的這個時候是什麼時候呢？是長夏。而長夏屬土，這是至陰為土的第二個說法。

再一個就是古人講：太陰者，月也。月是什麼呢？《公羊傳》云：「月者，土地之精。」所以，從這個角度，太陰也還是屬土的。

(2) 太陰者，言腎水也

前面講太陰屬土，我們略分了三個方面。這裏言太陰與水，亦應從以上三方面去看。

首先是太陰方面，即如《靈樞‧九針十二原》所說：「陰中之太陰，腎也。」這裏的太陰為腎講得很直接，故不必多言。

次是太陰亦為至陰，而至陰在這裏又有另外的說法。這就是《素問‧水熱穴論》所說：「腎者，至陰也，至陰者，盛水也。」《素問‧解精微論》亦云：「積水者，至陰也，至陰者，腎之精也。」上述兩篇經文對至陰的定位都很明確，因此，至陰屬腎水應該沒有疑問。另外，就是針灸的穴位裏面也有一個至陰穴。至陰是哪一經的穴呢？至陰是膀胱經的井穴，故《靈樞‧本輸》云：「膀胱出於至陰，至陰者，足小指之端，為井金。」膀胱為州都之官，為水府。膀胱經的井穴，也就是第一個穴直稱「至陰」，這又佐證了至陰為水的定位。

另外一個方面，就是太陰為月的問題。《說文》云：「月者，太陰之精也。」而《淮南子‧天文訓》則云：「水氣之精者為月。」太陰為月，水氣之精亦為月。這樣一聯繫，太陰又回到了水上來。

(3) 水土合德

從上述兩標題的討論，我們可以看到，在醫的範圍內，太陰屬脾土，至陰亦屬脾土，這是顯而易見的；而太陰屬腎水，至陰亦屬腎水，同樣有足夠的證據。在醫外呢？一會是「太陰者，土地之精」，一會又是「太陰者，水氣之精」。這就把人搞糊塗了。於是乎就覺得中醫的概念太混亂，太不規範。公說它屬土，婆說它屬水，你說混不混亂？乍看起來是

◎「水土合德，世界大成矣。」

有些混亂。可一旦你透過這個「混亂」的現象看它的本質，你就不是這個看法了。你會覺得這裏面有深義，這個深義就是我們前面講到的水土合德。

水土合德太重要了，沒有水土合德，哪有我們人類，哪有我們地球？我們居住的這個星球有人類、有生命，而迄今為止，在我們這個太陽系裏，還沒有發現第二個有生命居住的星球。外太空的星球上有沒有生命呢？也許會有。只是這六合之外的事情，用凡人的眼、用現代科學的手段還沒有辦法探求出來。而就我們這個太陽系而言，為什麼只有地球上有生命？為什麼只有地球上有人類？就因為有這個水土合德。其他星球上有沒有水土合德呢？我們已經登上了火星和月球，這些星球上有水土合德嗎？沒有！統統地沒有！

記得在前面的幾章中，向大家推薦過清代四川名醫鄭壽全的兩本小書，一本是《醫法圓通》，一本是《醫理真傳》。這兩書在20世紀90年代都由中國中醫藥出版社出版過，希望大家購來一讀。在《醫理真傳》的第5頁中，有這樣一句話：「水土合德，世界大成矣。」這句話講得真棒！以中醫這個行當而言，這是一句見道之言。太陰這樣一個概念，這樣一個名詞，它兼具水土的雙重含義，完全不是概念和名詞的混淆。它是在講我們生命當中，我們生活當中，我們的其他諸多方面，都要以這個水土關係為前提。水土不調合，水土不合德，那什麼事情都免談！

水土的關係太重要了，就像《老子》講道一樣，不可須臾離。水離開土行不行？不行！水離開土，它就沒法發揮作用。而土呢？沒有水的土，大家想一想，它怎麼生長化收藏？所以，水土須合德，世界方大成。

由水土合德，成就了我們人類，成就了我們世界。而人類世界成就以後，就應該反過來維護這個合德。傳統文化苦

苦支撐了幾千年，為的是什麼？很大程度就是要維繫這個合德。現在傳統靠邊站了，什麼都要現代化、科學化，還管你什麼合德不合德。但是，成就人類的這個基本條件你不去維繫它，照應它，你只管你的科學，你只管過河拆橋。那遭報的還是人類。「皮之不存，毛將安附」，毛長起來了，你應該更好地關照皮，這才是長久之計。科學應該是長久之計！如果科學光顧眼前，光顧我們現世，而不顧後世，我們吃喝玩樂花後世的「錢」，讓子孫後代為我們背債。如果科學講到底是這樣一種行為，那科學行為所帶給我們的理念就值得推敲了。

◎皮之不存，毛將安附。

　　水土合德很重要，水土為什麼合德？這可以從《周易》裏面找到依據。易分先後天，在先天八卦裏，它是一個什麼佈局呢？它是乾南、坤北、東離、西坎。南北東西叫四正位，乾、坤、坎、離居之。乾、坤、坎、離，即天、地、水、火。乾天為陽，坤地為陰，離火為陽，坎水為陰。乾、坤、坎、離四正位，即天、地、水、火居四正位。天、地、水、火居四正位，即陰陽居四正位。於北位上，坤土居之，這是先天的格局。先天的格局一打破，天左旋、地右轉，這就形成了後天世界。在後天世界裏，四正位上是一個什麼佈局呢？離南、坎北、震東、兌西。這個時候天地退位了，由水火來承擔。為什麼退位呢？旋轉以後，氣交以後，萬物化生了，故而功成身退。這個過程又叫「玄德」。為什麼呢？因為它「生而不有，為而不恃，長而不宰」，有了這個「功成身退」，有了這個「玄德」，所以天地可以長久。

◎功成身退，是謂「玄德」。

　　天地退位以後，坎水移居坤位，水土同居，這就形成了水土合德的基礎。水土合德我們要從動態來看，天地不交，水土難以合德；天地不退位，水土亦難合德。天地退位，坎水居坤，我們說是水土同居，這個說法有沒有證據呢？當然

◎天日同明，是謂「同人」。

有證據。我們看《周易》上經有一個同人卦,同人卦(☰)上乾下離。上乾下離為什麼要叫同人呢?《周易尚氏學》於同人卦辭注云:「荀爽曰:乾舍於離,相與同居。九家曰:乾舍於離,同而為日,天日同明,故曰同人。是乾之居南,漢儒已言之矣。又荀爽注陰陽之義配日月云:乾舍於離,配日而居。坤舍於坎,配月而居。」乾舍於離者,即言後天離居於南,而先天乾亦居南也。乾離同居於南,故曰「相與同居」,故曰同人。那麼,坤舍於坎,坎居坤位,又何嘗不是「相與同居」呢。所以,我們說水土同居、水土合德是有根據的。

◎坤坎相與,是謂「師」。

乾離相與是為同人,坤坎相與是為師。故師上坤下坎者也。俗謂地水師(☷)。師卦於《易》排行第七,七為火數,居南方君位。坤者坎者本居北,合和成師後,則反居君位矣。古云:用師者王,用友者霸,用徒者亡。故師道者亦王道也。既為王道,當然應居君位了。過去,每家的廳堂南面(正面)都立有五個字,或以鎮宅,或以供奉,這五個字就是:天地君親師。可見師道尊嚴,不能一概地都破了。

水土合德在易裏面有依據,其實只要我們留心,處處都可以找到依據。比如作為部首的「月」字,不知大家思考過沒有,它也是水土同居的。月既可以做四畫的月部首,亦可以做六畫的肉部首。所以,月這個部首是四六同居,月肉同旁。月是什麼?前面我們講過它與水的關係,水月相連。那麼肉呢?脾主肉,脾屬土,故肉者土也。因此,單是這個「月」部首,就蘊涵著水土合德。

(4) 水土流失

◎站在中醫的立場看環境。

水土合德確確實實是一個很重要的問題。土中無水,變成焦土了,它怎麼長養萬物?這個容易理解。那麼,水無土亦不成,這個怎麼理解呢?下面就討論這個問題。

　　現在報紙、電視說得很多的一個話題，就是水土流失。我們國家每年都有大片土地流失，有大片土地荒漠化，而且這個流失和荒漠化的速度在逐年遞增。土地為什麼會流失呢？植被減少了。20世紀50年代起，中央實施以糧為綱的政策，把糧食放在第一位。大片森林砍伐了，草地、荒山都用來做糧田。其結果呢？植被少了，木少了。木少不能克土，當然要土地流失，當然要荒漠化。所以，五行的生克大家不要看簡單了。不要一談木不克土，你就只想到脾胃病，只想到逍遙散、柴胡疏肝散。這個僅僅是治病。你還要想到這個土地流失，這個荒漠化。想到這個層面就是「上醫治國」了。

◎木克土的意義。

　　土地大片流失以後，土地大片荒漠化以後，才想到要禁砍禁伐，才想到要退耕還林。當然，亡羊補牢，猶未為晚。植被破壞了，我們還可以「退耕還林」，要是石油枯竭了，我們也可以「退採還油」嗎？

　　土木的關係非常重要，出過國的人，特別是到過美國、日本和歐洲的人，都會有感受。那裏的植被很好，凡是有土的地方都有植被，所以擦一次皮鞋可以頂一個月。而在我們這裏行嗎？上午剛擦完，下午就不行了。為什麼呢？植被太少了，那當然就塵土飛揚。所以，皮鞋易髒的事雖小，可它反映出當地的植被破壞、土地流失問題卻不小。土地流失，看上去是土不好，可土為什麼不好呢？根子還在木上，在植被上。木不克土，土當然就會有問題。

　　我們現在常講水土流失。土之所以流失，是由木造成的，根子在木那裏。那麼，水的流失呢？當然就要在土那裏找原因。土不但長養萬物，而且藏納萬物。土所藏納的一個最重要的東西是什麼呢？就是藏水。土不藏水，那水當然就會流失。

◎環境的破壞本質上就是對土功能的破壞。

　　土藏水的功能大家不要光理解為水庫的蓄水，這僅僅是一個很小的方面。怎樣理解這個藏水的功能呢？年紀長一些的人都知道，過去下一場大雨，不像現在這樣容易漲水。現在一場雨稍微大一些，稍微長一些，就水漫街頭了。為什麼呢？過去土的功能比較好，它能夠藏水。不管你下多少個毫米的雨，這個土都能把你消化掉、吸收掉。當然太大的雨也不行，這個功能還是有限度，但起碼比現在的好。現在的土不行了，雨下下來，它不能吸收，不能消化，那當然就匯集成流，到街頭去了，到江河去了。所以，現在一個很嚴重的問題就是土的功能問題。土的功能沒辦法保證，這就形成了一系列的惡性循環。

　　土的質量下降，土的功能沒法保證，與植被有很大的關係，這是很根本的一個問題。而植物也就是木的因素為什麼對土的功能會有如此大的作用呢？我們來看土的一個很重要的特性。這個特性可以很容易地從坤卦中反映出來。《三字經》中有一個卦爻歌，叫作：「乾三連，坤六斷，震仰盂，艮覆碗，離中虛，坎中滿，兌上缺，巽下斷。」乾三連，乾卦的三爻都是一氣連接，沒有中斷。而坤卦呢？它是六斷，每一爻中間都斷裂，所以，看起來是虛的，通透性很好。就因為「坤六斷」所造成的這個虛性和通透性，成為土的一個非常重要的特性。土不通透，土不虛鬆，這個土是什麼土？這是死土，死土當然沒法發揮它正常的功用。

　　農村來的，或者看過農民種地的，對這個都應該很清楚。農民種地播種前，都要先鬆土，為什麼要鬆土呢？就是為了保證坤地的這個本性。它要鬆，它不能緊。所以植物好的那個地方的土壤，你看它怎麼樣呢？它都很鬆活。而不毛之地的那個土呢？它不疏鬆，它像石頭一樣，這就失卻土性了。失卻土性，它首先就不能收藏，不能收藏，又何以生長

呢？所以，土的這樣一個疏鬆態是非常重要的，疏鬆了它才能藏。大家沒有當過農民，可能也種養過幾盆花草。花盆的土要是久不翻動，板結了，這時儘管土很乾燥，可是淋下的水，都往旁邊走，不往根上去。要是農民他就會說，這是土不「吃」水了。為什麼呢？土板實了，不通透，不鬆活，它怎麼「吃」水。所以，久旱以後，澆水之前，農民都會先鬆土。為的就是要讓土能吃水，土能藏水。

　　清華有兩句很著名的校訓，一句是：自強不息；一句是：厚德載物。前一句從乾卦中出，後一句從坤卦中出。一句校訓已然包涵天地，這註定了清華要成為一流的學府。對於坤卦的「厚德載物」，我們要從兩方面來理解，一個就是「至哉坤元，萬物資生」，坤元是不是「萬物資生」？確實是萬物資生。我們吃的，我們用的，還沒有一樣不是來自坤元。這是坤元資生長養萬物的一面。但是坤元的「萬物資生」也不是白給，這就有另一面「坤厚載物」。這一面也就是我們前面講的藏納之性。藏納是入，資生是出，可是這個入出很不一樣。現在大家不要的東西都往地裏面扔，大便小便這些污穢的東西往地裏面倒，它也不厭棄你，它都會默默地承載這些廢物，藏納這些廢物。而經過這個承載藏納之後，它給出我們的，卻是我們生命的所需。坤就是這樣一個「以德報怨」的東西。所以，孔子要稱讚坤為「德合無疆」。

　　坤的厚德載物，它有一個前提，就是坤的陰柔、疏緩、鬆活之性。而現在的問題，除了這個植被以外，城市建設、交通建設以及其他配套建設的規模越來越大。這一建設，大片大片的土地還有坤性嗎？水泥鋼筋一鑄造，一粉刷，土地就像銅牆鐵壁似的，哪還有半點坤性。沒有了上述的這個坤性，它怎麼藏納，怎麼克水？所以，雨水一下到地面，它就流掉了。這個就是水的流失。雨水下下來，藏納在土裏，這

◎萬物資生，厚德載物。

個有大用場。木靠什麼生養，植物靠什麼生養？就要靠這個水來生養。

另外一方面，現在種地使用的肥料大都是化肥。使用化肥的結果會怎麼樣？這幾年，這幾十年是可以的，莊稼也可以長得很好，而且比用農家肥的產量還高。可是過幾十年會怎麼樣呢？土地板結了。土的性用大大地改變了。土是有機的呀，你長期使用無機的東西，那有機的肯定就慢慢地轉為無機。坤土的性用是有機的，你現在把它無機化了，坤土的性用就慢慢地喪失了。坤土就沒辦法下載，沒辦法收藏。以前一場雨下來，土都把水吸收掉了，可現在土的吸水功能要差得多。水吸收到土裏，這個太重要了，這比流到河裏面的意義大得多。大家還記得我們前面提到過的龍脈嗎？龍脈與生態的關係太重大了。而土所吸收的雨水，很重要的一個方面就是用以涵養這個龍脈。龍脈涵養起來，生氣自然就旺盛，就自然會有這一片片青山綠樹的大好山河。

◎可與290–291頁上的內容相參看。

現在有種種因素影響坤土的柔和之性，而這個柔和之性受到影響之後，又會環環相因地影響水、影響木，形成一個惡性的循環。上述這些影響是從自然方面講，而人天相應，人天相感。這樣一個自然方面的作用也會影響到人。坤土受到影響後，與它對應的人類是什麼呢？乾男、坤女，就是女性這一族。大家看到女性現在的許多變化，就與這個相關。

坤性含藏，你看過去女性的衣著，就知道何謂含藏。長衣要拖地，三寸金蓮是不讓你瞧見的。就是笑都不要露齒，笑也要守住這個含藏之性，更甭論其他了。可現在的女性呢？大家可以作個調查，這個調查不用花錢，出門往馬路邊一站就行了。你看看路過你眼前的男女，分別計算一下各自暴露在衣著以外的表面積。這一計算你就清楚了。女性還含

◎坤性不藏了。

藏嗎？不含藏了。男的反而長袖長褲，女的反而短袖短裙，甚至還穿背心，反正能露的都要露出來，不能露的，也要讓你依稀可見。雖然這與時代相關，與潮流相關，但是，人與自然息息相通，坤土之性的改變，植被的改變，未必不是一個大的因素。

　　在比較遠古的時候，我們的先民是分部落居住。部落在某一地方居住到一定的時候，她要遷徙。她不是永遠地在這個地方住下去。為什麼呢？可持續發展啊！一個土地使用到一定的時候，坤柔之性就慢慢地失去，你要讓它休息，讓它恢復，所以，就要遷徙。可現在呢？沒有這一條了。因此，人類稍不注意，就會造成影響自然的諸多因素，而自然又會最終回報給人類。

　　前面我們談到人的衣著與性情也要受自然的潛移默化，那麼，生理方面呢？就更不用說了。舉一個簡單的例子，現在的萎縮性胃炎越來越多，這樣一個常見疾病的發生，與上述的環境改變有沒有關係呢？當然會有關係。胃在五行屬土，而且是陽土。也就是比較表層一些的土。前面我們提到表層土的疏鬆、柔和之性對於土的功能至關重要。既然胃為陽土，那麼，胃體表面的黏膜、腺體也應該具有這樣一個坤柔之性。可現在有太多的因素影響這個坤柔，而且基本建設的不斷擴大，又使坤土的有效面積不斷「萎縮」。人稟天地之氣生，四時之法成，這樣一些自然的變化影響到人體，怎麼不會得萎縮性胃炎呢？人與自然同氣相連，城門失火，怎的不會殃及池魚。 ◎天人相應了。

　　作為一個中醫，特別是21世紀的中醫，我想這個作用不應該僅僅局限在看人的生理疾病方面。我們的眼界完全可以放寬一些。你有這樣一套理論，你用它來看這個地球，看這個宇宙，很多問題是非常清楚的。你用這樣的理念來認識

環境，治理環境，這個是治本。現在也提倡治理環境，列出了許許多多的措施。可這些都是治標，治皮毛，不是根本的方法。一個美國，你連溫室氣體的排放量都不肯削減下來，你談什麼保護環境呢？現在提倡可持續發展戰略，如果這樣一個戰略的實施，不反過來請教傳統，不用傳統的理念來監督，我想這個措施不過提提而已，最終落不到實處。所以，作為中醫，你的手完全可以伸長一些，你憑什麼不可以對現代指指點點呢？

這是我們從水土合德聯想到水土流失所做的一點發揮。

◎治理環境要治本。

2. 太陰經義

太陰的經義比較容易解決。太陰有足太陰與手太陰，可是太陰篇很明確地是談足太陰，而手太陰的問題則主要包含在前面的太陽和陽明篇裏。

足太陰起於足大趾末端的隱白穴，然後由足腿的內側上行入腹，屬脾絡胃，經橫膈上行，連系舌根，散於舌下。脾為什麼開竅於口呢？看來與經絡的聯繫不無關聯。這是足太陰脾經的空間分佈。

在時間上，足太陰於巳初起行於隱白、巳末止於腋下大包。並於大包交接手少陰心，於午初起腋下手少陰極泉穴。巳時之前為辰時，辰時係足陽明胃經流注，言太陰當不忘陽明，以二者為表裏也。陽明於辰初起目下承泣穴，至辰末止足次趾厲兌穴，厲兌與隱白相近，遂於此處例行交接。

足陽明起於承泣後，它往下走，止於厲兌。足太陰起於隱白後，它往上走，止於大包(分支上止舌本)。陽經往下走，陰經朝上走，陽下陰上，這便交通了。這是什麼格局呢？顯然這又是一個泰的格局。從經絡的走向，從經絡的佈

局、從經絡的交接，我們感到有太多有意思而且非常值得探討的問題，從這裏一門深入，又是一個宏大的法門。這裏不能一一展開闡述，只好忍痛打住。

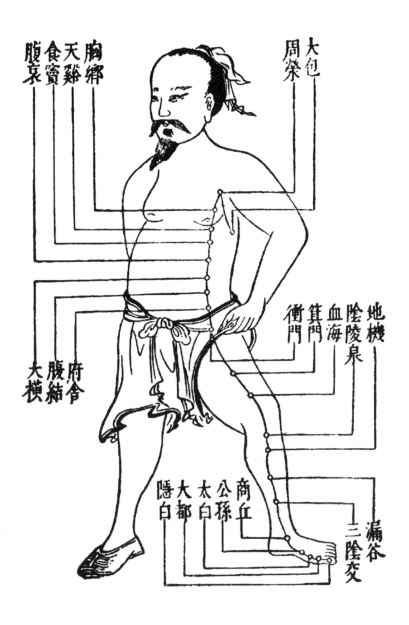

3. 太陰藏義

前面我們討論三陽，都講什麼？都講府義。現在討論三陰，就轉到藏義了。這是一個區別，大家應該注意到這個區別。講太陰的時候，我們作了比較廣泛的聯繫。但在講藏義的時候，我們還是主要來談脾。

(1) 脾之造字

要研究脾中的道道，不妨還是先從文字起，看這個脾的造字。五藏的造字我們前面已經部分的討論過，這是很有意思的。像肝的造字、肺的造字、腎的造字，你認真琢磨進去了，就能夠感受到它理趣無窮。以脾的造字而言，左邊的這部分與其他各藏（除心以外）都是共同的，都用月。講月我們應該想到四六同居，月肉同旁。前面跟大家談脈的時候，

◎可與173頁的
內容相參看。

曾經指出《康熙字典》的一個錯誤，這個說法看來不完全，應該檢討。討論「月」大家始終應該記住它的兩重性。講肉不全，講月也不全，月肉相合方全。這才叫天人合一。月是講天，肉是講人。善言天者，必應於人。講天而不應人，月肉分離了，這個怎麼叫「天人合一」。

五藏除心以外，左邊的部首相同，這說明四藏有一個月肉的共同基礎。而它們的區別，就要看右邊的這部分。脾的右邊為「卑」，卑是什麼呢？學過一些《易》的人可能會知道，《易·繫辭》開首的一段話是什麼？就是：「天尊地卑，乾坤定矣。卑高以陳，貴賤位矣。動靜有常，剛柔斷矣。」卑是什麼？卑是坤，卑是地，卑是土。所以，脾的這樣一個造字，便將它的屬性，它的定位，很明確地表達出來。

脾的定位在土，脾的性用在土。我們考查脾的整個功能，其實都可以落實在這個土上。我們說脾主生化，為後天

之本。大家看一看，土是不是主生化的呀？坤卦講「萬物資生」，你看蘋果是土中長出的，龍眼、荔枝也是從土中長出的，小麥、水稻還是從土中長出的。你不是神仙，你還要食人間煙火，那就離不開這個土。所以，土為什麼不主生化，為什麼不是後天之本呢？另一方面，脾主統血，脾主運化水濕。血者水也，我們剛剛用大量的篇幅所討論的水土關係，水土合德，不就正好揭示了脾土在這方面的功能嗎？所以，一個造字已然將脾的定位和功能和盤托出。文以載道，良非虛語也。

(2) 脾不主時

五藏的造字很值得大家認真推敲，特別是右邊的這部分是個性化的部分。

對於肝，我們如何從「干」中去探求？腎，我們如何從「臤」中去探求？肺，我們如何從「市」中去探求？這些都留待大家自己去思考。

五藏中，肺主秋，依次的還有腎主冬、肝主春、心主夏。春夏秋冬這四時都被肝心肺腎占去了，脾顯然已經沒有位置。所以，《素問．太陰陽明論》在談到脾土的時候說：「不得主時也。」不得主時，是說不得主於春夏秋冬這四正時。正位不讓我居，總得給我一個偏位吧。所以，《素問．太陰陽明論》又言：「脾者土也，治中央，常以四時長四藏，各十八日寄治，不得獨主於時也。」脾土不得獨主於時，好像四時都沒它的份，可是脾卻能「常以四時長四藏，各十八日寄治，」這裏的「各十八日」是指哪十八日呢？就是春夏秋冬四時之末的各十八日。四時末的十八日即為季月的十八日。因為每時的三月皆分孟、仲、季，如春三月即分孟春、仲春、季春，餘者依此類推。

　　季月末的各十八日所處之位又稱四隅，與上述心肝肺腎所處之四正位剛好形成鮮明的對比。四正為尊為貴，四隅為賤為卑。正隅一比較，脾不主時而旺於四季的這樣一個時空特性又活脫脫地呈現在它的造字之中。

　　脾土不居正而居隅，脾土不位尊而位卑，可是董仲舒的《春秋繁露》稱其為「五行之主」。何以為五行之主呢？因為金木水火不因土不能成，春夏秋冬不因土不能就。大家看脾所寄治各季月中的十八日，這十八日正是過渡到下一個時的關鍵時刻。比如由春能否正常過渡到夏，依次地能否正常過渡到秋、冬、春，就要看十八日的寄治情況。這個十八日寄治不好，那就沒法施行四時之間的正常交替變換。所以，脾雖不獨主於時，可是四時卻離不了它。土雖不處四正，可四正都離不了它的參與。如果四正離了土，不能正常轉換，那會怎麼樣呢？就會形成亢害。如果四時老是停在夏這個位置，會怎麼樣呢？那夏氣就要生亢，這一亢，害便隨之而生。所以，它要承制。什麼是承制呢？承就是承接，就是轉換。夏秋一轉換，一承接，炎熱煩悶轉為秋高氣爽了，這個夏氣之亢還存在嗎？不存在了，得到制約了。所以，《素問‧六微旨大論》云：「亢則害，承乃制，制則生化。」怎麼制亢呢？關鍵還在於「承」，這就要落實到脾土上。脾在人身上為什麼這麼重要？土在自然中為什麼這麼重要？就與這個承制相關。現在自然的氣候為什麼容易出現偏激，容易出現亢害？很重要的問題就是這個「承制」的機制破壞了，土破壞了。

◎亢害承制，其要在土。

　　在第一章我們曾經談到肺主治節、肺主氣的問題。在節氣這個層次上天地轉換了，承接了，人怎麼跟上這個轉換呢？就要靠肺。而在四時這個層次上，天地轉換了，承接了，人要與之相應，要跟上這個轉換、承接，這就要落實到

◎可參看60–62頁的內容。

脾上。所以，「脾不主時」是保持人與天地在四時這個層次上相應的重要保證。

(3) 脾主肉

脾主肉的功用大家很熟悉，凡是學過中醫的人都知道脾有這個功能。現在需要大家往深處想一想，這一想，你就將脾主肌肉與上面的問題聯繫起來了。

我們前面談到脾屬土，土能長養萬物、變化萬物、藏納萬物，土與萬物的關係非常密切。我們又講到脾不主時，可是四時卻須臾離不了它，金木水火離不開土，四時的轉變亦離不開土。我們順著這個思路看脾主肉這個功能，現代醫學將人體分為四大組織，即上皮組織、肌肉組織、結締組織、神經組織。而結締組織又包括骨組織、脂肪組織等。在所有這些組織中，肌肉組織和脂肪組織，都屬於中醫講的「肉」類，都是脾所主的範圍。按照這樣一個劃分，人體內而五臟六腑，外而四肢百骸，哪一個沒有肌肉？哪一個不主要是由肌肉組織構成？就連血管這樣一個好像與肌肉不搭界的東西，也主要是由血管平滑肌組成。

大家可以認真思考上述這個問題，看看有沒有一個例外。要有例外，那只有心例外，因為心沒有這個「月肉」旁，其他的都有這個「月肉」旁。肺有這個旁，肝有這個旁，大腸、小腸、腦、脈、膽都有這個旁。有這樣一個旁，說明它們都有肉的成分，都離不開肉的構成。我們這個人身有哪一點能夠離開肉呢？離不開肉，那當然就離不開土，離不開脾。所以，我們談脾主肌肉，你應該把它放寬一點，你往深處看，往遠處看，何處不是肌肉？心臟有心肌，就連骨中也充滿「肌肉」組織。脾主肌肉，而人身中有形的部分絕大多

數都冠以「月肉」旁，這樣一種聯繫便奠定了脾與整個人身，與人身各部分的密切關聯。脾為什麼能作「後天之本」呢？這個「本」不是可以濫用的。從這裏我們又領會到了文字工具的重要性，把握了這個工具，它可以幫助你很方便地打開一些深層的認識。

另外，對文字的認識和研究，大家始終應該抱定一個嚴肅認真的態度。這個過程隨意不得，因為我們從上述這些研究可以看到，文字的構造不是隨意的，它依據一個嚴格的「理」，而這個理又是從事中來。理以事顯，事以理成，理事不二，這在中國的文字裏體現得尤其充分。比如骨這個造字，大家都知道肉是很具柔性的東西，而骨則非常堅硬。我們現在在鏡下才知道這個骨組織中充滿了脂肪細胞，而古人卻早已將這個「月肉」置於骨中了。古人憑什麼知道的呢，古人憑什麼這樣安排？這就需要我們認真對待。隨意不得！馬虎不得！

(4) 人為倮蟲之長

在《內經》裏面它把所有的動物都叫作蟲，蟲是一個大類，即動物的這一類。小時候看《水滸》的時候，看到武松上景陽岡的這一段，書中把老虎稱毛蟲，當時很不理解，還以為是不是施兄弄錯了，後來才知道這是有出處的。

《內經》將蟲分為五類，即毛蟲、羽蟲、倮蟲、介蟲、鱗蟲。毛蟲屬木，羽蟲屬火，倮蟲屬土，介蟲屬金，鱗蟲屬水。毛蟲就是身上長毛的這一類，像老虎、獅子、貓、狗，這些都歸毛蟲。羽蟲就是身有羽毛而能飛翔的這一類，鳥類即屬羽蟲。倮蟲呢？當然就是赤條條的，一眼就能見肉的這一類，像人就屬倮蟲這一類，西方人雖然多毛，但這個毛不能跟虎豹的毛相比，所以，西方人也還只能歸到倮蟲。介蟲

就是甲殼類動物，龜、鱉即屬此類；鱗蟲即身上長鱗的一類，大部分水生動物都歸鱗這一類。

將所有的動物分作毛、羽、倮、介、鱗這五類，在每一類下當然就包括了許許多多不同的種屬。而在這些不同的種屬當中，有一個是最具代表性的，這個最具代表性的動物即稱之為「長」。故古云：「毛蟲三百六十，麟為之長。羽蟲三百六十，鳳為之長。倮蟲三百六十，人為之長。鱗蟲三百六十，龍為之長。介蟲三百六十，龜為之長。」（見《黃帝內經素問》）人為倮蟲之長，也就是作為土蟲這一類中最具代表性的動物。這有什麼意義呢？這個意義太大了。就一個人身而言，它雖然有金、木、水、火、土之分，雖然有心、肝、脾、肺、腎之別。但作為人，作為這個種屬而言，整個的它就叫倮蟲，整個的都屬於土。就像我們居住的這個地球，地球上雖然有金、木、火、水、土的區別，但就整個地球而言，它是歸屬於土的。人為什麼可以作為萬物之靈呢？或者說人為什麼能夠成為萬物之靈？很重要的一個方面就是因為它是土蟲之長。人的這個總的歸屬與地球的歸屬相應、相同，這便自然成就了他作為地球上的一個主宰。

所以，我們應該很清楚，人就是一個土屬類的動物。你要在人身上去求木，求火，求金，求水，你怎麼求呢？你只能從土中去求。從土中去求木，從土中去求火，從土中去求金，從土中去求水。知道從土中去求這些東西，這個意義就變得非常重要。所以，我們研究人，一切都得從土中出發，一切都得從土中著眼，這就要落實到脾胃上面。

◎一切從土出發。

在金元時代，有一位著名醫家，叫李東垣。他的一部流傳很廣、影響很深遠的著作名字就叫《脾胃論》。我們看中醫的整個歷史，除了這部《脾胃論》以外，還有沒有一部以其他藏府名義立論而又這樣流傳深廣的著作呢？沒有了！為什

麼叫《脾胃論》呢？其實它就是立足於土。從土中去求金木水火，從土中去求其他的一切。我想，這應該是中醫的一個正路。人為倮蟲之長，你不從土中去求，你從哪去求呢？當然你要研究龜，你要研究龍、鳳，那也許就要改一個立足點，要從金中去求其他，或者從水中，從火中去求其他。

研究人要立足於土，我們看一看整個《傷寒論》就會清楚這一點。《傷寒論》有112方，用藥不過百來味，而常用的藥就這幾十味。在這百來味、幾十味藥中，大家可以做一個統計，看看哪一味藥的使用頻率最高？統計的結果是甘草的使用頻率最高，有70多個方用了甘草，占去整個傷寒方的大半。有的方甚至把甘草作為打頭的君藥，像炙甘草湯、甘草湯、甘草乾薑湯、甘草附子湯、甘草瀉心湯等。現在大家把甘草看小了，以為它可有可無，做個佐藥還可以，做個君藥就不成了。甘草在《傷寒論》中為什麼那麼重要？為什麼那麼多的方子都要用甘草？就因為它屬土啊！如果我們按照◎土氣最全的藥。上述動物的劃分方法，將植物類的東西也作一個五行的劃分。將五行的植物也選出一個「長」來，那麼，這個土本之長是誰呢？那就非甘草莫屬。

甘草氣味甘平，色黃，是得土氣最全的一味藥。我們從甘草在《傷寒論》方中的使用率排首位這個事實，就可以看到張仲景早就悟到了這一點。人為倮蟲之長，所以，治療人的疾病當從土中去求。既是從土中去求，那當然要用甘草了。甘草不僅僅是一個和事佬，不僅僅能調和諸藥，它代表著一種很深的理念。

(5) 脾主中焦

◎吾道一以貫之。

脾胃主中焦，中焦有什麼作用呢？中焦的作用太大了。中焦，也就是不上不下的這個焦。我們前面討論否泰的時候

曾經談到，上下要交通，不交通就是否，交通了就是泰，而交通了才有生機。這樣一個交通，也就是上下的交通，它靠什麼呢？就靠這個中。所以，中焦的作用是交通上下、連接上下的。《內經》裏面講到「言天者求之本，言地者求之位」，那麼，「言人」呢？就要求之「氣交」。什麼叫氣交？天氣下降，地氣上升，這叫氣交；上焦之氣下降，下焦之氣上升，這也叫氣交。上下的氣交也好，天地的氣交也好，都要求之於中。這就要落實到中焦上，這就要落實到脾胃上，這就要落實到土上。所以，脾胃於氣交而言，關係至大。與氣交的關係至大，就是與人的關係至大，這又回到了上面的問題。孔子云：「吾道一以貫之。」回顧中醫之道，又何嘗不是「一以貫之」！

◎ 參閱 306–307 頁的論述。

4. 太陰運氣義

太陰在運氣中的意義界定得很清楚，就是在天為濕，在地為土，合言濕土。土的問題前面用了很大的篇幅來討論，大家應該很熟悉。這裏著重來討論濕。

(1) 濕義解

濕的含義在陽明篇中根據它的造字討論過。濕的古字有兩個，一個就是陽明篇已經講過的「濕」，另一個就是這裏要講的「溼」。前面講過的「濕」不是本來的濕字，而是轉借過來的，可是這個轉借卻從理上很好地說明了它的產生。

現在我們來看另外一個溼字。它的形符還是「氵」，說明濕與水是很有關聯的。右邊的聲符上面是一橫，這一橫用以表天，聲符最下面的是一個土字，土字用以表地，天地之間的這個「㬰」是什麼呢？「㬰」讀作幽，《說文》云：「微也。」

《廣韻》云：「微小也。」天地之間的這個微小的東西是什麼呢？一聯繫形符的「氵」，你就知道這個微小的東西是指水。天地之間這樣一些微小的水、很微細的水，這是什麼呢？這就是濕。所以，你體會到的濕，實際上就是天地之間，或者說就是空氣中所彌漫的微小水粒。很微細的濕你只能感受到它，看不到它。而這個濕稍微放大一點，放大到你不僅能夠感受它，而且能夠看到它，這個又是什麼呢？這個就是雨。因此，雨濕二者從根本上講它是同一個東西，只不過有粗微之分，有幽顯之別。所以，《素問》將雨濕二者劃為同一類屬的東西，即皆屬於土。

◎「濕」字裏面的理與事。可與235–239頁的內容互參。

從繁體的這兩個濕字我們看到，第一個「濕」著重講理，第二個「溼」著重講事。既是講事，所以，它更直接一些，更形象一些。

我們討論濕的本義，除了從造字的義上去探討，還應該注意一個很重要，也是一個很容易混淆的問題，就是濕與水的區別。上面我們提到微細的濕，你只能感受到，而不能直接看到它。可是你用現代的抽濕機一抽，抽出來的是什麼？是水。而濕粗化一些，變成雨了，你不僅能感受它，更能看到它。這一看就更覺得它與水沒有區別了。於是乎很自然地將水濕混為一談。

水濕有聯繫，而且是很密切的聯繫，要不然不會說水土合德。但是，二者也有很根本的差別，這就是水土之間的差別。新中國成立以後，特別是「文化大革命」期間，做什麼事都講成分，唯成分論，你的其他方面再好，你的素質再高，只要你成分不好，你是「地富反壞右」出身，那你就沒門！所以，過去填什麼表，我最怕的就是「家庭出身」這一欄。現在我們研究中醫，好像也是「唯成分論」，這個藥、這個方有沒有效果，怎麼研究它呢？就從這個有效成分去研究

它。有效成分當然可以說明部分的問題，也可以把它作為其中一個路子來研究。可是如果像「文化大革命」那樣，將它作為衡量的標準，那就不成了。像水與濕，你如果單單從現代的成分上去考慮，它有什麼區別呢？這個分子式都是H2O，所以，它沒有區別。可是用中醫的眼光去衡量，卻有大區別。一個是土，一個是水，兩者是相克的關係，怎麼會沒區別呢？因此，從什麼角度來考慮，從什麼角度來衡量，確實是中醫研究的一個大問題。

中醫有時更注重的是事物的狀態和它的變化過程。在江河湖海的時候，它是水，而一旦彌漫到空氣中，它就成為濕。狀態改變了，定性定位亦隨之而變。為什麼呢？因為陰陽改變了。陰陽不改變，事物的狀態怎麼會改變呢？所以，你研究成分如果不與陰陽掛鉤，或者說你的成分與陰陽掛不上鉤，那這個研究對中醫來說還是沒有實義，還是一廂情願，還是解決不了根本的問題。所以，判斷一個科研是不是有水平，是不是能夠真正地幫助中醫解決問題，上面這個「掛鉤」便是衡量的標準。沒有這個「掛鉤」，你就是省部級課題，你就是國家級課題，你就是「九五」、「十五」的攻關課題，你就是投資百萬、千萬甚至是億萬的課題，又怎麼樣呢？同樣是肉包子打狗，有去無回！

◎肉包子打狗。

另外，研究濕義，除了注意水濕之間的聯繫與區別，還應弄清雨濕的問題。雨為濕類，為土類，這在《素問》，特別是在「運氣七篇大論」中反復地強調過。如「大雨時行，濕氣乃用」，「歲土太過，雨濕流行」等。可是還是有不少的中醫同行將雨歸到水類。比如辛巳年的時候，辛巳年的一大特點就是水運不及。於是好些人問我，今年不是水不及嗎？可為什麼南方下雨這麼多，有這麼多的地方漲水？如果你這樣來領會運氣，那你就會錯了。水是北方，是寒，是冰雪，而不

◎水與濕的區別。

是雨。所以，水不及就是這些因素不及。今年北方為什麼持續高溫？冰雪的融化為什麼大於往年？這就是水運不及。

(2) 濕何以配土

濕為什麼配土？或者土為什麼配濕？這個問題從農村出來的都會很清楚。土是生養萬物的。可它靠什麼來生養呢？大家知道，今年北方的許多地方持續乾旱，這一乾旱，不但莊稼種不成，連野生的草木也枯死了。所以，土一旦失去了「濕」性，變成焦土了，這個生養的作用也就蕩然無存。土不能離開濕，所以要濕土相配。但土亦不能過濕，土一過濕，生養的作用同樣要大打折扣。《中基》在講脾的性用時，強調脾喜燥惡濕，其實就是講的這個方面。因此，土不能不濕，亦不能過濕。既不能不及，又不可太過。這是為什麼呢？茲引王冰一段令人拍案叫絕的注釋，權作解答：「濕氣內蘊，土體乃全，濕則土生，乾則土死，死則庶類凋喪，生則萬物滋榮，此濕氣之化爾。濕氣施化則土宅而雲騰雨降。其為變極則驟注土崩也。」

◎「濕氣內蘊，土體乃全。」

《素問·五行運大論》云：「中央生濕，濕生土，土生甘，甘生脾，脾生肉，肉生肺。其在天為濕，在地為土，在體為肉，在氣為充，在藏為脾。」《五行運》講中央，講濕、土、甘、脾、肉、肺……這一連串的問題如果思考清楚了，並獲得了定解，那麼，我們研究倮蟲之長，並解決倮蟲之長的諸多問題，便有了一個堅實的依靠處。濕與土，合之為一體，分開來又有天地之別。濕以氣講，土以形言。形氣之間是一個什麼關係呢？《內經》講得很清楚，就是「氣聚則形成」。所以，土是什麼？土是怎麼構成的？我們看到的這個實實在在的大塊是怎麼形成的？就是這個濕氣聚合而成的。所以，《素問》它講「中央生濕，濕生土」，而不講「中央

◎物有本末，事有終始。知所先後，則近道矣！

生土，土生濕」，這就是一個本末的問題，先後的問題。這
個問題大家要很清楚，不能混淆。《大學》講：「物有本末，
事有終始。知所先後，則近道矣。」大家想想，如果這個本
末、先後你搞不清楚，你怎麼去近道。

(3) 辰戌丑未

上面我們談太陰、談濕土，是從氣的角度而言。《素
問·六節藏象論》云：「時立氣布」，云：「不知年之所加，氣
之盛衰，虛實之所起，不可以為工。」因此，在知道氣的內
涵之後，還必須清楚相應的時年。以太陰濕土而言，這個相
應的時年就是標題所說的辰戌丑未。具體地說，辰戌之紀是
太陽寒水司天，太陰濕土在泉。其中司天管上半年的加布，
在泉管下半年的加布。丑未之年正好相反，它是太陰濕土司
天，太陽寒水在泉。

明確了時年與太陰濕土的加布關係後，太陰之氣到來
時，具體會產生什麼變化呢？有關這一點，《素問·六元正
紀大論》從時化之常、司化之常、氣化之常、德化之常、布
政之常、氣變之常、令行之常、病之常等八個方面進行了描
述。即：太陰所至為埃溽（時化）；太陰所至為雨府為員盈
（司化）；太陰所至為化為雲雨（氣化）；太陰所至為濕生，終
為注雨（德化）；太陰所至為㑉化（德化）；太陰所至為濡化
（布政）；太陰所至為雷霆驟注烈風（氣變）；太陰所至為沉陰
為白埃為晦暝（令行）；太陰所至為積飲否隔（病）；太陰所至
為稸滿（病）；太陰所至為中滿霍亂吐下（病）；太陰所至為重
胕腫（病）。

去年是庚辰年，辰年的司天是太陽寒水，在泉是太陰濕
土。我們看去年的下半年雨濕很多，特別是台灣地區出現了
50年未遇的洪澇災害，還有泥石流災害，很多房屋被沖毀

了。本來洪澇多數都在上半年發生，在夏季發生，怎麼去年的洪澇卻移到了下半年？這顯然與太陰所至有關聯。太陰濕土在泉，「太陰所至」的機會必然相應增多，而太陰所至有可能為「終為注雨」，有可能為「雷霆驟注烈風」，所以，在這個區間發生洪澇也就不足為怪了。

運氣是一門相當複雜的學問，不但有常，而且有變，不但有勝，而且有復。所以，把握起來很不容易。以上是災害發生了，氣已經來臨了，我們再反推這個年時。雖然這有些馬後炮，但對我們感受運氣的意義，仍然是有幫助的。我們不妨由此下手，多做一些馬後炮式的研究。將運氣與氣候變化及疾病變化的資料一一列出，分析其中的常、變、勝、復關係。這個研究嫻熟了，有體會了，再把它轉到「馬前炮」的研究中來，這個時候就能「先立其年，以明其氣」了。

（4）天地交通的標誌

◎由太陰去看氣交。

上面我們談到太陰的氣化之常，這個常就是「太陰所至為化為雲雨」。作為太陰，其氣化啟動後，會產生化和雲雨。化是什麼呢？《素問》云：「物生謂之化，物極謂之變。」而《韻會》則曰：「天地陰陽運行，自有而無，自無而有，萬物生息則為化。」因此，化主要指的是萬物的生息。《素問·六元正紀大論》將「化」與「雲雨」同列為太陰氣化之常，是極具深義的。雲雨之事我們司空見慣，但是，要回答它與化、與萬物生息何以具有如此密切的關聯，卻需要我們從理上來作一番思考。

雲雨的產生，《素問·陰陽應象大論》講得十分清楚：「地氣上為雲，天氣下為雨；雨出地氣，雲出天氣。」雲雨是天地產生的。更具體一些，是地氣上升，天氣下降，天地氣交產生的。地氣升，天氣降，天地氣交，這個過程我們在前

面討論否泰二卦時候已經談到過。也知道天地氣交的重要性。天地不交，則萬物不通而死。天地氣交，則萬物通而生息。可儘管如此，還是覺得這個氣交的過程有些玄乎其玄。能不能有一個方法使我們更直接一些地把握氣交？能不能有一個手段使我們更明白一些地洞察氣交？有！這個方法、這個手段就是雲雨。

雲雨是天地氣交的產物，是天地氣交過程中的一個顯而易見的標誌。天地氣交，萬物方生。那我們為什麼不可以從這個顯而易見的事象中去探求玄乎其玄的天地氣交，進而去探知這個萬物的生息呢？所以，雲雨的事你若參透了，它真是我們仰觀俯察天地、妙解陰陽萬物的一個極其方便的法門。

◎參透雲雨，造化可知。

你要考察萬物的生息，你要考察天地氣交的狀況，你看什麼呢？看這個雲雨即可了事。扯遠一些，火星上有沒有生命？月球上有沒有生命？用得著去登陸嗎？不用去登陸，你就看這個雲雨就行了。如果沒有雲雨，你就知道這兒的天地還沒有交通，天地都沒有交通，你去找什麼生命？你去找什麼萬物？那不是白費心思。現在的衛星探測技術很發達，雖然確定一個星球上有沒有生命還難以辦到，但是，確定它有沒有雲雨，應該不會太困難。而雲雨的事一旦確定，其實也就為我們尋找地球外生命奠定了一個大的方向。

講近一些，我們這個地球，由於時間和地域的關係，天地氣交的狀況亦不盡相同。以地域而言，有的地方雲雨多，有的地方雲雨少，有的地方甚至終年都見不到雲雨。雲雨多的地方，雲雨均勻的地方，天地氣交的情況相對就好。你去看這些地方，不但萬物生息茂盛，而且多半人煙稠密。大家看一看雲南、四川及江南大部分地區的生息情況，就知道筆者在這裏不是胡說。而雲雨少的地方，甚至是終年不見雲雨

的地方，你去看它，大都是沙漠、是不毛之地，是杳無人煙之區。為什麼呢？因為天地的氣交不行。天地不交，所以，萬物不通，怎麼會有生息，怎麼會有人煙？從時間而言，上述這個特徵更為突出。在我國的大部分地區，以春夏二季降雨為多，秋冬二季降雨為少。而春夏二季萬物發陳、蕃秀，到處一派欣欣向榮；秋冬二季萬物容平、凋零，一派荒涼景象。春夏二季以泰為起手，泰者天地交也，交故生雲雨；秋冬二季以否為起手，否者天地不交也，不交故少雲雨。

由太陰至而有雲雨，由雲雨而知天地氣交，而知萬物生息。是知太陰在天地氣交這個過程中扮演的角色十分重要，十分關鍵。現在我們由大天地拉回到小天地，在人體中「太陰所至為化為雲雨」又是如何體現的呢？化還是講生息，生化，太陰脾（胃）土為後天之本，氣血生化之源，這是應太陰所至的「化」。太陰脾（胃）為升降之樞紐，人體這個小天地如何氣交？就要靠這個升降樞紐。那麼，這個雲雨呢？這個天地氣交的標誌，這個升降的標誌，在人身與什麼相應？在人身上能不能找到這樣一個顯而易見的東西，用以反映其氣交，顯示其生化呢？當然可以。這東西就是大家熟知的「口水」。中醫把它稱為「涎」，西醫將之稱為「唾液」。涎也好，唾液也好，大家都不能小看它，它是人身氣交的標誌，生息的標誌。經云：「言人者，求之氣交。」既然人以氣交為本，那你怎能小看它呢？

在天地自然裏，我們以雲雨去看它的氣交、看它的生息，的確是一個再方便不過的法門。而在人身，從你口中的「涎」，從你口中的「唾液」去看，又何嘗不最方便呢？對於生命的良好狀態，我們可以用生息來形容，可以用化來形容。除此以外，還有一個更為通俗而直接的字眼，那就是「活」。大家看活字怎麼構成？不就是舌水嗎？舌上的水，或

者是舌周圍的水，這水是什麼？不就是上面的「涎」，不就是上面的「唾液」。這東西就是「活」，就是生命生息狀態的標誌。你為什麼不可以從這個「活」，從這個「舌水」，從這個「涎」，從這個「唾液」，從這個你最容易體察到的東西，去探求生命內在的狀態，去探求生命中那些最奧妙的過程呢？

自然也好，人身也好，其實都有許多像「雲雨」這樣既顯而易見，唾手可得，但又能說明很深奧、很內在問題的東西。可就因為它太「顯而易見」，太「唾手可得」了，我們反而「不能見」，反而「不能得」。人是不是都有這樣的劣根，太容易得到的，反而不知珍惜。所以，孔子感歎曰：「一陰一陽之謂道。繼之者善也，成之者性也。仁者見之謂之仁，智者見之謂之智，百姓日用而不知，故君子之道鮮矣。」

「太陰所至為化為雲雨」，而太陰屬脾，脾開竅於口，其華在唇。五藏化液，脾液為涎。王冰注液曰：「溢於唇口也。」所以，這個涎，這個溢於唇口者，為什麼不是雲雨呢？你為什麼不可以從這個「涎」入手，從這個「雲雨」入手，去探知你體內的氣交狀況，去探知你體內的生息狀況，進而去把握你的健康狀況，其實，脾涎能不能反映氣交，能不能反映身體的健康狀況？大家一反觀自身就知道了。當你精神狀態、身體狀態最佳的時候，這個時候注意體會一下你的口中，看看是不是有一絲絲、一股股清香、甘甜的津液？要是有，這就是你要會的那「東西」。有這「東西」，就像自然有雲雨，那你的氣交當然是最佳，你的生息當然最佳。你的整個人身都處於「天地交而萬物通」的狀態，那你的精神狀態，健康狀態為什麼不處於最佳狀態呢？而反過來，當你疲勞的時候，當你健康出現問題的時候，再關注你的口中，這一絲絲、一股股清香、甘甜的津液還在嗎？不在了。代之的是口苦，是口乾，是口臭、口黏，反正口中不清爽。為什麼呢？

◎道不遠人。

氣交不行了，人身後天的這個根本出了問題。這樣至簡至易的方法，我們為什麼不用。所以，大家想知道自己的身體狀況，不用急著去搞化驗、去做CT，先感受一下你口中的「滋味」，看看這個脾涎、唾液，也就能知道個大概了。

前面我們談到，道家修煉的一個重要功夫就是打通大小周天。打通周天不是一件簡單的事，它要經過刻苦的煉己築基。前些年氣功「大師」滿天飛，都打著佛、道的旗號，傳你一個功，三天五天就能打通周天。有這麼便宜的事嗎？可還是有太多的人去圖這個便宜。結果是上當了事。周天貫通是要有應驗的，用現代的話說，就是要有客觀指標。不是你那裏想一想，它就會貫通的。而其中一個重要的應驗，就是這滿口清香、甘甜的涎液。這涎液有的稱甘露，有的稱金津玉液。甘露也好，金津玉液也好，無非就是我們上述的「雲雨」，無非就是脾涎，當然也還包括腎唾。從這個角度看，周天修煉，不就是提升人體的氣交，使這個氣交上一個層次，上一個台階。所以，對我們口中的這點津液你要抓住它，你要看透它，你要真把它當作生命的源頭「活水」。學醫的人都知道燕窩，就是平常百姓也曉得它的價值不菲。燕窩不就是金絲燕口中的這點涎唾凝結而成的嗎？小小金絲燕的涎唾都有這樣的作用，那麼人的呢？這就可想而知了。經言：善言天者必應於人。上述這個討論真的參透了，又何嘗不是一個「言天應人」的過程。

（5）龍戰於野，其血玄黃

筆者於此部書稿的許多章節都談到《易》，《易》究竟是一部什麼樣的書呢？有關這一點，孔子在《易·繫辭》中曾作過一個十分經典和權威的交代，其曰：「易之為書也，廣大悉備。有天道焉，有人道焉，有地道焉。兼三才而兩之故

六。六者非他，三才之道也。」無獨有偶，《素問・氣交變大論》亦云：「夫道者，上知天文，下知地理，中知人事，可以長久。」易兼三才，而廣大悉備；醫知天地人，而可長久。從這裏看去，古人言醫易相通，醫易同源，是有根據的、有道理的。

醫易是否相通？我們且看《易》坤卦上六爻之「龍戰於野，其血玄黃」。這個龍是什麼？龍戰於野，何以其血玄黃？乍看起來，真是像二龍爭戰於野，打得兩敗俱傷，流出玄黃之血來。而古來確實有不少易家持此見解。如近代的一位大易家，即於上句下注云：「蓋古人認為，龍本涼血動物，其血不赤，黑龍血黑，黃龍血黃，故曰龍戰於野，其血玄黃。此二龍相鬥，兩敗俱傷之象。」龍是中國的象徵，中國人即是龍的傳人。如果這樣來看易中之龍，那不但真見不著這龍的首尾，且也將整個華夏民族貶低了。一個冷血動物，怎麼能傳承出這中華民族的熱血男兒？因此，這樣的看法，不但於理不通，於事亦不符也。

那麼，這個龍究竟指的什麼？龍戰於野，何以其血玄黃？茲引《周易尚氏學》於坤上六爻辭下的一段注釋以資說明：「陰至上六，坤德全矣。故萬物由以出生。然孤陰不能生也。荀爽云：消息之位元，坤在於亥，下有伏乾，陰陽相和，故曰龍戰於野。坤為野，龍者陽。說文壬下云：易曰龍戰於野，戰者接也。乾鑿度云：乾坤合氣戌亥，合氣即接。九家云：玄黃天地之雜，言乾坤合居。夫曰相合，曰合氣，曰合居，則戰之為和合明矣。皆與許詁同也。而萬物出生之本由於血，血者天地所遺氤氳之氣。天玄地黃，其血玄黃者，言此血為天地所和合，故能生萬物也。易林說此云：符左契右，相與合齒；乾坤利貞，乳生六子。夫曰符契，曰合齒，則乾坤接也，即龍戰於野也。消息卦，坤亥下即震子

出，故曰乳生六子。象傳云：乃終有慶。慶此也。惟荀與九家，皆以血為陰，仍違易旨。易明言天地雜，則血非純陰可知。純陰則離其類矣，胡能生物。至侯果謂陰盛似陽。王弼干寶謂陰盛逼陽，陽不堪故戰。以戰為戰爭。後孔穎達朱子，因經言戰又言血，疑陰陽兩傷者，皆夢囈語也。清儒獨惠士奇用許說謂戰者接也。陰陽交接，卦無傷象。識過前人遠矣。」

《易經》以象寓理，又復以辭言象。是故象不離辭，辭不離象也。離辭則象無以明，象無以明，理亦無從明之。若以象為多餘，離象而言辭，則勢如空樓言鶴，鮮有不夢囈語者。即以龍為涼血動物，已足見一斑。龍絕不是什麼涼血動物，戰也非戰鬥、爭鬥。「龍戰於野」我們當合起來看，它其實就是講的乾坤和合、陰陽交接的這樣一個狀態。乾坤本有天地尊卑之別，陰陽本有「男女授受不親」之異。從這個別，從這個異，現在卻走到一起來了，和合了。為什麼呢？當然是陰升陽降、天地氣交的緣故。天地氣交，則生雲雨。剛剛還天高雲淡，忽然間電閃雷鳴，烏雲壓頂，天地一團，滿地黃水。這不就「其血玄黃」了嗎？

所以，「龍戰於野，其血玄黃」它完全是講的雷電雲雨這樣一個特殊的自然徵象。其實這個徵象的描述不足奇，奇的是為什麼要把它放在坤卦的上六爻來討論。這就是說你要討論「龍戰於野，其血玄黃」的意義，你必須要結合上六爻這個特殊的象。有這個象，易的真實義才能和盤托出。若離象來言易，離象來言義，那就如尚氏所云，多半是夢囈之語了。將龍作冷血動物，將戰作爭戰，就是離象言易、離象言義的一個明證。

前面我們曾探討過龍的含義，龍是主管興雲布雨的。看過《西遊記》的人，對這一點應該很清楚。悟空想要降雨的

時候，怎麼辦呢？就把龍王招來。龍王一現身，就興起雲作起雨來。要是小說家，我們可以就此打住了，將這雲雨之事一概交與龍王老子。可是作為醫家，作為易家，卻還不能就此了事，還必須知道這個雲雨是由「地氣上為雲，天氣下為雨」，由天地氣交而生雲雨。這樣我們也就知道，龍實際上就是講的天地的氣交。龍為什麼配屬東方？驚蟄雷動為什麼在春？四海龍王為什麼以東海敖廣為長？雨水節氣為什麼亦在春？春為什麼主萬物之生？這一切不都與天地氣交相關嗎？

◎龍為何物。

《易·繫辭》云：「天地絪縕，萬物化醇。男女構精，萬物化生。」天地絪縕了，萬物才化醇。那什麼是天地絪縕呢？孔子怕我們這些後生小子悟性差，搞不清楚，所以，特別補出一句「男女構精，萬物化生」。男女構精大家總該明白吧。尤其是現在的人，別說是大學生，許多中學生已然是過來人了，思來不免憂心忡忡。所以，絪縕講的就是天地的交通，說得再俗一點，就是天地在做愛。這一做愛的結果，便是「萬物化醇」。用做愛這個詞還是覺得不恰當，有些褻瀆天地。褻瀆天地，則恐遭天譴，所以，還是用絪縕為好。

絪縕這個詞很有意思，有時是只可意會難以言說，更不可書之於紙，諸位只好將就意會去。天地在絪縕的過程中，它是不欲人見的，因為這是隱秘事。怎麼辦呢？那就打雷下雨吧。雷雨來了，大家總要躲起來，乘這個時刻，天地也就絪縕了。所以，用絪縕這個詞，用絪縕這個義，是很文明的。

我們從「龍戰於野，其血玄黃」，到「天地絪縕，萬物化醇」，知道它都是講的一回事，言龍言戰，便知天地絪縕了。而天地絪縕，萬物化醇。人雖稱人，亦是萬物之一。所以，人作為龍的傳人，有什麼不可以承當？

我們看「三言」「二拍」這一類舊小說，古人將男女之事、陰陽交接之行作什麼言？作交戰言，作雲雨事言。這一方面說明天人合一誠非虛語，另一方面亦證明尚氏及筆者之說非虛言。

「龍戰於野，其血玄黃」為什麼要放到坤之上六爻來討論呢？以坤至上六，其德乃全。坤德一全，則與太陰無異。這「龍戰於野，其血玄黃」，這「天地氤氳，萬物化醇」，與此「太陰所至為化為雲雨」還有什麼區別麼？要是沒有區別，那醫易相通，醫易同源，便沒什麼疑問了。

太陰濕土的意義非常廣大，單就這個「化」、這個「雲雨」，已然舉足輕重了。我的碩士導師陳治恒教授認為，中醫最重要的問題是「兩本三樞」。哪兩本？就是先天之本和後天之本。先天之本為腎，後天之本即此太陰脾胃。哪三樞呢？一個是少陽樞，一個是少陰樞，還有一個就是太陰脾所主的升降之樞。兩本三樞中，太陰就占去一本一樞。所以，太陰的重要性是顯而易見的。大家不可看太陰的篇幅最少，就以為可以一筆帶過。像前面我們說的，研究倮蟲，研究人，就要全仗這個太陰。

二、太陰病提綱

討論太陰病提綱，仍以273條提綱條文為依據。即：「太陰之為病，腹滿而吐，食不下，自利益甚，時腹自痛，若下之，必胸下結硬。」下面擬從幾個方面來討論。

1. 太陰病機

　　273條是太陰病的提綱條文，也是太陰病的病機條文，討論太陰的病機，就要以這個病機條文為依據。為方便起見，我們還是將它改為病機格式，即：諸腹滿而吐，食不下，自利益甚，時腹自痛，皆屬於太陰。

2. 太陰的位性特徵

　　前面我們講過太陰主要屬坤土，而易曰：「坤也，至柔。」那在我們人身當中，這個至柔的地方在哪裏呢？很顯然，這個至柔的地方是在腹部。人身的其他地方都不像腹部這麼柔軟，其他的地方都有堅硬的骨頭，唯獨腹部沒有。所以，人身的坤位，人身的太陰位，就是這個腹部。《易·說卦》曰「坤為腹」即是證明。而太陰發生病變當然就會首先影響到它的專位，故太陰病機條文首言「腹滿」，再言「腹痛」。這是太陰病的定位問題。

　　其次，太陰坤性還有什麼特徵呢？坤者，厚也。故《易·象》曰：「坤厚載物，德合無疆。」太陰的許多特性都與這個「坤厚」有關。首先是《說文》及《爾雅釋詁》皆云：「腹，厚也。」這就與前面講的定位相應了。腹部確實是反映太陰特徵及太陰病的重要場所，這是值得我們注意的問題。所以，凡是腹部的病變，都要考慮到它與太陰的相關性。

　　另外，太陰篇主要是講坤土，主要是講脾胃，而《素問·靈蘭秘典論》曰：「脾胃者，倉廩之官，五味出焉。」言倉廩之官，言五味出焉，這就牽涉到兩個問題。第一個問題是，倉廩者，言其載物也。載物則必以厚。故曰：坤厚載物。所以，我們觀察坤土、觀察太陰、觀察脾胃的一個很重

要的方法，就是看它的厚薄。厚是它的本性，說明它能載物，能為倉廩之官。若是薄了，那就難以載物，難為倉廩了。

看厚薄主要從太陰的位上看，也就是從腹部看。要是腹部太薄，甚至成舟狀腹了，那這個太陰的本性肯定有問題，脾胃肯定虛弱。坤薄就沒有坤性，怎麼載物，怎麼為倉廩呢？看腹的厚薄還需注意一個問題，特別是看小孩。厚薄是指肉的厚薄，有的小孩肚子很大，肉卻很薄，只是一層皮包裹著，這個不能作厚看。另外一個看厚薄的重要地方就是肚臍，肚臍的淺深、厚薄甚能反映太陰的強弱、脾胃的強弱，這是我們觀察太陰脾胃的一個很方便而直觀的法門。當然，太陰坤土宜厚，薄則有失坤性而為不及，然太厚亦不宜。太厚則變生肥胖，在《素問》則云敦阜，這是要生亢害的。這是第一個問題。

第二個問題，就是《易》坤象所云：「至哉坤元，萬物資生，乃順承天。」這其實就是《素問·靈蘭秘典論》所說的「五味出焉」的問題。在自然界，坤元資生萬物，在人體呢？就是這個「五味出焉」。五味的問題相當重要，我們在《素問》裏可以看到這樣的原文：「天食人以五氣，地食人以五味。」講實在的，我們要維持生命，靠的是什麼呢？一要靠這個天氣，因為我們不能沒有呼吸，一時一刻沒有呼吸都不行。這個呼吸之氣就是天給人的五氣。剩下的就要靠地的五味，所以，我們除呼吸之外，不能不吃東西。我們吃進的這些東西，就是地給我們的五味。

現代醫學對我們進食的各種食物主要是從營養的角度去考慮，像蛋白質、脂肪、碳水化合物、各類維生素及微量元素等。可是中醫呢，它就用兩個字，就是「五味」。我們除了要食天氣，要呼吸以外，其他的一切營養都可以用這兩個

字來形容，都可以用這兩個字來思考。不管是蛋白質還是脂肪，不管是維生素還是礦物質，都叫作五味。西醫看一個皮膚乾燥，認為是缺乏某種維生素，看你頭髮脫落，認為是缺鈣，所以，要補充這些維生素和鈣。要是作一個中醫你也這樣去思考，西醫認為缺鈣，你就加一些龍骨、牡蠣，那這個思維就成問題。

　　搞中醫的人不是不可以借鑒其他的東西，借鑒和吸收都是可以的，「他山之石可以攻玉」嘛。但得有個主幹思維，不能反奴為主。這樣不但對中醫沒有好處，對其他學科也不見得是一件好事。最近，拜訪了雲南著名老中醫吳佩衡的嫡傳長孫吳榮祖先生，吳先生談到一個很有意思的話題，就是當前我們搞結合要設法搞1＋1大於1的結合，而不能搞1＋1小於1的結合。為什麼有這個提法呢？因為吳先生眼裏看到的中西醫結合大多是這類小於1的結合。比如，炎症用青黴素治療已經綽綽有餘，但是為了搞結合再加上一些清熱解毒的中藥，這樣反而降低了青黴素的效力。沒有增加藥的效力，反而增加了醫用成本，現在許多中醫院的病房就是搞的這一套。談起這些，吳先生流露出無奈和痛心。

◎中西醫結合應該是1＋1＞1的結合。

　　什麼是中醫的主幹思維呢？以上面講的營養話題為例，如果你也跟著喊維生素、礦物質，要補充這個維生素，補充那個礦物質，那你就沒有主幹思維。作為中醫你要思考這個五味。五味有外五味和內五味，外五味就是坤卦裏說的「至哉坤元，萬物資生，乃順承天」，也就是大宇宙的坤地所生出的五味。內五味呢？就是《素問·靈蘭秘典論》所講的「倉廩之官，五味出焉」的這個五味。是由人身這個小天地的脾胃坤土所化生的五味。我們臨床上看到很多病人，在飲食攝入的質和量上都相差無幾，也就是這個外五味的攝入上沒什麼差別。同吃一鍋飯，同吃一樣的菜，為什麼就你缺乏維生

◎內五味與外五味。

素，而別人不缺維生素呢？很顯然，這個缺乏不是出在外五味上，外五味並不缺乏。缺乏的是內五味。你的太陰、你的脾胃、你的倉廩之官不能很好地「五味出焉」，那這個內生五味自然就缺乏了。這個時候，你去補他的外五味能起多少作用呢？起作用也是一時的作用，也是權宜之計，不是根本的方法。你應該著眼於他的太陰，他的脾胃，他的內坤元。讓這部分厚壯起來，正常起來。這部分能夠「萬物資生」，能夠「五味出焉」，那這個維生素的缺乏、礦物質的缺乏就從根本上得到了解決。這就是運用主幹思維。中醫的這個主幹思維任何時候都不能丟。

◎ 中醫的主幹思維不能丟。

3. 太陰的病候特徵

（1）其用有二，其病亦二

上面我們談到太陰脾胃的性用有二，其一，就是坤厚載物，其二就是萬物資生。載物講的是裝載、藏納；資生講的是運化、變化。太陰的這樣一些性用也充分體現在它的病變上，提綱條文裏提到的「吐，食不下，自利」，其實就是載物出了問題。太陰坤土不能載物，那當然就會患食不下、利、吐之證。因此，食不下、利、吐這些就是太陰不能載物的一個特徵。另一方面，就是資生的問題，資生障礙會影響「五味出焉」這個功能。如果這個障礙得不到及時的解除，那就會進而全面影響到太陰脾胃作為後天之本的作用。雖然，這個作用的喪失是漸進的，不會一夜之間形成，但是，值得我們高度地重視。提綱條文提到「腹滿，時腹自痛」就是上述運化功能受到影響的一個表現。

（2）太陰利的特點

下利是太陰病的一大特點，是坤不載物的表現。這裏提請大家注意，張仲景在條文裏用的是「自利」兩字，這就需要我們作一個區分。什麼是自利呢？假如開一個大承氣湯，病人吃了以後拉肚子，一天甚至拉十多次，這個算不算自利呢？顯然，這個不能算自利，這個應該算「他利」。又比如，朋友到外面聚會，吃了不乾淨的東西，大家都下利，這個利也不叫「自利」，因為有一個很明顯的導致下利的因素。所以，自利是有範圍的，有特指的，沒有上述這些明顯的因素，他也拉肚子，他也下利，這個才能叫「自利」。這是太陰病的一大特徵。

太陰病的這個利除了自利的特徵之外，還有一個相伴的特徵就是「不渴」，這在277條裏有明確的指示，即「自利不渴者，屬太陰」，為什麼要把這個「不渴」作為太陰下利的特徵呢？因為一般的下利很容易發生口渴。下利就會有大量的水分丟失，所以，很容易發生口渴。而唯獨太陰病的下利不伴隨口渴，因此，這個不渴就具有特異性，對太陰病就具有鑒別診斷意義。

（3）藏寒

太陰的許多病變都與藏寒有極大的關係，所以，277條明確指出：「自利不渴者，屬太陰，以其藏有寒故也，當溫之，宜服四逆輩。」藏寒對太陰各方面的性用都會造成不良影響，載物的性用會受影響，資生萬物的性用也會受到影響。所以，太陰提綱條文所提到的諸證都與藏寒有直接關係。《內經》云「藏寒生滿病」，而太陰提綱條文的第一個證就是「腹滿」，這一方面說明了藏寒與太陰病的密切關係，另方面也說明了《傷寒論》條文的敘證次第是有嚴格把握的，

這一點尤其值得我們重視。現在研究《傷寒論》的人太不注重這個問題，條文的次序可以任意改動，因此，對每一條文執證在先執證在後也就根本不在意了。

太陰病為什麼藏寒，我們在第三章曾作過專門討論，大家可以參考前面的內容。藏為什麼寒？當然是藏的陽氣太少了。陽是主溫煦的，陽少了自然就不溫，這就是藏寒。因此，我們討論引起藏寒的因素，應該圍繞著陽氣來談。

① 素體關係

素體因素也就是先天的因素，父母構精的時候給你的陽氣就少，所以生出來以後陽氣自然就弱。陽氣弱，藏就會寒，這一種藏寒比較難辦。因為先天的因素你沒法改變，你只有通過後天來調理。後天也就是太陰，也就是脾胃。所以，藏寒的問題放到太陰篇來討論是有特殊意義的。

② 嗜食寒涼

這是後天的因素，這一點非常重要，特別是我們南方人。南方人，像是南寧人，動不動就講上火，你看10個病人，有9個說火氣大。這個也熱氣，那個也熱氣，都不能吃。能吃什麼呢？就能吃寒涼的東西、清火的東西。而現在要吃寒涼非常方便，打開冰箱就是了。所以，我說冰箱造出來有一半的功、一半的過。我們好不容易養就這一團陽氣，讓這個寒涼的、冰冷的東西下去就給糟蹋了。我在門診看病，對上述的問題體會很深。病人只要是本地人，有80%-90%平常在喝涼茶。有的病人已經虛寒得很厲害了，用附子尚恐不及，可病人還在喝涼茶，醫生還在清熱。看到這樣的情況，真是十分痛心。

○善護這一團真陽！

造成上述的局面，很顯然是兩方面的因素。一方面是病人的醫學知識太貧乏，這方面我們應該加強醫學知識的普

及；另一方面就是我們醫生，醫生根本弄不清陰陽，也跟著病人湊熱鬧。病人說熱，他就跟著清熱，也不管脈證是否真的有熱。是熱是寒、是實是虛這是要有實據的，不能光聽病人的一面之詞。現在確實有很多的人稍吃一點煎炒就咽喉痛，就鼻出血，是不是真的有火熱呢？這個也還得看舌脈，看是否真的有火熱的證據。我曾經在前面舉過一個例子，久旱的土地本身很乾，很需要水，可是我們把水淋下去以後它卻不吸收，水又從旁邊流走了。看起來好像是土裏面的水太多了，滿出來了，可實際上乾得很，一點水都沒有滲下去。為什麼呢？土地太板結了，土一點也不鬆動，所以它不吸水。對這一點農民非常有經驗，對久旱的土地，對板結的土地，要淋水前必須先鬆土。先把土的「經絡」疏通，「經絡」疏通了，再一淋水，它就全部吸收了，再也不漫溢出來。

◎切勿人云亦云。

◎此處可與341-344頁的內容互參。

　　人的情況也是這樣，你吃一點油炸的東西就上火，甚至聞到一些油炸的東西也上火，是不是你體內的火太多了？陽氣太旺了？實際往往不是這麼回事。是你的經絡堵了，氣血不通了。經絡不通，這就像上面的淋水一樣，稍微淋一點，它就會漫出來。所以，稍微吃一點油炸你就咽喉痛。咽喉痛了，病人認為熱，醫生也當成熱，於是就用寒涼，就打青黴素。殊不知寒則凝滯，寒涼下去，青黴素下去，經絡只會越來越堵，越來越不通。就這樣三五年、七八年，甚至十餘年，寒涼的藥還在用，可是這個「火」照「上」不誤。真是苦海無邊，迷不知返啊！

◎上火了，不要輕易吃涼藥。

　　我們看臨床上這類「上火」病人，有幾個見得到火熱的真憑實據呢？大多數沒有！舌脈上反映的多是一派虛寒景象。這時給他用溫藥，附子、乾薑、肉桂放膽用去。溫熱藥下去，經絡的凝滯溫通了，鬆動了，再多的「火」它也能吸

納。加上真水不寒，汞火不飛。再去吃油炸，再去火鍋，怎麼就沒事了呢？

清末名醫鄭欽安云：「醫學一途，不難於用藥，而難於識症。亦不難於識症，而難於識陰陽。」因此，作中醫的應該在陰陽寒熱的辨識上下功夫。如果陰陽識不清，寒熱辨不準，沒有熱你去清熱，結果受害的是什麼呢？當然是陽氣。陽氣的功用大家應該知道，特別是《素問‧生氣通天論》講的「陽氣者，若天與日，失其所則折壽而不彰」，如果為了一個咽喉痛把陽氣損傷了，這個代價就太慘重了。

◎中醫的副作用。

現在有不少的人喜歡中醫，為什麼呢？因為他們認為中醫藥沒有副作用。而做中醫的本身也這樣認為。我是堅決反對這種認識的，我以為中醫的副作用可能比西醫還大。何以見得？因為西醫的副作用很容易識別，每一藥物有什麼副作用它會清楚地告訴你。青黴素容易導致過敏，它提醒你必須做皮試。利福平容易引起肝腎功能損害，這就告訴你要定期做肝腎檢查，以便對有可能出現的肝腎功能損害作及時的處理。可中醫呢？中醫披著一層沒有副作用的外衣，什麼都可以用，什麼人都可以吃，其實這是草菅人命。如果把陽氣耗損了，這個副作用就不僅僅是肝腎損害的問題，而是要折壽的問題。中醫治病是以偏救弊，用寒去治熱，用熱去治寒。熱者寒之，前提是真正有熱，你才用寒。如果沒有熱，你也用寒，那結果會怎樣呢？這就是《內經》說的「久而氣增，夭之由也」。所以，諸位能說中醫沒有副作用嗎？中醫的副作用太可怕了！要不然古人怎麼會說「庸醫殺人不用刀」呢。你要想做中醫，尤其想做一個好的中醫，這個問題千萬不能含糊。這是由寒涼引出的一段話，這個問題不但患者要注意，醫生尤其要注意。

③ 煩勞太過

《內經》講：「陽氣者，煩勞則張。」這個「張」是什麼意思呢？就是弛張，就是向外，就是發洩釋放。前面我們曾經講過，太陰一個很重要的功用就是開。太陰一開，陽氣就入內，陽氣入內以後，不但溫養藏府，而且得到休養生息。倘若煩勞，則陽氣必外張而不得入內，不得入內則陽不蓄養，久之亦虧虛而藏寒。故煩勞太過者，陽氣多易虧損。此亦與太陰開機障礙相關。

④ 作息非時

陽氣的耗損可由多方面的原因造成，沒有吃生冷、沒有吃寒涼，會不會造成陽氣損傷呢？同樣會的。比如我們作息非時也會成為耗損陽氣的一個原因。前面曾談到「冬三月，此謂閉藏」，在這樣一個閉藏的時期，我們的作息也要與它相應，就是要「早臥晚起，必待日光」。如果冬三月，天地在閉藏，你不閉藏，你還是很晚睡覺，那這個陽氣就得不到應有的蓄養，得不到蓄養陽氣當然就會虧損。陽氣虧損了自然會藏寒，藏寒了就會導致「腹滿而吐，食不下，自利益甚，時腹自痛」的發生。

諸位應該清楚，飲食靠什麼來消化呢？靠陽氣來消化。現在相當多的醫生碰到病人「食不下」只會用山楂、麥芽、神曲，這些藥有沒有用呢？當然有用。在的確有食滯的情況下，用上這些藥是會很見效的。可是如果不是食滯，這個舌脈根本不是食滯的舌脈，而是一個陽虛的舌脈，藏寒的舌脈，那這個「食不下」就不是上述這些消導藥所能解決。這個時候必須溫養陽氣，必須用理中湯一類。理中湯下去，陽氣起來了，病人自然就會胃口大開。

（4）諫議之官

◎將脾定為諫議
之官真是太重要
了。

諫議之官出自《素問》遺篇《刺法論》中，在《素問‧靈蘭
秘典論》中曾經談到十一個官，即「心者，君主之官」、「肺
者，相傅之官」、「肝者，將軍之官」、「膽者，中正之官」、
「膻中者，臣使之官」、「脾胃者，倉廩之官」、「大腸者，傳
道之官」、「小腸者，受盛之官」、「腎者，作強之官」、「三焦
者，決瀆之官」、「膀胱者，州都之官」。在這十一官裏，除
脾胃外，都是單獨談。唯到「倉廩之官」的時候，將脾胃合
起來了。合起談，脾胃各自的功能特性就不容易區分。所
以，到《素問‧刺法論》裏，就將脾胃的官位區別開了。原
來的「倉廩之官，五味出焉，」繼續由胃來擔當，而脾則定為
「諫議之官，知周出焉」。

將脾定為「諫議之官」真是太重要了，單是脾家的這一
定位，你就應該知道《刺法論》非等閒之論。切莫以為其為
遺篇而小視之，若輕視此論，那就當面錯過了。諫議為古官
名，後稱諫議大夫。何為諫？《說文》徐注曰：「諫者，多別
善惡以陳於君。」所以，諫議之官是一個非常重要的官位，
他享有特權，可以將任何的善惡之事直接面稟君王。有了諫
議之官，君王就不會被蒙在鼓裏，就不會因一面之詞而做出
錯誤的決斷。也就是有了這個諫議之官，君主才會真正的神
而明之，才不會做昏君。這就是所謂的「知周出焉」。所以，
這個「知周」實際上是針對「君主之官」而言的。《易‧繫辭》
所云「知周乎萬物而道濟天下，故不過」，就是講的這個意
思。君王要想沒有過失，要想真正的知周乎萬物而道濟天
下，就要靠這個「諫議之官」。

通過上面這段文字，我們應該對「諫議之官」的意義有
所瞭解。人的生命，乃至國家的興衰，雖系於「君主之官」，
然而君主卻要仰仗「諫議」方能神明，方能知周，從而道濟

天下無有過失。可見這個「諫議」的官位非同尋常，不是小可之輩能夠擔當的。要擔當這個非常之位，至少得有三個條件。第一就是要正直，不正無以明是非，無以別善惡，故《廣雅》釋諫為「正也」。第二必須重義，倘無義薄雲天之氣概，你瞻前顧後，畏首畏尾，時時想著要保烏紗，那這個諫議就名存實亡。《舊唐書·職官志》言：「凡諫有五，一曰諷諫，二曰順諫，三曰規諫，四曰致諫，五曰直諫。」要是沒有這個義，就是一諫也難以做到。第三就是要有大度，要大公無私。如果你的親朋好友，如果是給過你好處的人，他有惡你也不諫；如果是你的怨敵，你就無事生非，那這個「諫」也就失去了根本的意義。

　　從「諫議之官」的三個基本條件回看《素問》的「刺法論」，就知道「諫議」的這個官位非脾莫屬。因為只有脾具備這些條件。脾屬坤土，具坤之性。我們翻開《周易》，其坤卦之六二云：「直方大。不習無不利。」何為「直方大」呢？其後之象云：「直其正也，方其義也。君子敬以直內，義以方外。敬義立而德不孤。直方大，不習無不利。則不疑其所行也。」由此「直方大」，則知脾為「諫議之官」的條件是完全具備的。又，坤卦云：「積善之家，必有餘慶。積不善之家，必有餘殃。臣殺其君，子殺其父，非一朝一夕之故。其所由來者漸矣。由辯之不早辯也。」積者，言坤厚載物也。故非坤無以言積。然而這個「積」有善與不善的區別，積善則有餘慶，積不善則有餘殃。臣殺其君，子殺其父，雖是駭人聽聞的事。但卻非一朝一夕所能造就。這個事看起來像是突發的偶然事件，但實際上卻有一個必然的漸進積累的過程。可為什麼沒有在這樣一個漸進的過程中及早發現呢？「由辯之不早辯也」。而這裏講的「辯」很顯然就是一個「諫議」的過程。

◎ 積善之家，必有餘慶。積不善之家，必有餘殃。

在坤卦裏討論「臣殺其君，子殺其父」，在坤卦裏討論「辯之不早辯」，這一聯繫起來，實在就是《素問·刺法論》裏講「脾為諫議之官，知周出焉」的最好證明。一個國家，或者一個家庭，要避免上述事件的發生，那就必須保證這個「諫議」的職責隨時發揮作用。而作為我們身體呢？這個「臣殺其君，子殺其父」，當然就是指的那些暴病、壞病、惡病。像現在講的癌症、惡性腫瘤，這個病被突然發現，似乎是在一夜之間發生的。其實不然。正如坤卦所云：「非一朝一夕之故。其所由來者漸矣。」但為什麼在這樣一個「由來者漸」的過程中，機體沒能識別，沒能發現，沒能及時予以處理，而等其釀成大禍呢？這就是「諫議之官」失去了作用的緣故。

惡性腫瘤是機體細胞異常分化所致，為什麼會形成這樣一個疾病呢？現代醫學把它歸結為免疫的問題。人體的免疫系統有三大功能，其一是免疫防禦功能，其二是免疫穩定功能。其三呢？就是免疫監視功能。如果免疫監視的功能能夠正常發揮，就能及時識別出機體異常分化的細胞，並通過各種途徑，啟動各項功能來清除和調整這些異常細胞，從而杜絕腫瘤疾病的發生。這樣一個「免疫監視」作用其實與「諫議之官」的作用非常相似。《刺法論》為我們做出了脾的特殊定位，而坤卦為這個特殊定位的意義作了很具體的描述，再結合現代的免疫科學，我想在腫瘤預防和治療上應該大有文章可做。目前，腫瘤的發病率越來越高，而這些病人在接受各種治療後，需要解決的一個最迫切的問題就是復發問題。怎麼杜絕腫瘤的復發呢？在西醫要求諸免疫，在免疫上下功夫。那麼中醫呢？我想作為「諫議之官」的脾就應該是一個重要的突破口。

◎腫瘤防治的突破口。

我們在新世紀裏學習經典，在新世紀裏研究《傷寒論》，會不會有一些新的收穫呢？通過太陰篇的討論，大家應該有

所感受。前面談到經典一個最顯著的特點就是歷久彌新，就是說經典的東西永遠不會過時。你再新的研究，再尖端的課題，都可以在經典裏找到落身處。就看你有沒有悟性，就看你敢不敢承當。不敢承當，當然就失之交臂了。所以，傳統與現代，諸位不要看絕對了，兩者往往是相依而行。傳統不離現代，現在是21世紀，傳統必須要適應現代、服務現代，乃至於最大限度地影響現代、引導現代。這一點搞傳統的必須牢牢記住，這也是傳統存在的根本意義所在。如果不弄清這個所在，還是抱著長袍馬褂、之乎者也不放，那這個傳統還有什麼意義。同樣，現代又何嘗離開過傳統，只因我們先入為主，把傳統看得太低了，所以，不自明，不自知，得了便宜還賣乖。這亦是孔聖所云：「百姓日用而不知，故君子之道鮮矣。」

◎故學者必須博極醫源，精勤不倦。

三、太陰病時相

討論太陰病時相仍以太陰病的欲解時條文為依據，即275條：「太陰病，欲解時，從亥至丑上。」下面擬分幾個方面來展開。

1. 亥至丑上

亥子丑在日週期裏，是亥子丑這三個時辰，也就是晚上九時至凌晨三時這段時間。

月週期裏，每個時辰約占兩天半的時間。所以，亥子丑就位於晦日前後的七天半裏。晦日前後的這段時間，是每個

月週期裏月相最缺甚或隱匿的時候。月相缺或隱反映了陽的收藏，這與太陰的性用相符。

年週期裏，亥子丑即亥月、子月、丑月，亦即農曆的十月、十一月、十二月。上述三個月分別與十二消息卦裏的坤、復、臨相配。坤卦六爻皆陰，很多人看到這個卦以為陰盛陽衰了，陽氣沒有了、消滅了。其實這是錯會了坤卦。六爻皆陰不是陽氣沒有了，而是收藏起來了。正是這個藏才使陽氣得到蓄養，得到恢復，才有後面的一陽生，二陽生。

亥子丑除了上述的時間特性外，還有空間方位特性，這就是北方。前面我們談到先後天的問題，先天卦裏，北方居坤。先天為體，後天為用。所以，坤之體在北，坤之用在西南。坤體居北與坎同居，我們前面用水土合德來形容。而亥子丑為太陰病的欲解時卻又為太陽病的欲劇時，這亦是值得思考的問題。

2. 欲解時要義

我們現在看到的《傷寒論講義》是經過節選的本子。而由王叔和所整理的《傷寒論》，在起手的太陽篇前，還有另外的四篇，即〈辨脈法第一〉、〈平脈法第二〉、〈傷寒例第三〉、〈辨痙濕暍第四〉。在〈辨脈法第一〉篇中有這樣一段話：「五月之時，陽氣在表，胃中虛冷，以陽氣內微，不能勝冷，故欲著復衣；十一月之時，陽氣在裏，胃中煩熱，以陰氣內弱，不能勝熱，故欲裸其身。」這一段文字一半講生理，一半講病變。雖然它講的是另外一個問題，但是對於我們理解太陰病欲解時卻有很大的幫助。

五月也就是夏至月，也就是午月，可是它能夠涵括整個夏月，涵括巳午未。五月有什麼特徵呢？張仲景在這裏講

道「陽氣在表，胃中虛冷」，這個時候為什麼陽氣在表呢？
因為整個春夏陽氣都在蒸蒸日上，向上、向外，由於陽氣是
這樣一個向表、向外的趨勢，所以，在裏的陽反而虛少，陽
氣虛少了當然就會冷，故曰「陽氣在表，胃中虛冷」。而到
了冬天，到了十一月，到了亥子丑的時候，情況正好相反。
這個時候，陽氣向裏、向內，處於收藏的趨勢。所以，這
時在外的陽漸虛少，在裏的陽漸多，陽多則熱，故曰「陽氣
在裏，胃中煩熱」。民間流傳這樣一句話：「冬吃蘿蔔夏吃
薑，不找醫生開藥方。」為什麼呢？學中醫的應該明白這個
道理。蘿蔔是涼性的，薑是溫性的。夏日天氣炎熱，為何
反要吃薑？因為這個時候陽氣在表，胃中虛冷，所以，要吃
薑來溫裏暖胃。冬日寒冷，為何反要吃蘿蔔？因為冬日陽
氣在裏，胃中煩熱，所以，就用蘿蔔的涼性來平衡，以免積
熱的產生。

◎「冬吃蘿蔔夏
吃薑」的道理。

　　冬月陽氣趨裏，所以，內裏反熱，如果你是太陰病，那
麼，正好可以借這個亥子丑的陽氣入裏，使藏寒得到溫暖，
使太陰病的裏虛寒證得到轉機。所以，太陰病要欲解於亥子
丑。透過亥子丑，太陰病的內在含義我們清楚了，太陰病的
治療規矩也就自然在把握之中。張仲景對六經病的描述是通
過兩方面：一方面是通過提綱條文，這方面往往有形可徵，
有案可查，也是大家注重的一方面；另一方面就是欲解時條
文，從欲解時條文來揭示六經病，好似無形可徵，無案可
查，是以從古至今關注它的醫家很少。其實，它是無形而無
不形，無案而無不案。它的蘊義更深廣、更透徹。經言：夫
知道者，上知天文，下知地理，中知人事，乃可以長久。從
上述兩方面看，提綱條文是講人事的條文，而欲解時條文則
是講天文、地理的。如果僅言提綱，顯然已流於人事中醫，
那中醫的這個道能夠長久嗎？

◎長久之道。

3. 欲劇時相

　　欲劇時或者欲作時的概念我們前面已經提到過，它是與欲解時相對的。既然太陰病在這樣一個時候容易好，在這樣一個時候比較舒服，那就必然會有另一個不容易好，或者說比較惱火的時候。否則，光有好的時候，沒有惱火的時候，那這個天地之道也就失卻公允了。

　　太陰病欲解時是亥子丑，因為這時的陽氣在裏，這對於太陰病的裏虛寒而言，無疑是得道，得道多助，故曰欲解。那麼，太陰病在什麼時候欲劇呢？應該就是巳午未。巳午未的陽氣在表，陽在表則裏易虛冷，這對於太陰病而言，無疑是失道，失道寡助，故曰欲劇。

◎最容易得太陰病的時候。

　　巳午未陽氣趨表，裏易虛冷，故易生藏寒，易生太陰病。這是從理上去分析。現在我們回到事上來，夏天的天氣很熱，陽氣蒸騰向外，這個時候由於天熱，人們紛紛吃生飲冷，什麼東西都來冰的。本來就胃中虛冷，偏偏還要大進生冷，這不就雪上加霜了。所以，這是最容易得太陰病的時候。大家不要以為冬天才容易得太陰病，其實恰恰相反，夏天才是最容易得太陰病的時候。因此，夏天用理中湯的機會很多。只是現在有太多的人不明這個事理，不但患者不明，醫者亦不明。光知道夏有暑熱，卻不知夏亦有寒涼。夏日是天熱而地寒，天地的區別大家要搞清楚。特別是我們學太陰篇更應弄清這層關係。

　　太陰分手足太陰，手太陰肺就是言天，足太陰脾則是言地。所以，夏日這個天熱地寒的格局其實也就是肺熱脾寒的格局。如果我們只知道熱，只知道葉天士的「溫邪上受，首先犯肺」，只知道用寒涼，這還不夠，充其量我們只是知道了天的一面。夏日用寒涼，很有名的是劉河間《宣明論方》

的益元散，也叫六一散，太白散。什麼叫太白呢？看《西遊記》就知道有一個太白金星，所以，太白實際上是指金、指肺。因此，太白散實際上是針對夏日裏天的這一面，肺的這一面。還有地的這一面呢？也就是太陰脾的這一面呢？如果這一面照顧不好，那就很容易影響太陰，太陰的門一開，三陰的門也就隨之打開了。因此，大家應該很好地把握天地的格局，除了知道益元散、太白散之外，還應該知道理中湯也很好用。

從時間上看，巳午未三時是太陰病的欲劇時，而前面我們反覆強調過時空（方）的同一性、統一性。因此，我們研究欲解或者欲劇時都應該結合空間方位。從空間方位看，巳午未就是南方，所以，南方也就應該成為太陰病的欲劇方。這說明南方人得太陰病的機會就要多一些。進一步而言，南方人的脾胃就要比北方人的相對為弱。大家思考一下，是不是這麼回事呢？我們拿南人與北人一比，你就清楚了。北人的個頭普遍較南人大，四肢較南人粗壯，為什麼呢？就因為北人土氣強，南人土氣弱。土氣弱，四肢肌肉不發達，個頭當然就小了。所以，大家對這樣一個南北的差異要弄清楚，要知道南方人有一個比北方人容易患太陰病的基礎。作為南方人，作為南方的醫生，就更應該意識到溫養的重要，保護脾胃的重要，不要一天到晚只知道涼茶、涼茶。

◎北人多熱，南人多寒。

上面的討論實際上是通過〈辨脈法〉的一段文字展開的，在〈辨脈法〉中還有另一段十分精彩的對話：「問曰：凡病欲知何時得？何時愈？答曰：假令夜半得病，明日日中愈；日中得病，夜半愈。何以言之？日中得病，夜半愈者，以陽得陰則解也。夜半得病，明日日中愈者，以陰得陽則解也。」夜半是什麼時候？是子時，推廣開來就是亥子丑。日中呢？

日中是午時，推廣開來就是巳午未。日中得病而夜半愈，這正好符合於太陰病欲解於亥子丑，欲劇(作)於巳午未的格局。將這樣一個格局延伸開來，六經病的得時與愈時就能很容易地確定出來。由此亦見，〈辨脈法〉等篇的內容與六經各篇關係密切，輕忽不得。現在研究《傷寒論》的往往不重視這幾篇，有的甚至根本不知道有這幾篇，這樣來看《傷寒論》也就很難看得透徹。

巳午未是太陰病的欲劇時或得時，這個巳午未可能是一天的巳、午、未三時，可能是一月的望月前後，也可能是一年的農曆四、五、六月。但這都是相對固定的時。在這些時裏，陽氣蒸騰向外、向上，所以，在裏的陽氣相對虛少，容易胃中虛冷。根據巳午未時空裏陽氣的這樣一種趨勢，我們就應該聯想到在這個相對固定的巳午未外，還有一個不固定的、靈活的「巳午未」。也就是凡是機體處在陽氣蒸騰在外，胃中虛冷的這樣一個狀態，都應該為巳午未，都應該視為太陰病的欲劇時或得時。比如我們劇烈運動了，煩勞了，這個時候的陽氣就在外，胃中就容易虛冷，就是容易患太陰病的時候。因此，這個時候我們要特別小心，不要馬上打開冰箱喝冷飲。實在想喝，就喝一些溫水熱飲，這樣反而解渴。非要喝冷飲，只有等靜下來，陽氣慢慢轉頭向內的時候，才可以喝一點。這是太陰病的欲劇時。

4. 太陰治方要義

太陰的治方可以用太陰篇277條的一句話來概括，就是「當溫之，宜服四逆輩」。溫者，溫什麼呢？就是溫藏，就是溫裏。這樣一個治方顯然就與太陰病的欲解時相亥子丑的意義相符。

(1) 四逆義

太陰病屬裏虛寒，用理中湯本來是大家非常熟悉的，可是在太陰篇裏，張仲景給出的是四逆輩。這說明四逆湯這一類的方子與太陰有著密切的關係。

太陰的主方為什麼叫「四逆」？四逆與太陰有什麼關係？首先我們看四，四的含義是什麼呢？四主要指的是四肢。而四肢稟氣於胃，脾又主四肢，所以，四與脾胃的關係是最密切的。接下來我們看逆，逆的一個比較公認的說法是逆冷，合四就是四肢的逆冷。什麼叫作逆冷呢？逆它有另外一層含義，這個含義正好與順相對。順是指由上而下，由近而遠，由中央而四傍。逆則剛好反過來，就是由下而上，由遠而近。所以，逆冷就是指這個冷是從四肢的遠端開始，從肢末開始，逐漸向上發展，甚至延肘過膝。而為什麼會產生逆冷呢？當然是火沒有了，陽氣虛衰了。

《傷寒論》將疾病分陰陽兩類，陽類即太陽、陽明、少陽，陰類即太陰、少陰、厥陰。病至於陰，陽氣開始不足了，這個不足主要是內裏的陽氣不足，內裏的陽不足，這就導致裏虛寒。所以，三陰病一個基本的共同特徵就是裏虛寒。而三陰病的這個裏虛寒是由太陰開始的。太陰虛寒了，陽氣不足了，它首先表現在哪裏呢？就表現在它所主的、所稟氣的這個四肢，出現四肢不溫，出現四逆。這個四肢不溫是從四肢遠端，也就是肢末開始。雖然在太陰的時候程度不會很厲害，但是，這已經是一個明顯的信號。它提示疾病已經開始向三陰發展，機體的體質已經趨於虛寒。這個時候應該趕快溫裏，這時的溫裏往往見效特快，可以比較容易地將虛寒的體質轉變過來，從而避免疾病繼續向少陰發展。所以，在太陰的階段談四逆，實在具有非常重要的警示意義。而在太陰的階段用四逆湯，則有防微杜漸之功。

　　另外，逆還有一個很特殊的意義，這個意義在《素問·平人氣象論》中有專門的論述，其曰：「平人之常氣稟於胃，胃者平人之常氣也，人無胃氣曰逆，逆者死。」什麼是逆呢？這裏講得很清楚，就是人無胃氣的意思。人無胃氣曰逆，逆者死。所以，逆證，亦即四逆證，實際上就是一個危證、險證甚至是死證。而證之於《傷寒論》，四逆湯亦確實是一個救治危證、險證甚至是死證的方劑。在《傷寒論》中，太陰篇只是在理上提出這個四逆來，好讓大家留心，好讓大家注意，好讓大家把好太陰這個關口。如果這個關口沒有把好，那就會進入到少陰、厥陰，從而出現事上的四逆來。所以，太陰病的治療我們要很注意這個「當溫之，宜服四逆輩」。這裏面的內涵很深，切莫輕易滑過。

(2)四逆湯解

　　四逆湯是三陰通用的方子，是一個溫裏之方、壯火之方，也是一個救逆之方。四逆湯的三味藥中，附子、乾薑都是大溫大熱，用以溫裏、壯火理所當然，沒有任何疑問。有疑問的是甘草這味藥，甘草在四逆湯中排在首位。大家知道，《傷寒論》方劑中藥物的排列次序是有規矩的，不容亂來。這有些像當今領導出場，誰走先誰走後是有嚴格規定的，這就是身份等級的象徵。所以，經方裏排列在前的往往是君藥、主藥，排列在後的則為輔藥、臣使藥。炙甘草雖是中土藥的王牌，但其性究屬平和，與四逆湯之溫裏、壯火、救逆似乎無關緊要。但恰是這樣一味無關緊要的藥卻置於四逆湯之首，這便引出許多爭議來。部分醫家因甘草在此方中的排列位置，堅持以甘草為君，如成無己云：「卻陰扶陽，必以甘為主，是以甘草為君。」《醫宗金鑒》亦云：「君以炙草之甘溫，溫養陽氣，臣以薑附之辛溫，助陽勝寒。」而大

◎四逆湯中的君藥。

部分醫家究因甘草性味平和，於溫陽助火劑中不應占主導地位，故應為佐使，起到調和薑附，使其性勿過燥的作用。

　　炙甘草究竟是佐使藥還是君藥呢？我的看法應該偏於君藥。但是，為什麼是君藥？這個道理得說清楚。四逆湯是溫陽、壯火、逐寒、救逆之劑，這一點是有定論的。雖然我們前面提到過在太陰的階段抓住時機用四逆輩，具有防微杜漸的意義。可是四逆湯的正用還是在少陰及厥陰病裏。這個時候陰寒很盛，不僅上中二焦的陽氣虧虛了，而且下元的陽也不行了。如果陰寒盛，而陽氣進一步虧虛，就很容易產生一個現象，這就是我們常說的「水寒不藏龍」。龍藏不住了，這個龍雷之火，這個生氣的來源、生命的根本就要飛越。龍火飛躍起來會產生什麼現象呢？這個時候儘管很寒，儘管陽很虛，可是卻會出現少陰篇通脈四逆湯證的「身反不惡寒，其人面色赤」，龍火飛越此乃性命攸關之大事，此時尚有一線生機，就是看你的治療能否把飛越的龍火重新送回原位。為什麼方書把四逆、通脈四逆這一類的方子稱為回陽救逆呢？所謂回陽就是使龍歸原位，所謂救逆就是使龍火不再飛騰。

　　陽氣虛衰、陰寒內盛的人本該溫裏、壯火、逐寒，本該用溫熱藥、用火藥。可是這個時候由於水寒，真龍不得安身，龍火已然躍躍欲越了。這個時候的狀況則如丹家所言，是藥水汞而非真汞，遇火即飛、所以，溫熱的藥，像薑附這類火藥下去，欲越的龍火飛潛得更快。為什麼很多人陽虛的證候非常典型，可是一碰薑附就上火，就咽喉腫痛，就口舌生瘡呢？道理就在這裏。因此，對於陽虛的病人，我們用溫熱藥，用一團火，究竟能不能起到真實的作用？究竟能不能讓這一團火溫養到下元，溫養到生命的根本，真正起到持續地溫煦作用，而不是遇火即飛、見火即炎，這便成為我們用溫陽、用壯火劑的一個十分關鍵的技術問題。

◎補火的竅訣。

　　談到這個技術問題，很自然地就想到了甘草，甘草在四逆湯中的作用是否就是為了解決這個問題呢？記得小時候在農村，要到很遠的地方去放牛或打柴，中午飯不能回家吃，怎麼辦呢？就帶幾個紅薯或芋頭。等把牛趕到目的地，就先挖一些土塊起一座小窯，再拾一些乾柴放到小土窯裏點起來。等燒到小土窯快發紅的時候，就把柴都掏出來，然後將帶的紅薯或芋頭塞到土窯裏，一腳將土窯踏平。到了中午肚子餓的時候，就去將踏平的小土窯挖開，等待你的就是香噴噴的、熱乎乎的一頓美餐。這樣燒出的紅薯或芋頭熟得又透，可是一點也不焦，比烤出來的還要香甜可口。孩時的往事雖已過去幾十年，可至今想起來還直流口水。

　　孩提時候的這件事對解決我們今天的問題會很有幫助，我們直接用這個火來烤紅薯，很可能紅薯的表皮已成炭，可裏面還沒熟。而換成上面的方法，先將土燒「熟」，然後再用燒熟的土去煨紅薯，那煨出來的紅薯不但熟得很透，而且表皮一點也不焦。這就是土的妙用。

　　土的藏性可以將火的燒炎灼烈之性轉變成持續的溫煦作用，所以，火經土的作用後，則既能溫物、熟物，卻不焦物、炎物。言至於此，明眼人就應該知道，四逆湯中為什麼要用甘草呢？起的就是這個土的作用。土雖非火，可是卻能使火的作用真正落到實處，使火熟物而不焦物，使火溫物而不炎物。前面我們談到，陰寒內盛、陽氣虛衰的時候，龍火、藥汞遇火即飛，可有了這個甘草，有了這個土，就能解決這個問題。就能使龍火回頭，使薑附發揮煦煦的溫養作用。由斯可見，四逆湯要想真正的發揮溫養的作用、回陽救逆的作用，炙甘草便是關鍵的關鍵。誠如《長沙方歌括》所言：「建功薑附如良將，將將從容借草筐。」能夠將將的是什麼呢？當然是君，當然是帥。所以，對於四逆湯中的甘草大

家不要小看了，它實在是用溫熱劑的一個關竅所在。很多中醫不敢用熱性的藥，一用病人就叫上火，其實就是因為沒有把握好這個關竅。

通過這些年的臨床，對上述問題的感慨越來越深。不少的醫生在用溫熱藥的時候，一碰到病人上火，就把持不住了，而反過來改用寒涼。很多的病人亦因吃一些油炸煎炒就咽痛、就長瘡，而自取寒涼。幾番折騰，便將一片大好河山糟蹋得不成樣子。無怪乎《內經》要說「謹熟陰陽，無與眾謀」。陰陽你謹熟了，陰陽你能了然於心，還怕什麼上火不上火。就怕你陰陽不熟，腳跟不穩，那自然就東說東倒，西說西倒。

◎謹熟陰陽，無與眾謀。

近治一咽喉腫痛月餘的病人，已輸抗生素半月，並自服牛黃解毒一類，咽痛絲毫未減。診時見扁桃體大，且滿布膿點，舌淡，邊齒印，苔薄白，脈雙沉細弱，口甚苦。察舌按脈，一派陰寒，故用抗菌、清熱杳無療效。以此咽腫非熱毒之腫，乃龍火沸騰所致，理當溫潛之劑方能奏效，然顧及「口甚苦」一證，還是有些投鼠忌器。思索再三，遂以小柴胡湯打頭，合鄭欽安慣用之潛陽丹，藥用柴胡、黃芩、黨參、半夏、炙甘草、大棗、生薑、附片、砂仁、龜板、桔梗。處方五劑，以為必效無疑。誰知五天以後，病人複診，仍無點滴之效。再診舌脈，仍是一派虛寒，絕無陽證可言，乃毅然剔除小柴胡湯，純用溫熱之劑。藥用附片、砂仁、龜板、炙甘草、桔梗、熟地。附片用至60克，炙甘草用至24克。五劑以後，咽痛消失，膿點不見，扁桃體亦大大回縮。可見腫痛的不一定是熱，化膿的不一定是熱，口苦的也不一定是熱。要在於通過四診，通過舌脈，鑒出陰陽。陰陽了然了，就能高屋建瓴，就能八九不離十。

◎一句真心話。

諸位要是信得過，且聽我一句話，那就是抱定陰陽，朝於斯，夕於斯，流離於斯，顛沛於斯。果能如此，不出數年，包管大家在中醫上有一個境界，也包管大家能夠真正列入仲景的門牆。

現在很多人只知道苦寒能降火，滋陰能降火，如果用了苦寒，用了滋陰，這個火還是降不下來，他就沒招了。應該知道降火有多途，特別我們學習了太陰篇，知道太陰的開就是為了使這個火入裏，就是為了使這個火收藏，就是為了使這個火能降下來，甘溫為什麼能除大熱呢？其實就是著眼在太陰這個開機上。從太陰的開機著眼，也就能夠很好地理解四逆湯中甘草的重要作用，也就能夠很好地理解太陰篇的意義所在。太陰的問題就討論到這裏。

第九章

少陰病綱要

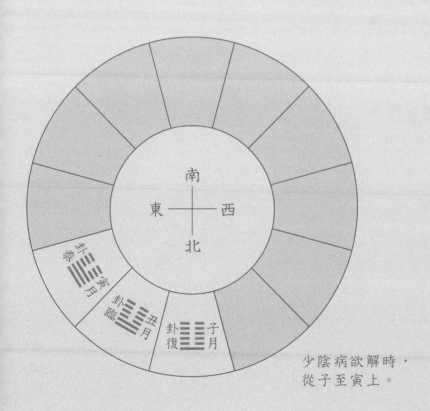

少陰病欲解時，
從子至寅上。

一、少陰解義

少陰為三陰的樞機。病至少陰已然到了一個關鍵的時刻，為什麼呢？這與少陰的內涵是很有關聯的。下面擬從四個方面來探討少陰的內涵。

1. 少陰本義

少陰的本義其實就是水火的本義。按照常識，水火是不相容的，可是在少陰裏，水火卻要相依相容。

(1) 坎水義

首先我們來研究水，水在易卦中屬坎，故習稱坎水。鄭欽安的《醫理真傳》中有一首坎卦詩，頗得坎水之旨趣，姑錄於下。詩曰：「天施地孕水才通，一氣含三造化工，萬物根基從此立，生生化化沐時中。」

① 坎水之形成

易講乾坤生六子，三男三女，哪三男呢？就是長男震雷，中男坎水，少男艮山。所以，坎水實為乾坤所生六子中的一子。鄭詩首句「天施地孕水才通」即為此義。

乾天坤地，乾父坤母，故乾坤交媾而有六子之生。那麼，坎水中男這一子是怎麼生出來的呢？就是由乾坤二卦之中爻相交，若乾交坤，坤之中爻變陽，即生坎中滿。若坤交乾，乾之中爻變陰，則生離中虛。

乾之中爻交坤而生坎，坤雖變坎，而餘體尚在。故坤坎同居，水土合德。坤德為藏，坎德亦為藏。藏什麼呢？其實就是藏的這坎中之陽。坎中之陽源自先天，故稱真陽、元陽，亦稱命門火、龍火。有關此陽，我們在太陰篇講四逆湯的時候已經提到過。此陽此火宜潛藏而不宜飛越，那靠什麼來潛藏呢？除了坎德本身之藏以外，尚需依賴坤德之藏。所以，水土合德的關係不但在太陰篇裏很重要，在少陰篇裏仍然不能輕視這個關係。

② 真陽命火

◎真人不露相，露相非真人。

上述坎水中之陽亦稱真陽、元陽、龍火、命火，由這個稱謂便知它是人身中絕頂重要的東西。有它才有生命，無它便無生命可言。而這樣一個絕頂重要的東西亦就有一個絕頂重要的特性，這就是上面說的宜潛藏而不宜飛越。所謂真人不露相，露相非真人。

真陽、命火為什麼要潛藏呢？因為潛藏了才能溫養生氣，才能讓生氣旭旭而生、煦煦而養，如此生命乃得久長。如果真陽不得潛藏，或者將真陽派作其他用場，那這個生氣便得不到溫養，連生氣都不得溫養，你想，生命怎麼不危機四伏呢？

所以，真陽、命火的涵藏性於生命是絕頂重要的。如果失於涵藏，那真陽外越的諸多危證便會隨之發生。我們看少陰篇和厥陰篇，有相當多的內容就是討論的這個問題。少陰病為什麼有戴陽證、格陽證？許多危重病人臨終前為什麼會出現迴光返照？這其實就是真陽外越的一個徵兆。

在人身有這樣一個真陽、命火來溫養生氣，使生命得以延續。而人與天地相應，在自然裏，在我們生存的這個地球上，有沒有一個類似的真陽、命火，以使我們地球的生氣得

以不斷延續呢？有！這就是寄藏於坎水之中，埋藏於坤土裏的，大家所熟知的能源。

　　我們現在使用的主要能源有石油、煤與天然氣，這些能源要麼藏於海底，要麼深埋於地下，這與人身真陽、命火的涵藏處非常一致。而且石油是以液體的，也就是與水相似的形式存在的。煤雖為固體結構，可是其色黑，既然色黑，那就脫不了水的干係。石油、煤、天然氣，這些能源的蘊藏量都不是無限的，照這般開採下去，用不了多久就會枯竭。等這些能源枯竭了，未來的人類用什麼能源呢？2000年10月28日的《參考消息》，有篇題為「未來能源在海底」的文章。文章指出，未來潔淨能源的最大一部分也許在海底，它是以冰冷的冰塊晶體的形式存在，這就是水合甲烷。

◎地球的真陽是什麼？

　　由上述討論我們看到，無論是現在的能源還是未來的能源，都無一例外的蘊藏於坎水中、坤體裏，這與人身之真陽、命火何其相似！這使我們聯想到一個非常重要的問題。我們這個地球為什麼會有生命呢？很重要的一個前提就是它有生氣。有這個生氣才會有生命，包括植物生命和動物生命。要是沒這個生氣，一切生命都是泡影，都不可能。而這個生氣的來源就是上述的「真陽」、「命火」。可見，我們現在所開採和運用的這些深藏於海底和地下的能源是有專門用場的。地球的生氣就要靠它來溫養，地球生命的前提就要靠它來保障。能源即是地球的「真陽」，能源即是地球的「命火」，所以，它就應該潛藏。唯有潛藏，方能溫養地球的生氣。現在將這些「真陽」、「命火」大量地開採出來以供我們日用，這個過程實際是一個什麼過程呢？實際是一個我們人為的使地球「真陽」、「命火」外越的過程。大家可以仔細地思考，看是不是這麼回事。隨著地球「真陽」、「命火」的大量外越，地球生氣的溫養來源也就逐漸減少。生氣日少，生命的前提

◎對能源的思考。

沒有了保障，我們生存的這個地球怎麼不危機四伏呢？當然就危機四伏了。

所以，我們看人類對待地球其實就像人對待我們自身一樣。現代科學雖然不知道什麼「真陽」、「命火」，可是她畢竟清楚這樣無限制的開採能源對人類的將來沒有什麼好處。而人呢？《內經》早就講到人應該「恬淡虛無」，因為「恬淡虛無，真氣從之，精神內守，病安從來」。其實很多人都知道這個道理，都知道「恬淡」的好處，可是他還是偏偏要貪嗔，要物欲橫流，要以酒為漿，以妄為常。就像抽煙，沒有幾個抽煙的人不知道抽煙的害處。更有趣的是煙草的廣告，在所有的廣告中，無不是「王婆賣瓜，自賣自誇」，都是一分好處說成十分。唯有煙草的廣告不然，它只告訴你「吸煙有害健康！」可儘管這樣，煙草的消費還是與日俱增。這就提醒我們，人的問題、人類的問題不是光靠科學就能解決，還需要哲學，還需要宗教。世界應該是多極化，同樣的，文化也應該是多極化、多元化。

◎用六經來為地球號脈。

由以上分析，我們看到了地球的「真陽」、「命火」正在遭受日益的外泄。現在整個地表的溫度為什麼會逐年增高？冰川為什麼日漸融化？這其實就是地球「真陽」、「命火」外越的一個顯兆。這其實就是「戴陽證」、「格陽證」。所以，如果我們從傷寒的角度、用六經的眼光來為我們所處的地球號一號脈，那麼，地球已然處於少陰病的階段。我們怎樣來為地球「回陽」？怎樣來為地球「救逆」呢？這實在是全人類應該共同思考的大問題！

(2) 離火義

詩云：「地產天成號火王，陰陽互合隱維皇，神明出入真無定，個裏機關只伏藏。」

有關離火的意義，我們亦從鄭氏的這首詩開始。

① 離火的形成

從鄭氏離卦詩的開首句「地產天成號火王」，可知離火的形成亦是乾坤交媾的結果。乾坤交媾，由乾之中爻交坤，坤之中爻變陽，即得到我們上面討論的坎水。反過來，由坤之中爻交乾，乾之中爻變陰，即形成離火。因此，離火與坎水正好相反，它是以乾為體的。

前面我們提到易有乾坤生六子，三男三女。坎為水為陰卻號男，離為火為陽卻號女，為什麼呢？這裏面既有體用的關係，又有相依的關係，也有更值得我們思考的深層問題。陽言生化，陰言伏藏，此為常理。可是於鄭詩中，坎水卻言生化，離火卻言伏藏，這與中男中女之稱實有異曲同工之妙。此中的旨趣若能參透，陰陽至理便在把握之中了。這是離火的形成。

② 離火的自然性用

前面講坎水是先從人身開始，講離火我們把它倒過來，先從自然開始。離火的自然性用與特徵，概括起來至少有六個方面。

其一，熱性。

其二，明性。火之熱明二性，皆為眾所周知。

其三，動力。火之動力性實在是造就現代科學的一個最大的因素。整個現代工業文明是怎麼產生的呢？其實就是從認識火的動力性開始的。蒸汽機的發明就是一個最典型的例子。

其四，熟物。生的東西經過火的作用就會變熟，可以説人類豐富的飲食文化就是由火來造就的。如果沒有火，那我們只好像其他動物一樣食用生的食物。

其五，變化。火的變化作用是顯而易見的。冰是固體，經火的作用很快就變成液體，而液體再經火的作用又可以變成氣態。學過化學，對火的變化作用會更清楚，為什麼大多數化學反應有加熱的過程？為的就是加速變化、促進變化。

其六，但見其用，無形可徵。前面我們曾經談到，人類與其他動物最大的一個區別就是能夠主動用火。主動用火的含義有兩個方面，一方面是沒有火他可以主動去尋找火，現在我們開採石油、開採天然氣實際上就是尋找火；另一方面就是人類能夠主動地發現火的上述性能並加以利用，而其他的一切動物都不具備這個能力。是什麼改變了人類文明的進程，是什麼使社會如此飛速的發展呢？說到底就是這個火。火的作用如此重要，而火在發揮這些作用的時候又有一個十分獨特的地方，這就是我們此處討論的「但見其用，無形可徵」。

在五行裏，除火以外的其他物質，都有一個具體的形體供我們查徵。比如木，它有一個很具體的形，我們可以拿它來做成方桌，也可以用它來做成圓桌，金土也有這個「有形性、可塑性」。水雖沒有這樣固定的形體，可它還是有形可徵的。而唯有火不具備這個共性，你只能強烈地感受到它的作用，卻看不到它「可形、可塑」的特徵。

五行中獨火無形，而《老子》裏亦有一個無形，這就是「大象無形」。這個無形的大象有什麼性用呢？《老子》又云：「執大象，天下往。」由此看來，火之所以能夠徹底地改變整個人類，火之所以有如此重要的作用，與此無形的特性，與此大象的特性是分不開的。

③ 火之身用

火的自然性用已如上述，正如《內經》所言：「善言天者，必應於人。」故知火於人身，或者說陽氣於人身的性用，亦不離上述六個方面。

　　其一，溫熱身體。人活著的時候都有體溫，這個體溫靠什麼呢？就靠火的溫熱之性。所以，我們只要從身上的冷暖、手足的冷暖，就可以知道人身的火、人身的陽氣充不充足。

　　其二，視物光明。人的眼睛為什麼能看見這個世界呢？靠的也是這個火、這個陽氣。我們只知道肝開竅於目，目受血而能視，這還不行。我們更應該清楚肝是體陰而用陽。目之視物更在於這南明離火。人的歲數一大，兩眼就昏花，就易生諸障，這就是因為陽火虛衰的緣故。

　　其三，人身的機能活動。人的精力靠什麼呢？主要就是靠這個陽火。這與火的動力效應是非常相像的。人到少陰病的時候，為什麼會但欲寐？為什麼一動也不想動？為什麼心臟的搏動力漸漸減弱？就是因為火在日漸地衰弱。

　　其四，人胃腐熟水穀的功能與火的熟物是很相應的。所以，我們就知道胃是靠火來腐熟的。如果胃火不足，那吃下去的東西就不能腐熟，拉出來的還是這些東西；如果胃火太過了，那就要消穀善饑，吃多少都不知道飽。

　　其五，人的一生處於不斷的變化之中，用現代一些的語言，這就叫新陳代謝。變化也好，代謝也好，它靠的什麼？還是火。這與火在自然的變化性用是一致的。

　　其六，上面我們談到，「但見其用，無形可徵」是火的一個最重要、最獨特的地方，這一個最重要和獨特的地方在人身與什麼相應呢？很顯然，它是與神明相應。神明的作用可以說是人身中最最重要的，它無處不在，無處不用。故而《素問·靈蘭秘典論》云：「心者，君主之官，神明出焉。」如果神明的作用喪失了，那會是一個什麼情況呢？這就如張仲景於《傷寒雜病論》序中所言：「厥身已斃，神明消滅，變為異物，幽潛重泉，徒為啼泣。」神明的作用如此重要，可以

說有它才有生命，無它則無生命可言。但是，神明是一個什麼形狀？神明是一個什麼樣子呢？這卻難以言清難以道明。故《中庸》曰：「視之而弗見，聽之而弗聞，體物而不可遺，使天下之人齊明。」故《詩》曰：「神之格思，不可度思，矧可射思？」神其謂歟！

五行中，火是但見其用，無形可徵的。而在人身，神明由心所主，心與其他四藏有什麼區別呢？這一點好像前面談到過，除心以外，其他各藏的造字都有一個月肉旁，有月肉就有形可徵，有形可鑒。所以，肝、脾、肺、腎各藏皆有一個具體的形狀。而唯獨心缺少月肉旁，沒有月肉，那當然就無形可徵、無形可鑒了。從五行火的特性，從五藏心的造字，從神明的特徵，我們對中醫賴以建立的這個基礎，對中醫的基本理念，應該有一個比較深刻的認識。中醫雖然是有關人的醫學，可是為什麼《內經》卻要強調搞中醫必須談天論地呢？因為你不談天、不論地，這個人就弄不清楚，人弄不清楚，怎麼可能把中醫搞好呢？

(3) 同名少陰

上面我們講了坎水和離火，坎水和離火在人身它歸到哪裏呢？都歸到了少陰。水火本不相容，可是在人身它不僅要相容，而且還同叫一個名字，這是為什麼呢？下面就來討論這個問題。

① 水火者，血氣之男女也

水火同名少陰，一方面是強調水火在人身的重要性，另一方面則強調水火這兩個東西一定要配合好。水火要相依，不能相離，如果一相離，那就會出問題。為什麼呢？《素問・陰陽應象大論》裏說得很清楚，水火是什麼？水火就是陰陽。陰陽是什麼呢？陰陽就是男女。所以，人身的水火就

是人身的陰陽，就是人身的男女。一對男女住在同一個宅子
裏，這是什麼呢？當然是夫妻。是夫妻就要相依，就要夫唱
婦隨。過去妻到夫家都要隨夫姓，所以，水火同名少陰，這
個含義是很深刻的。

陰陽、男女、水火宜和合、宜相依，前面講太陰的時
候，曾舉過《易‧繫辭》的一段話：「天地氤氳，萬物化醇。
男女構精，萬物化生。」不和合，不相依，怎麼氤氳？怎麼
構精呢？所以，《素問‧上古天真論》云：「陰陽和，故能有
子。」

◎水火相容。

上述的氤氳和構精有內外的區別，從外這一方面講，前
者是大宇宙天地的氤氳，就是天氣下降，地氣上升。這一氤
氳，就化醇出萬物來。我們地球上所有的植物生命和動物生
命都是這一氤氳的結果。構精呢？就是男女夫妻間的構精，
這一構精便有「萬物」的化生，便生出新的男女。

◎內氤氳與外氤
氳。

上面這個構精，在現代來講，比較文明的稱呼就叫「性
行為」，而在孔子那裏則可以籠統地歸到「色」的問題上。孔
子曾講：「食色，性也。」又講：「飲食男女，人之大欲存
焉。」性是什麼呢？性就是自然的東西，就是人所需要的東
西。這個東西包括了兩個方面，一方面是食，人能不能不
食呢？根本不能！人就靠食來維持生命。所以，古人常
言：民以食為天。可見食的重要可以與天同語。另一方面
呢？就是色，就是男女之事，就是性行為。這一方面同樣
重要，因為沒有它人類根本就無法繁衍。況且色的意義還
不僅僅在於繁衍，它還有其他的意義。這個意義我們從《素
問‧生氣通天論》中隱約可見，其曰：「凡陰陽之要，陽密
乃固，兩者不和，若春無秋，若冬無夏，因而和之，是謂聖
度。」所以，陰陽之要，在「因而和之」，如果不和，則如春
無秋，如冬無夏。光有春而無秋，光有冬而無夏，這成什

麼體統，成什麼世界呢？但陰陽的和不是亂和，亂和則為
淫。這個和很有講究，很有學問，要不然岐伯怎麼會稱之
為「聖度」呢？

上述的氤氳、構精、陰陽和，除了使萬物化醇，除了繁
衍生息，還有另外一個重要的作用，那就是以外和引內和。
通過外和引動內和，使人身內在的陰陽、水火能夠相依、相
合而不相離。如此方能「陰平陽秘，精神乃治」，方能生化不
息。所以，這樣一個男女構精，這樣一個陰陽合，除了繁衍
後代之外，對於人的身心健康同樣具有重要的意義。關鍵的
問題是這個過程要有「聖度」，馬虎不得。古代有一門學問叫
「房中術」，就是專門討論這個問題的。人活著要吃飯，不吃
飯不行。除了吃飯，還有一樣東西同樣的重要，這就是男
女。所以，一個飲食衛生，一個男女衛生，就成為影響人的
身心健康的最重要的方面，也是我們對人類進行研究的兩個
基本點。人類如此重要的兩個方面，孔子就用「食色」兩個
字給概括了，足見孔子的學問功夫了不得。

綜上所述，人身需要飲食，需要男女。飲食的作用是為
人身的陰陽、水火提供給養。那麼男女呢？男女就是實現人
身陰陽、水火的調和。大家也許會問，對於在家這一族，飲
食男女都好解決，那麼，對出家這一族，男女的問題怎麼解
決呢？這就要通過修煉來解決。在道家的功夫裏，我們經常
可以看到姹女嬰兒、龍虎交媾、水火相濟、取坎填離，其實
這些都是內和的方法。他是直接通過內氤氳、內構精的方法
來實現人身水火、陰陽的和合。

② 陰陽水火何以相媾

人身的水火要很好的交媾，兩者須臾不能相離。但是，
按照常理，水為陰，它是重濁而下降的，火為陽，它是輕清
而上浮的。下降的下降，上浮的上浮，兩者只會越離越遠，

◎ 本乎天者親
上，本乎地者親
下。

怎麼能夠相和、相媾呢？可見，水火的相媾確實是一個很巧妙的過程。

《易》曰：「本乎天者親上，本乎地者親下。」前面我們講坎離形成的時候曾經談到，離為火，離中虛的這一爻是從哪裏來呢？從坤中來。坎為水，坎中滿的這一爻從哪裏來呢？從乾中來。所以，坎中滿者，本乎天也，「本乎天者親上」；離中虛者，本乎地也，「本乎地者親下」。正是由於這樣的因素，使上者能下、下者能上，才有水火的相濟，才有坎離的溝通。因此，中醫的問題一旦進入到很深的層面時，就要借助「易」這門學問。在一般的層面，好像沒有「易」也可以，但是，到深層次沒有「易」就不行了。孫思邈為什麼說「不知易不足以為大醫」呢？如果你只想做小醫，那知不知「易」都無所謂。像當年的赤腳醫生，需要什麼「易」呢？當然不需要！可是你要想做大醫，你要想在中醫這個領域搞到比較深的層次，那就必須知「易」。

◎赤腳醫生當然不用學易。

③ 乾坤為體，水火為用

要知「易」就必須先知八卦，而講八卦就必須先明先後天。先後天的關係，實際上就是體用的關係。以先天為體，以後天為用。在先天卦裏，乾坤分居南北。可是到了後天卦，這個格局就變了，原來乾坤的位置讓坎離給占據了。離火占據乾位，而演出天火同人；坎水占據坤位，而演出地水師。在講水火形成的時候，我們為什麼說坎水以坤為體，離火以乾為體呢？就是因為有這樣一個特殊的先後天關係。

在八卦的八方裏，有四正四隅之分。東西南北為正，餘者為隅。先天卦裏，乾坤居南北正，坎離居東西正。而至後天八卦，乾坤由正退於隅位，坎離則由東西正躍居南北正。由八卦的這樣一個先天後的佈局，我們應該清楚地看到，卦雖分八，然「易」所獨重的是坎離水火。是以八卦之中，唯

坎離二卦得獨居正位。於先天中坎離居緯正，後天中坎離居經正。

◎用六經來為地球號脈。

易以先天為體，後天為用。而乾坤乃體中之體，坎離為用中之用。由先後天中坎離始終居正，則知易所重者用也。何以故？以先天不易變，而後天易變。易有三義，其中一義即為變易也。故易重變革、易重當下的精神於此昭然若揭。

易重坎離水火，是知言水火即言乾坤，言水火即言男女，言水火即言陰陽。而少陰之名，少陰之經已將水火賅盡，故知少陰一經關係至重。若病至少陰，往往擾亂乾坤、氣血，水火、陰陽，致使陰陽離絕。故病至少陰，即多死證。

④ 坎離水火，立命之根

坎離水火的作用何以如此重要，何以獨能居於四正？這個問題鄭欽安於《醫理真傳》中講得很清楚，其曰：「乾坤六子，長少皆得乾坤性情之偏。惟中男、中女，獨得乾坤性情之正。人稟天地之正氣而生，此坎離所以為人生立命之根也。」由「人稟天地之正氣而生」的這個道理，我們很容易理解為什麼坎離可以為人生立命之根。經云：善言天者，必應於人。反過來，善言人者，亦必應於社會。這不禁使我們聯想到，二千年的封建社會代代相傳，帝王皆立長而不立中，這其實是非常錯誤的。

少陰這個名包含了水火兩方面的含義。以上我們從水火、陰陽、男女、乾坤等四個方面來談了這個問題。其實，我們翻開《周易》就會很清楚。《周易》是一個什麼結構呢？它是以乾坤為首，所以，它的第一卦是乾，第二卦是坤。那易以什麼作結尾呢？易之結尾有兩個，一個是上經的結尾，一個是下經的結尾。上經以坎離結尾。下經呢？還是這個坎離。只不過它是放在既濟、未濟裏。所以，我們從整個《周易》的結構就可以看出，它是以乾坤為首，以坎離為尾，以

乾坤為體，以坎離為用的。因此，雖為一少陰，其實已囊盡了乾坤、天地、陰陽、水火。

《易》以乾坤為首，以坎離為尾，這個結構很重要。所以，我們在討論六經病的時候，就應該清楚，雖然厥陰是最後一經，但是，六經病最重要的結局還是看少陰。看看這一關能否透得過，這一關透過了，那就不會有大問題。如果這一關透不過，那就很麻煩。因此，三陰篇我們應該花大力氣在少陰這一篇。

(4) 乾坤生六子

乾坤生六子，過去對這句話沒有很好重視，經過這次的仔細思考，才覺得它很重要。天地間的許多道理，其實就包括在這句話中。乾坤生六子，是六子而非一子，這就顯示出差別來。所以，孔子於《繫辭》言：「天地氤氳，萬物化醇。」我們看天地間的萬物，它的差別很大，植物界的差別很大，動物界更是千差萬別。那麼，由男女構精所生的六子呢？同樣的是千差萬別。我們看有的生兒當皇帝，有的生兒做乞丐，有的富可敵國，有的窮困潦倒。真應了杜甫的詩句：「朱門酒肉臭，路有凍死骨。」可見天地與人的相應、人與自然的相應，你只要留心了，那是隨處可見的。

◎《易》之為書也，廣大悉備

乾坤氤氳生六子，陰陽交合化五行。現在的中醫書往往陰陽五行並稱，但五行與陰陽究竟是一個什麼關係呢？卻常常道不明白。通過上面的討論，我們應該清楚，五行講到最後還是要在陰陽裏面尋求，如此方能在理上立住腳。

乾坤生六子，居正位，但到了後天，到了啟用的時候，乾坤到哪去了呢？退到四隅了。四隅與四正相較，當然是二線。孔子說：「易之為書也，廣大悉備。有天道焉，有人道焉，有地道焉。」我們看乾坤的退位，便知道這就是老子講

◎功成身退。

的「功成身退」。即如《老子‧九章》所云：「功遂身退，天之道也。」及《老子‧十章》所云：「生之，畜之，生而不有，為而不恃，長而不宰，是謂玄德。」天地的功勞大不大呢？當然很大！六子是它生，萬物是它生。可是六子一旦生出來，水火當家了，它馬上就退居二線。這樣的德，老子稱為「玄德」。這一點非常重要，天地為什麼會長久呢？就因為有這個玄德。故《老子‧七章》云：「天長地久，天地所以能長且久者，以其不自生，故能長生。」

歷史上有一個很著名的故事，漢高祖劉邦的兩個功臣，一個叫張良，一個叫韓信。張良是黃石公的得意弟子，是真正懂《易》的，所以，漢朝的江山一打下來，他就隱退了。而韓信呢？韓信不像張良。他功成而身不退，最後落得一個殺頭的下場。我們再看看很近的一些歷史，是不是這樣呢？全都是這樣。都說要以史為鑒，可是做起來卻不容易。每個人功成都不願意身退，都想居功，都想享受勝利的果實。做不到《老子》說的「生而不有，為而不恃，長而不宰」，結果呢？以其自生而不能長生。大都落得一個不如人意的下場。足見易的東西真是廣大悉備，裏面有自然科學，也有社會科學、人文科學。參透了《易》，做人的道理就都在裏面了。

2. 少陰經義

少陰經義包括手足少陰。足少陰於酉時起於湧泉穴。湧泉是少陰井穴，這是很奇特的一個地方。因為所有的井穴都位於趾（指）端，唯有少陰的井穴位於足底。湧泉這個名字，聽起來就知道少陰是主水的，泉水就從這裏湧出。足少陰從酉初由湧泉穴開始，至酉末行至胸前俞府穴止。手少陰午初起於腋下的極泉穴，午末終於手小指端之少沖穴。

3. 少陰藏義

(1) 心

手少陰心，前面説得很多，這裏補充一些大家容易忽略的問題。

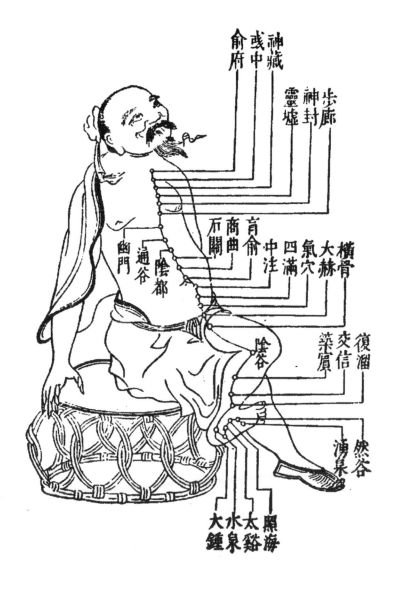

① 天下萬物生於有，有生於無

心與其他四藏有什麼區別呢？首先從造字上看，其他的藏和府都有一個「月肉」旁。這就意味著這些藏和府都是有形的，是「有」；而心呢？它沒有這個「月肉」旁，它是「無」。在道家的學問裏，有無是很重要的一對概念。《老子》云：「天下萬物生於有，有生於無。」「有」重不重要呢？我們的生活，我們的一切，都離不開這個「有」。可「有」卻是從「無」中來。所以，道家的思想很注重無為。故云：道常無為而無不為。

無為的思想很可貴，很有用場。用來做學問，用來為人處世，乃至於用來治國平天下都十分重要。如果真能夠處於這樣的境界，那確實是可以無所不為的。只可惜現在的人都做不到這一點，個人做不到這一點，國家也做不到這一點。都想「無所不為」，可是卻做不到「無為」。自己在某方面稍稍「長」一點，就拼命地想「宰」之。不能像《老子》說的那樣「長而不宰」。像現在的美國，科技發達一些，軍事強大一些，就到處派兵，到處動武，到處想「宰」之。殊不知「兵者，不祥之器也」，「大軍之後，必有凶年」。靠軍事強大，靠四處動武，就能征服天下，就能消滅恐怖？我看未必！到頭來還是「玩火者，必自焚」。所以，很希望美國的當權者們以及其他試圖用武力征服世界的人好好地學習一下《老子》的思想，打消這個用兵稱霸的念頭。兵霸是不能持久的，有這個稱霸的念頭，已然不能霸了。那麼，靠什麼才能真正地眾望所歸，天下趨之？只有靠道蒞天下，靠德化天下。這就是孔子所云：「為政以德，譬如北辰，居其所而眾星共之。」

◎奉勸用武者學學《老子》。

◎三位一體。

從五藏的造字可以看到，沒有「月肉」旁的心，反而是君主之官，反而是至高無上。透過這樣的安排，我們知道中醫的確有很濃厚的道家思想。以前討論醫的起源，認為是勞

動人民長期與疾病做鬥爭的過程中創造的，這種說法的政治色彩太濃，沒有實際意義。那麼，醫究竟源於哪裏？有說醫源於易，有說醫源於道，我想這些都有可能。從某種意義來說，醫、易、道是三位一體的。因為在《內經》裏，我們既可以看到很多易的東西，也可以看到很多道家的東西。最早給《素問》全面作注的是唐代的王冰，他的注到現在都有很大的權威性。而從他的注釋內容，看得出道家的韻味十分濃厚。更有趣者，王冰自號啟玄子，這是一個地道的道家稱謂。由此亦見醫道之水乳交融。

② 君主之官，神明出焉

《素問·至真要大論》的十九病機中，有五條是專門針對五藏的，其中心的一條是：「諸痛癢瘡，皆屬於心。」心的這條病機非常重要，它告訴我們，凡是痛、癢、瘡，都與心有關，都是由心的毛病所致。痛與癢總的來說是講一種感覺，一種覺受。感覺的問題很複雜，除痛癢之外，還有脹麻，還有酸楚，還有更多的心靈感受，但是，痛癢是最典型的，是最容易覺察到的感受。所以，岐伯把痛癢提出來，作為一個代表。而實際的情況不僅僅是痛癢屬於心，其他的覺受亦屬於心。

痛癢與心的這樣一個關係，使我們想到，痛癢以及其他的一切不好的覺受雖會給我們心身帶來諸多不適，諸多痛苦，甚至會使我們坐立不安。可是我們應該意識到，痛癢也不見得都是壞事。為什麼這麼說呢？因為身體有一點點毛病，四大有一些不調，你就痛癢了，你就不舒服了，你就能感覺出來。這說明心所主的這個神明不明？很明啊！說明這個君主是一個明君，它能明察秋毫。天下有一點點動靜，它都能察覺，身體有一點點異常，它都能反映出痛癢。矛盾及早暴露，及早解決，這就不至於釀成大禍。所以，痛癢是不

◎明察秋毫。

是好事呢？從這個角度來說，它又成了好事。反映了君主很神明，能夠神而明之。

大家想一想，如果情況不是上述這樣，身體有毛病了，甚至是有了很嚴重的毛病，你也不痛癢，你還毫無感覺，這樣好不好呢？這只能說明你的君主不明，是個昏君。心是主痛癢的，應該痛癢的你不痛癢，不是昏君是什麼？就像巴基斯坦的前總理謝里夫一樣，政變變到頭上來了，他還蒙在鼓裏。這樣的君能算明君嗎？如果是明君，你稍微有點動作，他就發覺了，就把你搞定了，怎麼還輪得到你搞政變。

現在許多疾病的情況就是這樣，這些疾病在被檢查出來前，往往沒有什麼大的感覺，既不痛也不癢。可是一檢查出來，就已經是晚期癌症或者尿毒癥。為什麼這樣嚴重的疾病卻感覺不出來呢？因為你遇上昏君了。你的君主不明，不能明察秋毫。其結果呢？那當然就像《素問·靈蘭秘典論》所說的：「主不明則十二官危，使道閉塞而不通，形乃大傷，以此養生則殃，以為天下者，其宗大危，戒之戒之！」

心主神明，神若明，則無所不見，無所不察。而我們在太陰篇所講的「諫議之官」才能真正地發揮作用。如此方能如《素問·靈蘭秘典論》所云：「主明則下安，以此養生則壽，歿世不殆，以為天下則大昌。」為什麼呢？因為你稍有變化，機體就察覺了，就能做出相應的處理。我們機體每天都面臨著細胞的異常分化，可為什麼它不形成腫瘤呢？因為它一異化，就被發覺，機體就做出調整和處理。其他的一切疾病亦是如此，只要我們的「主」明，就能及早發現，就不至於使其形成大患。

◎中醫的大課題。　大家看一看：「君主之官，神明出焉。」「諸痛癢瘡，皆屬於心。」這樣一些問題是不是很重要呢？確實很重要。如果對這個問題認識清楚了，並逐步地加以解決。那機體很多

的大毛病，尤其是像腫瘤這一類毛病，就可以得到杜絕。因此，中醫裏面不是沒有課題，而是看你深入了沒有，聯繫了沒有。

③ 疼痛

上面我們談了痛與心的內在關係，並就這一關係作了引申。其實，我們只要從文字上多加留意，從平時的用詞上多加留意，這樣的關係亦顯而易見。

比如跟痛常常連用的詞是什麼呢？是心痛，是痛心，是痛苦。前兩詞很明顯地指出了痛與心的關係。後一個詞的含義，實際也差不多。以苦為南方味，為心味也。這就告訴我們，對於平常百姓的一些說法，對一些很平常的詞語，我們不能輕視了。這裏面往往含有很深的醫理和哲理。我們看《周易》和《老子》、《孔子》這些書，大多數是很普通、很平常的話。但是，從這些平常裏卻能見到非常深的道理。這就是大師們的所作，這就是聖人的所作！

另外一個常常與痛連用的詞是什麼呢？是疼。對這個司空見慣的詞，不知大家思考過沒有。為什麼疼痛往往連用？為什麼疼也叫痛，痛也叫疼呢？疼的聲符用的是「冬」，冬氣為寒。疼痛與寒有什麼關聯呢？《素問》裏有一篇專門討論疼痛的文章，叫「舉痛論」。這一篇裏舉了十多個疼痛的例子，所以，叫「舉痛」。而這十多個例子中，除一例外，都是講的寒氣致痛。另外，《素問·痹論》亦云：「痛者，寒氣多也，有寒故痛也。」說明《素問》對痛的認識是很清楚的，就是「有寒故痛也」。由此我們就知道，痛為什麼以疼言？以疼言者，即言其寒也。

此外，痛的造字亦很值得研究。痛的聲符是「甬」，「甬」是什麼意思呢？甬者，道路也。現在在「疒」旁裏面加一個「甬」，說明道路有問題了。道路有什麼問題呢？道路是用來

◎疼痛的機理。

行走的，用來交通的。現在道路有問題，當然是不通了。不通了就痛。這與中醫常講的「痛則不通，不通則痛」如出一轍。所以，痛這個文字，以及疼痛這個詞，實際上已完完全全地將痛的原因及機理告訴你了。只是你不明白，還要去「身」外求法。

疼痛是眾多疾病的共同表現，也是疾病給人帶來的最大一個問題。許多疾病，尤其像晚期癌症這一類疾病，由於疼痛太劇烈，很多病人甚至想用安樂死來結束自己的生命。這說明止痛確實是醫界很重要的一個任務，也是很迫切的一個任務。我想，我們上述所討論的內容，應該有助於這個問題的解決。心的問題就談到這裏。

（2）腎

① 上善若水

有關腎這個「道」，我們仍然先從文字開始。腎的造字，古字上為「臤」，下為「月」。「臤」是什麼意思呢？「臤」古作「賢」，賢者，善也。月的意思前面多處都作過討論，它是水月相合，它是水之精氣。故言月者，亦言水也。所以，腎的造字上下合起來，就正好印證了《老子》的一句話：「上善若水。」善在上，水在下，老子的精神盡在其中。

② 腎者，作強之官，伎巧出焉

◎ 強哉矯！

《素問·靈蘭秘典論》云：「腎者，作強之官，伎巧出焉。」對腎這一官，我思考了很多年，直到近年才覺得對這個問題逐漸清晰起來。要弄清這一官的作用，還是先得從文字著手。首先是「作強」，「作」的意思應該比較清楚，就是作為、作用。這裏關鍵是「強」的意義。「強」是什麼？強在這裏有兩層意義。第一層是本義，即米蟲也。如《玉篇》云：「米中蠹。」又如《爾雅·釋蟲》云：「強，蟲名也。」所以，

強的第一層本義就是指的米中的蠹蟲。米中的蠹應該大家都見過，它像人體的什麼器官呢？就像男性的生殖器。這個東西就叫「強」。為什麼呢？因為腎主二陰。從這第一層的含義，已經很清楚地將腎與外陰，與生殖器聯繫起來了。既然腎為作強之官，那當然就與生殖相關。大家想一想，在天下的諸多伎巧中，還有什麼是比生殖繁衍更大的伎巧？這樣一個大伎巧又謂之造化，故王冰釋云：「造化形容，故云伎巧。」

◎造化者，伎巧也。

第二層是引申義，就是堅強，剛強，強硬之義。我們看人身的哪一部分具有這樣的性質呢？只有骨頭！人身中最剛強、最堅硬的東西，最能勝任強力、重力的東西，非骨莫屬。所以，強的含義，第一是生殖器，第二是骨。而腎主骨，腎主外陰。因此，腎為作強之官，是再合適不過的。腎主水，水是至柔的，為什麼它反而能作強？這個道理十分深邃。我們看《老子‧四十三章》云：「天下之至柔，馳騁天下之至堅。」《老子‧七十八章》云：「天下柔弱莫過於水，而攻堅強者莫之能勝，以其無以易之。弱之勝強，柔之勝剛，天下莫不知，莫能行。」

腎主水，又主骨。水與骨好像風馬牛不相及，可是在人身上它們卻扯到一起了。所以，人身中至柔和至堅的，實際都聚集在腎裏。又至柔，又至剛，剛柔結合在一起了，你說能不生伎巧嗎？因此，在腎這一官裏，真正體現了《老子》「天下之至柔，馳騁天下之至堅」的理念。誰說醫道不同源呢？醫道確實同源。

伎巧說深了，就是人的生殖繁衍能力，是人的造化功能。說淺一些，則為技藝、工巧一類。說深的能不能離開剛柔？我們生殖器的功能就最好地體現了這個剛柔。說淺的，技藝、工巧能離開剛柔嗎？同樣需要剛柔的結合。所以，將

整個腎的功能特徵作一個歸納，就是這個「作強之官，伎巧出焉」。

③腎者、主蟄，封藏之本，精之處也

接下來，是《素問·六節藏象論》所説：「腎者，主蟄，封藏之本，精之處也。」腎主蟄，蟄是什麼呢？蟄就是封藏。封藏什麼東西呢？前面我們講過，就是封藏陽氣。結合前面談到的坎水，對腎的封藏含義就會更加清楚。腎為水藏，為坎藏。坎像是什麼呢？就是兩陰之中包含一個陽。所以，兩陰之間封藏的一個東西，就是陽。那麼，「精之處」呢？精實際就是指的陽的封藏狀態。陽封藏的那個地方就是精所處的地方。所以，將「封藏之本」與「精之處」聯起來講，這個精的含義就更為清楚。

◎激素的效用是以什麼為代價的。

現在我們國內的醫生都很喜歡用激素，這裏有必要説一説。激素的作用確實不可思議，它對很多的疾病有效果。像腎炎的病人一用激素，腫也消了，蛋白尿也消了；哮喘發作的病人一用激素，哮喘很快就能止住；有的高熱病人用什麼都不退燒，可是一上激素，燒就嘩啦啦地退下來。20世紀50年代的諾貝爾醫學獎，就是因為發現激素的諸多臨床效用而獲得的。激素為什麼有這樣顯著的作用？從中醫的角度我們如何來思考這個問題呢？

結合我們這裏講的內容，就應該知道，激素的作用點是在腎裏，它主要是將腎所封藏的陽氣釋放出來。腎中所封藏的陽氣就是精啊！這可是了不得的東西，它就像原子彈。原子彈的能量你說大不大？所以，它可以幹很多的事，可以對很多的疾病有「奇效」。但是，大家應該清楚，腎所封藏的這個陽、這個精是用來溫養生氣的，是用以養命的。你現在把它動用出來，派作別的用場，一時的療效雖然神奇，可是用多之後，封藏的陽氣少了，精少了。隨之而來的是，生氣的

來源少了，養命的東西少了。所以，激素用多了，它所帶來的結果是可想而知的。目前整個西方對濫用激素的危害十分清楚，因此，對激素的使用是慎之又慎，非到萬不得已是絕不上激素的。可是現在國內的醫生，尤其是基層的醫生，對激素的運用還正在勁頭上，普通一個感冒發熱都要上激素，更不要說其他了。庸醫殺人不用刀，非但中醫如是，西醫亦如是。

激素的作用點在腎，濫用激素必傷腎。傷腎的什麼呢？顯然是傷腎的主蟄，傷腎的封藏。主蟄不行了，封藏不行了，哪還有「精之處」呢？所以，補救的方法就是要在腎上下功夫。然而與其補救，不如防患於未然。這是醫界應該共同呼籲的問題。

④ 諸寒收引，皆屬於腎

上面我們主要談了腎的正常生理功能，下面接著談病機。腎的病機是：「諸寒收引，皆屬於腎。」前面我們說過，疼痛的主因是寒。這裏講諸寒皆屬於腎，此為其一。其二，前面談到疼痛更直接的因素是「不通」。為什麼會「不通」呢？因為收引了。經脈收引了，血脈收引了，變小了，就容易造成不通。而這裏講收引也是屬腎。這就給大家一個更明確、更清晰的思路。

疼痛與什麼有關係呢？與腎有很密切的關係！也可以說它的因在腎，果在心。從少陰的討論，我們就把疼痛的因果看得很明白了。這又是一個意義深遠的大課題，而這個課題完全可以結合現代的問題來下手。疼痛究竟是應該治因還是治果呢？要想徹底治癒它，當然要因果兩治。但是，有的情況因一時難以袪除，或者難以一時確定，那麼，就只好在果上下功夫。因此，鎮痛，特別是強力鎮痛就恐怕要把重點放在心上。這是腎的問題。

◎疼痛的因果。

　　前面我們講「諸痛癢瘡，皆屬於心」的時候，曾經講到心的作用確實就像《素問‧靈蘭秘典論》所說的一樣，非常的重要。機體發生了疾病，已經出現功能異常了，這個時候機體應該及早地發現它，並予以及時地調整與清除。這是人體一個很自然的過程。事實上，很多疾病，像感冒、腹瀉等，為什麼具有自癒性呢？就是上述這個緣故。

◎機體本身才是真正的高手。

　　人有了疾病，首先是要把它感受出來。這就要產生一些表現，一些證候。這其實就是一個識別過程。識別出來以後，再進行自我調整，能夠調整過來，這個疾病就好了，就不治而癒。實際上，是不是不治呢？不是的！不治怎麼能癒。只是這個「治」不是他治，不是外治，而是自治。這個自治的機制仍然是通過調節陰陽來完成，還是「寒者熱之，熱者寒之」，還是「審其陰陽，以別柔剛，陽病治陰，陰病治陽，定其血氣，各守其鄉，血實宜決之，氣虛宜掣引之」。不光是我們治療疾病用這套方法，機體本身才真正是這方面的高手。你的火太過了，它會啟動水這個系統來「熱者寒之」，而你的火不足了，它會啟動另一個系統來「寒者熱之」。因此，機體內部實際有一個非常完善的系統來應對和解決這些問題。只有當系統的應對能力下降或出現障礙，以至不能自治，這個時候疾病才輪到我們外治、他治。而我們所採取的外治、他治，不過就是模仿機體的這套方法。中醫講「上工治未病」，什麼是「治未病」呢？我想其中的一個含義，就是不時地調節機體，幫助其恢復自治的能力。

　　人體的自治系統非常複雜，包括如何識別、如何應對、如何處理。而識別系統的主導，就是上面所講的心。在正常情況下，識別系統應該很靈敏，輕微的異常它都能夠發覺。只有當這個系統不行了，癱瘓了，機體出現異常的時候，它沒法識別出來，這就會釀成大患。

　　我在農村的時候，經常聽到農民説一句土話，土話的大概意思是，爛牆經得住風雨。在農村我們常可以看到一些失修的房屋，只剩下一堵破牆，在那裏經受日曬風吹雨淋，可是幾十年下來，這堵破牆還是那樣，還是紋絲不動地立在那裏。而有些好的房子，看上去牆很堅牢，可一受風雨就倒塌了。用上述的含義來比喻人，有的人經常毛病不斷，今天這不舒服，明天那不舒服，可是這樣的人卻不容易害大病，而且往往都比較長壽。而有的人平常一點毛病也沒有，可一害起病來就不是小病，甚至是要命的病。為什麼呢？我想就與這個識別系統的靈敏度有關。不是沒有疾病，而是你沒有識別出來、反映出來。所以，我們對平素很健康的人，就應該懂得區別他的真假。真健康當然好，要是假健康，那就很危險。因為你的識別系統出了問題，識別系統麻痺了，碰上昏君了，潛在的隱患沒有辦法揭露，你説危不危險呢？

　　從上面的討論，我想大家對《素問‧靈蘭秘典論》的重要性會有更充分的認識。大家現在接觸得更多的是社會，《素問‧靈蘭秘典論》實際上就是用社會觀去看待人體。人就是在君主之官的號令下，分工合作，各司其職。這一點很重要。我們講五行也好，講藏象也好，都是講這個各司其職。

　　少陰的藏義，我們重點談了心腎。可以説，心腎這對關係在人身再怎麼強調也不過分。腎心是什麼關係呢？用兩個字來形容，是水火，是陰陽，是男女，也是精神。我們天天都在用精神這個詞，可精神是什麼呢？實際上就是心腎。《素問‧六節藏象論》云：「心者，生之本，神之變也……腎者，主蟄，封藏之本，精之處也。」一個精之處，一個是神之變。一個主藏精，一個主藏神。這就是精神。所以，從一

個人的精神狀態，就完全可以看出心腎的狀態。當然也就可以看出水火、陰陽的狀態。心屬火、屬離；腎屬水、屬坎。正常情況下，水火要既濟，心腎要相交。心火下降的目的是溫暖腎水，也就是溫暖坎中之陽。腎水上升的目的是濟養心陰，也就是離中之陰。坎離相交，各得其所。

4. 少陰運氣義

下面討論第四個問題，就是少陰的運氣問題。少陰在運氣方面屬什麼呢？屬君火。君火以明，相火以位。君相的明和位在少陽篇中已經討論過，這裏不再重複。

剛才談心的時候，曾多次提到《素問·靈蘭秘典論》，論云：「主明則下安，主不明則十二官皆危。」所以，少陰很大程度上是在講主，由於主不明，而致十二官皆危。為什麼少陰這一篇有很多的危證出現，可見這一篇主要就是探討這個「主不明」的問題。

那麼，君主為什麼能明呢？它憑什麼明？我們在討論火的自然性用時曾經談到，火的一個很重要的性用就是明。能明物者，無非陽火。因此，君主要明，關鍵就是要陽火充足。為什麼心屬火而又主神明？為什麼「君火以明」？很顯然，就是要強調火與明的關係。所以，只有陽火用事，君主才能神明。現在為什麼主不明呢？很顯然就是陽火虛衰了。我們看少陰篇中的危證和死證，也就知道它無一不是由陽火虛衰引起的。

少陰病總體上可分為寒化證和熱化證。熱化證裏，危證、死證都沒有。危證和死證全都集中在寒化證裏。寒化證也就是陽火虛衰之證。從整個《傷寒論》來看，亦是如此。因熱化，也就是因陽火過盛而危而死者，所佔甚少，僅陽明

篇中有數條。而絕大多數之危證死證存於少陰、厥陰篇中，皆由陽火虛衰所致。由此便知，不管西醫診斷出是什麼疾病，心血管疾病也好，腫瘤也好，肺心病也好，最後導致險情出現甚至死亡的，其主要原因大都屬陽火不及。所以，從宏觀上看，不但是東漢末的建安年間，其死亡者傷寒十居其七，就是現在的死亡者中，傷寒亦占大多數，陽火虛衰亦占大多數。為什麼呢？因為陽火虛衰，則君主不明，主不明，則十二官皆危矣。

　　回過頭，我們再看十九病機。十九病機中，火熱病機占九條，而風、寒、濕病機僅各占一條。什麼道理呢？就是強調火熱與諸多疾病的關係。而這個關係並不是說火熱一定亢盛。有火熱會產生這些疾病，無火熱也會產生這些疾病；火熱盛會產生這些疾病，火熱虛也會產生這些疾病。有關這一點，岐伯在緊接十九病機後的一段文字中說得十分清楚。而後世的許多醫家，僅看到病機十九條，卻忽略了這段將病機落向實處的至關重要的文字。故爾認為天下疾病火熱盛者多，危證死證亦多屬陽火亢盛。只知陽火亢盛，熱盛能致神昏，卻全然不知陽火虛衰則君主不明，主不明則十二官皆危，更何況神昏之證。所以到了後世，對於危證險證醫家但知以三寶來救逆，卻不知四逆才是救逆的正法。

　　宋代竇材撰有一本《扁鵲心書》，這本書雖然多談灸刺，但是它的一個主幹思想卻非常值得我們借鑒。竇氏認為，人身的疾病陽證比較容易解決，為什麼呢？因為陽證易於發覺。陽火太過就像紙包火一樣，包得住嗎？包不住的。所以陽證它潛伏不了，能夠得到及時的治療。而陰證則不然，陰證易伏易藏，我們不易發覺它。所以，到最後能釀成大患，造成危證險證的，往往就是這個陰證。為什麼陰

◎陽證易躲，陰證難防。

證易伏藏而不易發覺呢？根本的原因就是陽火虛衰了，識別系統麻木了，對任何異常都反應不出來。一句話，就是主不明了。竇氏提出的這個思想，很值得我們結合現實來進行思考。

總的來說，君火在上，腎水在下。《老子》云：「貴以賤為本，高以下為基。」君火高高在上，貴為君主，可是它的基、它的本在哪裏呢？在下，在腎水。所以，君火與腎水又是這樣的一種關係。病至少陰，往往高高在上和低低在下的都不行了。沒有在下的這個基和本，在上的君主也就難以發揮作用。因此，疾病發展到少陰，就到了一個很棘手的階段。

二、少陰病提綱

少陰病提綱以原文281條之「少陰之為病，脈微細，但欲寐」為依據。為與病機相合，我們仍可將其改為：「諸脈微細，但欲寐，皆屬於少陰。」有關少陰病提綱，我們擬從三方面來討論。

1. 微妙在脈

由六經篇題皆云「辨某某病脈證並治」，可知仲景對脈是非常強調的。但是，具體地落實到六經提綱條文裏，卻並非皆有脈。如陽明提綱條文云：「陽明之為病，胃家實是也。」而未云：「陽明之為病，脈大，胃家實。」同樣，少陽之提綱條文云：「少陽之為病，口苦，咽乾，目眩。」而未云：「少陽之為病，脈弦細，口苦，咽乾，目眩。」可見六經雖皆重

脈，然直接將脈落實於提綱條文裏的，則僅有太陽少陰兩經。故知脈與太陽少陰具有特殊的意義。

脈的意義很微妙，正如《素問‧脈要精微論》所云：「微妙在脈，不可不察，察之有紀，從陰陽始。」所以，察脈關鍵的是看陰陽。前面我們講過，陽加於陰謂之脈。從物理學的角度看，心臟不停地搏動，致使血液在脈管裏流動，並形成脈壓差，這就有像潮水一樣起伏漲落的脈搏出現。血屬陰本靜，為什麼會在血管裏流動，並形成起伏的變化呢？這就是陽的作用。因此，我們將脈形容為陽加於陰，是十分恰當的。這樣一來，我們診脈其實就是察陰陽、察水火，從而也就是察心腎。心腎水火陰陽者，皆屬少陰。以少陰為心腎水火之藏。所以，脈與少陰的關係就很特別。而少陰與太陽又是標本、對待、表裏的關係，因此，在整個六經的提綱條文裏，就只有太陽少陰談到脈。

太陽少陰為表裏，太陽是在外一層談陰陽，談水火。太陽為什麼與寒水相連？就是要強調這個陰陽水火。火升則水升，火降則水降，這才有水的循環。而少陰呢？少陰則是在內一層講陰陽、講水火。在外的太陽言陰陽水火之用，在內的少陰言陰陽水火之體。因此，太陽與少陰實際上就是體與用的關係。病到了少陰，顯然體用都衰微了。用不行了，脈勢就顯得很微弱；體不足了，脈當然就細起來。因此，「脈微細」實際上講的是體用都不行了。

「脈微細」的情況在《傷寒論》中有兩處，一處在少陰篇裏（少陰篇不只一條），另一處在哪裏呢？就在太陽篇。太陽篇60條云：「下之後，復發汗，必振寒，脈微細。所以然者，以內外俱虛故也。」太陽篇的這一條講得非常形象，剛好將我們以上討論的內容作了一個總結。太陽病，經汗下之後，出現振寒，脈微細。為什麼會脈微細呢？以內外俱虛故

也。內則言少陰言體，外則言太陽言用。用虛則脈微，體虛則脈細。故一個「脈微細」，已然將水火、心腎、內外、體用的病變揭露無遺。你說這個脈微不微妙呢？

2. 但欲寐

(1) 人之寤寐

我們首先來看人的寤寐情況。人的睡眠和覺醒是什麼因素造成的呢？這在前面已經多次談到過。我們曾作過一個很形象的比喻，人的清醒與睡眠，就像白天的光明與夜晚的黑暗一樣。故《內經》云：「天有晝夜，人有起臥。」中醫理論的一大特色就是天人相應、天人合一。而這個「天有晝夜，人有起臥」，我想就是最大的相應、最大的合一。如果我們從天之晝夜及人之寤寐中，仍參不出這個合一，仍以為中醫這個理念是虛玄的，那就只好「道不同不相為謀」了。

◎睡眠之道。

既然天之晝夜即是人之寤寐，那當然人之寤寐就要與晝夜相應。現代幾乎大多數人不明這個道理，以為只要睡夠八小時就行了，而這個睡覺的時間並不重要。其實不然，天地白晝了，你醒了，你寤了，天地黑夜了，你睡了，你寐了，這個才叫相應，這個才叫合一。如果反過來，那就不是相應，不是合一了。相應、合一又叫得道，得什麼道呢？得天之道。得道多助。不相應、不合一又叫失道，失道寡助。因此要想養生保健，把握好寤寐的時間，其實就是很大的一個方面。

晝何以明呢？以日出地則明也。夜何以暗？以日入地則暗。由此亦知，人之寤寐也是因為這個日出地和日入地的關係。

日出地則明，於易卦則為晉。晉者上離下坤，離在坤上為晉（䷢）。離為火為日，坤為地。日火出地，陽光普照，何得不明？故《說文》云：「晉，進也，日出萬物進也。」《雜卦》云：「晉，晝也。」《彖》曰：「晉，進也。明出地上，順而麗乎大明。」

◎覺醒的易象表達。

日入地則暗，於易卦則為明夷（䷣）。明夷正好是晉的一個相反卦。把晉卦倒過來，變成坤上離下，就成為明夷。明是光明，夷呢？夷者傷也。明傷故晦。日出地上，其明乃光。此則為晉，為晝，亦為寤矣。至其入地，明則傷矣。此則為明夷，為夜，亦為寐也。

◎睡眠的易象表達。

《易·繫辭》曰：「古者包犧氏之王天下也，仰則觀象於天，俯則觀法於地。觀鳥獸之文，與地之宜。近取諸身，遠取諸物。於是始作八卦，以通神明之德，以類萬物之情。」晉與明夷二卦，遠則以類天地，以類晝夜；近則以類寤寐。遠類晝夜，經中已有明訓。近類寤寐呢？我們略觀雙目即能知曉。

雙目外覆眼瞼，上瞼屬脾，下瞼屬胃，合之共由脾胃所主。故其屬土也，屬地也，屬坤也。雙瞼打開，則目外露而能視物，此則為明也。《說卦》云：「離為目。」瞼開而目露，這與什麼相類呢？正與日出於地相類。日出於地為晉，而人之由寐至寤，所幹的第一件事是什麼呢？就是睜開雙目進入晉的狀態。可見晉之與寤確為一類。

日入地為明夷，亦為寐。我們睡眠的時候，首先需要的就是合上雙瞼，閉上雙目。讓雙目覆於瞼下，此非明夷為何？故寐之與明夷亦確為一類。

從人之寤寐，與易卦之晉與明夷，我們看到了醫易之間的關係是非常實在的。本來寤寐的過程好像很玄，可是透過易象，透過晉與明夷，就變得很直觀、很清楚。由此我

們會聯想到什麼呢？第一，睡眠的過程對於人的身心健康都非常重要，而從目前的情況看，處於不良睡眠狀態的人越來越多。西醫解決這個問題主要靠鎮靜安眠，這顯然不是一個很好的方法。而作為中醫，我們如何去解決這個問題呢？我想就要從晉與明夷去考慮。認識到睡眠就是由晉進入明夷，從而幫助實現明夷的狀態，就能夠很好地解決上述問題。

◎知易與不知易的差別。

　　明夷的狀態何以實現？就是要坤土上而離火下。所以，要實現明夷，無非就是解決這兩個問題。依照這樣一個思路，多年來以太陽篇半夏瀉心湯化裁治療失眠，取得了良好的效果。半夏瀉心湯在前面已經討論過，它主要針對痞證而設，多用於現代的腸胃病。這樣一個方子為什麼可以治療失眠呢？關鍵就在於它能夠幫助解決上述兩個問題。方中的主藥半夏功善開結，能夠打開上下交通的道路。上下的道路打開了，交通起來就比較方便。黃連、黃芩用於幫助離火的下降，人參、乾薑、炙甘草、大棗用於幫助坤土的上升。離火降於下，坤土升於上，明夷的格局便自然地形成，良好的睡眠狀態亦自然地形成。是不治寐而寐自治，不安神而神自安也。這便顯出知易與不知易的差別。

　　第二，研究易學確實不能脫離象。故古稱易乃象辭之學、象數之學、象占之學。理數象占，四者不可缺一。如果離開象，那易的辭理就很難落到實處。單就這個晉與明夷，我們也很難把它們說清楚。而一旦結合象，易理是很通透的，而醫理亦在象中得到很清楚地表露。

　　（2）日入地者，太陰也；日出地者，厥陰也

　　日入地靠什麼呢？從明夷卦可以看到，它靠太陰。太陰開，日才能入。從理論上至少可以這樣來看。當然，太陰開

的這個過程還需要陽明來配合。那麼，日出地靠什麼呢？這就要靠厥陰。而這個過程同樣需要太陽的配合。太陰與厥陰，一個開一個合。這個開合把握好了，晉與明夷便沒有問題。而這個開合靠什麼來把握呢？靠少陰樞來把握。所以，在少陰病的提綱條文裏，談「但欲寐」的問題，其含義是十分深刻的。

◎三陰的開合樞關係可參看111頁的內容。

　　但欲寐是什麼意思呢？但是只的意思，僅的意思；欲是想；寐是睡覺。合起來，就是一天到晚想睡覺。但欲寐，大家想一想，實際上能不能寐呢？不能寐！所以，但欲寐的實際情況是，一天到晚都想睡，可是卻不能入寐。不能寐，就應該是寤的狀態、覺醒的狀態，可是因為他昏昏欲寐，卻又不能很好的寤。因此，但欲寐，實際上是寐也不能，寤也不能，寐寤皆不能。若以易卦言之，則是明夷與晉皆不能。為什麼不能？就是調節上述開合、調節太厥二陰的少陰樞出了問題。因此，在少陰病的提綱條文裏討論「但欲寐」，就正好反映了少陰主樞的特性。

　　另者，寤寐的問題亦可以從心腎的角度來談。寤是一個什麼狀態呢？是陽氣開放，日出於地的狀態，因此，這個狀態應該是心所主。寐呢？寐是陽氣收藏日入於地的狀態，因此，這個狀態理應由腎來主。所以，寤寐的問題無非又是一個心腎的問題。現在病人出現「但欲寐」，很想睡但又不能睡，寤寐皆不能，精神萎靡不振。這樣的狀態標誌著心腎都不行了，心腎都有虛衰的趨勢。如果在疾病的過程中，突然出現「但欲寐」及前面所講的「脈微細」，這就是疾病轉入危重的一個信號。所以，少陰病的這兩個提綱證，於少陰病的危重性而言，是很具代表性的。

3. 少陰病形

少陰病281條的提綱非常簡單，也許大家還有不理解的地方，所以，仲景在接下來的282條補充云：「少陰病，欲吐不吐，心煩，但欲寐。五六日自利而渴者，屬少陰也。虛故引水自救，若小便色白者，少陰病形悉俱。小便白者，以下焦虛有寒，不能制水，故令色白也。」以下僅就本條所論，對提綱條文作兩點補充。

(1) 但欲寐而心煩

對於282條的內容，我們只要稍加留意，就能發現一個問題。在《傷寒論》中，心煩一證總是跟什麼聯繫在一起呢？總是跟不眠連在一起。如61條：「晝日煩躁不得眠」；71條：「胃中乾，煩躁不得眠」；76條：「虛煩不得眠」；303條：「心中煩，不得臥」；319條：「心煩不得眠者」；等等。心煩為什麼老是跟失眠連在一起呢？這說明兩者之間是很有關聯的。兩者之間甚至有一個因果的關係。而在少陰篇的282條裏，卻一反常規，心煩反而與「但欲寐」連在一起。為什麼呢？我想這樣一個反常必定有它反常的原因。這就有必要對煩及其與但欲寐的關係作一番討論。

① 何為煩

煩是什麼東西呢？煩是心不能定靜，是一種內心的感覺，所以，往往稱為心煩。心煩是內在的不靜，外在並不表現出什麼。而一旦內在的不靜及於外在，外在亦不靜，這種情況就稱為煩躁。

煩是心神的不安定，是心神的擾亂。為什麼會煩呢？從造字來看，煩的形符是「火」，右邊是「頁」。頁是什麼意思呢？首也，頭也。所以，《說文》將煩釋為「熱頭痛」。為什

麼呢？因為煩就是火加在頭上。因此，煩的造字及《說文》
的釋義是很直觀的。當然，在這裏我們不一定將煩作熱頭痛
講，可是它必定與煩的這樣一個結構有關聯。因為頁為頭為
上，所以，煩就必定與火在上、火浮於上的因素有關聯。火
在上為煩，在易卦中哪些是火在上的卦呢？我們剛剛討論過
的晉就是一個火在上的卦。晉為寤，明夷為寐，故晉亦不寐
也。為什麼煩總與不眠相連呢？從煩之造字及易之晉象便十
分清楚了。

② 歸根曰靜

火浮越在上則容易起煩，所以，火要歸根。為什麼中醫
要強調心腎相交呢？心腎相交的目的是什麼？就是要腎水來
濟心火，心火不浮越在上，火便歸根了。這是一個方面。而
從我們上面討論的明夷卦可知，要使火不浮越，要使火歸
根，太陰脾土的作用同樣是十分重要的。火浮越則煩，火不
浮越，火歸根了則不煩，不煩曰靜。由此煩靜，我們又一次
見到了水土合德的意義。

《老子・十六章》云：「夫物芸芸，各復歸其根。歸根曰
靜，靜曰覆命，覆命曰常，知常曰明。不知常，妄作凶。」
所以，歸根是很重要的，靜是很重要的。考察我們人類，芸
芸眾生，怎麼才叫歸根？怎麼才叫覆命？歸根曰靜。以一天
的24小時而言，什麼時候是靜呢？當然是睡眠的時候。所
以，人的睡眠其實就是一種歸根、一種靜，而靜了則能覆
命。因此，我們每天都有一次覆命的機會。否則，我們的生
命怎麼延續呢？對這樣一個覆命的機會，大家都應該很好地
把握。

2000年11月8號的《參考消息》，有一篇題為「睡眠不足
壽命短」的文章。其文曰「最新研究顯示，睡眠不足對健康
的威脅與不良飲食習慣和缺乏鍛煉對健康的威脅一樣嚴重。

◎歸根曰靜，靜
曰覆命。

睡眠不足，或者在正確的睡眠時間沒有得到充分睡眠，都可能嚴重危害你的健康」。該文以猴子為例，在很多正常的睡眠時間裏不讓它們睡覺，結果猴子的健康狀況急劇惡化，並很快死去。當然，上述研究對中醫而言，並沒有什麼新處。我們在前面談陰陽的工作機制時就知道，睡眠實際上是讓人體陽氣得到收藏、得到蓄養的過程。睡眠雖不像吃飯那樣直接地給機體補充給養，但相比之下，也許它比吃飯更重要。吃飯要是吃得快一點的，幾分鐘就解決了，可是睡眠卻不能在幾分鐘裏解決，它必須有充足的時間。

如上所言，人的睡眠實際上就是一種覆命，恢復生命的活力。因此，沒有這個覆命不行，生命就難以延續。為什麼「睡眠不足壽命短」呢？原因就在這裏。這一點，中醫這樣認為，現代醫學亦這樣認為。由於睡眠的時候，陽氣收藏了，到陰分去了，到根上去了。因此，睡眠實際就是陽歸根的過程。提高睡眠的質量，也就是提高歸根的質量。歸根好，覆命自然就好。如此不但生命的質量會提高，壽命也會延長。《內經》云：「陽氣者，靜則神藏，躁則消亡。」因此，覆命的過程也就是神藏的過程。道云：覆命曰常，知常曰明。而醫云：神藏則主明，主明則下安，以此養生則壽。故知道者醫者，其揆一也。

③ 睡眠為大歸根，吸納為小歸根

睡眠是歸根，而且是大歸根。有大就有小，什麼是小歸根呢？就是呼吸過程中的吸納。呼吸是一個非常玄妙的過程，而這個過程說到底就是一個陰陽。呼吸是我們活著的每個人每時每刻都在進行的大事，當年阿難尊者請教世尊釋迦牟尼，生死是一個什麼概念呢？世尊回答：生死是呼吸間的事。故若能將這樣一個生死大事置於陰陽中來討論，我想對於陰陽的把握也就真正落到了實處。

　　我們說呼吸的過程就是陰陽的過程，其中呼出這個過程為陽，而吸納這個過程為陰。陰屬體，陽屬用。如果我們吸納得很深，則呼出就必定很長，反過來，要是有很長的呼出，那就必須要很深的吸入。這便很好地體現了陰陽體用相生的關係，也很好地體現了「陽生陰長，陽殺陰藏」的這樣一個主導過程。呼出為陽，陽者言釋放也，言功用也；吸納為陰，陰者言收藏也，蓄積也。練過武功的人就應該很清楚，我們發大力往往是在什麼時候呢？都是在呼出的時候，而在吸納的時候是發不出大力的。可是在發大力前，往往都需一口很深的吸納。即便不練武功，就是我們平常使大勁，也都是這樣的情況。因此，以呼吸言陰陽，言體用是非常深刻的。

　　道家與瑜伽的修煉都非常講究呼吸，如《莊子》中就專門提出一個「踵息」的概念。踵就是腳跟，是人體最下的地方，所以，踵息實際上就是指的很深的呼吸。而這樣很深長的呼吸，道家又有一個術語，叫「息息歸根」。這個功夫做好了，基礎也就打牢了，腳跟也就站穩了。因此，道家的築基，主要就是鍛煉這個呼吸。鍛煉呼吸還有什麼好處呢？因為鍛煉呼吸就要「息息歸根」，所以，鍛煉呼吸其實也就是鍛煉歸根。而「歸根曰靜」，因此，這樣一個很深長的呼吸是很能夠幫助我們入靜的。大家可以思考一個相反的例子，在你跑動的時候，在你躁擾的時候，在你煩亂的時候，這個時候的呼吸深不深長呢？這個時候的呼吸絕對不深長，都很淺表。從這個事例，你也就知道深呼吸是很有助於安靜的。如果晚上不能很好睡眠的人，在睡前不妨試著雙腿相盤，做一會兒深呼吸，做一會兒歸根的鍛煉，這會很有益於你的入睡。　　◎ 不妨試試。

　　深呼吸看上去是歸根，是靜，是保這個體。可是體厚則必定用強，所以，靜之後就有覆命。覆命是什麼呢？覆命其

實就是講用的過程。因此，深呼吸不但是練體，連用也得到增強。是體用雙修，陰陽雙修的一個好方法。古云：大道不繁。做一個深呼吸繁不繁呢？當然不繁？可是在這不繁之中卻有大道存焉。奉勸諸君，切莫小視之！

◎生死是呼吸間的事。

在民間，對人的壽命還有另外一個很形象的稱呼，就是「氣數」。如果說你的氣數未盡，那說明你還可以活上一段時間。如果是氣數已盡了，那就意味著壽命即將終結。氣數是什麼呢？其實很簡單，就是講的人呼吸的次數。一個人一生中的呼吸次數有一個相對的量，當然每個人的相對量是不同的，而這個相對量就構成了「氣數」這個概念。這有點像一個電器開關，我們到五金公司買一個電器開關，在開關的說明書裏，它會告訴你這個開關可以正常使用的開關次數，比如說是三萬次。那麼，在三萬次的使用期限內，如果開關壞了，那廠家會負責保修。如果超過了三萬次，那開關的使用壽限就到期了，這時若再發生故障，廠家就沒有責任了。通過上述事例，我們現在來做一道算術題，我們把人的平均壽命定為七十二歲。若將人的正常呼吸數，按每分鐘十五次計算，那麼，每天的呼吸次數為二萬一千六百次，一年若按三百六十天計算，則每年的呼吸次數為七百七十七萬六千次。將這個年呼吸數再乘以七十二，就得到五億五千九百八十七萬兩千次。這就是人一輩子的平均呼吸次數，就是一個人的氣數。

◎鼻息法門。

既然人的氣數是這樣一個概念，它有一個相對一定的範圍，那這裏就大有文章可做了。試想我們若將單位時間裏的呼吸次數增加一倍，也就是三十次。那我們上述氣數的使用期限就縮短到了三十六年。為什麼從事劇烈體育運動，比如足球運動的運動員，其壽命普遍低於人均壽命呢？原因就在這裏。而反過來，我們若能像《莊子》講的那樣，息息都歸

根，將這個呼吸的次數降到每分鐘七次八次，甚至更少，那上述氣數的使用期限不就大大地延長了嗎。儘管不會成倍地延長，可是在一定程度上延長壽命卻是毫無疑問的。要不然，道家何以敢言「我命在我不在天」呢？

踵息為小歸根，歸根曰靜，靜則不煩也。不煩則得寐得眠。能寐能眠又為大歸根，大歸根則得大靜，靜曰覆命。故此一過程，實為小靜引大靜也。誠如佛祖所云，生死乃呼吸間之事。既然生死是呼吸間的事，那麼，把握生死何以不從呼吸開始呢？諺云：「君若識得呼吸事，生死海中任遊行。」信不誣也。

④ 煩則不當欲寐

上面我們講到，煩就是火不歸根，就是火氣上浮。而火氣浮越了，煩了，就應該「不寐」，而不是「欲寐」。所以，前面講的絕大多數條文，都是把煩與不眠連在一起。煩為因，不眠為果。而在這裏，心煩卻與「但欲寐」連在一起，説明這是很反常的現象，不是一般的毛病。這個「心煩，但欲寐」既不是一般的困倦，亦不是一般的失眠。以心煩者，真陽亡失而上越也；但欲寐者，心火虛衰，神明昏暗也。故而它是心腎將衰的一個信號，是少陰病很重要的一個特點。用這個特點，就可以將它與上述的一般情況區別開來。

(2) 渴而小便色白

《傷寒論》中有許多討論渴的條文，在我們以往的印象中，渴多是傷津了，什麼傷津呢？當然是熱傷津。所以，連帶地就會出現小便黃，小便短赤。可是在上述的282條裏，口渴卻不是小便黃，而是小便色白。也就是又口渴小便又清長。為什麼呢？「以下焦虛有寒，不能制水，故令色白也。」所以，這也是一個反常的現象，也是少陰病的一個特色。

現在讓我們回過頭來看前面的幾篇，太陽篇裏有沒有講口渴的？有。五苓散證就是講口渴。如71條云：「若脈浮，小便不利，微熱消渴者，五苓散主之。」所以，太陽病的口渴兼小便不利，兼脈浮。陽明有沒有渴？更有渴。白虎湯證、白虎加人參湯證就有口渴。而且這個渴很厲害，要飲水數升，小便也一定短黃。少陽病裏也有口渴，一個是小柴胡湯的加減裏有治口渴的；另外，就是147條的柴胡桂枝乾薑湯證也有口渴，這個口渴也兼有小便不利。以上三陽病都有口渴，但各有各的兼證，各有各的機理。到了三陰病，情況就不同了。所以，到太陰篇的時候就專門有一條條文談到這個問題，如277條云：「自利不渴者，屬太陰。」而到少陰病又開始講口渴，故282條云：「五六日自利而渴者，屬少陰也。」這就明確地與太陰病的自利區分開來了。到了厥陰病，口渴更是成了它提綱條文的首證。因此，綜觀六經，只有太陰這一篇沒有口渴，唯其不渴，這又成為太陰病的一個很大的特點。現在臨床上的很多醫生，見到口渴就是花粉、麥冬一類的養陰生津藥，這行不行呢？顯然不行！如果這個渴是在陽明，那用養陰生津還算對證。如果是少陰的渴，你也用養陰生津，那就死定了。這是我們從少陰口渴引出的一些問題，由這些問題，大家會不會有所感受呢？我想應該有所感受。少陰病提綱就討論到這裏。

三、少陰病時相

少陰病時相，即為少陰篇291條「少陰病欲解時，從子至寅上」所討論的內容。

　　子至寅就是子丑寅。一日之中，為晚上十一點至次日凌晨五點。一月之中，為初一到上弦的這七天半。一年之中，則為農曆十一月至次年一月。以下從兩方面來討論少陰病時相。

1. 子者復也

(1) 七日來復

　　三陰的欲解時與三陽的欲解時有一個很大的差別，在三陰中，每經欲解時的三個時辰有兩個互為相重。如太陰的亥子丑中，子丑與少陰相重；少陰的子丑寅中，丑寅與厥陰相重。故而在三陰欲解時的討論中，開首的這一時就顯得特別的重要。如太陰之於亥，少陰之於子，厥陰之於丑，皆具特別的意義。

　　子於十二消息卦正與復卦相應，復卦卦辭云：「復，亨。出入無疾，朋來無咎。反復其道，七日來復，利有攸往。」復者指的是陽氣來復，陽氣恢復之意。而這個陽氣的恢復需要七日的時間，故云：「反復其道，七日來復。」為什麼需要七日呢？我們只要將十二消息卦綜合起來看就能明白。

　　按照奇門遁甲的說法，十二消息卦共分陰陽二局。其中復、臨、泰、大壯、夬、乾這六卦為陽局，因為這六卦所處的過程是一個陽在增長的過程；而姤、遯、否、觀、剝、坤這六卦為陰局，因為這六卦所處的過程為陰不斷增長的過程。一個陽局走完之後就到了陰局，陰局由姤卦始，若按每卦一天算，走完整個陰局正好是六天。陰局完結之後，繼續往前走，就又重新回復到下一個陽局。陽局由復卦始，由陰局到下一個新的陽局正好需要七天，這便是復卦卦辭所言：

「反復其道，七日來復。」其實，不僅是陽復，亦即由姤至復需七日；陰復，亦即由復至姤，亦為七日。故七者，周而復始之數也。可見一周七日並非傳自西方，《周易》裏已經有這個周七之數。我們再回看六經傳變，按《素問·熱論》所云，「傷寒一日，太陽受之，二日陽明受之，三日少陽受之，四日太陰受之，五日少陰受之，六日厥陰受之。六日竟後，至七日又復太陽。」故傷寒六經的傳變，亦是七日來復。

（2）冬至一陽生

復卦所在的月份中有一個很重要的節氣，這個節氣就是冬至。復卦雖配十一月，但嚴格地說，必須要等到冬至節來臨的時候，復氣才正式啟動。所以，冬至的一陽，實際就是指的復卦的一陽。

◎至日的時候要閉關。

復卦的卦像是上坤下震，故曰地雷復。象曰：「雷在地中，復。先王以至日閉關，商旅不行。」至日就是指冬至日。冬至為什麼要閉關呢？因為這個時候正是一陽初生的時候，正是陽氣來復的時候，正是陽氣歸根的時候，正是陰陽轉換的時候。這個來復、這個轉換如果成功了，下一個週期的循環就能很順利地進行。如何保證上述過程能夠成功呢？閉關就是一個很好的方法。閉關也就是處靜。通過閉關，杜絕一切煩勞之事，讓機體在一個很安靜的環境裏進行上述的轉換、來復。其實，不但是冬至需要閉關，夏至也一樣地需要閉關。故《後漢書·魯恭傳》云：「易五月姤用事，先王施命令止四方行止者。」以五月乃夏至所居，姤卦啟動之時也。先王施命令止四方行止者，即是「先王以至日閉關，商旅不行」之意。反復其道，七日來復。故不但於冬至陰交陽時需閉關，於夏至陽交陰時，亦需閉關。於此陰陽交替之際，於此陰陽初生之時，皆需細心呵護。

子午於一年為十一月和五月，於一日則子午時也。故子時亦有一陽生，午時亦有一陰生。故子午之時亦需小閉關。午時怎麼閉關呢？小事休息，或靜坐，或小睡，皆為閉關之舉。由是亦知，中國人的午休習慣可以上溯至周代。目下有人遑論午休習慣無益於健康，是不知易者也。

(3) 欲解時要義

子居正北，為水之所在，為體之所在。陽用為什麼要歸根呢？就是要歸到這個體裏面。陽歸於體，方得休養生息。故子交復以後，陽即得來復，陽氣即進入慢慢增長的階段。少陰病為什麼要欲解於子丑寅呢？因少陰病系陽氣虛衰，陽不歸根，以此病遇子丑寅，則正值陽氣歸根來復，陽漸增息的過程，何得不癒？此為天道地道以助人道也。尤證「人稟天地之氣而生」非虛語。

少陰病很重要的一個方劑也是四逆湯，如太陰篇所述，其方以炙甘草為君，炙甘草氣味甘平，得土氣最全，故其象坤也。乾薑、附子辛溫辛熱，頗得雷氣，為臣使，其象震也。上君而下臣，上坤而下震，正好是地雷復。故知四逆湯一類，頗具復卦之象，這便與少陰病的欲解時很好地對應起來了。此亦方時相應也。

2. 欲解何以占三時

以上我們重點地討論了少陰病欲解時中的子，儘管子這一時對於少陰有非常特殊的意義，但我們還是應該注意到欲解時是由三時構成的這個問題。欲解時為什麼一定要由三時構成呢？這便引出了一個很重要的術數問題。

◎用三之道。

　　三是一個什麼數？它有什麼特性呢？《素問·生氣通天論》云：「其生五，其氣三。」《素問·六節藏象論》云：「五日謂之候，三候謂之氣。」故知三而成氣也。一年由四時組成，一時有幾個月呢？三個月。故知三而成時。易之經卦，由三爻組成，故知三而成卦。道有天道、地道、人道，三道俱乃為全，故知三而成道。《老子》云：「道生一，一生二，二生三，三生萬物。」故知三而成物。前云時方合一，時方統一。時遇三乃成，方亦然也。故亥子丑乃得北方，寅卯辰乃得東方，巳午未乃得南方，申酉戌乃得西方。是知三而成方。為什麼中醫的走向最終是由單方發展到復方呢？就是因為單味藥很難構成一個完整的方，需多味藥組合乃得構成全方。為什麼欲解時不是一個時，而一定要三個時呢？同樣是這個道理。以一時不成方，三時乃得成方。方成則氣全，氣全才有欲解之用。

　　另外，有關三這個數，還有很重要的一個內容，就是三而成合。五行配地支，除了正行相配，即寅卯木、巳午火、申酉金、亥子水、辰戌丑未土之外，還有三合相配。怎麼三合呢？即亥卯未合木，寅午戌合火，巳酉丑合金，申子辰合水。這便又成就了一個三而成合，三而成行。三合的概念非常重要，我們看五行的木火金水裏都分別含一個辰、戌、丑、未——辰、戌、丑、未是什麼呢？就是土！前面我們討論五行的時候，曾談到金木水火不因土不能成；我們討論脾不主時而旺於四季的時候，曾談到四時的交替沒有土就不能成功，為什麼呢？從這個三合裏應該看得很清楚。

　　三合的意義很多，比如我們臨床辨證辨出了水虛或火虛，可是這個水火卻補不進去。或者一補水，就有礙脾胃，一補火就口舌生瘡。為什麼呢？很可能的一個原因就是沒有把握好時機。如果我們在三合的時候補，比如在申子辰的時

候補水，在寅午戌的時候補火，以此類推，在亥卯未的時候補木，在巳酉丑的時候補金，我想沒有補不進的。少陰的時相問題就討論到這裏。

四、對AD病的思考

AD病也叫阿爾茨海默病，亦即我們現在習稱的老年性癡呆，或早老性癡呆。它的英文簡稱就是AD。

AD病為現代社會最常見的老年性中樞神經系統疾病之一，在北美及澳大利亞，65歲以上的患病率為6.6%–15.8%。過去認為，中國AD病的患病率遠不如西方高，但「九五」期間的一項攻關課題顯示，中國AD病的發病率與西方已經沒有什麼差別。該項調查顯示，北京市65歲以上老人的患病率為7.3%，且每隔5年的年齡段，AD病患病率增長約一倍。如70歲為5.3%，75歲為11.9%，80歲則為22%。據2000年11月6日的《健康報》報導，截至2000年，中國65歲以上人口按8,000萬計，則AD病患者已達500餘萬。

現代醫學認為，AD病是一種不可逆性的腦功能逐漸衰退性疾病。迄今為止，尚無任何有效的能夠治療和阻斷這一疾病的方法。所以，一旦患上這個疾病，那就只有等待其逐漸衰竭，直至死亡。21世紀，是中國真正走向現代化的世紀，同時也是老齡化的世紀。由於城鎮家庭都是獨生子女，所以，今後家庭必定會面臨兩個青年四個老人的格局。如果其中一個老人患上AD病，那這個家庭的境況就夠嗆。所以，這是一個日益嚴重的社會問題，也是迫切需要我們醫界同仁解決的問題。

◎對老年性疾病的另一個思考。這個問題可以跟266頁的論述相參看。

　　作為中醫，我們怎麼看這個AD病？AD病有沒有治好的可能？對這個問題我是比較樂觀的。其實AD病，我們如從六經的層面去思考它，它就是一個少陰病。AD病的早期是由記憶障礙開始的，並逐漸發展到神志障礙。記憶的問題我們前面曾經談到過，它實際就是心腎的問題。記為貯藏過程，這個過程與腎的主蟄、封藏相應，故記的過程係由腎所主；憶則為提取過程，這個過程與夏日之釋放相應，故憶的過程實由心所主。因此，記憶的障礙實際就是心腎的障礙，就是少陰的障礙。而神志的障礙則更與少陰心腎相關，以心藏神，腎藏志也。

　　少陰病的病機是：脈微細，但欲寐。寐的問題我們前面從寤寐的角度談，這只是一個方面。還有另一個方面即如《康熙》所言：「寐之言迷也，不明之意。」老年性癡呆是一個什麼狀況呢？實際上就是一個迷而不明的狀況。否則，怎麼會連親生兒女的名字也不知道，連居住了幾十年的家也記不住呢？既然老年性癡呆是一個地地道道的「寐」的狀態，那它當然就應該從少陰病去考慮。少陰病固然危重，但也還是有回轉之機，救逆之法。因此，從少陰的層面去論治AD病，應該大有文章可做。

第十章

厥陰病綱要

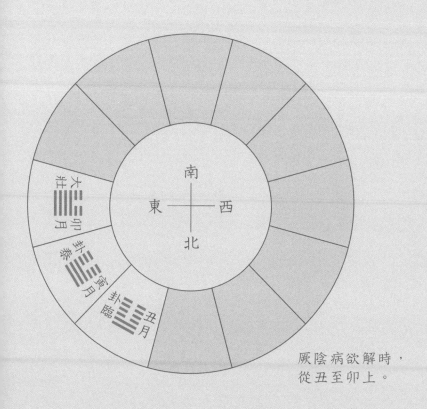

厥陰病欲解時，
從丑至卯上。

一、厥陰解義

1. 厥陰本義

厥陰是傷寒六經的最後一經，厥陰有什麼含義呢？我們先從本義上來看這個問題。

《素問·至真要大論》云：「帝曰：厥陰何也？岐伯曰：兩陰交盡也。」兩陰是什麼呢？兩陰指的是太陰和少陰。我們從《傷寒論》六經的排列，它把厥陰放在最後一經，放在太陰少陰之末，可知這就是一個「兩陰交盡」。這是從排列的次第來看厥陰的意義。此為其一。

其二，《素問·至真要大論》云：「兩陰交盡故曰幽。」前云兩陰交盡為厥陰，此云兩陰交盡故為幽，是知厥陰之為義者幽也。幽為何意？《正韻》曰：「幽囚也。」囚的意思大家很清楚，就是囚禁。厥陰曰幽，曰囚禁。囚禁什麼呢？前面我們講陰陽離合的時候曾經談過，厥陰為合。合什麼呢？就是合陰氣。把陰氣合起來，關閉起來，以便讓陽氣能夠很好地升發。故幽者，實為囚禁陰氣之意。此與陰陽之離合機制甚為相符。

其三，太少二陰以太少言，乃言其長幼、多寡也，厥陰言何？《玉篇》云：「厥短也。」《康熙》引《前漢書·諸侯王表》注云：「厥者頓也。」又頓者何？頓者止也。故知厥陰即短陰也，即止陰也。考厥陰乃陰盡陽生之經，乃陰止而陽息之時，故曰短陰，曰止陰者，皆相符合。又《靈樞·陰陽系日月》云：「亥十月，左足之厥陰。戌九月，右足之厥陰。此兩陰交盡，故曰厥陰。」戌亥為地支之盡，盡後遇子則陽氣來復，故曰厥陰也。此為厥陰之大義。

2. 厥陰經義

厥陰經即指手足厥陰經，手厥陰於戌初起乳後天池穴，戌末止中指中沖穴。足厥陰於丑初起拇趾大敦穴，於丑末止乳下期門。別支上走巔頂交百會穴。

對於六經的行止及大體分佈，是每個學習中醫的人都必須弄清的問題。我們講六經辨證，其實有很重要的一部分就是經絡分佈區域的辨證。巔頂頭痛為什麼說多屬厥陰呢？就與厥陰經的分佈相關。

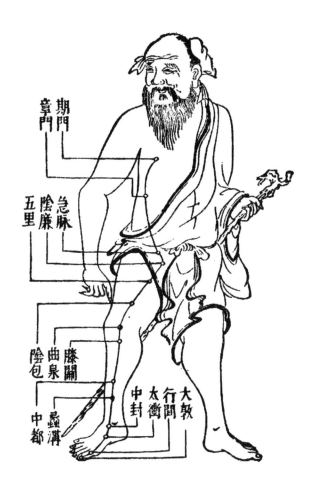

期門
章門
急脈
陰廉
五里
膝關
曲泉
陰包
蠡溝
中都
中封
行間
太衝
大敦

3. 厥陰藏義

（1）肝

　　前面我們討論了五藏的心脾肺腎，從這些討論中，我們應該深刻地感受到五藏的功能特性都與它們的造字相關。同樣，肝藏亦不例外。那麼，肝的造字與它的特性是一個什麼關係呢？肝用干，《說文》云：「干，犯也。」《爾雅釋言》曰：「干，捍也。」即捍衛也。《康熙》云：「干，盾也。」故《詩‧大雅》有「干戈戚揚」之句。

◎威用六極，平
定諸亂。

綜上諸義，犯者，捍衛者，盾者，干戈者，都與什麼相關呢？都與武力相關，都與戰爭相關。這便使我們很自然地想到了《素問・靈蘭秘典論》的「將軍之官，謀慮出焉」。既然是用武之事，既然是戰爭之事，那就要靠將軍來把握它。因此，肝的造字與其為官將軍的特性是非常切合的。

將軍要用武，要用戰爭來結束戰爭，要化干戈為玉帛，他靠的是什麼呢？靠的是威武、勇猛和謀慮。必須智勇雙全乃為將軍，若有勇無謀，則一介匹夫也。威武、勇猛所用者何？所用者陽氣也。謀慮所用者何？謀慮所用者陰氣也。故肝雖號稱剛藏，卻又體陰而用陽。由是亦知，將軍者，必以謀慮為體，以勇猛為用。

◎對「罷極」的兩
種不同的論述
（參看105-106
頁）。

過去我們曾經強調過，《素問・靈蘭秘典論》和《素問・六節藏象論》是很重要的兩論。前者從社會功能的角度來談藏府，後者從生理功能的角度談藏府。必須兩者結合，互為參用，才能對藏府的內涵有很透徹的理解。於《素問・靈蘭秘典論》中，肝為「將軍之官，謀慮出焉」，而於《素問・六節藏象論》中，則肝為「罷極之本，魂之居也」。罷極是什麼意思呢？罷者，休也，已也（見《玉篇》）。故《論語・子罕》曰：「欲罷不能。」極者，極至也，極端也。但凡武力、戰爭之事皆由爭端起，故極者，又為諸亂之源。是以罷極者，罷其爭端，罷其諸亂也。爭端已起，諸亂已發，何以罷之？則必以其人之道還治其人之身，必以戰爭結束戰爭。此則為將軍用武之道也。由此可見，「將軍之官」「罷極之本」實為異名同類爾。

極為諸亂之源，故古有六極窮極之謂。《康熙》云：「六極窮極惡事也。」《書・洪範》曰：「威用六極。六極，一曰凶短折，二曰疾，三曰憂，四曰貧，五曰惡，六曰弱。」少陰篇裏，我們曾談到人有一個複雜的自治系統，在這個系統

中，脾為諫議之官，擔負發現諸亂，並及時呈報於上；心為君主之官，則於所報之諸亂善識別之，或宜文治，或宜武功，皆由君主號令；肝為將軍之官，罷極之本者，則威用六極，平定諸亂也。因此，肝於人體健康自治中所能發揮的作用，甚宜結合現代醫學思考之。這裏面有非常值得研究的課題。

（2）心包

足厥陰為肝，手厥陰為心包。心包者，亦包心也。是包繞心君的一個結構，故古稱為「心主之宮城」。古人認為，心為君主之官，心不能受邪，心包代心受邪。所以，心包所擔負的，主要就是護衛心的作用。肝為將軍之官，其威用六極，平定諸亂，亦為護衛君主。由此亦見，手厥陰心包與足厥陰肝，在其作用方面的聯繫是非常密切的。

4. 厥陰運氣義

在運氣方面，厥陰在天為風，在地為木，故合稱厥陰風木。下面就從風木兩方面來討論厥陰的運氣問題。

（1）風義

① 風者天地之使

風是六氣中很特殊的一氣，這個特殊之處在於，風不僅生於東方，四面八方皆可生風。故諺稱八面來風。《靈樞》有一篇叫「九宮八風」，篇中即專門談到由八方來的八種風。即風從南方來，名曰大弱風；風從西南方來，名曰謀風；風從西方來，名曰剛風；風從西北方來，名曰折風；風從北方來，名曰大剛風；風從東北方來，名曰凶風；風從東方來，

◎抓住了風實際上就抓住了六氣。

名曰嬰兒風；風從東南方來，名曰弱風。風有四風，有八風，有十二風。我們可以說東風、西風、南風、北風、西南風、西北風，但卻未見有講東濕、西濕、南濕、北濕，亦未見講東寒、西寒、南寒、北寒者，這是風與其餘五氣的一個很大的不同之處。

風還有另外一個很特殊的地方，這就是《河圖》所云：「風者，天地之使也。」什麼叫天地之使呢？使就是使臣的意思。就像我們現在派駐各國的大使，大使起一個什麼作用呢？就是代表這個國家的作用。所以，風為天地之使，其實就是說風是天地的一個代表，天地之氣要發生什麼變化，都可以從風上反映出來。比如，天氣要轉寒了，它會首先出現什麼風呢？出現北風。所以，我們見北風一起，就知道天要變寒。而天要轉熱轉濕了，又會先出現什麼風呢？會出現南風。因此，我們一見南風，便知曉天要變熱變濕。天地之氣的變化雖然複雜，可是一旦我們把握住了這個風，便能夠知道天地變化的底細。故《周禮・春官保章氏》云：「以十有二風察天地之和命，乖別之妖祥。」

◎ 不但外感與六氣相關，內傷也與六氣相關。

《素問・至真要大論》曰：「帝曰：善。夫百病之生也，皆生於風寒暑濕燥火，以之化之變也。」在這裏《素問》向我們提出一個很重要的疾病觀，不是傷風感冒或者某幾個疾病與風寒暑濕燥火相關，而是百病，所有的病。外感與它相關，內傷同樣與它相關。不內外傷與它相不相關呢？還是相關。為什麼上一次傷食了卻沒事，而這一次卻吐瀉交作？為什麼前一次把腰扭了，稍一活動即沒事了，而這一次輕輕一扭就動彈不得？所以，我們應該很清楚，百病都與六氣相關，都與天地的變化相關。這就要求我們在診治疾病時，將這些相關的因素考慮進去。百病的產生都離不開風寒暑濕燥火，所以，《素問・至真要大論》在談到病機的時候，不是

「謹候氣宜，勿失病機」，就是「審察病機，勿失氣宜」。氣宜就是指的上面這六氣。怎麼樣謹候氣宜？怎麼樣勿失氣宜呢？抓住風就行了。抓住風實際上就抓住了六氣。因為風為天地之使，當然也就是六氣之使。為什麼《內經》反復強調「風為百病之長」、「風為百病之始」呢？就是因為百病皆生於六氣，而風為六氣之使的這樣一個緣故。

② 風何以生木

我們在《素問》的很多篇中，都可以看到「東方生風，風生木」，所以，儘管風為天地之使，六氣之使，儘管可以八面來風，但是，我們應該知道風的本位在哪裏呢？在東方。那麼，風何以生木？風與木是一個什麼關係呢？運氣為什麼要將風木扯在一起？這個問題不知大家思考過沒有。

我們首先從五行的角度作一個分類，看看這個世界上哪一類的東西屬木呢？《尚書·洪范》講「木曰曲直」，但是這個過於理論化。我們可以具體一點，凡是植物這一類的東西都可以叫木，都屬於木類。那麼，木類與風有什麼關係呢？有很大的關係。我們先來思考這樣一個問題，自然界的植物為什麼可以生滅相續？為什麼可以一直流傳下來而不滅絕？很重要的一個原因就是植物也具有繁殖的能力，也能夠生息繁衍。動物的繁殖我們都很清楚，它需要雌雄兩性的交配。在動物發情的時候，或者雄性動物會跑很遠的地方，去找雌性動物交配，或者雌性動物會跑很遠的地方，去與雄性動物交配。人類更是如此，男女雙方有時是千里姻緣來相會，相會為的是什麼呢？除了愛情之外，還有很重要的方面就是繁殖後代。人類便是依靠這樣的方式，得以生息繁衍。

那麼，植物呢？植物生在什麼地方就固定在什麼地方。它不能像人與其他動物一樣，可以去四處尋找自己的

◎ 植物靠什麼「氤氳」。

相愛。像現在有些人熱衷於跨國婚姻，從中國嫁去美國，這個姻緣就不只千里了，而是幾千里，甚至上萬里。可是植物卻只能定在那兒，分毫不能移動。那植物靠什麼去尋找它們的「相愛」，進而雌雄交配，以生息繁衍呢？就要靠這個風。風帶動植物的花粉，使植物的雌雄亦能「相聚」，亦能交配，從而繁衍生殖。因此，風便成為植物界生息繁衍的一個最最重要的因素。可以說，沒有它，植物就沒有辦法生息繁衍，木類的東西也就不可能流衍到現在。可見風與木的這個關係是非常密切的，具有決定性。而《素問》「東方生風，風生木」的這句話，則將風木的關係濃縮，精彩表述到了極處。

③ 風與動物

風與植物的關係，與木的關係，應該沒有疑問了。那麼，風與動物又是一個什麼關係呢？我們首先從造字方面看，繁體的風字裏面是一個「蟲」。蟲在古文裏雖有三種不同的寫法，但是，都代表動物。故凡屬動物這一類，古時皆可以蟲稱之。而「風」之造字用蟲，說明風與動物仍有十分密切的關係。《說文》云：「風動蟲生，故蟲八日而化。」所以，從風的造字我們就可以看到，風不但可以生植物、生木，而且也與動物的繁衍有很大的關係。而這個關係能在繁體字中明確地顯示出來。那我們再看簡化的風字，這個「风」字裏面是一把「乂」，這個「乂」能代表什麼呢？所以，文字一改造，這個風與動物的關係，特別是與動物繁衍的關係也就蕩然無存了。因此，我們前面曾經呼籲過，文字的問題是有關中華文化繁衍，有關中華文明傳承的大問題，是真正的千年大計、萬年大計。這樣一個大計，千萬要慎重，決計草率不得，馬虎不得。如果在這個問題上失足了，那肯定是要成千古之恨的。

◎千年大計，萬年大計，決計草率不得。

風為什麼與動物，特別是與動物的繁衍有這麼密切的關係呢？讓我們先來看一句大家熟悉的諺語，也就是出自《左傳·僖四年》的「惟是風馬牛不相及也」。「風馬牛不相及」這句話怎麼解釋呢？這在過去曾經鬧過一個笑話。風馬牛怎麼不相及呢？原來是馬牛跑得太快，風趕不上它。當然，現在大家清楚了，知道這句話是用來形容兩件不相干的事情。可是，不相干的事為什麼要用「風馬牛」來形容呢？這個問題倒是應該弄清楚的。

風與木的關係已如上述，它是促使植物雌雄交配的主要因素。而風與動物的關係，其實亦有很大的類同。正如《康熙》引賈達對上述這句話的注釋云：「風放也，牝牡相誘謂之風。」什麼是牝牡相誘呢？我想這個事大家心裏都很清楚，毋需多言。那麼，風馬牛為什麼不相及呢？大家想，一頭公馬和母馬，在機緣成熟的時候，它們會相誘、相戀並且相交，這便有了生殖繁衍的可能。而一頭公馬和一頭母牛，或一頭母馬和公牛，它們會相誘、相戀嗎？絕對不會的！即便畜類沒有倫理的約束，種屬的差別也決定了它們不可能相誘起來。這便是風馬牛不相及也。

◎風馬牛不相及。

異性相誘、相戀、相動謂之風，所以，《說文》所云：「風動蟲生。」這個「蟲」從生理的意義而言，很大程度上係指男性或雄性動物的精蟲。在農村，我們可以看到發情期的貓，會很淒厲地嚎嚎亂叫，這個時期的貓往往被稱為春貓，或言貓叫春。為什麼要以春言呢？以東方生風，通於春氣也。春三月，天地以生，萬物發陳，一派生機勃勃，此又與風之上述含義甚相符合。觀風諸義，當於臨床有所啟迪。

（2）木義

① 木曰曲直

風之義已如上言，那麼，木有什麼意義呢？首先一個意義，就是《尚書·洪範》所說的「木曰曲直」。曲直是木的一個特性，凡是植物的東西都有這個曲直之性。而其他類的東西，如金類的東西，水類的東西，皆不具這曲直之性。《素問·陰陽應象大論》云：「東方生風，風生木，木生酸，酸生肝，肝生筋。」又云：「神在天為風，在地為木，在體為筋，在藏為肝。」所以，在體的這個筋和在藏的這個肝皆有此曲直之性。大家想一想，人體的筋它的最重要的一個作用是什麼呢？就是這個曲直。人的四肢為什麼能夠靈活的曲伸活動呢？很關鍵的是要靠筋的這個作用。沒有筋，我們的各個關節就很難靈活的運動。所以，人體的筋主要是聚集於關節的周圍。而膝關節則是聚集筋最多的地方，故膝在《內經》又稱為「筋之府」。木曰曲直，木在體為筋，筋的這樣一些作用，確實能夠很好地體現木的曲直之性。

◎ 曲直的妙義。

另外一個方面，就是《素問》許多篇章所提到的宗筋。宗筋的含義雖然不止一個，但是，最主要的就是指前陰，特別是指男性的陰莖。有關宗筋的這一意義，《靈樞·五音五味》篇的一段經文可資證明，其曰：「宦者去其宗筋，傷其沖脈。」宦者即宦官，近世又稱太監，太監入宮前都要歷行閹割，這便是《靈樞》所云的「去其宗筋」。宗筋的這樣一個含義，又把我們帶回到了上述的風義裏。風為牝牡相誘，風系生殖繁衍，而宗筋便是最主要的生殖器官。由此天之風，地之木，體之筋，藏之肝，足證《老子》所云「人法地，地法天，天法道，道法自然」絕非虛語。天人相應的關係在這裏是證據確鑿的。

《禮記·月令疏》云：「春則為生，天之生育盛德在於木位。」《禮記》的這句話講得很精彩，天所賦予我們的生育盛德在哪裏呢？就在木位上。木主宗筋，這個盛德不在木位上，能在哪裏呢？而宗筋要發揮作用，很關鍵的就是要能夠曲直。現在整個世界陽痿的病人越來越多，這就是宗筋曲而不直了。為什麼曲而不直呢？這裏面有很多的原因。其中很重要的一方面是道德倫理方面的原因。所以，對於這樣的一些毛病，顯然不是幾個「偉哥」能夠解決的。而作為中醫，則應該在厥陰上，在風木上去作意，去思考。

② 五行次第

在前面的各章中，我們著重談了水火土金，現在再加上木，五行的內容就基本圓滿了。探討五行，除了探討它各自的內涵，五行的次第仍是很值得關注的一個方面。有關五行的次第，在《尚書·洪範》中已經有明確的規定，其曰：「一曰水，二曰火，三曰木，四曰金，五曰土。」而《河圖》的五行次第亦與此相同。故《河圖》云：「天一生水，地六成之；地二生火，天七成之；天三生木，地八成之；地四生金，天九成之；天五生土，地十成之。」五行為什麼是這樣一個次第呢？為什麼要一曰水，二曰火，三曰木，而不能一曰木，二曰火，三曰水呢？這是很關鍵的問題。因為五行的這個次第向我們揭示了地球上諸物質的起源次第，地球上諸物種的生起次第，這對於我們研究地球，研究人類，無疑是很重要的一條線索。

五行一水二火三木四金五土的這樣一個次第說明什麼問題呢？它說明我們這個地球首先出現的第一個東西就是水，水是一切生命的基礎，也是地球區別於太陽系的其他行星的重要特徵。在水之後出現的便是火。為什麼水火首先出現呢？《素問·陰陽應象大論》云：「水火者，陰陽之徵兆也。」

◎五行次第與物種生起次第會不會有關聯。

故水火出現了，就意味著陰陽出現了。而「陰陽者，天地之道也，萬物之綱紀，變化之父母，生殺之本始」，所以，水火出現以後，便能很自然的化生五行，化生萬物。因此，地球上的生命在有了水火之後，就得以逐漸地誕生。當然，這個生命的誕生是先有植物生命後有動物生命的。植物生命的代表是木，動物生命的代表是土。故五行在水火之後首先有木，最後才是土。

另外，單就動物生命而言，五行次第也能很好地揭示它的進化情況。所以，從五行裏我們就知道，這個地球上最早出現的動物是水生動物，然後漸漸地發展為水陸兩棲動物，最後才是陸生動物。因此，五行是始於水而終於土的。前面我們曾經談過，五行與動物的關係是水為鱗蟲，火為羽蟲，木為毛蟲，金為介蟲，土為倮蟲。所以，動物生命裏首先誕生的是鱗蟲，鱗蟲也就是水生族動物，其次是羽蟲，其次是毛蟲，其次是介蟲，最後是倮蟲。什麼是倮蟲呢？人就是最典型的倮蟲！由此可見，人類是我們這個地球上所有的動物生命中，最後進化的一個動物生命。這與現代科學所研究的結論是完全一致的。面對這樣一個結論，我們應該怎樣對待古代的這個理論呢？應該刮目相看才是，應該肅然起敬才是！

③ 木生火義

前面我們談到的風木，主要還是從醫的角度談。現在我們不妨把眼界放寬一些，在其他方面來看看木及其五行的相生關係，如在社會、環境，乃至整個地球方面有什麼意義。

首先，我們來看水生木、木生火有什麼樣的意義呢？我覺得它最大的一個意義就是與現在最熱門的一個話題——可持續發展有非常密切的關係。可以說，木生火是可

◎可持續發展問題。

持續發展的一個最為關鍵的環節。為什麼這樣說呢？我們可以一起來思考這個問題。什麼是可持續發展？可持續發展的核心是一個什麼問題？其實就是一個能源問題。如果能源能持續，那麼，這樣一個發展就是可持續發展。如果能源不能再生，不能持續，那還有什麼可持續發展可言呢？

能源雖然包括許多的方面，但是，關係到人類生存和發展的一個最最主要的方面就是燃料。燃料從五行來劃分，它屬於火。五行的火是由什麼產生呢？是由木生。所以，在古代，我們的先人是用木來做燃料的。用木做燃料，這就是五行的相生法，這樣的相生非常合乎自然。合乎自然，當然就可以持續。過去在農村呆過的人，對這一點就會有很深的感受。以前，農村做飯都燒柴，柴是自己到山裏打的，今年打過了，明年又會長出來，年復一年，沒有窮盡。一個村莊幾十戶人，就那麼幾座山，多少千年前就開始在這兒打柴，可是打到現在還是那麼多。為什麼呢？因為木是可以再生的，這一點非常重要。聯合國環境保護組織對可持續發展規定了兩個基本條件，其一是你所利用的能源能夠再生，其二是利用過以後能夠降解。而以木為能源，以木來生火，就很符合上述這兩個條件。所以，以木為燃料的發展方式，就是很完全的可持續發展。

那麼，讓我們回到現代，現代的發展模式是一個什麼模式呢？我們現在使用的燃料主要是石油和煤，石油與煤在前面的討論中已經給它定過性，即都屬於水類。所以，我們現在的模式實際上是直接用「水」來生火。水為什麼可以生火呢？因為水中有真陽，水中有龍火。所以，我們現在所燃燒的實際就是坎中的真陽。坎中的這個真陽，前面我們已經強調過，它是用以溫養地球生氣的，地球的命根就要靠它來生

◎這個問題可參看393–394頁的相關內容。

養。現在我們把它開採出來做尋常的火用,這樣一個真陽能不能再生呢?它不能再生!它不能像木那樣,今年割了,明年又會長出來。所以,開採一點,用一點,它就少一點。開採得差不多了,坎中沒有真陽了,地球的命根便沒有了生養的來源。這個時候地球便真正地進入衰老,而生存於地球上的一切生命便面臨著滅亡。

傳統以木來生火,現代直取水以生火。木生火,說明在過去木是一個主要的能源,而作為主要能源的木又是由何而生呢?由水而生。是水生木,而木生火也。由這個角度看,水最終還是能源的源泉。為什麼五行的次第要以水為始呢?恐怕與這個問題是有關聯的。既然水是最終的能源源泉,那麼,上述兩種取火的方式有什麼區別呢?很重要的一個區別是,木生火的過程是一個大自然完全能夠控制和把握的過程。為什麼說這是自然可控可把握的過程呢?我們來看水生木、木生火的這個過程。我們採木來生火,採木來做燃料,這個過程完全是人為的,自然沒有辦法把握,你想割多少,你想砍多少,完全聽憑人意。可是這個木的量卻完全是由自然來把握的,水能生出多少木,以及木的再生速度,這個人沒有辦法主宰,完全要由水說了算,完全要由自然說了算。你砍多了,我不長出來,你人類還有什麼招呢?只好封山育林了事。因此,大家仔細去琢磨這個水生木、木生火的過程,就能感受到它是很有意思的一個過程。

而我們直接取水生火,以坎中的真陽為火,這個過程就完全不同了。這個過程自然根本沒有辦法把握,完全由我人類說了算,完全由歐佩克說了算。我想一天開採幾萬桶就開採幾萬桶,我只管每桶原油的價格,而不管你水中還有多少真陽。所以,這個過程就成為自然完全沒有辦法控

制和把握的過程。這樣一個過程怎麼可以持續呢？前面我
們曾列舉了聯合國環境保護組織對可持續發展規定的兩個
基本條件，以我看來，這兩個條件説得還不是很究竟。最
根本、最究竟的應該是，凡是符合自然，以及自然可控的
這個發展，是可持續發展；反之，凡是不符合自然，以及
自然不能控制和把握的這個發展，即為不可持續發展。老
子為什麼要將「道法自然」放在最高的一個境界來討論呢？
一方面是老子看到了人性有脱離自然，為所欲為的一面；
另一方面則告訴我們，只有法自然的道，才是真正的長久
之道。

◎建議歐佩克官員們讀一讀中醫。

二、厥陰病提綱

有關厥陰病提綱，我們主要以326條：「厥陰之為病，
消渴，氣上撞心，心中疼熱，饑而不欲食，食則吐蛔，下之
利不止。」的內容來展開。326條是厥陰病的提綱條文，亦即
厥陰病的病機條文，也是六經提綱條文中最長的一條。下面
擬就條文所述諸證，分別討論之。

1. 消渴

（1）消渴泛義

厥陰提綱條文第一個講述的證就是消渴，消渴是什麼意
思呢？渴就是口渴，這個大家都應該很清楚。但是，有的人
口渴並不一定想喝水，或者喝一點點潤潤口就行了，所以，
就有口渴不欲飲之證。這樣的渴就是渴而不消。那麼，消渴

呢？當然是既渴而又能飲水，而且飲後即消，口又很快地渴起來。這是消渴的一個大概意思。

厥陰病為什麼會導致消渴呢？歷代的很多醫家認為這是肝胃之熱耗傷津液所致，包括現代通用的教材都是這個說法。但是，我們細細地來思考這個問題，就感到以熱傷津液來解釋厥陰的口渴未必恰當。厥陰的這個渴應該有它很特殊的意義。為什麼這麼說呢？道理很清楚，如果以熱盛傷津來解釋消渴，那厥陰的這個熱怎麼能跟陽明的大熱相比？陽明的白虎人參湯證是舌上乾燥而煩，欲飲水數升，所以，要講熱盛傷津，那麼這個消渴理應放在陽明篇中。應該將陽明的提綱條文改為：「陽明之為病，消渴，胃家實。」而張仲景沒有這樣，反而將消渴置於厥陰提綱證之首，這就很明確地告訴我們，厥陰之渴是另有所因的。

口渴雖是極普通和極常見的一個證候，但是，我們回看六經提綱條文，卻只有厥陰提綱言及渴，這便提示我們消渴是厥陰病最容易出現的一個證，也是厥陰病最重要的一個證。因此，消渴對於厥陰病的診斷而言，便成為一個很重要的依據。

（2）厥陰何以渴

◎這節文字可與369–370頁「龍戰於野，其血玄黃」的內容互參。

消渴為什麼是厥陰病很重要的一個特徵，厥陰病為什麼最容易致渴？我們首先可以來感受一下口渴的過程，人之所以口渴，是因為口舌沒有津液了，口舌乾燥了。所以，陽明病在描述口渴的時候，多用舌上乾燥。因此，口渴這個過程的感受器官是什麼呢？應該就是口與舌。而口為脾之竅，舌為心之苗，所以，我們講口舌，實際上就是講了心脾，講了火土。渴必由口舌，必由心脾，必由火土，這說明厥陰是最容易影響口舌、心脾、火土的因素，此亦為厥陰病渴的一個重要前提。

　　渴與旱實際上是很相類似的，在天地則曰旱，在人則曰渴，都是缺少水來滋潤的緣故。如前所云，水在江河湖海，其性本靜，故水不能自潤萬物，必須借助其他中介的作用，方能滋潤萬物。那這個中介是什麼呢？其中一個最重要的中介就是厥陰，就是木。因為木為水所生，是水之子，所以，在五行中，離水最近的應非木莫屬。故前人將這樣一個關係形容為「乙癸同源」。乙癸同源，實際上就是水木同源，既然是同源的關係，那當然最容易得到它。而心作為五行中的火，又為木之子，由木所生。因此，心的苗竅——舌要想得到滋潤，就必須靠木吸水以上養，就必須靠木的中介作用。這是一個方面。

　　另一方面就是木土的關係，木為什麼能使土保持濕潤，或者說厥陰為什麼能夠保證脾的口竅滋潤呢？這一點我們看一看自然就會很清楚。在自然界，植物較多的地方，它的保濕性往往比較好，特別在原始森林裏，不管春夏秋冬，它的土質都是濕潤的。而在沒有植被的地方，在黃土高坡，在沙漠裏，這個情況就完全不一樣，這裏的土質往往都很乾燥。可見太陰雖稱濕土，如果沒有木，這個土是濕不了的。前面我們曾經談到，龍戰於野，其血玄黃。龍是興雲布雨的東西，當然也就是保持天地不旱的重要因素。而龍屬東方，龍歸於木。這便徹證了木在滋潤萬物過程中的關鍵作用。因此，在正常情況下，厥陰能使心脾的苗竅——口舌保持充分的滋潤，從而無有渴生。而一旦厥陰發生病變，心脾的苗竅便無法得到滋潤，消渴便很自然的發生了。

（3）六經辨渴

　　上面我們談到了厥陰與渴的特殊關係，厥陰病雖很容易致渴，但是，我們也應該看到它不是唯一的因素。所以，六

經病中除太陰不言渴以外，其餘各經皆有渴，這就有必要對六經口渴的各自特徵作一個鑒別。

首先我們看三陽的口渴。太陽口渴見於太陽府證中，由太陽氣化不利所致，所以，太陽之渴必兼脈浮、發熱、小便不利之證；接下來是陽明之渴，陽明之渴係熱盛傷津所致，故常與四大證相伴，即大熱、大汗、大煩渴，脈洪大；剩下的是少陽之渴，少陽之渴由樞機不利，影響開合，影響三焦所致，故少陽之渴多伴樞機不利之證，如往來寒熱、胸脅苦滿、脈弦細、口苦、咽乾、目眩等。三陽之渴各有特徵，在鑒別上不會有太多困難。治療上，太陽之渴用五苓散，陽明之渴用白虎湯，少陽之渴用小柴胡湯化裁，或柴胡桂枝乾薑湯。

三陰病中，太陰沒有渴，即便有渴也不欲飲，所以，三陰病只有少陰和厥陰言渴。少陰病的渴已如前述，它是小便色白，一派陰寒之象。因此，少陰之渴也是容易區別的，特別很容易與三陽之渴區別。對付少陰的口渴，需要動用四逆湯一類的方劑。上述三陽的口渴，及少陰的口渴都各有千秋，易於鑒別，除外上述這些口渴，其他的就都屬於厥陰的口渴。所以，厥陰渴的範圍是非常廣泛的。凡是上述四經之外的，一切不典型的口渴，皆屬厥陰渴的範疇。從這一點我們可以看到，厥陰之於渴，就像太陽之於脈一樣。我們説一個人脈浮了，大致就可以斷定他是太陽病，至少也是八九不離十。除極少數虛陽外越的病人也可以見到脈浮外，大部分的脈浮與太陽相關。所以，我們根據一個脈浮就可以下一個大致的判斷，這個病與太陽有關。同樣，我們根據一個口渴，如果這個口渴不具備上述四經的特殊表現，那就可以大致地判斷，這是一個與厥陰相關的疾病。因此，口渴，特別是渴而能飲、渴而能消者，對於厥陰病的診斷無疑就具有非常重要的意義。

(4) 厥陰治渴方

上面我們討論三陽的口渴，它都有專門的方劑對治，少陰和厥陰的口渴《傷寒論》中卻沒有提到對治的方劑。對於少陰而言，口渴並不是一個很主要的證，大可以隨證治之即是。但是，對於厥陰病，就不能不立一個治渴的專方了。那麼，這個治渴的專方是哪一個方呢？我想非厥陰的主方——烏梅丸莫屬。

最近治療一例結腸癌術後的病人。患者男性，術後已近一年，大便仍不正常，每日腹瀉五六次至七八次不等，初為爛便，後即純水。除瀉利以外，口渴很厲害，終日飲水不止，每日至少需飲兩大暖瓶水。半年以來，疊進中醫治療，然效不甚顯。觀前醫所用方，多是健脾燥濕一類，兼或有固腎收澀一類，像參苓白術散、香砂六君湯、補脾益腸丸一類皆在常用之列。用上述這些方藥有沒有錯誤呢？應該沒有錯誤。慢性腹瀉，又是腫瘤術後患者，不用苦寒抗癌一類已是高手了。不從脾去治，不從太陰去治，還能從哪兒下手呢？但是，若要學過《傷寒論》，學過六經辨證，我想就斷然不會去從太陰下手。為什麼呢？以「自利不渴者，屬太陰也」，現在病人每日渴飲兩瓶水，怎麼可能病在太陰呢？所以，用上面的方劑當然就沒有效果了。

那麼，對於上述這樣一個疾病，該從何處入手呢？病人下利，然六經皆有下利。病人口渴，且飲水甚多，此即為消渴也。又下利，又消渴，這就非六經皆有，而是厥陰獨具了。所以，毫無疑問地應該從厥陰來論治，應該投烏梅丸。於是為病人開具烏梅丸原方，不作一味增減，每診開藥三四劑，至第三次複診，渴飲減一半，每日僅需喝一瓶水，水瀉亦大大減輕。

由上述這個病例，大家應該初步地感受到六經辨證是一個很方便的法門。只要我們將六經的提綱把握實在了，六經病的切入是很容易的。像這個病，你若是不用六經辨證的方法，很容易就切入到太陰裏面，脾胃裏面去了，而一旦你用六經的方法，那無論如何是不會把它擺到太陰脾胃裏去思考的。因此，六經辨證不但具有上述的方便性，而且還有很大的可靠性。這樣一個既方便又可靠的法門，為什麼不去把握它呢？當然應該把握它！

（5）對糖尿病的思考

◎糖代謝與木土的關係。

談到消渴，大家會很自然地想到一個現代的病名，就是糖尿病。從文獻記載來看，實際上早在隋末的時候就已經把消渴病當作糖尿病了。那麼，厥陰提綱條文中提到的這個消渴與隋唐以後的消渴病，亦即與現代的糖尿病有什麼聯繫呢？記得我上大學的時候，在講到厥陰提綱證時，老師還會專門強調，不要將厥陰的消渴當成現代的消渴（糖尿病），教材的釋義也這樣明文規定。厥陰病很主要的一個證是消渴，而現代糖尿病很主要的一個證也是消渴。雖然厥陰提綱證的消渴不一定就是糖尿病，但是，糖尿病與厥陰病會不會就沒有關係呢？這個問題縈繞心頭，久久難去。

我們知道，糖尿病很直觀的一個情況就是血糖升高，當血糖升高到一定時，超過了腎的糖閾值，這時就會連帶出現尿糖。所以，古人對糖尿病的診斷就主要通過對尿糖的觀察。尿糖怎麼觀察呢？那個時候又沒有尿糖試紙，這就要靠螞蟻幫忙。螞蟻嗅覺很靈，尤其對於糖更是靈敏，一般的尿拉到地上是不招螞蟻的，螞蟻也怕這個臊味，可是糖尿病患者把尿拉到地上，很快就會招來許多螞蟻。古人就通過這個方法來診斷糖尿病。

　　糖在身體的作用主要是為身體的組織器官提供能量，那麼，現在血糖為什麼會升高呢？現代的說法主要是胰島素不足，所以，過去治療糖尿病的唯一方法，便是設法補充胰島素，或是設法刺激胰島細胞的分泌。但是，最新的研究表明，胰島素的不足僅僅是一個方面，而更主要的原因是機體組織細胞對糖的利用發生障礙。所以，看起來好像是血糖很高，好像是糖多了。而真實的情況是什麼呢？真實的情況卻是機體組織細胞內處於缺糖的狀態。正是因為機體組織內處於這樣一種糖缺乏的狀態，所以，你不足我就得補足你。怎麼補足呢？當然就需要機體啟動各式各樣的方法，其中一個我們能夠直接感受到的方法就是易饑，就是多食。糖尿病人的易饑多食其實就是由此而來。而在生化上的一個集中表現，便是血糖升高。因此，對於糖尿病我們應該有這樣一個宏觀的認識。它不是糖太多，而是糖不足。因而，治療糖尿病的關鍵問題是要設法解決糖的利用問題。掃除了糖利用過程中的障礙，糖尿病的諸多問題就會迎刃而解。

　　以上我們從現代的角度對糖尿病作了一個大致剖析。那麼，從中醫的角度，尤其是從傷寒六經的角度，我們怎樣去看待這個問題呢？糖尿病屬於糖的代謝利用障礙，糖在中醫它屬於哪一類的東西呢？糖是甘味的東西，而甘味於五行屬土，所以，很顯然，糖應歸到土這一類。因此，糖的代謝、利用障礙，從中醫的角度來說，就應該是土系統的障礙。土系統怎麼障礙呢？從上述直觀的角度我們知道，糖尿病就是血中的糖太多了，糖太多當然也就是土太多，而血於中醫、於自然它可以與什麼類比呢？它可以與江河類比。故古人云：人之有血脈，如大地之有江河。所以，把血中的糖分過多這樣一個病理情況放到自然裏，實際就是水中的土太多了，江河中的土太多了。

◎血糖升高是不是土跑到水裏面去了？

過去，我們沿著長江往西走，江中的水是碧綠碧綠的，再加上兩岸青山的依襯，真是青山綠水，美不勝收。可是現在我們再去長江看一看，原來的青山不在了，綠水也變得黃濁。綠水為什麼會黃濁呢？水中的土太多了。土本來應該待在它的本位上，不應該到河流裏，可現在為什麼會跑到河流裏來呢？這個原因我們在太陰篇裏已經討論過，就是土的流失。由於樹木砍伐，植被減少，所以，土就很難安住在本位上，幾度風雨就把它帶到河流裏了。由此可見，水中的土太多，使河流變得渾濁，其根本的原因還是木少了，植被少了。看上去好像是土的問題，土不安分，跑到水裏來滋事，使我們看不到從前的綠水，可是追溯它的根子，卻是在木上面。

◎根子在木。

我們遵循老子的「道法自然」，將上述糖尿病的過程放到自然裏，就知道糖尿病雖然是土系統的毛病，可是它的病根卻在木系統上，卻在厥陰上。厥陰的提綱證為什麼首言消渴呢？這裏的消渴與後世的消渴病（糖尿病）是不是沒有關係呢？這個問題就很清楚了。很顯然，我們將糖尿病放到厥陰病裏來思考，這便從根本上突破了原有的三消學說，使我們得以從真正的源頭上來設立對治的方法。這便將糖尿病的論治、糖尿病的研究提升到了一個很高的自然境。迄今為止，現代醫學還是認為糖尿病是不可治癒性疾病，必須終身服藥。而我們從厥陰的角度，能不能找到一個治癒的方法呢？對此我是滿懷信心的。我們通過思考，利用中醫的方法治癒了現代醫學認為不能治癒的疾病，這個算不算現代化呢？這個不但是現代化，而且應該是超現代化。作為人類，我想，人們更希望中醫以這樣的方式來出奇制勝地為現代提供服務。用現代的儀器設備將中醫武裝起來，甚至武裝到牙齒，不是沒有用處，但我們應該清楚地意識到這不是唯一的

◎用中醫的思想武裝中醫。

方法。我們應該更多地開動腦筋，用中醫的思想來武裝中醫，只有這樣，中醫的路才可能走得長遠。

2. 氣上撞心，心中疼熱

　　這裏我們首先要弄清一個問題，就是《傷寒論》中所講的心究竟是指的什麼？當然心的直接指義是五藏的心，但在《傷寒論》裏，我們看到更多的並不是指五藏的心，而是講的某個與體表相對應的部位。有關心的所指，概括起來大體分三種情況，第一是直接言心，心之外沒有附帶其他的部位。如心悸、心煩、心亂等。這樣一個心悸、心煩、心亂，我們往往很難給它一個確切的定位。第二是心下，心下講得很多，比如心下痞、心下悸、心下急、心下支結、心下痛等。心下的部位比較明確，就是指腹以上劍突以下的這片區域。第三，是心中，如心中悸而煩、心中結痛、心中疼熱等。心中指的是什麼地方呢？這裏有兩種可能：其一，如《傷寒論辭典》所言，心中指心或心區，泛指胸部；其二，古人言心者，常非指心臟，而是指軀幹的中央，這個中央就正好位於心窩（劍突下）這塊地方。所以，心中實際是指心窩，亦即劍下。民間謂心痛，以及整個藏區言心痛，都是指這個部位的疼痛。因此，心中的第二層意義，實際是指胃脘的這個部位。

　　厥陰提綱條文講「氣上撞心，心中疼熱」，這裏的「心」及「心中」就應該包括上述的兩個方面。一個就是指的現在的心前區及胸骨後，這一片地方顯然是手厥陰領地；另一個就是劍突下的這片區域，這片區域為中土所主。所以，氣上撞心，心中疼熱，一方面確實包括了現在的心臟疼痛，而另一方面則包括了胃脘及其周邊鄰近臟器的疼痛。前者屬於現在的循環系統，後者屬於現在的消化系統。前者之疼痛乃心

包絡痛也，係於手厥陰；後者的疼痛乃土系統之病變所致。土何以病呢？以木使之病，厥陰使之病也。故《金匱要略》曰「見肝之病，知肝傳脾」也。因此，厥陰提綱的「氣上撞心，心中疼熱」，至少應該考慮到上述兩個方面。

氣上撞心，撞之義有如《說文》云「搗也」，有如《廣韻》云「擊也」。搗與擊所致之痛，頗似刺痛、壓榨痛、絞痛一類。心中疼熱，熱之義已顯，即疼痛而伴火燒、火辣的感覺。結合上述之定位，則刺痛、壓榨痛及絞痛多為心絞痛一類，係循環系統疾病。而疼痛又兼熱辣、燒灼之感，則多為胃脘痛一類，係消化系統疾病。當然，現在的膽系疾病亦多有絞痛之感，以其部位而言，亦接近心中，故亦應從厥陰來考慮。另者，厥陰病很重要的一個內容是討論厥，整個厥陰篇計有52處言厥。厥者，手足逆冷是也。疼痛是很容易致厥的一個疾病，而心絞痛及膽系的絞痛尤其容易致厥。這是在討論厥陰篇時需要考慮的問題。

3. 饑而不欲食

◎對飲食的辨證。　　《傷寒論》中有不少的地方談到飲食問題，如小柴胡湯四大證之一的「默默不欲飲食」，太陰病提綱條文的「腹滿而吐，食不下」，以及這裏所講的「饑而不欲食」。雖然都是飲食有問題，但是，這裏面還是有區別的。小柴胡湯的「默默不欲飲食」，就是我們平常講的「茶飯不思」，這裏重在不欲、不思，強調主觀的方面。而厥陰病也是「不欲食」，在這個「不欲」上，它與小柴胡湯證是很類似的。但是，在不欲食的同時，他是感覺饑餓的，又饑餓又不想吃，這就是厥陰區別於少陽的一個地方。太陰的飲食是強調食不下，為什麼食不下呢？因為肚子很脹滿，吃下去不舒服。所以，太陰病

的食不下，是強調客觀的食不下，強食之必不舒服，必生脹
滿。少陽、厥陰之不食，則是強調主觀之食欲。太陰俱土
性，少陽、厥陰俱木性，故知飲食一事，食不食主要在土
（脾胃），欲不欲則主要在木（肝膽）也。

　　因此，臨床我們對飲食有問題的病人，就不能光停留在
幾味神曲、山楂、麥芽上，要仔細詢問病人，要抓住它的根
本。是光不想吃呢？還是吃下去不舒服？是整日不知饑餓，
吃也可不吃也可呢？還是饑而不欲食？這些對於我們臨床辨
證都是很重要的因素。最近治療一位學生，吃飯很困難，一
丁點食欲也沒有，吃一餐飯要一個多小時，但是肚子卻很容
易餓，這是什麼呢？這就是典型的「饑而不欲食」，這就是典
型的厥陰病。所以，給她開了三劑烏梅丸，三劑藥以後，胃
口大開，一頓飯很快就吃下去了。這是我們由「饑而不欲食」
引出的一個問題。

　　另外，在討論六經的提綱條文時，還應注意一個問題，
每一經的提綱條文內部既有較密切的聯繫，同時又有相對的
獨立性。以厥陰的提綱條文為例，並不是條文中的所有證都
具備了，這才是厥陰病，這一點記得在太陽提綱的討論中曾
提起過，張仲景完全沒有這個意思。只要條文中的一兩個證
具備了，厥陰病的診斷便可以成立。這是我們研究《傷寒論》
很需要注意的一個問題，張仲景於厥陰提綱中首言消渴，可
是後世的醫家卻不敢將這個消渴與消渴病聯繫起來。為什麼
呢？就因為條文中有「饑而不欲食」。糖尿病是既易饑又多食
的，怎麼可以與「饑而不欲食」扯到一塊呢？所以，問題就
出在我們把聯繫絕對化了，而把區別混淆了。厥陰病可不可
以既有消渴的饑而欲食，同時又有另外一個毛病的饑而不欲
食呢？這是完全可以的。就像太陽病既有有汗的中風，又有
無汗的傷寒一樣。我們能說中風是太陽病，而傷寒不是太陽

病嗎？顯然不能！

4. 食則吐蚘

《傷寒論》中談到吐蚘的有三個地方，一個是太陽篇89條的「病人有寒，複發汗，胃中冷，必吐蚘」，一個是厥陰篇338條的烏梅丸證，另一處就是厥陰的提綱條文。吐蚘不是一個常見的證，將這樣一個證擺在提綱裏，並不是說厥陰病一定會吐蚘，而是借這個吐蚘將厥陰的一些特徵襯托出來。

蚘是潛伏於體內的一種寄生蟲，平時這個蟲是不易被覺察的，所以，又可以稱它為蟄蟲。自然界也有蟄蟲，這個蟄蟲就是冬季入地冬眠的這一類動物。自然界的這類冬眠動物會在什麼時候重新出來活動呢？如果諸位留意，就知道二十四節氣中有一個驚蟄節。驚蟄就是將冬眠的動物驚醒，就是將蟄蟲驚醒。為什麼蟄蟲會在這個時候被驚醒呢？因為春月木氣已動，萬類生發。所以，蟄蟲是在厥陰風木當令的時候感春氣而出的。人體的蟄蟲亦然，它也很容易被這個厥陰之氣驚動，驚動了就會亂竄，這就會發生蚘厥和吐蚘。因此，326條的吐蚘，實際上就是要表達厥陰之氣易觸動蟄蟲的這樣一個內涵。

5. 厥陰禁下

厥陰提綱講的最後一個問題就是「下之利不止」。厥陰為什麼不可下，下之為什麼會利不止？這個問題只要我們回到《內經》來就很容易解決。

　　《素問·四氣調神大論》曰：「春三月，此謂發陳，天地俱生，萬物以榮，夜臥早起，廣步於庭，被髮緩形，以使志生，生而勿殺，予而勿奪，賞而勿罰，此春氣之應，養生之道也。」厥陰為風木，於時為春，稟生氣者也，故宜生而不宜殺，宜予而不宜奪，宜賞而不宜罰。今用下者，是殺之也，奪之也，罰之也。如此則厥陰之氣傷，養生之道違，故病厥陰者，當不用下法，強下之則利不止也。厥陰提綱的問題就討論到這裏。

三、厥陰病時相

　　厥陰病時相主要以328條的「厥陰病欲解時，從丑至卯上」為綱要。

　　丑至卯於一日之中，為凌晨一時至上午七時；一月之中，為初三以後的七天半；一年之中，為農曆十二月至二月。有關厥陰病欲解於丑寅卯的意義，我們擬分兩方面來討論。

1. 丑時義

(1) 兩陰交盡

　　厥陰病欲解時從丑開始，因此，丑對於厥陰來說具有非常特別的意義。丑於一歲而言，恰為冬之末。一年四時中，春夏為陽，秋冬為陰，合之則為二陽二陰。而丑置二陰（即秋冬也）之末，正合厥陰「兩陰交盡」之義。故厥陰之欲解時起於丑，與《素問》對厥陰的定義是非常符合的。

（2）丑辟臨

丑於十二消息卦中正好與臨卦相配，臨卦為陽息之卦，在這裏它有兩層含義。第一層則如《周易尚氏學》中所云：「臨視也。」用眼睛看東西就叫作視。所以，視物又叫臨物。為什麼要將視這樣一個含義放到丑裏面呢？這是很有意思的。首先，在前面我們談厥陰經義的時候，曾談到足厥陰的流注時間就在丑時，它於丑初起於大敦，於丑末止於期門。而這裏又將丑定為厥陰的欲解時。這便告訴我們，丑與厥陰，尤其是與厥陰肝的聯繫是非常特殊的。而肝開竅於目，目者所以視物者也，這就說明視的問題與肝的關係、與厥陰的關係是很密切的。與肝密切、與厥陰密切，就必定與丑密切、與臨密切。所以，當我們看到這樣一個密切的聯繫時，我們不禁要感歎，醫義，易義、文義哪個在先，哪個在後呢？有時候確實說不清楚它的先後。它裏面往往是此中有彼，彼中有此。故習醫者，當於醫、於易、於文皆不可輕忽。

臨的另外一層含義，就是臨界交界的意思，現代物理學亦有臨界這個概念。所謂臨界，就是此一狀態與彼一狀態之交界。丑為什麼有臨界這個意思呢？前面我們講到，丑為兩陰之交盡，為冬之末。作為冬之末，它與什麼臨界呢？冬末之後，即是春的到來，所以，丑是以冬臨春的交界點。丑就像一道門，跨過這道門就進入到另外一個全新的狀態。

古人講厥陰經常用到陰盡陽生這個詞，其實無論從陰陽離合的角度還是從時相的角度，厥陰都是這樣一個意思。丑為冬末，又為歲末，故丑又為陰之盡，丑的這樣一個含義與厥陰是很相應的。《素問·六節藏象論》云：「肝者，罷極之本，魂之居也。」對罷極之本我們已經結合「將軍之官」作了討論。其實，罷極還有另外一層與丑相關的含義。極的意義

已如前述，有極限的意思，極點的意思。以一歲而言，什麼是歲的極點呢？這個極點就在冬末，就在丑上。在這個「極」盡之後，能不能開始一個新的循環呢？這是很關鍵的一個問題。前面我們將丑喻為門，這道門跨過了才是新的一年，跨不過則依然在舊歲裏。中醫為什麼講太過不及呢？以上述這個極而言，還沒到時候你就跨過了，這叫太過；時候已經到了，你卻遲遲不跨，這就叫不及。所以，罷極起什麼作用呢？罷極就是保證人體能及時地跨過這道門，從而與天地的步調保持一致。

（3）丑與厥

丑為陰將盡陽將生之時，亦為陰陽交替，新舊交替之時。所以，厥陰一個很重要的作用就要落實在這個上面。如果這個交替沒有很好的實現，那就會產生一個很嚴重的證，這個證就叫厥。我們看厥陰篇一共有56條原文，而討論「厥」的地方有多少處呢？有52處。因此，在厥陰篇裏，幾乎條條原文都在談厥。這便給了我們一個很重要的信息，厥陰病最重要的內容就是討論厥。厥為什麼是厥陰病最重要的一個內容？厥陰病為什麼會發生這麼多厥？是什麼因素導致厥呢？這個問題在原文337條裏說得很清楚：「凡厥者，陰陽氣不相順接，便為厥。厥者，手足逆冷是也。」什麼是陰陽氣不相順接呢？其實就是指上述陰盡陽生的過程不能很順利的交接，就是指上述陰陽交替、新舊交替不能很好地完成。而厥陰的功用已如上述，它是保證上述交接能夠順利完成的關鍵因素。現在厥陰發生病變了，上述的陰陽氣怎麼能夠順接呢？那當然就會有厥證的發生。厥陰篇何以有如此大量的篇幅在討論厥呢？就是由於有這個因素。

◎「厥」是厥陰篇最重要的內容。

從厥證的這樣一個含義，從厥陰與丑、從丑與臨的這樣一個聯繫，我們感到中醫這門學問與時間的關係太密切了。如果僅僅認為中醫的這部分與時間相關，那部分與時間無關，這個認識是不完全的。時間於中醫是無處不在的。所以，學習中醫，時間這個觀念須臾不能離。

337條將厥證產生的主要因素告訴了我們，就是「陰陽氣不相順接」，那麼，由這個因素所致的厥證，它有什麼最主要的臨床特徵呢？這個特徵就是同條所述的「厥者，手足逆冷是也」。手足也就是四肢，如果我們結合上述的時間觀念，手足四肢應該定位在哪裏呢？應該定位在辰戌丑未裏。

在十二地支裏，亥子屬水（冬），寅卯屬木（春），巳午屬火（夏），申酉屬金（秋），辰戌丑未屬土。土所在的時段正好是四時的季月所在。《素問·太陰陽明論》所云：「脾不主時，旺於四季。」這個四季就是指的四時的季月。季月有什麼特徵呢？季月就是與下一時相臨的月，所以，四季或者辰戌丑未又可稱為四臨。怎麼四臨呢？丑臨春也，辰臨夏也，未臨秋也，戌臨冬也。既然講臨，就有一個交界的問題，順接的問題。因此，丑這一關是冬與春順接，辰這一關是春與夏順接，未這一關是夏與秋順接，戌這一關是秋與冬順接。而春夏為陽，秋冬為陰，春為陽中之陰，夏為陽中之陽，秋為陰中之陽，冬為陰中之陰。所以，我們講四時的順接實際就是講了陰陽的順接。可見陰陽的順接主要是在辰戌丑未這四個點上進行的。前面我們講到，辰戌丑未屬土，屬四肢。從時上而言，天地也好，人也好，它的陰陽氣的順接都是在這四個時段進行。從空間方位，從具體的地點而言，天地在東北、東南、西南、西北四隅，而人即在此手足四肢。所以，手足四肢其實就是人體陰陽氣順接的重要場所。因此，如果陰陽氣的交接不能順利地進行，那麼，無疑首先

就要從手足四肢上表現出來，為什麼337條說「厥者，手足
逆冷是也」呢？就是這個道理。

手足為人體陰陽氣相順接的場所，這一點特別的重
要。它是我們認識何以致厥，以及厥證特徵的一個基本著
眼點。既然辰戌丑未都是陰陽的順接點，在上述順接點上
出現問題都可以發生厥。那為什麼我們在辰戌未的時候沒
有提出這個問題，而要在最後討論丑的時候提出這個問題
呢？說明丑這個順接點與其他三個順接點還是有區別的。
其他三個點只是四時之間的順接點，負責四時之間的交
替，而丑這一點卻是年與年之間的順接點，負責年與年之
間的交替。因此，相比之下，丑這一點是最大的陰陽順接
點。我們再看整個六經的欲解時，辰為少陽欲解時，為少
陽占之；未為太陽欲解時，為太陽占之；戌為陽明欲解
時，為陽明占之，而丑卻為三陰共同的欲解時，為三陰共
占之。這在十二支中是絕無僅有的。由此可見，從六經的
時相角度言，丑的分量與其餘各支的分量相較，是不可同
日而語的。這樣我們就會對「為什麼在丑的時候，在厥陰的
時候專門提出厥？為什麼厥陰病厥證最多？」這樣一些問題
有更清楚的認識。

◎「丑」與眾不同。

(4) 厥熱勝復

下面簡單地討論一下厥熱勝復。厥熱勝復也是厥陰篇一
個很重要的內容。由上面的討論可知，丑這一關過去以後，
就進入春的狀態，這時的陽氣日益增長，日益升發。如果這
一關過不去，被擋住了，那陰陽氣便不相順接，這個時候陽
氣便得不到增長，得不到恢復。所以，厥證講陰陽氣不相順
接，而它的核心問題就是陽氣沒有辦法增長，沒有辦法恢
復，就是陽氣不能由陰出陽。陽氣不恢復，不能由陰出陽，

那當然會出現手足逆冷。如果這樣一個狀態得不到糾正，厥
證持續地發生，那麼最終就會危及生命。如果上述的狀態得
以糾正，陰陽氣順接了，陽氣得以增長，得以由陰出陽，那
麼手足自然會由逆冷轉為溫暖，這種情況與逆冷相比較就稱
之為熱。因此，厥陰篇的厥熱勝復實際上就是講的手足的逆
冷和溫暖的情況，也就是厥熱的情況。厥的情況多，逆冷的
情況多，說明陰陽氣不相順接的問題十分嚴重，陰盡不能陽
生，陽氣沒法恢復，那當然會導致死亡。如果反過來，是溫
暖的情況多，熱的情況多，這就說明陰陽氣不相順接的問題
逐漸得到糾正，陽氣漸生、漸復，疾病當然就易於轉向康
復。所以，我們觀察厥熱的情況，實際上也就是觀察了陰陽
交替、陰陽順接的情況，也就是觀察了疾病轉危或轉安的
情況。

2. 厥陰方義

（1）厥陰的立方原則

厥陰病的諸多問題實際上都是由厥陰的本性失用所致，
而厥陰病的治療及厥陰病的最後解除當然就是圍繞厥陰本性
的恢復。厥陰有什麼本性呢？以上我們所談的很多問題其
實就是厥陰的本性。而這個本性與厥陰病的欲解時，以及
與欲解時所對應的方最相關切。一旦厥陰在根本的意義上
失去了它固有的時方屬性，那麼厥陰病便會隨之發生。因
此，我們為厥陰立方實際上就是要立它原有的那個方，就是
與丑寅卯相對應的那個方。我想，這應該是厥陰立方的一
個根本原則，當然也是中醫立方的一個根本原則。老子也
好，孔子也好，都非常強調「道不可須臾離，可離非道」。

那中醫這個道是什麼呢？就是時方！這是我們應該時刻記住
的問題。

　　丑寅卯的這樣一個時方是冬盡春來，是陰盡陽生。它
跨越冬春二氣，因而就具有冬春二氣的特徵。冬氣寒涼，
春氣溫熱，所以，丑寅卯時方實際上是一個寒溫夾雜，寒熱
相兼的時方。不過從寒溫二氣的比例而言，丑冬占一，寅
卯春占二，故溫熱的比例要遠大於寒涼。這便應該是在寒
熱之氣上厥陰立方的一個原則和特徵。另外，厥陰屬風
木，風木之數為三為八，風木之味為酸，因此，除上述寒熱
比例以外，厥陰的數，厥陰的味也是厥陰立方應該考慮的一
個重要因素。

（2）烏梅丸解

　　根據上述的立方原則，我們可以看到，厥陰篇的烏梅丸　　◎象數實義。
是厥陰病顯而易見的主方。首先，我們看烏梅丸是在哪一個
條文裏討論的呢？是在338條。這是不是一個巧合呢？我看
不是。從這樣一個條文序號，我們就應該看出古人真是煞費
苦心，連一個序號也不會浪費，也要借此向我們傳遞一個信
息。什麼信息呢？就是三八的信息，就是風木的信息。我們
借此機會再回看38條，38條也是用這個三八之數，它討論
的是什麼呢？它討論的是大青龍湯。青龍為東方之屬，為風
木之屬，由此便知這個安排不是偶然，而是要借此表達象數
的關係，表達象數與時方的關係。由烏梅丸在這樣一個特殊
條文中出現，已然知道它絕非厥陰篇的尋常之方。

　　接下來我們看烏梅丸在用藥的寒溫之氣上有什麼特徵，
烏梅丸從總體來説，由寒溫兩組藥構成。其中溫熱藥為烏
梅、細辛、乾薑、當歸、附子、蜀椒、桂枝，共七味；寒涼
藥黃連、黃柏、人參（人參於《神農本草經》為甘、微寒），

共三味。合之，溫熱為七，寒涼為三，溫熱比例遠大於寒涼，正與前述厥陰之立方原則相符。

緊接著我們看第三個問題，這個方的名字叫烏梅丸，那肯定是以烏梅為君的。為什麼要以烏梅為君呢？以東方生風，風生木，木生酸也。以厥陰之味酸也。既然是厥陰的主方，那當然就應該用酸。而酸味藥中還有什麼能過於烏梅呢？因此，烏梅理所當然應該成為厥陰主方的主藥。在烏梅丸中，烏梅用的是300枚，幹嗎不用200枚呢？可見這個數又一次體現了厥陰的方時特性。烏梅丸在用烏梅的基礎上，再以苦酒漬烏梅一宿。苦酒即酸醋，這便酸上加酸了。在《傷寒論》中，用酸味藥雖不只是烏梅丸，可是以用酸的程度而言，烏梅丸卻是無以復加的。從烏梅丸的上述三個方面，一個氣，一個味，一個數，都與厥陰的時方，都與厥陰的本性甚相符合，因此，烏梅丸作為厥陰病的主方應該是沒有疑問的。

在討論完烏梅丸的上述三個方面以後，也許大家會提出一個問題來，厥陰為陰盡陽生，厥陰為風木，因此，厥陰最主要的一個本性就應該是升發。而以我們過去的經驗，像烏梅、苦酒這樣一類酸性的藥具有很強的收斂作用。既然厥陰要升發，為什麼又要以酸收酸斂為君呢？這便形成了一個很大的矛盾，這個矛盾如果不解決，即便烏梅丸的上述問題好像談清了，可是對烏梅丸乃至整個厥陰的治方我們還是很難落到實處。落不到實處，對於烏梅丸的運用當然就談不上左右逢源。

木性升發，酸性收斂，升發為什麼要用酸斂呢？這個道理在《老子‧三十六章》中隱約可見，其曰：「將欲歙之，必固張之；將欲弱之，必固強之；將欲廢之，必固興之；將欲奪之，必固與之。是謂微明。」我們將《老子》的這樣一個「微

明」引申到厥陰裏，引申到烏梅丸裏，便是：「將欲升發之，必固酸斂之。」

　　為什麼要這樣呢？大家看烏梅丸的組成，烏梅丸有一個很大的特點，就是它裏面的溫熱藥特別多，一共七味，這是整個《傷寒論》用溫熱藥最多的一個方子，再沒有任何一個方的溫熱藥能夠超過它。

　　烏梅丸的溫熱藥既多且雜，川椒、當歸可以說是溫厥陰的，細辛則溫太陽少陰，乾薑、附子雖三陰皆溫，然乾薑偏於太陰，附子偏於少陰，桂枝則是太陽厥陰之藥。因此，烏梅丸中的這些溫熱藥實際上是很雜亂的，可以說它是四面八方的溫熱藥。既然是四面八方的溫熱藥，那它們當然就要溫四面八方。可是現在我們有個限定，有個固定的目標，我們不需要它溫四面八方，我們只需要它溫厥陰一方。這怎麼辦呢？張仲景在這裏告訴了我們一個很巧妙的方法，就是重用烏梅、重用酸味藥。烏梅就好像是一面旗幟，這面旗幟一樹起來，原來雜亂無章的散兵游勇就統統地歸攏到這面旗幟下，在這面旗幟的指引下，力往一處使，勁往一處發，都來溫這個厥陰。所以，烏梅丸之用烏梅，這個意義實在太深刻了。

◎烏梅丸的立方用藥令人拍案叫絕。

　　由烏梅丸我們看到了經方的鬼斧神工，由烏梅丸我們看到了張仲景的立方用藥之巧，確實令人拍案叫絕。烏梅丸有了烏梅這面旗幟，就能將分散的力量集中起來，聚於厥陰，就能夠幫助厥陰之氣突破陰的束縛，從而承陰啟陽。這樣才能真正地實現升發，實現陰陽的順接。此非「將欲升發之，必固酸斂之」乎。

　　從整個厥陰及烏梅丸的意義而言，厥陰之氣之所以不能升發，之所以不能順接陰陽，很重要的一個因素就是受到陰寒的束縛，而在束縛的過程中就必然會產生鬱遏，鬱遏即會生熱。為什麼烏梅丸在大量溫熱藥裏要配上二味苦寒呢？目

的就是要消除這個鬱遏所生熱。最後一味藥是人參，人參有
扶正的作用，可以加強上述的力量。另外，張仲景用人參還
有另外一個重要的作用，就是生津止渴。厥陰提綱條文的首
證不就是消渴嗎？用人參正好起到止渴的作用。再者，烏梅
丸除人參的止渴作用外，大家還應該記得《三國演義》望梅
止渴的故事，望梅即能止渴，況服梅乎。因此，烏梅丸治消
渴於事於理皆相符。此為烏梅丸之大義也。

　　綜之，烏梅丸是臨床極重要極常用的一個方劑，不但可
以治338條所述的蚘厥、久利及消渴，尚可用於巔頂頭痛、
睪丸腫痛等疾。於生殖系其他病變，亦可參烏梅丸意治之。
總之，只要我們對烏梅丸的理真正弄通了，臨證運用何愁不
左右逢源，信手拈來。我想不但烏梅丸如此，《傷寒論》的
112方皆如此，只要理上貫通了，事上的圓融只不過是遲早
的事情。這亦是本書寫作的一個最主要的目的。為什麼本書
的書名要定為「思考中醫」？思考什麼呢？無外乎就是這個
理，無外乎就是對自然與生命的時間解讀。

◎理事不二。

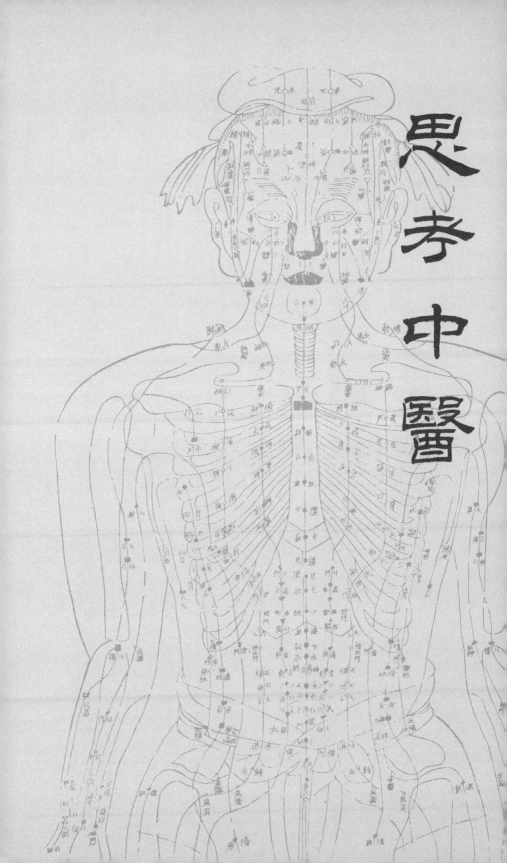

結　語

　　在本書的開頭，我曾經不止一次地提到了楊振寧教授，雖然，對楊教授在傳統文化上的許多觀點我並不贊同，但這並不妨礙他作為一位偉大的物理學家，作為一位智者令我崇敬不已。

　　十多年前，師兄劉方送我一本楊教授寫的《讀書教學四十年》，昨日偶然翻動這本書，看見字裏行間密密麻麻的圈點，看見頁面空白處的讀書心得，心潮起伏，久久難以平靜，眼淚不知不覺地流淌出來。此時此刻的心情是複雜的，難以在這裏很清晰地向諸位表述出來。但有一點是可以肯定的，那就是對一部好書的感激，那就是對古今中外給予過我教誨的智者們的感激。於是我決定將閱讀《讀書教學四十年》的部分心得抄整如下，作為本書的結語。希望能通過這個形式，表達我的感激之情，亦希望能夠借此表達我對所有認真閱讀拙作的人的一片至誠的謝意！孔子云：「以文會友。」衷心地希望這部書能成為一個紐帶，將我與諸位朋友連在一起，為讓傳統文化這顆瑰寶，為讓中醫這顆瑰寶能更多地讓世人瞭解，而奉獻各自的綿薄之力。

1994年8月18日：

　　楊振寧教授於1971年夏初次訪問新中國。8月4日上午參觀長城。他在後來的一次演講中提到了那次訪問：「在此行看到的景色中，令我感觸最深的就是長城。長城是令人歎為觀止的。它簡單而堅強。它優美地蜿蜒上下，緩慢而穩定

地隨著山巒起伏。有時消失於遠處山谷中，那不過是暫時的，終於又堅毅地攀登了下一個高峰。查看它的每一塊磚石，我們會體會到在它的複雜的歷史中，真不知凝聚了多少人的血和汗。可是只有看到它的整體結構，看到它的力量和氣魄以後，我們才會體會到它的真正意義。它是悠長的，它是堅韌的。它有戰術上的靈活，有戰略上的堅定。它的長遠的一統的目的，使它成為自太空接近地球的訪客所最先辨認的人類的創作。」這是迄今為止我所讀到過的有關長城的最優美、最實在、最耐人尋味的描述。在讀到這段描述前，我一直在尋找能用什麼詞句才能向世人確切地表達出中醫的意義，今天終於找到了，它就是長城！中醫是人類文明史中的長城，而只有當我們看到它的整體結構，看到它那富有力量和氣魄的完美理論，看到它那不可思議的實際運用，我們才會體會到它的真正意義。

1994 年 8 月 24 日：

　　楊振寧教授自 1972 年起，就在很多不同的場合強調基礎科學的重要性。1972 年 7 月 1 日周恩來總理於人民大會堂新疆廳宴請楊教授。席間，楊教授向總理提出，希望他考慮採取一個多注意基礎科學的政策。楊教授的這個建議亦非常適合於我們中醫，中醫其實更需要有一個多注意基礎科學的政策。

　　中醫的基礎科學是什麼呢？這個基礎科學主要就是中醫的經典著作。當然，《內經》在這裏顯得尤其重要。戴原禮是中醫史上著名的醫家，當有人問到他學醫的方法和途徑時，他的答覆是：熟讀《素問》耳！可見在大師們的眼裏，基礎的東西都是頭等重要的。而回顧中醫的境況，在高等中醫院校裏，讀《素問》一遍的人已屬少見，熟讀者更是鮮矣。這樣我們怎麼來開展對這門學問的研究呢？這真是令人擔憂的事情。

1994年9月5日：

　　興趣將你引入某門學科，而信念則是決定你在這門學科中取得突破性進展的關鍵。作為中醫的學人必須建立起自己的信念，尤其是傳統文化的信念。

1994年9月6日：

　　談到東西方文化，以及東西方歷史，我認為不說說「心境」二字是不行的。心與境自然有它的聯繫，否則不會放在一起來組詞。可是它們又有很根本的區別。就像「東西」二字一樣，合而言之，可以指某些個物，分而言之，則有天壤之別了。

　　「心」是主體的，或者說是主觀的意識，而「境」則是指客體的，或者是客觀的環境。因而，「心境」合璧就含有對客觀世界、客觀環境，我們的主體意識所作出的反應。

　　作了上述的這樣一個區別後，我們就可以說，產生於西方的近現代科學，是將其所有努力的90%以上放在對「境」的改變上，或者作為現代科學的老祖，他們相信「境」對「心」的絕對影響力。而作為東方的智者們，他們卻將其所有努力的90%以上放在對「心」的改變上。這就產生了聞名於東方的「修心」法門。一則著名的禪宗公案是：「吃茶去！」悟道前吃茶去，悟道後還是吃茶去，同樣是吃茶，作為「境」沒有絲毫的改變，而作為「心」則已是發生了翻天覆地的變化。正因為有了這樣的修心體驗，因而，在智者們的眼裏已經非常清楚地看到，對於「心」這個特殊的東西，「境」的作用是微不足道的。企圖花大力氣去通過「境」的改變來改造「心」，也許最終都是徒勞。

　　佛陀在臨終時，對他的弟子說：「當自求解脫，且勿求助於他人。」自求解脫是著眼於自身，是在「心」上用功，求助他人是在「境」上費力。我感到，佛陀的教導對我們今天

的中醫亦是有實義的。這幾十年來，中醫走的是一條什麼路呢？是一條求助於他人的路。由於過多地求助他人，過多地依賴現代科學，從而忽棄了自身這個根本。其結果呢？幾十年下來，對中醫有信心的、有把握的業內人士越來越少，而中改西業的人卻越來越多。向圈外的人問，還都說中醫是個寶，而向圈內的人問，卻說中醫不是個東西。這難道還不能使我們警覺，使我們醒悟嗎？中醫亦當自求解脫，如果中醫的腳跟沒有立穩，對中醫沒有一個透徹的理解，現代科學怎麼可能在中醫裏找到合適的切入之處呢？所以，第一步中醫當自強，自強了才有可能找到與現代科學的結合點。

1994年9月8日：

讀書的樂趣：

① 增長知識，不過這只占很小的比例。

② 增強我們在某一領域內的信念，這一點占很大的比例。

③ 向我們崇拜的思想和人物看齊。

④ 無形中使我們在境界和氣度上接近於那些偉人。

⑤ 歪打正著地激發出某些靈感，從而獲得一系列問題的解決。從這一角度來說，我們並不限於僅僅閱讀本專業的書，而是可以更廣泛地閱讀。

⑥ 可以毫無顧忌地批評名人，甚至是偉人們的「不是」之處，而往往是在這個批評的過程中，我們總結了思想，獲得了新的認識。

⑦ 溫故而知新。尤其是對經典的閱讀更是如此。

1996年9月16日：

左右是一對非常有趣的概念，在它裏面同時蘊含著對稱與不對稱、守恆與非守恆的這樣一些十分重要的理念。由於對稱性原理，我們由左即可以推及右的存在，由西北即可以推及東南的存在。同樣的道理，由陰即可以推及陽的存在，由春夏即可以推及秋冬的存在。在時空上的這樣一個完美的對稱性，為我們的研究帶來了極大的方便，以至後來的許多學科的建立都與這一原理相關。可是在這樣一個完美的對稱性面前，我們還應該知道有一個不對稱性的同時存在。為此，《素問》的作者在非常重要的篇章「陰陽應象大論」中告誡我們：「天不足西北，地不滿東南。」西北與東南是對稱的，可是「天不足西北，地不滿東南」，又充滿著不對稱。

左右對稱既是一切對稱的基礎，也是一切不對稱的基礎。為什麼這麼說呢？我們從左右的文字結構中即可以感受到上述的這個深刻內涵。在左右的造字中，左用工，右用口，工口以外的這部分是對稱的，而工口卻充滿著不對稱。工口體現了左右的不對稱性，工口的區別是什麼呢？工者巧也。所以，凡是音樂、繪畫、藝術、一切空間操作及與空間因素相關的形象，都離不開工。那麼口呢？口者言也。所以，舉凡語言，以及與語言相關的邏輯，都不離口。工口的這個區別，便將左右的差別，左右的不對稱性，很生動地體現出來。

大家知道，人的左右與大腦的左右半球是一個完全的交叉關係。故左者實言腦之右，右者實言腦之左。所以，我們言左實際上是在講右腦的情況，言右實際上是在講左腦的情況。左、右腦有什麼區別呢？這個區別就在工口裏。左腦主口，右腦主工！

　　現代腦科學認為，左、右腦的分工有很大的不同，左半球在語言、邏輯思維和分析能力等方面起決定作用；右腦在音樂、美術、幾何空間和直覺辨認方面占絕對優勢。左、右腦的分工，是直到20世紀中葉才真正弄清的問題。美國加州理工學院著名心理學家斯佩里（R. W. Sperry），即由於成功地揭示了大腦兩半球功能專門化的嶄新圖景，建立兩半球功能分工的新概念，而榮獲了1981年的諾貝爾生理醫學獎。而我們從左右的上述造字含義看，至少在兩千多年前，古人已經很清楚地認識了這個問題。

　　回顧傳統文化，有一個很強烈的理念是我們可以感受到的，那就是它的完美性。像對稱與不對稱，像陰與陽，像明與暗，像色界與無色界，像有與無，等等，這些概念都是同時存在的。陰中有陽，陽中有陰。對稱中存在著不對稱，不對稱中存在著對稱。正因為不對稱才會有對稱，亦正因有對稱才會有不對稱。對稱與不對稱實際上是一而二，二而一。再如明暗，古人在講明物質的時候，就已經意識到了暗物質，在意識到或看到一個由明物質組成的世界時，就同時意識到或看到了一個與之相對的由暗物質組成的世界。在對稱到不對稱，在明物質世界到暗物質世界，這個認識過程它是同時的。沒有說在認識對稱性，在認識明物質後，經過一個相當長的過程才又認識到了不對稱性，才又認識到了暗物質世界。在傳統的學問中完全沒有這個過程。

　　而我們回顧現代科學的發展脈絡，在楊振寧教授與李政道教授做出宇稱不守恆，也就是不對稱性原理的發現前，有相當長一段時間是由宇稱守恆，是由對稱性原理一統的。而在這樣的一個時期內，顯然就存在不對稱性原理的認識真空區和誤區。由這樣一個一統原理所作出的判斷，就必定帶有很大的片面性。又如對明暗物質的研究，在過去，科學界一

直著眼的僅僅是明物質的這個層面，對於暗物質這個層面卻一直蒙在鼓裏。直到20世紀末，科學家們似乎才如夢初醒，猛然意識到在明物質之外尚有一個暗物質的存在，尚有一個過去根本沒有意識到的東西亟待我們去認識。而在傳統文化的概念裏，它有沒有一個類似於現代科學的發展過程，有沒有一個類似的真空區和誤區呢？它沒有！這就是我們之所以稱其為完美的根本所在。

從傳統文化，從中醫的這些概念裏面，我們深深地感到，傳統中醫對人類的貢獻，不應僅僅局限在疾病的治療上。自古以來，對醫就有三個評價，謂下醫治病，中醫治人，上醫治國。治病的含義我們很清楚，治人則關係到人的心理，人的信念，以及人的修養，那麼治國呢？治國的含義應該很廣，作為醫者，將中醫的、傳統文化的這樣一些完美的理念充分地挖掘出來，並經過現代的表述形式，盡可能地呈現於世人面前，呈現於現代科學面前。而如果現代能以一種平實的心態面對傳統的這些理念，並盡其所能地取其精華，我想諸如上述的這樣一種概念上的漫長的真空區和誤區，就可以得到很大程度的避免。如何將傳統如實地介紹給現代，如何讓傳統多層次、全方位的服務於現代，這正是我對中醫的一個思考。

《老子》以五千言傳世，卻能歷久彌新，《傷寒論》亦不過萬餘言。而我把一個思考，絮絮叨叨地言說了三十餘萬。聖凡之殊，一目了然。如此既占大家的功夫，又費大家的時間，為著個什麼來呢？且借一首古詩，道是：「趙州庭前柏，香岩嶺後松。栽來無別用，只要引清風。」

感謝我的家人以及為此書出版而默默奉獻的所有親人和朋友們！特別還要感謝我所在的工作單位廣西中醫學院，長

期以來，是學院給予了我各方面的全力支持，由於這些支持，本書的寫作以及出版才得以順利進行。時值於清華訪學期間，圓滿是書，蓋亦得水木清華之靈氣也。是為記。

2002 年 10 月 10 日午時於南寧

附錄：《思考中醫》九問

問一

問：《思考中醫》點燃了許多人對中醫的信心和熱情。媒體對中醫的關注是越來越多，不管是捧是罵，我想都是好現象。我想問的是：這些年來對《思考中醫》的批評和共鳴很多很多，作為「思考」者，你對中醫有些什麼後續的思考？或者說，你對這些批評或共鳴有些什麼樣的回應？

答：非常感謝您在信中的直言，「但開風氣不為師」，其實也是我內心的一個願望，我亦深知我難以為師，因為生性過於耿直，不具循循善誘之性，更非溫良之輩了。記得2003年的6月，我放下了手頭的其他事，到桂林作短期閉關，可正要出門的時候，俞凡從北京打來電話，說是《思考中醫》已經出來了，這個消息對我的短期閉關當然是有影響的，因為畢竟是第一次看到自己的著作面世。

　　《思考中醫》寫出來後，我曾跟夫人（趙琳）說，書出來了，我前半生的任務也就完成了，接下去想做什麼呢？很想過隱居的生活，日子可以清貧一些，能夠果腹就行了。隱居下來幹什麼呢？不是清高，而是研習傳統文化的這些學問。中醫的這些學問非得潛下心來不可，得有大塊大塊的時間來思考。就以我主修的《傷寒論》而言，儘管古人研究了一千多年，可從我對整部書的理解來說，問題還是太多，以我的心得，充其量也不過讀懂了幾十條，而從自認為讀懂的這幾十條來看，每一條

皆有震撼之處。然而要真正地讀懂每一條，著實是不容易的，沒有大塊的時間，不真正地潛下心來，幾乎是不可能的。

現在書出來已數年，回首起來，恍如昨日，而我卻陷入了您所不願看到的事務繁忙之中。分析這其中的緣由，是耽著於名利呢，還是責任心的驅使呢，或者兼而有之。人在江湖，身不由己，我現在是有些體味了。於是更景仰古來的隱者，也更明白了孔子為什麼要讚歎隱者。

正如您問中所說，《思考中醫》出版的這些年來，對它的批評和共鳴都很多很多，作為作者，對於共鳴，當然內心是感到欣慰的，能夠令這樣多的人改變對傳統文化的看法和對中醫的看法，能夠令這樣一些人身心受益，內心怎不欣慰呢？但我也非常清楚，這並不是自己如何了不得，不過是應了古人的那句話：時勢造英雄。從眾多的來信中可以看到，為什麼會引起如此多的共鳴呢？是因為很多人一直在思考著這樣的問題，區別不過是有的人思考得淺一些，有的人思考得深一些。當然還有另外一個區別，就是我在一定程度上把他們所思所想宣說出來了，而且是在這個特殊的「時勢」下宣說出來。

中華民族是了不起的民族，中華文化是了不起的文化，這一點已經有很多的人在說、在論證。怎麼個了不起呢？我想最大的一個了不起的就是它的生命力了不起。現在世界人口60多億，中國就占去13億，當然這還是因為計劃生育，如果不是計劃生育，這個數字還會更高。從整個地球耕地的總面積和總人口比例來計算，這樣有限的土地養活這麼多的人，這本身就是一個奇

跡，這不能不說是這個民族的生命力了不起。文化呢？
從秦始皇焚書坑儒始，起起伏伏，歷經種種的劫難，這
個文化仍然沒有倒，反而正在走出國門，走向世界，成
為21世紀全球矚目的文化，這不是說明這個文化的生
命力了不起又是什麼？

為什麼中華文化有如此強的生命力？因為它適應性
強，在每一小時代都能在其中找到適應和通變的內涵，
用佛家的話，它能適三世——過去、現在、未來。很多
時候看起來是被打倒了，但是她的精神不泯，它的元氣
植根很深，所以被打倒的只是形式。對於傳統文化，我
現在所持的是比較樂觀的態度，它是不會泯滅的，傳統
文化不會泯滅，中醫當然也不會泯滅。即便遇到一時的
阻礙，即便很多的人不理解，甚或恥笑它，但這些都要
過去，就像青春期的孩子有一段逆反心理，遲早會過去
的。傳統文化的內涵為什麼適應於每一個時代呢？我想
在以後的問題中再具體說。

《思考中醫》剛出來的半年，對於收到的信件基本
都一一回覆了，但是慢慢地信件越來越多，要想一一回
覆實在是困難。從這些信件看，共鳴的占絕大多數，
批評的只占了極少數，所以我一般都是優先回覆批評的
信件。但是聽說網上批評的信息比較多，前一段在《中
國中醫藥報》上也有提出批評的文章。人非聖賢，孰能
無過。古人講著書的條件必是胸中無半點塵，若以此
來要求，我應該還差得遠，既然胸中還有塵垢，那寫出
來的東西自然就會有不妥的地方。如我在書中論急症
的一段就存在問題，過去受經歷所限，危急之證遇的很
少，在附院病房的一年多裏，雖然急危重症不少見，但
一遇這類急症，都無一例外地交給西醫處理，最後救過

來是西醫，救不過來也是西醫。由於這樣的經歷，自
然造就了這樣的認識。2004年後我有幸拜在鄧老、李
老及盧崇漢老師門下，在他們的教導和影響下，才有了
更進一步的認識。李老從醫近五十年，都是在基層滾
打，尤其是在急危重症中滾打，他所著的《李可老中醫
急危重症疑難病經驗專輯》告訴我們，中醫對急危重症
亦有非常之處，有的方面如心衰的搶救，不但不亞於西
醫，而且有勝於西醫。再看2003年的SARS，似乎更能
說明這一點。SARS來勢兇猛，變化迅速，死亡率高，
不可謂不急、不可謂不危、不可謂不重，廣東的SARS
因為中醫的介入，死亡率僅3.8%，而與之一牆之隔的
香港，因為中醫介入很少，死亡率高達17%，這其實是
中醫於急危重症大有用武之地的一個明證，也是對我的
一個很好的教誡。對於諸如此類的不妥之處，能夠有
人提出來批評，這是一件好事。當然批評也是要學問
的，有的批評是善意的批評，這樣的批評功德無量。
有的是帶著火氣的批評，是要爭高下的批評，對於武術
是有高下之分，是要擺擂台，可是對於學問而言，對於
道而言，是沒有擂台的。所以帶著火氣去批評，往往
會傷著批評者自己。而對於被批評者，善意的批評，
當然會使你直接受益；帶著火氣的批評呢，若能安然受
之，那益處會更大一些。所以，對於批評，我是由衷
的感謝！

問二

問：在中醫發展命運的問題上，有個命題我覺得是繞不開
的，那就是：中醫是偽科學。許多人是拿這個來否定中
醫價值的。當然，在我看來，這命題本身就是一個偽命

題。但是現在確實存在一種把「科學」製造成為精神准入證和生活准入證的傾向。所以中醫和科學的關係，在現實的人心裏頭始終撇不開。《思考中醫》書裏其實也涉及對這個問題層面的論述，能不能集中談談你的看法。

答：有關中醫的科學性問題，2005 年出的《哲眼看中醫》較集中地談到了這個問題，我在裏面亦發有一篇文章談到對中醫科學性問題的思考。其實回想起來，科學在日常的意義上只不過是這個時代人們的一種習慣，就像四川人喜歡吃麻辣，謂之川菜，沒有麻辣的菜，不管你怎麼好，他也吃不下。中醫之於現代人講的科學，就像是四川人遇到了上海菜，甜嘰嘰的，儘管上海人吃得津津有味，可川人就是不習慣，就是受不了。所以對中醫科不科學這個問題，我是感到越來越不想談了，覺得治病，你說中醫不科學，它照樣治好病，弄不好，就像是上海菜做好了，為了送給川人吃，勉強加一些麻辣調料，結果呢？不倫不類！四川人吃不了，送回去，上海人也不想吃了。我看中醫這幾十年的情況很有些類似。

中醫是一門有完整理論體系的學問，憑藉這個體系可以解決現在的很多問題，是這個時代很需要的一門醫學。當然，由於中醫產生在這麼久遠的年代，它的很多方式與這個時代的主流習慣相異，這個問題怎麼解決呢？一方面，為了得到它的服務，時代必須要設法去習慣它；另一方面，在不影響它的服務功能的前提下，中醫是否也可以改變它的一些方式，使得現代人比較容易習慣它呢？還有另一個問題，就是現代科學如何看待中醫。我以為中醫治病的理念、中醫治病的方法，都是值得現代科學研究的。這裏面有很多的奧秘，如果揭示出

來，應該可以推動科學的發展，而這個工作應該是由搞
現代科學的人去做，這樣才有可能做出成績來。當然中
醫可以配合這個工作，但絕不是由中醫承擔這個工作，
如果由中醫承擔這個工作，就會搞成像現在這樣，東不
成西不就，一團糟。這些方面必須分清來，不能搞錯
位，錯位了對彼此都沒有好處。

問三

問：中醫傳承，或者說中醫教育問題，我覺得你書裏談了很
多，對這個問題的感觸也很深，好像這是你憂心的一個
焦點。我這兩年對這個問題的嚴重性也有所體會。前陣
子還寫了篇文章，談到「廢醫存藥」時，說了一句話，
叫「醫之不存，藥將焉附？」所以「存醫」或者說存下真
正諳熟中醫思維的「醫」其實很關鍵。而這就涉及中醫
教育問題。你覺得現在這種中醫教育所存在問題的本質
和解決的辦法是什麼？

答：教育是一個大問題，也是一個難辦的問題。從教育的根
本要素而言，不外能教之人與可教之人兩個方面。能教
之人為師，可教之人為生，師生的有機結合，才能把教
育搞好。

　　古代的學問很強調「師」這個要素，故曰「師道尊
嚴」。所以教育實際是由師來把握。而現代的教育有很
大的不同，教育基本不是由師來把握，而是由體制來把
握，這是現代的知識型教育的一個重要特徵。所以在現
代的教育裏，師的位置下降了，沒有師道之尊嚴，而只
有體制之尊嚴。梅貽琦先生曾經說過：大學者，有大師
之謂，非有大樓之謂也。現在的大學是有多少博士點、
碩士點，多少課題之謂，非有大師之謂。

　　強調師的教育，實際是一種個性化的教育，這種個性化完全由師的風格來確定，所以形成了不同的師門、不同的流派，這樣一個形式的教育，都是一竿子插到底的。以中醫而言，理論與實際、基礎與臨床都是一師貫通，兩千年的歷史證明，這樣的教育模式是適應這些學問的傳承的。

　　20世紀以來，以師為主的個性化教育已不復存在，代之的是規模化的共性教育，中醫的教育亦不例外。早幾十年，從師門走出來的老一輩還在執教，情況稍稍好一些，這些年來，隨著老一輩的相繼故去，教育領地全都是清一色的科班生。一以貫之的師資被各就各位、各持一科的分段師資代替了，這就是中醫教育的大現狀。所以依我看，中醫教育所存在問題的本質就是能教之人的問題，師資的問題，另外就是共性教育的模式不適應於這樣一門個性化的學問。

　　一以貫之的師資沒有了，教育的模式又這樣格格不入，問題應該十分嚴重了，以至於一些老一輩稱自己是中醫的一代「完人」，而我現在對這個問題並不這樣悲觀。與歷史長河相比，幾十年不過一彈指，它總要過去的。這樣的情況再持續一段時間，人們就會幡然省悟，就會意識到個性化教育的可貴，就會重拾師道。正像孔子說的：歲寒方知松柏之後凋。現在也許歲還不夠寒，所以還覺察不到松柏之可貴。但是為時應該不遠了。

　　所以如果從這個角度看，從20世紀開始，中醫所歷經的風風雨雨也就不足為奇，不足為怪，這將是人們重新審視中醫，重新重視中醫，讓中醫的教育乃至中醫的方方面面重新按照自己的路去走所必須經歷的一個階段。

　　《思考中醫》出版後，不少來信、不少來電、不少來訪是為著來拜師的，有的並不是學中醫的，卻要中途退學來跟我學中醫，有一位山東中醫藥大學的學生甚至要從濟南徒步來廣西拜師學中醫，他們的這份熱心令我感動，也使我看到了中醫的希望。但是以我目前的水平，卻只能做一個徒弟，還遠遠不能成為課徒之師。師道尊嚴，不是開玩笑的，過去有一副對聯：「不尊師道天誅地滅，誤人子弟男盜女娼。」這的確是很嚴肅的事，上聯講的是生，講的是弟子，弟子應該尊師重道，過去講一日為師，終身為父，就有這樣嚴重。若為弟子的不尊師道，則不但天誅之，地亦滅之，後果不堪設想。下聯講師，為師的帶引弟子，要能真正做到傳道、授業、解惑，這樣便是為往聖繼絕學，為萬世開太平，真正的功德無量。若不能如此，反而誤人子弟，則後世非盜即娼，這個後果更是令人不寒而慄。現在的教育不是師道的教育，而是體制化的教育，商業化的教育，只要做到買賣公平就行了，不過作為師這個職業，究竟還是小心為妙。這也是要請欲拜師的朋友們需要諒解的地方。

　　《思考中醫》出版後的這段時間裏，我又先後拜了三位師父，先是於2004年6月拜著名老中醫鄧鐵濤教授為師，並在鄧老的引薦下於2004年7月前往山西靈石縣拜當地名醫李可老先生為師。鄧老以近九十的高齡，尚自為中醫事業奔走呼號，不遺餘力，他老人家的精神，他老人家的人格無時無刻不在激勵和鞭策著我。李老是位了不起的活菩薩，對於病人從來是有求必應，在他的面前我是深感無地自容，慚愧萬分，他的人格、他的心量，是值得我一輩子學習的，他以大劑附子起救

沉屙，更是令人大開眼目。2005年暑期，上蒼垂憐，另一個師緣又悄然而降，我得以親近心儀已久的具有火神之稱的盧氏醫學傳人盧崇漢先生，並幾經周折，終得於2006年元旦正式得列盧氏門牆，成為盧崇漢先生的上首弟子。盧氏醫學至今已兩百餘年傳承不斷，師父之祖父亦即太師爺盧鑄之乃清末名醫鄭欽安的得意弟子，盡得欽安醫學真傳，結合盧氏本具之學而成盧門火神一派。我書中談到的頗具神奇色彩的田八味，其實就曾經是太師爺盧鑄之的學生。入門之後，師父口傳心授，明敲暗撥，數月間心身已然震動，深歎師門之奧妙、師道之尊嚴！所以，中醫教育的問題要想獲得解決，最終還是得回到這上面來的，這也是我親身經歷的感受。

另外，還想借此機會跟欲求師拜師的朋友們說上幾句：醫乃仁術，而欲得仁術，必先仁心，故凡醫門具格之師，皆是大具仁心者。苟非仁心充滿，而欲上上之術，比猶緣木而求魚，了不可得也。故欲遇明師，必自先鍛煉一顆仁心。何謂仁心？愛人之心，慈悲之心，救苦之心，濟困之心，非為名、為利、為私欲之心也。若是仁心充滿，則先得師心矣，遇師乃是遲早之事。若不具仁心，而欲求明師，實為難矣！

問四

問：其實我一直都很想請你給我講一講書中所述「開方就是開時間」這句話的更深廣的含義。我直感上覺得這句話是很高明的。五運六氣、子午流注這些觀念，裏面都有個時間問題。現在也有人談「時間醫學」，好像有一種暗合。前陣子看施今墨的一些資料，説到他在20世紀50

年代乙腦流行的時候，收治百餘人，其中治癒的98個人他就用了98種不同的方。我隱約覺得這裏面也有個時間問題。你是怎麼看的？

答：「開方就是開時間」這個提法很妙，蘊義深廣。首先要理解什麼是開方，這個方代表了什麼。方不是幾味藥就叫方，方其實就是一種陰陽的狀態，五行是方，六十四卦是方，都是表明不同的陰陽狀態。而人體為什麼會生病呢？簡單地説，就是陰陽的紊亂，所以要制定一個能夠將這種紊亂的陰陽狀態調整過來的對應的陰陽狀態的方。《內經》裏講的「寒者熱之，熱者寒之，盛者瀉之，虛者補之」反映的就是這個意思。時間也是一樣，中國人的時間不是純粹的計時數字，而是對陰陽不同狀態的刻度與標記，所以中國人用以計時的單位是干支，而不是阿拉伯數字。干支的根本含義就是五行，也就是不同的陰陽狀態。因此，方也好，時間也好，其內蘊是相同的。從這個角度來看「開方就是開時間」是很好理解的。所以，五運六氣、子午流注這些與時間相關的學問，都可以歸結到陰陽的問題上來。我想你所舉的施今墨的例子也是如此，98個治癒的人，他用了98種不同的方，這説明什麼呢？這説明個體不同，陰陽紊亂的狀態不同，所以必須要用不同針對性的方子。上工能夠察微，粗工只能察同。所以一般的醫生治好一個病後，就以為下一個病跟上一個差不多，用了同樣的方子；而好的醫生，能夠體察出細微的差別來，所以就用了不同的方子。其實「同」是相對的，「差別」是絕對的，體認差別正是中醫很具特色的一個地方，也是我們這個時代應該關注的一個地方。

問五

問：書中談到的「經絡隧道」和「內證實驗」我覺得也是一個
關鍵。很多人一說到中醫「不科學」的時候，一個主要
論據就是中醫沒有近現代生物醫學的那種實驗，比如小
白鼠實驗。但是我有一個印象，好像《神農本草》所記
藥物是三四百種，而李時珍的《本草綱目》記有藥物
1,900多種，多了差不多1,500種。這兩本書的時間距
離，也差不多是1,500年。平均下來，一年新增一種藥
物。我感覺這後面是有實驗基礎的，但不是白鼠實驗，
而是人體本身。前陣子呂先生（嘉戈）還跟我說到這麼
個例子：巴豆是瀉藥，但是有人拿去做白鼠實驗，發現
白鼠非但不瀉，反而吃得津津有味，於是得出結論說，
巴豆沒有致瀉功能。結果中醫告訴他，巴豆又稱鼠豆，
鼠食之不瀉。中醫早就知道了。這例子十分有趣，它至
少說明「白鼠實驗」未必如想像的那麼可靠。那麼，中
醫的實驗可能是一種什麼模式呢？

答：您舉的這個例子很有意思，這也恰恰說明了中醫觀察的
不僅僅是人，也還有其他的動物，否則鼠豆怎麼會被發
現呢？

中醫的實驗模式在《易·繫辭下》裏說得很清楚，
就是「近取諸身，遠取諸物」。「近取諸身」講的就是內
證實驗，有關內證實驗我在《思考中醫》裏提出來後，
看到很多讀者的讚許，當然也會有批評的意見，不管是
讚許或是批評，它都是古人實證的一個手段。儒釋道的
很多內容，其實都是在講這個實證。那麼「遠取諸物」
呢？「遠取諸物」其實就是「外證」，不過這個「外證」與
現代的科學實驗不同，那個時代還沒有這個條件，但是
古人的「外證」也是很巧妙的。

比如您問中談到的藥物問題，藥物的功用是怎麼發現的呢？某味藥物發汗，某味藥物利水，是不是都要一一嘗試才能知道？嘗試當然是要嘗試的，但是在嘗試之前古人已經有了大致判斷藥物功效的方法，用這個方法去判斷，大致可以十得七八。山西有一位了不起的農民，叫任光清，醉心中醫藥研究四十餘年，祖國的名山大川他基本都去過了，連廣西的十萬大山他都先後待過四次。幾十年在山裏面出入，往往一待就是數月，過著野人般的生活。在深山裏觀察動植物的生長，觀察它們的形色氣味。在路邊任拔一根草，他大體就能説出它的氣味歸經、功效作用，他憑藉的是什麼呢？他憑藉的就是古人外證的方法。

問六

問：你書裏説到，中醫的核心就是「陰陽」。這也正好是中醫備受攻擊的地方，認為這樣的理論基點説明中醫就是玄學醫學。有些人受西方「元素論」的影響，以為五行就是五種物質，而不知道那是五種陰陽關係的模式，所以就站在「分子」的立場大加批判。因此我覺得對陰陽五行的認識很重要，尤其是它們在中醫體系中的闡釋。我想知道你所體會的陰陽五行。

答：對陰陽五行的問題，我在書中已做了較大篇幅的討論，陰陽的問題不是玄學，而是很平實的學問。這個問題古人談的太多，像清末著名醫家鄭欽安在《醫法圓通》裏談到：「用藥一道，關係生死，原不可以執方，亦不可以執藥，貴在認證之有實據耳。實據者何？陰陽虛實而已。陰陽二字，萬變萬化。在上有在上之陰陽實據，在中有在中之陰陽實據，在下有在下之陰陽實據。……把

這病之陰陽實據，與夫藥性之陰陽實據，握之在手，隨拈一二味，皆能獲效。」所以，陰陽貴在真憑實據，又豈是玄學呢？當然，這個實據可能既非原子，也非分子，一時之間還難以溝通，好像是秀才遇著兵，有理也講不清。那又何必強說呢？《老子》強說之為「道」，我們強說之為「陰陽」，可是這個「道」是「道可道，非常道」啊！我總在想，傳統的東西其實不必強說的，你感興趣了，自會找一種方法去瞭解它，親近它。若不感興趣就放在那兒好了，它已放了幾千年，是不會餿也不會臭的。

這些年來，城市的高樓太多了，人們對自然環境開始有了興趣，於是去九寨溝的人越來越多，還在那修了機場。另外，四姑娘山……還有甘孜很偏僻的亞丁也開發出來了。現在進藏的人也越來越多，到其他地方的航班都有折扣，像到北京、上海，有時可以打到兩折、三折，比坐臥鋪還便宜，唯獨到拉薩的航班從不打折。這些都是很有意思的現象，值得我們思索與尋味。我想傳統的學問也許就像上面的這些地方，你沒有興趣，不去開發它，它在那兒依然很美，幾千年前是這般美，幾千年後也還是這樣美，倒是開發了，去的人多了，如果遊人沒有環境意識，反而會把她糟蹋。

五行是五種陰陽關係的模式，這個說法是對的。其實我們看易卦的形成過程就能大致明白這個問題。《易‧繫辭》裏面講到：「易有太極，是生兩儀，兩儀生四象，四象生八卦，八卦定吉凶，吉凶生大業。」這裏的兩儀是陰陽，兩儀再一組合，變化成不同的狀態，就是四象。四象即是少陽、老陽、少陰、老陰。四象其實就是春夏秋冬，就是木火金水。木火為春夏，為陽，儘

管春夏為陽，但陽的狀態還有差別，所以有少陽、老陽之分；金水為秋冬，為陰，儘管秋冬為陰，但陰的狀態仍有差別，故有少陰、老陰之分。春木為溫，夏火為熱，秋金為涼，冬水為寒，陰陽皆各有所偏，唯有土乃陰陽和合，無有所偏，故其氣為平，其令為化。為什麼金木水火不言化生萬物，而唯有土言化生萬物呢？根本的原因就在這裏。這種陰陽和合的狀態，在《易‧繫辭》裏又叫作「天地氤氳」、「男女構精」，所以有「天地氤氳，萬物化醇。男女構精，萬物化生」。《素問》裏面金木水火都各主一時，唯有土不主時。主一時則有所偏也，不主時則無所偏。唯其不主時，方能無時不在，無時不主。五行的性用，尤其是土的性用，如果我們能真正悟入，很多自然的問題、人生的問題就能夠得到解決。

問七

問：書中在分述六經關係時，我總覺得有一個六經整體意義上的升降問題和開合關係比較難懂，請集中談一談吧。最好通俗點，我可是門外漢啊。

答：升降也好，開合也好，其實都是一個方便的說法。《素問》裏面談到：升降出入，無器不有。自然也好，人體也好，其實也都可以理解為一個升降出入的過程。像太陽的東升西降，這是很好理解的，自然的一切過程，哪一個又不是升降呢？草木的生長可視之為升，草木的枯落可視之為降，人生的生長衰老，人事的興衰榮辱，又何嘗不是升降呢7出入與升降是同一個道理，有出就必有入，有入就必有出，就像我們呼吸是一個出入，我們吃東西、解大小便也是出入。明白了這個是必然的過

程，人生在遇到很多問題的時候就容易邁過去。像搞商業的無不是只想賺，不想賠，其實賺與賠，不也是一個出入嗎？如果我們只吃東西，卻不拉大小便，那會是什麼情況呢？那醫生是要下病危的。實際上人一旦不拉大小便，八九也就不想吃東西了。這就是道，但是百姓日用而不能知之。所以我們只想到要賺錢，遇到賠錢就痛苦萬分。現在市場上有很多通便茶，尤其是老年通便茶，在身體拉不出大便時，我們會尋求一些藥物來解決，讓它能夠出，而且要出得痛快，可是為什麼我們在遇到人生事業上有「出」的時候，卻反而覺得痛苦呢？有一些明智的商人，在成為富翁以後，他們知道入得多了，必須要有出的時候，於是拼命地做慈善捐助，這是一種自己很樂意的「出」，也是一種有意義的「出」，如果你不這樣，那老天「出」起來，可就會痛苦了。

「升降出入，無器不有」，這是客觀的規律，是不以人們的意志為轉移的。那麼，這個升降、這個出入如何來把握呢？這就是開合的問題了。開合問題在書中已作了詳細的討論，這裏也就不費紙墨了。

問八

問：我想扯一個書外的話題。在進行這本書的編輯的時候，我記得你跟我說到過「醫學模式」的問題。當時就覺得這是個很有意義的思路。後來我看了一些這方面的資料，主要是恩格爾的現代醫學模式（生物—心理—社會醫學模式）理論。你覺得這對中醫有什麼值得借鑒的地方？

答：現代醫學模式逐漸從純粹的生物醫學模式轉到生物—心理—社會醫學模式，這應該說是一個很大的跨越，不過以目前的實際情況來看，這個模式也還是停留在願

望階段，並沒有真正地實施。其實一門醫學至少要關係到這三個方面，一個疾病的發生，以及一個疾病最後得到治癒，不僅與生物體的本身有關係，還與生物的心理狀態以及生物所處的社會環境有關，這些都是顯而易見的。只是我們現在的醫學主要還是停留在生物的階段，對心理及社會對疾病造成的影響，這方面還無暇顧及，而且知道的也很有限。中醫的醫學模式是很寬泛的，她包括了生物—心理—社會醫學模式，它的主體是心身，或者說形神。這一點《內經》講得很具體，要「形與神俱」，才能盡終天年。所以醫學只關注形體，只關注身是不夠的，還必須關注神，關注心。在這個主體的基礎上，再講求天地人合一，此即是《素問》提到的「上知天文，下知地理，中知人事」。天文、地理實際是自然的問題，自然的問題與疾病的關係至切，這是中醫很重要的一個特徵，《素問‧至真要大論》講「夫百病之生也，皆生於風寒暑濕燥火」，講的就是這個特徵。這個特徵現代醫學還不具備，它基本只強調生物，還沒能關注到自然的影響。人事講的是什麼呢？人事就是人與人之間的關係，就是社會，所以中醫的醫學模式，除了強調生物—心理—社會之外，還強調一個自然的因素，天地的因素。這是在醫學模式上的一個區別。從根本上講，中醫的醫學模式更值得現代醫學的借鑒，這樣的借鑒，將會是未來醫學的一個福音。

問九

問：最後一個問題——中醫環境觀。這是上承醫學模式那個問題來的，所以我先提了那個問題。我機械對應一下，比如自然（生物）環境、心理環境和社會環境。這個問

題以前你也跟我談到過。中醫施治，講究治病、知命、治環境。它的核心是不是追求內外平衡系統的構建呢？《思考中醫》其實很多地方點到了這個問題，但是我覺得還是展開得不夠，你能不能稍微展開地談一談。

答：我記得「中醫環境學(觀)」這個問題，您跟我提過數次，並且希望我的下一本書就專門談這個問題，對您的這個厚望，我確實很感激，也很慚愧。因為以我目前的學問和閱歷還很難把這個問題談透來。

自然環境、心理環境和社會環境，總的來說就是內外環境，現代科學所致力的是外環境的改變，而在這個外環境的改變過程中卻帶來了一個大的問題，就是對我們生存的自然環境的破壞問題。千方百計想改變我們生存的環境，可卻沒有料到反而會造成自身生存環境的破壞，這是始料未及的，也可以說是事與願違的。但是這個問題始終繞不開，你要發展，在某種程度上就必然會帶來環境的問題。古人的做法，基本上是走內環境這條路，有一句名言，叫作「治境不如治心」，就是很好的一個寫照。《大學》三綱八目，歸根也在治心。境指的是外在的一切。改變外在的一切，不如改變自心，這既直截了當，也是根本的方法。人一生的安樂與痛苦究竟由什麼來決定呢？外在的條件，物質的條件，當然也是一個決定的因素，食衣住缺一不可，但是對於這方面古人不去做太多的追求，認為知足就行了，千萬不可過分。「知足」這個詞，關鍵在「知」，不知就不可能足。因為這方面是無底洞，若過分地追求，不僅最終得不到滿足，反而貽害無窮。像住房的問題，過去在城市裏住什麼？祖孫三代就住二三十平米的房子，現在一家三口住三室一廳還嫌不夠，還在這個問題上苦惱。過去沒有私人廁

所，都上公廁，幾十戶人家甚至上百戶人家，就擠一個公廁。現在可好，一家一個廁所還不夠，還分什麼主廁客廁的，苦啊！苦啊！這條路上哪有窮盡的呢？顏回一簞食，一瓢飲，居陋巷，人也不堪其憂，回也不改其樂。真正的「君子居之，何陋之有」。所以儒釋道的學問無不是強調內環境的改變，內環境的改變才是根本，內因是變化的根據，外因是變化的條件。對於條件能夠將就就行了，聖人講知足常樂，就是針對外在條件而言。

比如婚姻，婚姻是家庭的要素，也是一個外環境。過去的婚姻講求從一而終，一輩子也就結一次婚。是不是過去的婚姻都很美滿呢？也不是的。那麼，過去在碰到不滿意的對方時怎麼辦呢，處理的原則是很清楚的，就是更傾向於通過改變內環境，通過改變自己去適應對方，而不是去更換對方。現在不同了，不是改變內環境，不是通過改變自己去適應對方，而是動不動就換掉對方。此風一開，大有一瀉千里之勢，變得不可收拾了。離了婚，換了對方，是不是問題就解決了呢？沒有！大多數的離婚不過是前門送走虎，後門迎來狼。而給家庭、給社會帶來了什麼呢？禍害無窮！

婚姻的問題，夫婦的問題，其實也就是陰陽的問題。孔子在《易‧繫辭》裏面說：一陰一陽之謂道。所以去婦的問題不是小問題，是道！不是說「夫子之道，發端乎夫婦」嗎！這個問題處理好了，陰陽之道也就修好了，家也就齊好了。在這個基礎上才能去談治國，去平天下。那麼，家如何齊？陰陽之道如何修？這個問題《大學》是交代清楚了的。就是通過修身，修身不是修別人的身，不是去改變對方，而是修己之身。怎麼才能修好身呢？通過正心。怎麼能夠正好心呢？通過誠意。一

路的工夫都是從內起修。通過改變內心,從而改變自身,通過改變內環境,從而適應千變萬化的外環境。有些事是我們想不到的,我們覺得對方不如意,想要改變對方,往往對方會變得越來越不如意,離我們也越來越遠。反過來,你不去改變對方,只是改變自己,卻發現對方越來越走向自己。《大學》裏面講修齊治平的學問,它的樞要就是齊家,而齊家的樞要又在夫婦,所以這個問題實在是太重要。現在很多孩子年歲不大就患肝癌,或者什麼癌,追溯起來,絕大多數家庭有問題,不是父母離異,就是長期不和。家庭這個環境不好,能夠生長出好苗來嗎?現在大都是獨生子女,父母沒有不想子女好的,但是子女怎麼好呢?一個充滿怨恨的家庭,一個陰陽不和的環境和土壤,不可能生長出一個身心健康的孩子。

現在環境的問題提得很多,而我以為諸多環境問題中,最重要的環境就是家庭環境,因為這是關乎人的一生的環境。而使這個環境變得美好、和諧的根本途徑,也是唯一的途徑,就是改變自身,就是「修己化人」。家庭這步道,必須從內起修,通過內環境的改變而致外環境的改變,這也是大學之道確立的一個基本原則。這就是「治境不如治心」。如果違背了這個原則,要想改變環境、健康人生是非常困難的。

《素問‧上古天真論》在談到上古時候的道者時,其第一個標準就是「法於陰陽」,而我上面已經談到,陰陽就是夫婦,走好了夫婦這步道,也就走好了陰陽這步道。也只有走好了上面這步道,家庭的環境才能搞好,身心的健康才有保證。所以,中醫環境學最應該關注的問題,其實就是家庭的問題。清末民初遼寧朝陽縣出了

一位了不起的人物叫王鳳儀，他的道也被人稱為善人道，善人道就是從家庭起修的。我想它是很契合於這個時代的道的。我是2002年至2003年在清華大學人文學院訪問的時候接觸到這個道的，當時的感覺既是五內震動，又是慚愧萬分。震動是因為由一位目不識丁的農民說出的道，能這樣彈無虛發，直指人心；慚愧的是按照這個道的要求，自己百無一是。三年過去了，在這門學問的幫助下，自己的身心已經開始受益，故想借此機會把這個道推薦給大家(此書遼寧攝影出版社有正式的出版品)，並願普天下的人家庭幸福，身心健康！

劉力紅
丙戌三月答於南寧

跋

　　我很同意陳亦人教授之說，劉力紅博士確實對中醫，尤其是經典中醫有一份不同尋常的熱愛與執著。我覺得這代表著未來中醫的希望。祖國醫學的將來需要千千萬萬個像劉力紅博士這樣全身心投入到探索中醫寶庫奧秘中去的人。

　　確實，要真正學好中醫，就必須讀透經典。目前許多中醫院校將經典改為選修課實為不得已而為之，應該說是體制造成的。醫師資格考試考的是中醫基礎、中醫內科等。要一個學生在五年的時間裏，既要學中醫，又要學西醫，還要讀懂（且不說讀透）經典，實際上是不可能的。這是院校教育體制與中醫師承教育方式的矛盾，在目前的情況下，我們還找不到什麼好的方法來解決。但我主張至少在研究生階段必須好好研讀經典。我還主張從學校畢業到醫院工作後，應該把經典著作的研讀作為科研工作的一個重要部分，中醫的科研並不一定都是實驗研究，儘管實驗研究也是必需的。

　　最後，我還想說的是劉力紅博士的這本書除了學術性外，還頗具趣味性，是一本不可多得的、可讀性很強的好書。我從這本書得到的啟示之一是，要想真正讀透一部經典，恐怕要窮畢生的精力才行。

前廣西中醫學院院長
王乃平
2001 年 12 月於南寧